1976年〜2000年の気温と降水量の観測データから，ケッペンおよびガイガーの気候区分に従って作成したもの．

記号の説明	気候帯	降水の特性	気温の特性
	A：熱帯	W：砂漠	h：高温乾燥
	B：乾燥帯	S：ステップ	k：低温乾燥
	C：温帯	f：湿潤	a：夏季高温
	D：冷帯	s：冬雨	b：夏季冷涼
	E：寒帯	w：夏雨	c：夏季寒冷
		m：モンスーン	d：冬季極寒
			F：氷雪
			T：ツンドラ

ツンドラ気候
ET

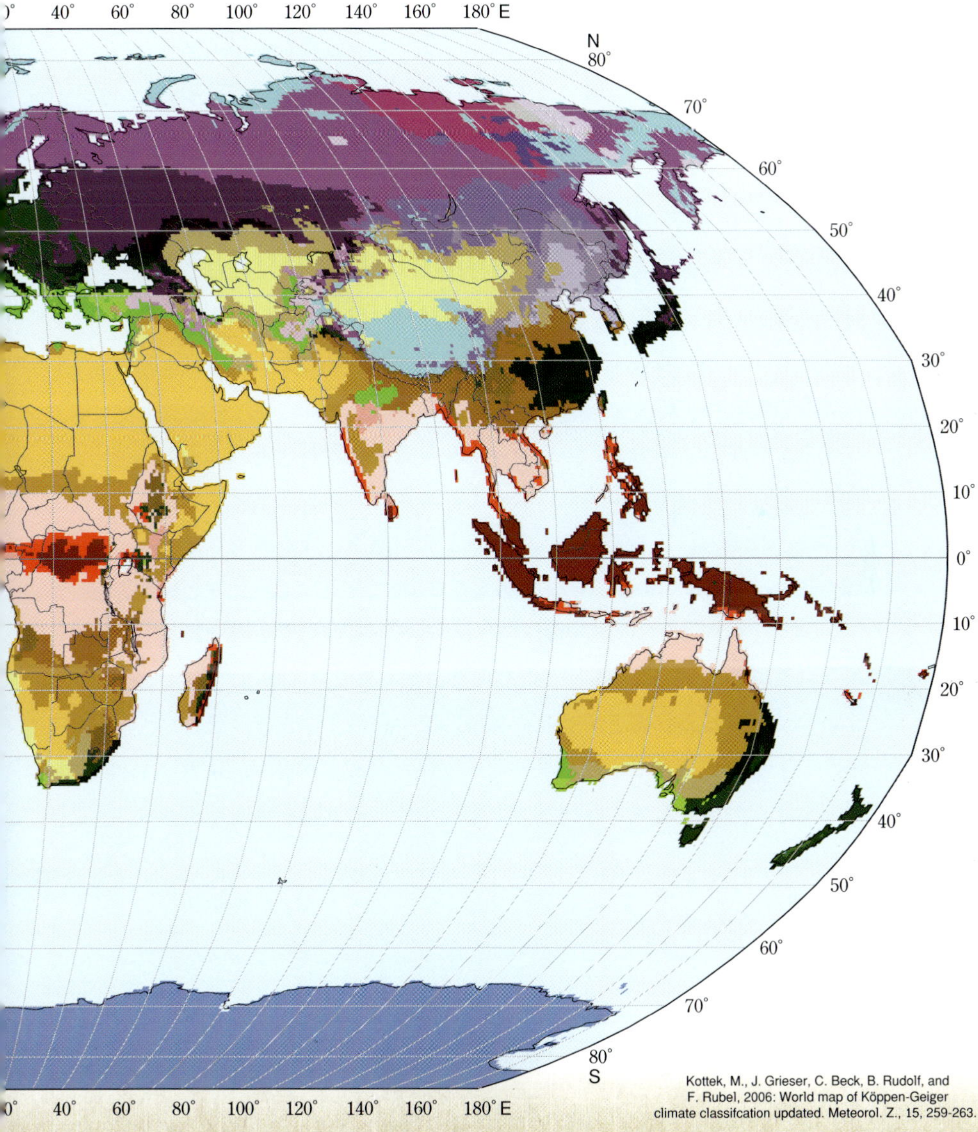

Kottek, M., J. Grieser, C. Beck, B. Rudolf, and F. Rubel, 2006: World map of Köppen-Geiger climate classifcation updated. Meteorol. Z., 15, 259-263.

読者のみなさんへ

　本書は山川出版社と数研出版が発行している「もういちど読む」シリーズの地学版であり，高校地学に興味のある方や，もういちど高校地学を学びたいと思っている大学生や社会人のために企画された書籍です。数研出版から平成24年に発行された教科書「地学基礎」と平成26年に発行された教科書「地学」をもとに，それぞれの教科書の範囲にとらわれず分野別に再構成しました。

　地球は約46億年前に誕生して以来，大気・海洋，固体地球，生物がお互いに関係をもちながら，ひとつのシステムとして変化し続けてきました。現在，世界の総人口は70億人をこえ，今後も増え続けるといわれています。地球の環境問題は，私たちの生活に大きな影響を及ぼしつつあります。

　また，日本は4つのプレートがぶつかり合う変動帯にあり，これまで多くの地震や火山噴火によって，あまたの災害を受けてきました。日本人にとって，身近な災害とその原因となる事象を正しく知り，防災に努めることは大切なことです。

　一方で，日本は世界でも指折りの，はっきりした四季をもつ豊かな自然に恵まれた国であり，自然環境の保全も重要な課題です。

　かつて学んだ教科書を懐かしむ気持ちで，初めて学ぶ方は読書をするような気持ちで本書を手に取っていただき，本書が，読者のみなさんが地学と親しむひとつのきっかけになれたら嬉しく思います。

編集部

もういちど読む
数研の高校地学

数研出版編集部★編

数研出版

目　　次

第1編　地球の構成と内部のエネルギー

第1章　地球の形と重力・地磁気 ……………………………… 8〜27
1. 地球の形と重力 …………………… 8
2. 重力異常 ………………………… 16
3. 地球の磁気 ……………………… 19

第2章　地球の内部 ……………………………………………… 28〜38
1. 地球の内部構造 ………………… 28
2. 地球内部の状態と構成物質 …… 32
3. 地殻熱流量 ……………………… 35

第2編　地球の活動

第1章　プレートテクトニクス ………………………………… 40〜55
1. プレートテクトニクス成立の歴史 …… 40
2. プレートテクトニクス ………… 45
3. プルームテクトニクス ………… 52

第2章　地震と火山 ……………………………………………… 56〜95
1. 地震 ……………………………… 56
2. 火成活動 ………………………… 78
3. 火成岩 …………………………… 87

第3章　変成作用と造山運動 …………………………………… 96〜104
1. 変成作用 ………………………… 96
2. 造山運動 ………………………… 101

第3編　地球の大気と海洋

第1章　大気の構造と運動 ……………………………………… 106〜149
1. 大気の構造 ……………………… 106
2. 地球全体の熱収支 ……………… 111
3. 大気の大循環 …………………… 115
4. 大気中の対流と水蒸気の役割 … 126
5. 日本付近の気象の特徴 ………… 135
6. 世界の気象と気候 ……………… 146

第2章　海洋と海水の運動 ……………………………………… 150〜166
1. 海洋の構造 ……………………… 150
2. 海洋の大循環 …………………… 154
3. 海面の運動 ……………………… 162

第3章　大気と海洋の相互作用 ………………………………… 167〜174
1. 大気と海洋の相互作用 ………… 167
2. 水や炭素の循環 ………………… 171

第4編　地球表層の水の動きと役割

第1章　地表の変化 ……………………………………………… 176〜197
1. 岩石の風化 ……………………… 176
2. 砕屑粒子の運搬・堆積作用 …… 184

第2章　地層の観察　198〜218
- 1. 地層の形成と堆積岩 …… 198
- 2. 地層の観察 …… 203
- 3. 野外調査と地質図 …… 210

第5編　地球の環境と生物の変遷

第1章　地球環境の変遷と生物の変遷　220〜251
- 1. 地質時代の区分と化石 …… 220
- 2. 地球の誕生 …… 224
- 3. 古生物の変遷 …… 228
- 4. 地球環境の変遷 …… 228

第2章　日本列島の成り立ち　252〜270
- 1. 日本列島の地体構造 …… 252
- 2. 日本列島の生い立ち …… 258

第6編　宇宙の構造

第1章　太陽系　272〜309
- 1. 太陽系の天体 …… 272
- 2. 地球の自転と公転 …… 292
- 3. 惑星の運動 …… 302

第2章　太陽　310〜321
- 1. 太陽の表面 …… 310
- 2. 太陽の活動 …… 316

第3章　恒星の世界　322〜345
- 1. 恒星の性質 …… 322
- 2. 恒星の進化 …… 332
- 3. 星団 …… 339
- 4. 星間物質と星間雲 …… 345

第4章　宇宙と銀河　346〜364
- 1. 銀河系の構造 …… 346
- 2. 銀河の世界 …… 352
- 3. 宇宙観の発展 …… 361

第7編　地球の環境

第1章　環境と人間　366〜376
- 1. 環境と人間 …… 366
- 2. 地球環境問題 …… 368

第2章　日本の自然環境　377〜387
- 1. 日本の自然環境 …… 377
- 2. 日本の自然災害 …… 379

本文資料　388〜396
- 1. 地学に必要な予備知識 …… 388
- 2. 地学のための数学の知識 …… 390
- 3. 気象庁震度階級関連解説表 …… 392
- 4. 天気図の記号 …… 393
- 5. 惑星の諸量 …… 394
- 6. 天球座標 …… 396

索引　397〜400

地学を学ぶにあたって

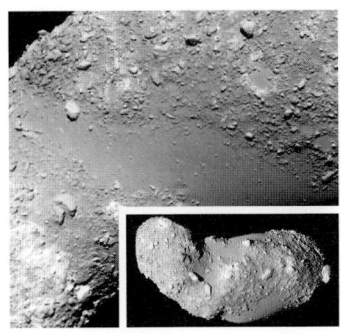

図1 イトカワの拡大写真と全景
(©JAXA)

日本の惑星探査機「はやぶさ」は、小惑星「イトカワ」に着陸し、地球を出発してから7年後の2010年6月、微粒子をもち帰った。人類史上初めての、惑星・小惑星からのサンプル・リターンであった。最大径0.18 mmの、総計1500個の微粒子ではあったが、粋を集めた研究によって、惑星や地球の形成に関して多くの新事実が明らかになりつつある。

その一つに、宇宙風化現象の解明がある。小惑星の衝突により飛び散った破片が再集積してできた「イトカワ」には、地球と違って大気も磁場もない。そのため、太陽風粒子や宇宙塵の継続的な衝突を受け、表面にある岩石の鉱物は、その表面に微小なクレーターがあいたり、非結晶化し表面剥離を起こしたりしている。「イトカワ」は、このような宇宙風化によって、100万年に10 cmの割合で細っており、現在、長径500 mほどあるが、10億年後には消滅するとの計算もなされている。

このような事実がわかったのも、科学技術の進歩とともに、地球や惑星、宇宙といった地学の対象になる事物の研究が連綿として続けられてきたからである。研究の発端やその解明へ向けての方法論の確立まで、遠い道のりがあったはずだ。21世紀初頭の今日、それ

図2 「はやぶさ」がもち帰ったイトカワの微小粒子の電子顕微鏡写真

らの一つの到達点が，小惑星「イトカワ」の形成史の解明であったといえる。

太古の昔から，人類は自然の中で自然と向き合い，自然とともに，またある場合には，自然に立ち向かって生活してきた。自然に畏敬を抱いていたかもしれない。

人類の自然に関する知識は，かなり昔においても，分野によっては驚くほど正確なものであった。今から数千年も前にメソポタミアで，あるいは，約千年も前にそれとは独立にマヤで，正確な天文暦が作られていたといわれる。

図3　マヤの天文台(メキシコ・チチェンイツア)

農耕の始まりとともに，天体の運行から季節を読みとるために，また，宗教的儀式のために，天体観測によって暦が作られたのである。

人類の進歩は，私たちの生活や知識を非常に高めたことは事実である。特に，農業や医療を始め多くの科学技術の進歩のおかげで，人口は増え，寿命は飛躍的に伸びた。

人や物の流れ，情報の交換は量・速さともに増した。今や情報は瞬時に世界中に伝わる。

ところが，産業革命以降，人口の増加と生産の増大，生活水準の高度化に伴い，大気中の温室効果ガスの濃度が著しく増加し，それが海水準変動や異常気象など気候状態の変化を招いているのではないか，ともいわれている。また，こうした人為的な要因による森林伐採や汚染物質の排出が環境変化を招いている。

図4　工場地帯

地学を学ぶにあたって　　5

図5　古代都市ポンペイの遺跡（イタリア）
西暦79年に起こったベスビオ火山の噴火によって，ポンペイの町は一瞬のうちに火砕流堆積物の下に埋もれた。

　2011年3月に東日本を襲った巨大地震とそれに関係するさまざまな事象は，私たちの自然への知識や備え，理解がまだ不十分であったことを思い知らせた。

　今，もし，近代都市のどれかが，ポンペイの遺跡のように瞬時にして埋まり，それが何百年，何千年後に掘り起こされたとすると，発掘した人たちは，21世紀の人々はさぞかし高度な物質的生活を送っていたことだろう，と思うに違いない。私たちは過去を歴史として知っている有利さがある。しかし，正確な未来予測に関しては，すべての分野でなされているわけではない。

　21世紀を迎え，宇宙と地球と，地球上の生命の研究は，大いに進んだが，一方で，不十分さもわかってきた。

　地学現象の理解と地学現象による災害への対策は，私たちの世界観をも支配するようになっている。「地学」は，私たちの生きる場の知識を，宇宙と地球の起源と形成史を，環境の変化と生命の進化などの知識を授けてくれ，生きるために必要な情報を与えてくれる。しかし，未来をより正確に予測するにはどうしたらよいだろうか。「地学」の果たす役割や責任は，誠に大きいものがある。

　皆さんは，地学のもつさまざまな内容，方法，考え方を，本書をもとに学んでほしい。皆さんの未来のために。

図6　月周回衛星「かぐや」から見た地球
（©JAXA/NHK）

第1編 地球の構成と内部のエネルギー

第1章
　地球の形と重力・地磁気　p.8
第2章
　地球の内部　　　　　　　p.28

宇宙から撮影したオーロラ　　©NASA

太陽活動が活発になると，太陽風に由来する荷電粒子が地球の磁力線にそって移動し，おもに地磁気極（→ p.27 参考）から 20～30°付近のオーロラ帯に流入して，大気粒子にぶつかる。オーロラはこれによって発光するものであり，緑色や赤色が多いとされている。宇宙からは，このような極を取り巻く輪のようなオーロラを直接見ることができる。

第1章
地球の形と重力・地磁気

月食(2011年6月16日沖縄県)

地球の形は回転だ円体だが、さらに調べてみるとでこぼこしている。一方、地球を守る強力な地磁気は、外核の流動により形成されている。ここでは、地球の内部を理解するために、地球の形と重力、地磁気について学ぶ。

1 地球の形と重力

A 地球の形と大きさ

　地球の形が丸いことは、ギリシャ時代に、自然現象を観察することによって明らかになっていた。古代ギリシャ人であるアリストテレスは、紀元前330年ころに、月食のときに月に映った地球の影が円状であることに着目して、地球の形が球であると考えた。

　地球が丸いことは、港から沖へ向かう船が下からしだいに水平線に隠れていくことや、北極星の高度(北極星と水平線のなす角度)が北から南に行くほど低くなり、南半球では地平線の

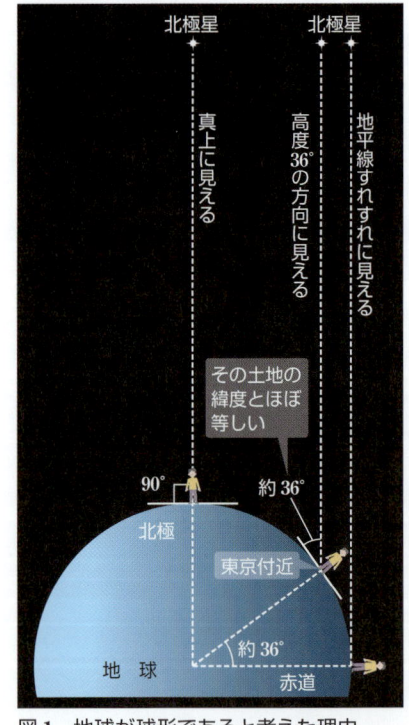
図1　地球が球形であると考えた理由

下に隠れてしまうことによっても確認することができる(図1)。

エラトステネスは，紀元前220年ころに，地球を球形であると考え，地球の大きさを初めて求めた。アレキサンドリアでは，夏至の日の正午に，太陽が天頂より7.2°南に傾いている。一方，アレキサンドリアから南方925kmにあるシエネ(現在のアスワン)では，夏至の日の正午に，太陽が天頂に位置する。エラトステネスは，ほぼ同じ経線上にある2つの都市アレキサンドリアとシエネで，夏至の日の正午に太陽の傾きが違うことから，緯度の違いに相当する値を算出し，当時としては驚くべき精度で地球の全周の長さを求めた(図2)。

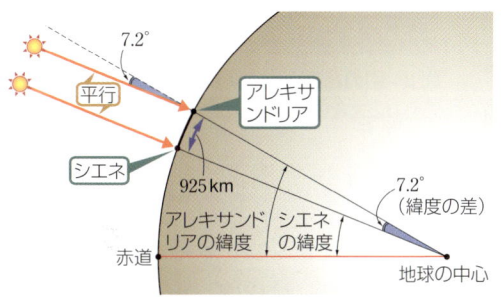

図2 地球の全周の計算
エラトステネスは，エジプトのアレキサンドリアとその南方925kmのシエネ(現在のアスワン)での太陽の南中高度の差が7.2°であることから，次のように地球の全周の長さを計算した。

$$925 \text{ km} \times \frac{360°}{7.2°} = 4.6 \times 10^4 \text{ km}$$

B 引力と重力

すべての物体間には，互いに引きあう力である**引力**(**万有引力**)がはたらいている。この引力は質量が大きな物体ほど，また，互いの重心と重心の距離が近いほど大きくなる。地球による引力は，地球の中心に向かってはたらく。

2つの物体の質量をMとm，距離をrとすると，引力の大きさfは

$$f = G\frac{Mm}{r^2} \quad (\text{万有引力定数 } G = 6.67 \times 10^{-11} \text{ m}^3/(\text{kg} \cdot \text{s}^2))$$

となる。

一方で，地球は自転しているために，自転軸と直交し，自転軸から離れる向きに**遠心力**がはたらいている。遠心力の大きさは，自転軸からの距離に比例して大きくなる。

地上にある物体を地球に向かって引っ張る力である**重力**は，引力と遠心力の合力となる（図3）。

自転軸から遠い赤道付近では，遠心力が最も大きくなり，かつ，引力と真逆の向きにはたらくために，赤道では重力が最も小さくなる（図4）。

遠心力は引力よりはるかに小さく，最も大きい赤道付近でも引力の約$\frac{1}{300}$である。

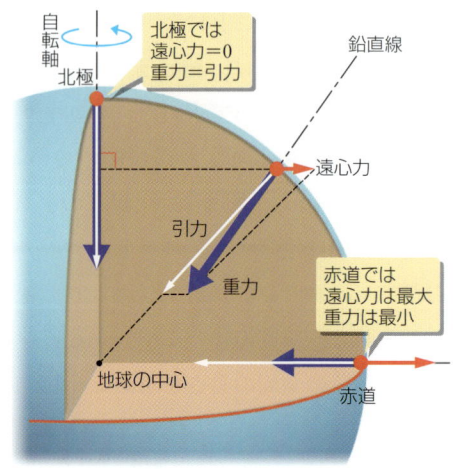

図3　引力と重力
遠心力の大きさを誇張してかいてある。

重力の方向を**鉛直線**とよび，この線に垂直な面を水平面とよぶ。

物体にはたらく重力Wは，物体の質量mに比例し$W=mg$と書くことができる。比例定数gを**重力加速度**といい，その大きさはほぼ9.8 m/s²である。

実際に，重力加速度の大きさを測定してみよう。

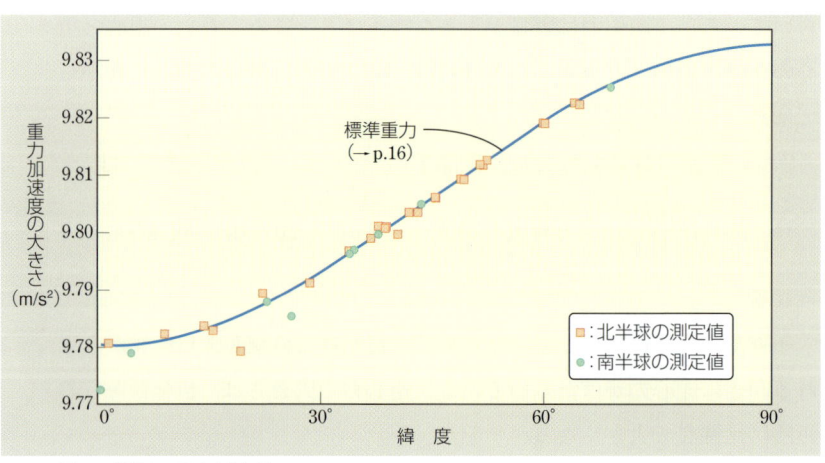

図4　世界の重力測定値

■参考■ ベクトル

　質量や温度のように大きさだけで定まる量を**スカラー**といい，力のように大きさと向きをもつ量を**ベクトル**という。

　ベクトルは矢印で図示する。矢印の長さがベクトルの大きさを表し，矢印の向きがベクトルの向きに相当する。また，2つのベクトルの和や差は，平行四辺形の法則によって得られる。

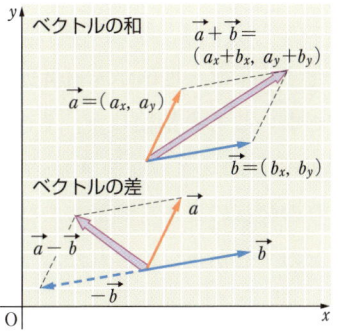

（実験）❶ 重力加速度の測定

単振り子の周期から重力加速度 g の値を測定する。

■準備　金属球（直径 2〜3 cm 程度），細い針金（長さ 1.5 m 程度），とめ金あるいは長い釘（10 cm 以上），ストップウォッチ，スケール

■手順
❶細い針金の先端を天井につけたとめ金，あるいは壁面に打ちつけた長い釘に固定する。金属球を針金の他端に取りつける。
❷金属球をつるし，支点から球の中心までの長さ l [m] を測定する。
❸静かに金属球を振らす（振幅：5〜10 cm）。このとき，球が同一平面内で振れ，平面から外れないように注意する。
❹振り子を 10 振動させ，その時間をストップウォッチで測定することにより周期 T [s] を求める。
❺針金を 10 cm 程度ずつ短くして，l が 1 m 程度になるまで，5 回同様な実験をくり返す。
❻単振り子の周期を与える公式 $T = 2\pi\sqrt{\dfrac{l}{g}}$ から，$T^2 = \dfrac{4\pi^2}{g}l$

となる。横軸に l を，縦軸に T^2 をとれば，T^2 はほぼ一直線上にのる。この直線の傾きは $\dfrac{4\pi^2}{g}$ であるから，傾きから g が決定される。

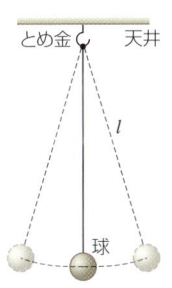

第1章　地球の形と重力・地磁気

C 重力と地球の形

ニュートンは,重力が緯度によって変化する量を正確に求め,その変化する量は,地球が赤道付近で膨らんでいる回転だ円体でないと説明できないことを指摘した。その約50年後,フランス政府の派遣により,ペルー(現在のエクアドル)・フランス・フィンランド北部で緯度差1°当たりの経線の長さを測量した結果,高緯度ほど長いことがわかり,ニュートンの予想が裏づけられた。

D ジオイドと地球だ円体

実際の地球上では,重力の大きさが場所によって変化するだけでなく,重力の方向も変化する。引力は物体の質量によって変化するので,地表近くの地下に重い物体があれば,その物体の引力によってわずかに重力の方向が傾く(図5)。したがって,このような所での鉛直線は,平均的な鉛直線からわずかに傾くことになる。

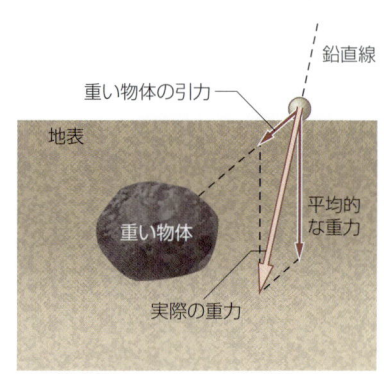

図5 実際の重力

水のような流動する物質は,重力の大きな場所に集まる性質がある。そのため,波のない静かな水面(静水面)は,重い物体の上ではわずかに盛り上がる(図6)。海面は,潮汐(→p.165)や波によって一定ではないが,長期間の平均をとると,静水面に近くなる。この海面を**平均海面**とよぶ。

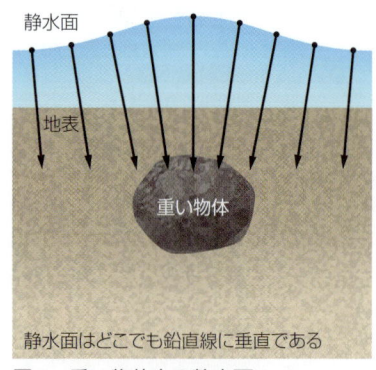

図6 重い物体上の静水面

平均海面は，内陸部にも延長して考えることができる。例えば，陸地に仮想的な運河を多く掘り，海水を引き入れたと考える。このようにして地球をおおった海面は，海の平均海面とも一致する1つの閉じた曲面となる。この面を**ジオイド**とよぶ。

　地下で起こっているダイナミックな変動のために，地球の密度分布は不均一である。このために，ジオイドは，完全な回転だ円体ではなく，局所的な起伏(きふく)をもっている。このジオイドに最も近い大きさと形をもつ回転だ円体を**地球だ円体**とよぶ(図7)。地球だ円体の面とジオイドとのずれを**ジオイドの高さ**とよび，人工衛星を使って高精度に決定できる。ジオイドの高さは北極で+16 m，南極で-27 mであり，ジオイドは西洋なしのような形をしている。細かく起伏を調べると，ジオイドの高さは図8のようになる。このジオイドの分布は，地下で起こっている地殻変動やマントル対流の影響によって複雑な形になっている。起伏が最も大きいのはインド南方で，-100 mにも達する。

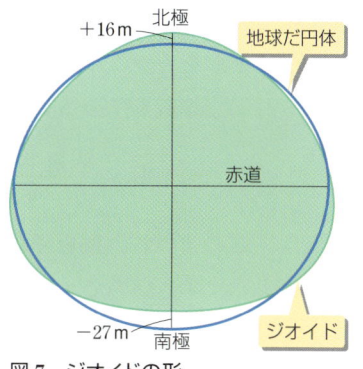

図7　ジオイドの形

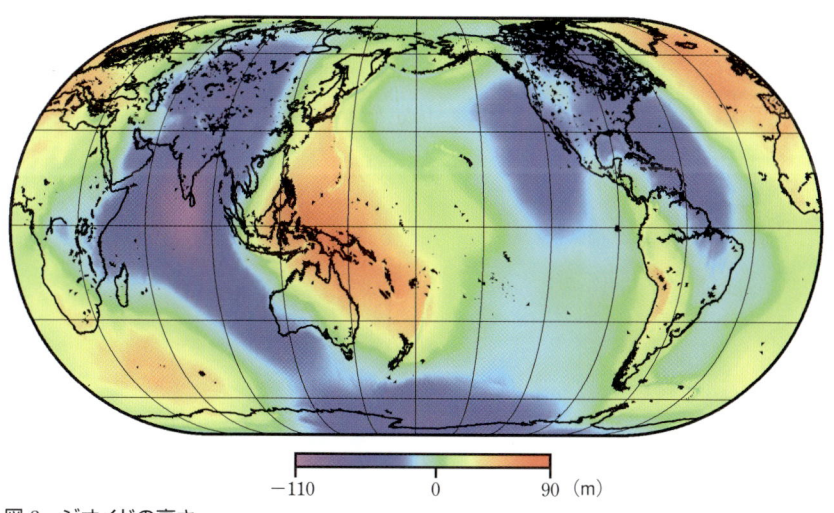

図8　ジオイドの高さ

第1章　地球の形と重力・地磁気　│　13

人工衛星の軌道を精密に分析した結果，地球だ円体は次のような大きさと形をもつことがわかっている。

　　　赤道半径 = 6378.137 km，　極半径 = 6356.752 km

$$偏平率 = \frac{赤道半径 - 極半径}{赤道半径} = \frac{1}{298.257}$$

このように，回転だ円体のつぶれ度合いを表す偏平率は，約 $\frac{1}{300}$ と非常に小さいので，地球だ円体はほぼ球形であると考えてよい。

E アイソスタシーと地球の形

地球の内部の温度は深くなるにつれて高くなる。マントル物質は，マントル上部で 1000 °C をこえると融点に近づき，やわらかくなり流れやすい性質をもつようになる。この流れやすい領域は，地震波が遅くなる低速度領域として観測され，**アセノスフェア**という。アセノスフェアの上にある部分は，温度が低く硬い性質をもち，**リソスフェア**という。

大陸では，密度の小さい地殻が厚いために，リソスフェアの平均的な密度は小さくなり，流動するアセノスフェアに浮かんでいるようなものである。これは，海中に浮かぶ氷山のすがたに似ている。安定になるためには，アセノスフェア中の同じ深さの面に加わる重量がどこでも同じでなければならない。こうした状態を**アイソスタシー**（図9）という。

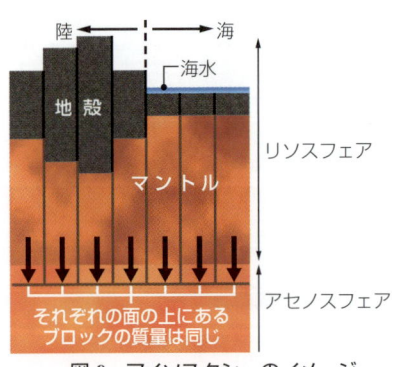

図9　アイソスタシーのイメージ
高い山の下には地殻の根がある。逆に，海のように高度が低い所の地殻は薄い。

過去1万年間の上昇量(m)を示す

図10　スカンジナビア半島の隆起

スカンジナビア半島では，過去1万年間に300 m近く隆起しており（図10），現在も年間約1 cm隆起し続けている。この地方は最終氷期に厚い氷におおわれており，その時点でアイソスタシーが成りたっていた。やがて氷がとけてその分だけ荷重が小さくなると，再びアイソスタシーが成りたつように，地殻が隆起しているのである。

　地球の表面は，約30%の陸地と約70%の海洋に分けられる。陸地には高さ8 kmをこえる山地があり，海洋にも水深11 km近くに達する海溝があり，地球表面には20 km近い凹凸がある。

　地殻は上部マントルよりも密度が小さい。海洋では地殻が薄いため，地殻が厚い陸地よりもリソスフェアの密度が大きいが，陸地では地殻が厚いためリソスフェアの密度が小さい。アイソスタシーが成立しているので，陸地と海洋のリソスフェアの密度の違いによって，地表の起伏の分布には2つのピークが現れている（図11）。

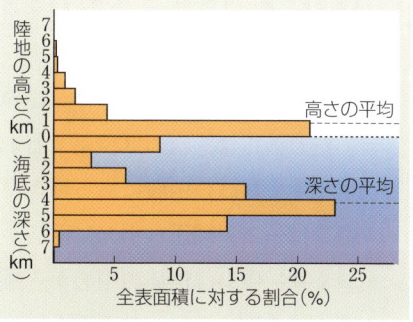

図11　地球表面の高さ・深さの分布

例題1. アイソスタシー

南極大陸は平均すると約2400 mの厚さの氷におおわれている。もしこの氷がすべてとけたとすると，南極大陸は何m隆起するか。氷の密度を0.9 g/cm³，マントルの密度を3.3 g/cm³とし，アイソスタシーが成立しているとして，有効数字3桁で求めよ。

解　アイソスタシーが成立していれば，氷がとけると周囲からアセノスフェアのマントル物質が流入して南極大陸が隆起する。地殻の厚さは一定であり，氷の重さと，隆起した高さx〔m〕分のマントルの重さが等しいので

$$0.9 \times (2400 \times 10^2) = 3.3 \times (x \times 10^2)$$

よって　$x = 0.9 \times \dfrac{2400}{3.3} = 654.5\cdots \fallingdotseq$ **655 m**

2 | 重力異常

A | 標準重力と重力異常

地球の形を地球だ円体と仮定したときの，引力と遠心力の合力を**標準重力**とよぶ。引力は，物体の質量に比例して大きくなるので，地下に密度が大きい物体が存在する場所では，局所的に重力が大きくなる。このように，地下の密度の不均一によって，実際の重力の測定値は標準重力からずれてしまう。このずれを**重力異常**とよぶ。

B | 重力補正

重力の実測値を他の地域と比較するためには，実測値をジオイド面上の値に変換する必要がある。このような変換を**重力補正**という。

重力補正は，次の3段階で行われる。図12(a)のように，測定点がジオイドより高い山腹にある場合を考える。

❶**フリーエア補正** 引力は重心からの距離の2乗で小さくなる(→p.9)。つまり，重力は地球の中心から離れるほど小さくなる。この効果を取り除いてジオイドにおける重力値に変換する。重力は1m高くなるごとに約 3.086×10^{-6} m/s² 小さくなるので，ジオイド面から高度 H [m] での重力は，ジオイド面での重力より $3.086 \times 10^{-6} \times H$ [m/s²] だけ小さい値となっている。

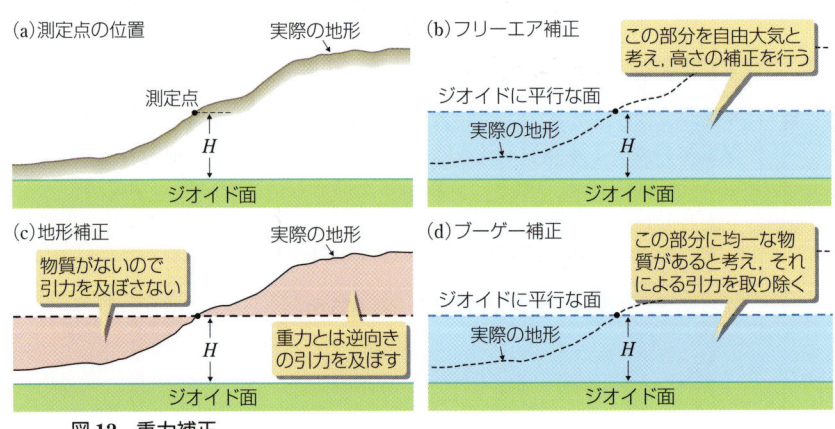

図12 重力補正

❷**地形補正** 地表はジオイドと平行ではなく,でこぼこしている。測定点の上にある物質は引力をもたらし,測定点よりへこんでいる部分は引力をもたらさない。このような地形による効果を測定値から取り除き,ジオイドと平行な地形における重力値に変換する。

❸**ブーゲー補正** 測定点とジオイド面の間には,物質が存在するために,引力をもたらす。測定点とジオイドの間にある物質の密度を,平均的な地殻の密度と仮定して,測定値から取り除く。

C | フリーエア異常とブーゲー異常

ある測定点での重力の実測値をフリーエア補正した値と,標準重力との差を**フリーエア異常**とよぶ。

フリーエア異常は,測定点の下にある物質が均質なときには見られない。アイソスタシーが成立している場合はこの条件を満たすので,高度によらずどこでもフリーエア異常は見られないことになる。沈みこみプレート境界にある日本列島では,プレートの沈みこみによって,強制的に地球内部へ引っ張る力が海溝付近にたえずはたらいている。そこではアイソスタシーが成立せず,著しいフリーエア異常が見られる(図13)。

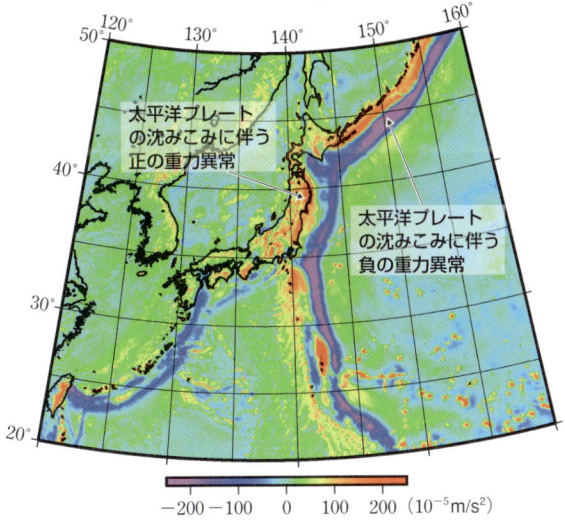

図13 フリーエア異常
アイソスタシーが成立していれば,フリーエア異常は見られない。日本周辺では沈みこむプレートの運動によって,負の重力異常の帯が広がっている。

第1章 地球の形と重力・地磁気

ある測定点での重力の実測値を，フリーエア補正・地形補正・ブーゲー補正した値と，標準重力との差を **ブーゲー異常** とよぶ。

　ブーゲー補正は，ジオイドと測定点の密度を平均的な密度と仮定して補正している。実際は図14(a)の鉱床（こうしょう）のように，地下にある物質の密度が周辺の物質より大きい所の上では，正のブーゲー異常が観測される。そのため，ブーゲー異常は鉱床の探査に利用できる。また，カルデラや縦ずれ断層（正断層や逆断層）といった，地下構造が水平方向に変化する所でも，ブーゲー異常の値が変化する。図14(c)や(d)のような，密度の大きい基盤が深く，密度の小さい堆積層が厚く分布しているような所では，負のブーゲー異常が観測される。このような性質を利用して，ブーゲー異常分布から表層付近の構造を探査することができる。

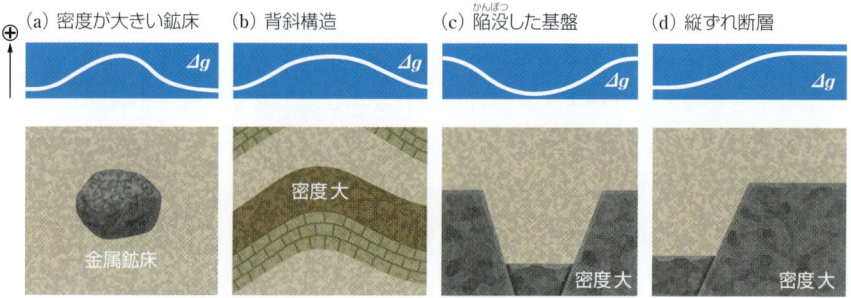

図14　地球内部の構造とブーゲー異常との関連
$\varDelta g$ はブーゲー異常を表し，矢印の向きが正の向きを示す。

3 | 地球の磁気

A | 地磁気

　方位磁石のN極がほぼ北を向くことは，古代中国の時代から知られており，羅針盤などに利用されてきた。方位磁石が方角を示すのは，地球が大きな磁石となっているためで，地球の磁石による磁気を**地磁気**という。この地磁気は，地球の中心に置いた仮想的な棒磁石を，自転軸から約10°傾けたときにできる磁場で，近似的に表現することができる(図15)。

　このように，棒磁石で形成される磁場を**双極子磁場**という。

B | 地磁気の三要素

　ある場所での地磁気は，向きと強さ(大きさ)をもっている。地磁気の強さを**全磁力**といい，水平方向の強さを**水平分力**，鉛直方向の強さを**鉛直分力**とよぶ(図16)。

　水平分力が真北からずれている角度を**偏角**，地磁気の向きと水平面のなす角度を**伏角**という。全磁力・水平分力・鉛直分力・偏角・伏角の5つの要素のうちの3つによって，その場所の地磁気が定まるとき，その3つを**地磁気の三要素**といい，全磁力・偏角・伏角の3つを用いることが多い。

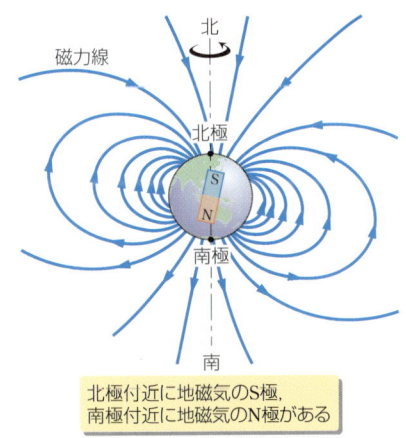

北極付近に地磁気のS極，南極付近に地磁気のN極がある

図15　地磁気のモデル

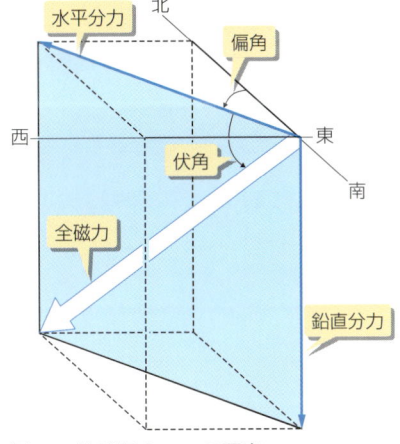

図16　地磁気の5つの要素

第1章　地球の形と重力・地磁気　｜　19

日本列島全体では，偏角は西偏しており，場所によって5°程度の幅がある。また，伏角は日本列島の南北で10°以上の違いが見られる。

例題 2. 地磁気の三要素

次にあげる地磁気の要素の組合せのうち，地磁気の三要素として成りたたないものを1つ選べ。
(a) 偏角・伏角・全磁力
(b) 偏角・伏角・鉛直分力
(c) 偏角・水平分力・鉛直分力
(d) 伏角・水平分力・鉛直分力

解 一般に，地磁気の三要素とは，偏角・伏角・全磁力の組合せを指すが，それ以外の組合せでも，地磁気の向きと強さを示すことができれば，三要素として成りたつ。伏角・水平分力・鉛直分力の組合せでは，水平方向のずれ（偏角）が決まらない。よって，**(d)** は成りたたない。

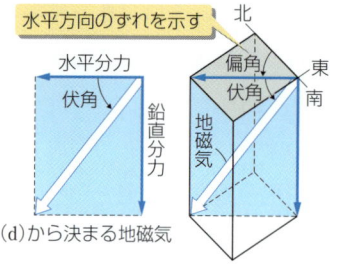

(d)から決まる地磁気

参考 ベクトルの分解

ベクトルは，同じはたらきをするいくつかのベクトルの組に分けることができる（下図の①〜③）。

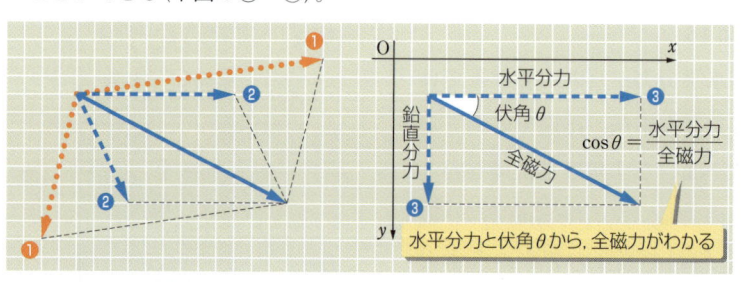

$$\cos\theta = \frac{水平分力}{全磁力}$$

水平分力と伏角θから，全磁力がわかる

---

*1) 西偏とは，方位磁石のN極のさす向きが，真北から西にずれることを表す。また，東偏とは，方位磁石のN極が真北から東にずれることを表す。

参考　地磁気の分布

　地磁気はおおむね双極子磁場であるが，細かく見るとその分布は複雑である。標準的なモデルとして，IGRF（International Geomagnetic Reference Field：国際標準地球磁場）がある。磁場はたえず変化していくのでIGRFは5年ごとに更新される。

　IGRFは大まかな磁場分布を表現するモデルであって，正確に磁場分布を表現していない地域がある。日本はその地域の1つで，独自の磁気測量によって，詳しい磁気分布図が求められている。

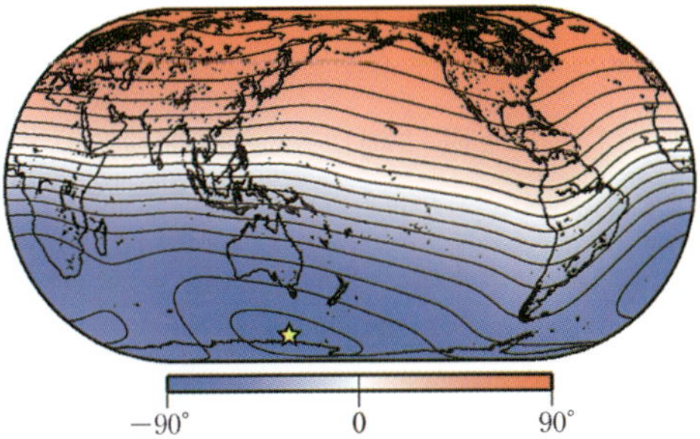

図A　伏角（2010年）
磁針のN極が下向きのときは正の値で，S極が下向きのときは負の値で示す。図中の☆は磁極の位置を示す。

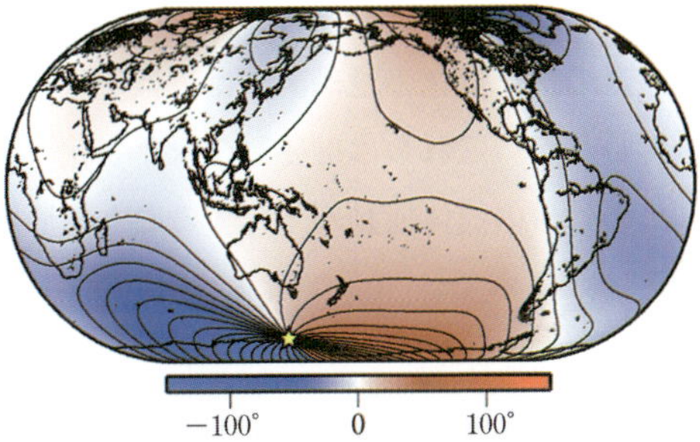

図B　偏角（2010年）
東偏のときは正の値で，西偏のときは負の値で示す。図中の☆は磁極の位置を示す。

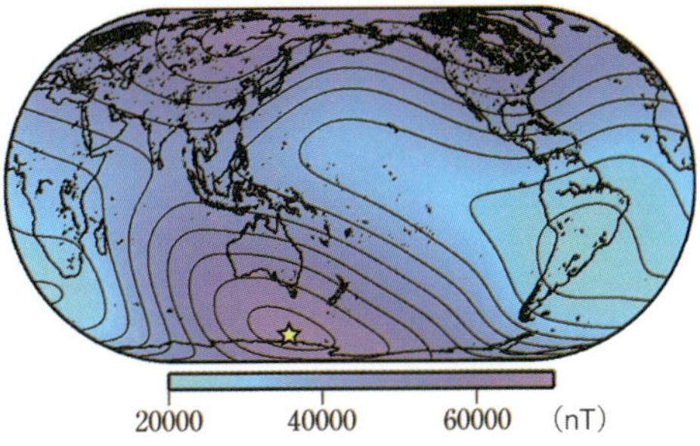

図C　全磁力の分布（2010年）
数値の単位はnT である。Tは磁場の強さを表す単位である（$1\,\mathrm{nT} = 10^{-9}\,\mathrm{T}$）。図中の☆は磁極の位置を示す。

第1章　地球の形と重力・地磁気

C 地磁気の変化

❶地磁気の日変化　地磁気は規則的に日変化することが知られている。これは、上空の電離層(→p.110)の中を流れている電流が不均一であり、その電流系が地球の自転とともに移動することで説明できる。

例えば、茨城県柿岡にある気象庁地磁気観測所では、日変化の振幅は偏角で数分(′)、水平分力および鉛直分力で全磁場の数千分の1である(図17)。

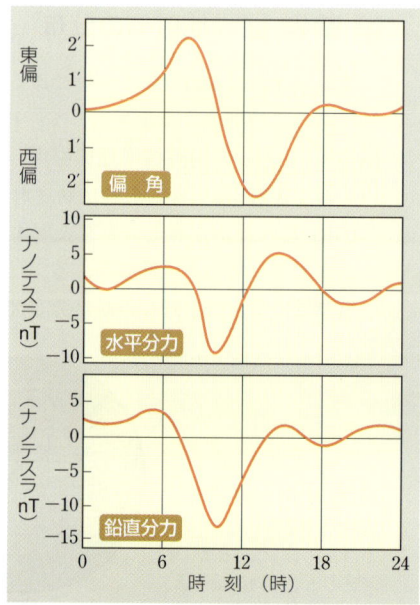

図17　地磁気の日変化(柿岡)

❷地磁気の永年変化　地磁気には、数十年以上の長い時間スケールの変化も見られる。これらは地磁気の永年変化といわれる。永年変化は、地球内部の外核の流体運動が変化することに原因があると考えられている。

例えば、日本では300年あまりの間に偏角が15°も変化している(図18)。また地磁気の強さもゆっくりと変化しており、現在では100年間で5%くらいの割合で減少している。

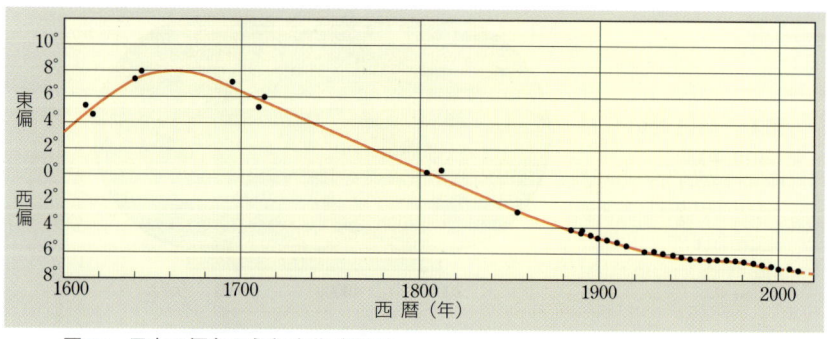

図18　日本の偏角の永年変化(柿岡)

D　地磁気の成因

　なぜ地球に強い磁場が存在するのかは，長い間よくわかっていなかった。
　地球の中心は5000℃をこえる超高温であること，強磁性鉱物[*1)]でも数百℃以上の高温では強磁性を失うことを考えると，地球内部の鉱物が強く磁化しているとは考えられない。電流のまわりには磁場がつくられることが知られており，地磁気の原因も地球内部でたえず発電され，流される電流が原因と考えられている。この考え方を**ダイナモ理論**という。
　外核は液体状態であり主として金属の鉄からなるので電気をよく通す。外核内では活発な対流が起こっていると考えられるので，磁場が与えられると鉄の運動により電流が生じる。この発電によって生じた磁場は初めに与えられた磁場と一致する。つまり，外核が対流し続ける限り，磁場は維持されることとなる。

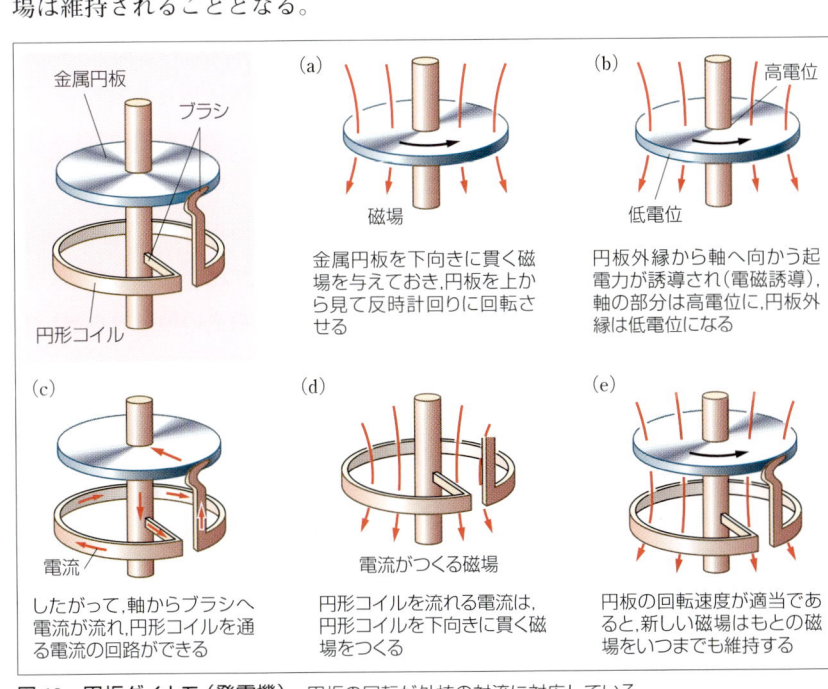

図19　円板ダイナモ（発電機）　円板の回転が外核の対流に対応している。

*1) 磁場の中に置かれた物質が磁石の性質を帯びることを磁化という。強磁性鉱物とは，磁場を取りさった後も磁化を保っている鉱物のことをいい，その多くは鉄の化合物である。

E 残留磁気と地磁気の逆転

　とけたマグマが地表や海底に噴出し，冷却する過程で，マグマに含まれる強磁性鉱物がその地点の地磁気の方向に磁化する。このようにして獲得した磁化はその後も保持されるので，火山岩は生成時の地磁気を記録していることになる。このような岩石のもっている磁気を**残留磁気**という。また，深海底の堆積物も，堆積した場所での堆積時の地磁気を記録している。この場合は，すでに磁化している強磁性鉱物を含む粒子が深海中をゆっくりと沈下し，海底に堆積する間に，地磁気の方向にそろうためである。

　現在の磁場を計算すると，このような残留磁気などの影響によって，標準的な磁場とはずれた値が得られる。このずれの分布を**磁気異常**とよぶ。

　火山岩や堆積物に記録された過去の地磁気を解析することによって，地磁気の歴史を知ることができる。プレートが拡大している海嶺では，ほぼ一定の割合で，マグマが貫入したり噴出したりして新しい火山岩が生成されるために，過去の地磁気を連続的に記録している。海底の磁気異常を調べると，しま模様になっており(図20)，頻繁に地磁気が反転していることが明らかになった。この地磁気のしま模様は，海洋底拡大の直接的な証拠となった(→p.43)。

　現在では，海洋底の磁気しま模様の詳細な解析によって，過去1億5000万年前までの地磁気の逆転の歴史が解明されている。これによると，平均的には数十万年程度の間隔で逆転をくり返しているが，ある逆転から次の逆転までの間隔はかなりまちまちである。

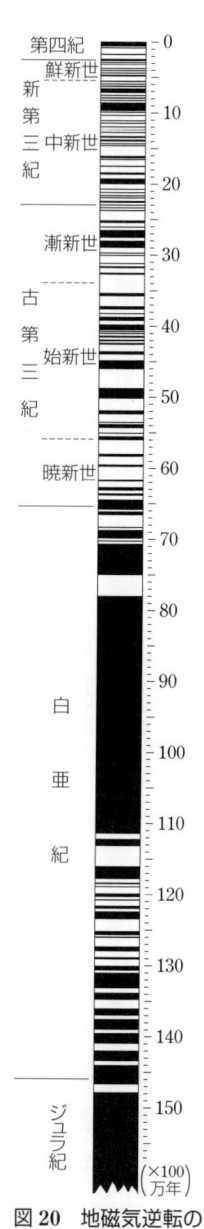

図20　地磁気逆転の歴史　黒い部分が現在と同じ向きで，白い部分が現在と逆の向きである。

残留磁気や地磁気の逆転を,実験でシミュレーションしてみよう。
→実験2

（実験）❷ 磁場を見てみよう

■準備　縫い針（または待ち針）・磁石（強力なものがよい）・水槽・方位磁石・薄い紙

■手順
❶針をのせるために,紙を短冊状に切る。
❷水を入れた水槽に紙と針を浮かべる。このとき,紙の上面が水でぬれないように注意する。針の向きがバラバラになっていることを確認する（図A）。
❸浮かべた針を取り出し,棒磁石で同じ方向に50回程度こすって針を磁化させ,再び紙の上にのせて浮かべる（図B）。方位磁石と同じ向きに針が並ぶことを確認する。
❹棒磁石を近づけると,針の向きはどのように変化するか試してみよう。
　補足　わずかな水流で短冊が動いてしまうので,水流が止まるまで待って観察するとよい。

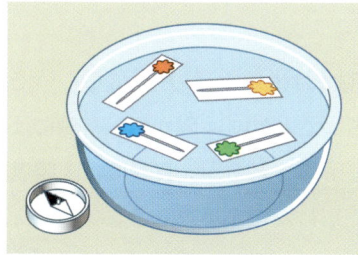
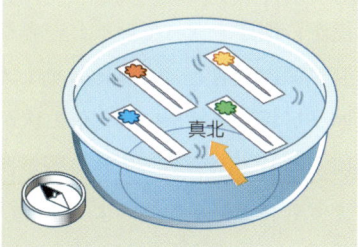

図A　磁化する前の針の向き　　図B　磁化した後の針の向き

■考察
❶地磁気は目で見ることができないが,針や方位磁石がすべて同じ向きにそろっているようすを見ると,私たちが地磁気（磁場）の中で生活していることがわかる。
❷針は常に水平に保たれており,手順❸の針の向きと地理上の北（真北）とのなす角度が偏角に相当する。
❸棒磁石を近づけると針は一様に向きを変える。地磁気の変化によって偏角が変わるようすがわかる。マグマに含まれる強磁性鉱物は,このように同じ向きで固定されることによって磁化すると考えられている。

F 磁気圏

❶磁気圏 地球周辺の空間には，太陽から飛来する荷電粒子の集まりであるプラズマ（正と負の荷電粒子の集団であるが，全体としては電気的に中性となっている）の流れがある。これを**太陽風**（→p.312）という。フレア（→p.313）が発生したときに，通常より密度が大きく高速の太陽風が放出される。地球に吹きつける太陽風は，地球磁場の影響を受けて曲げられ，地球のまわりを避けて通る。太陽風の影響が及ばない領域では，地球がつくり出す磁場が支配的である。この領域を地球の**磁気圏**（図21）という。もし，太陽風が地球の表面に直接吹きつけているならば，地球の生物の生存をおびやかすが，磁気圏は高いエネルギーをもつ粒子が地球の表面に大量に進入することを妨げている。つまり，磁気圏は太陽風から地球を守っているといえる。

磁気圏の大きさは，太陽に面した側では地球半径の10倍くらいであるが，反対側ではその数百倍に広がる。これは，太陽に面した側には太陽風が激しくぶつかって磁気圏が押しつぶされるが，反対側は太陽風に引きずられて彗星の尾のようにのびた形になるためである。

❷バンアレン帯 磁気圏の下部（内側）では，陽子や電子が地球の磁力線にとらえられて，2つのドーナツ状に地球を取り巻いて，高速で飛びまわっている。このドーナツ状の帯を**バンアレン帯**という（図21）。

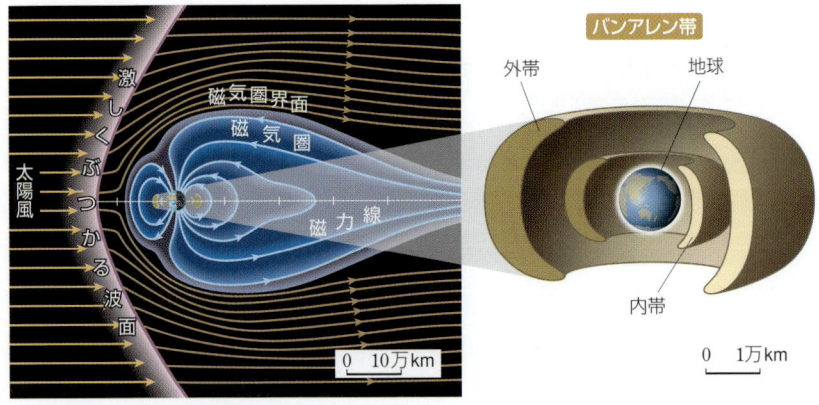

図21 太陽風と磁気圏，バンアレン帯

陽子や電子は，磁力線に巻きつくように南北両半球の間を往復すると同時に，電子は地球のまわりを東回りに，陽子は西回りに移動して，地球を囲む帯を形成する。地表から4000 kmの高さにある帯を内帯といい，ここでは高速の陽子と電子が多い。約2万kmの高さにある帯は外帯といわれ，ここでは高速の電子が多い。

❸**磁気嵐とオーロラ**　太陽風は一定ではなく，太陽の活動によって変化する。太陽風が高速・高密度になると磁気圏は押されて縮み，地磁気も激しく変化する。これを**磁気嵐**という。

　このとき，プラズマが地球の磁力線にそって高緯度地域の大気に進入することがあり，そこで大気粒子と衝突すると発光現象が起こる。この発光現象を**オーロラ**(→p.7, p.110)とよぶ。

■ 参考 ■　地磁気の極

　地磁気の極は，地磁気極と磁極の2通りある。地磁気極は，地磁気を双極子磁場で表現したときに，双極子磁場の軸と地表とが交わる点のことで，北の交点は地磁気北極，南の交点は地磁気南極ともよばれる。理論上では，地磁気極で伏角は90°となる。しかし，地磁気は厳密な意味で双極子磁場ではないので，地磁気を精密に測定すると地磁気極と伏角が90°となる点は一致しない。伏角が90°となる点を磁極（磁北極，磁南極）とよぶ。地磁気極と磁極は，時間とともに変化するが，磁極の変化のほうが大きい。

図A　磁南極で下を向く方位磁石

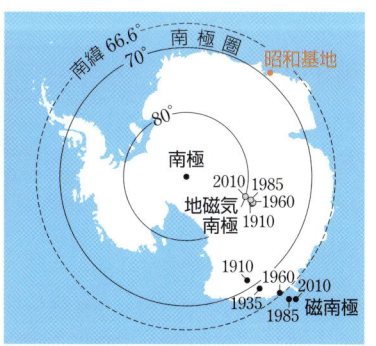

図B　南極の3つの極
丸印に付した数字は西暦を示す。

第2章
地球の内部

われわれの住む地表と比べると、地球内部の構成物質や密度、圧力、温度は、想像をこえるほど違う状態になっている。
地殻以外は直接観察できない深さなので、地震波の解析など、さまざまな方法による情報から地球内部の状態が推定されている。

1 | 地球の内部構造

A | 地震波の伝播

池に石を投げ入れると、石が落ちた点を中心に、波が同心円状に波紋(水面のゆれ)として伝わっていく。これと同じように、地震が起こると、震源から波(地震波)が地球内部を伝わっていく。大きな地震が起こると、全世界の地震観測点で地震波を観測できる(図22)。

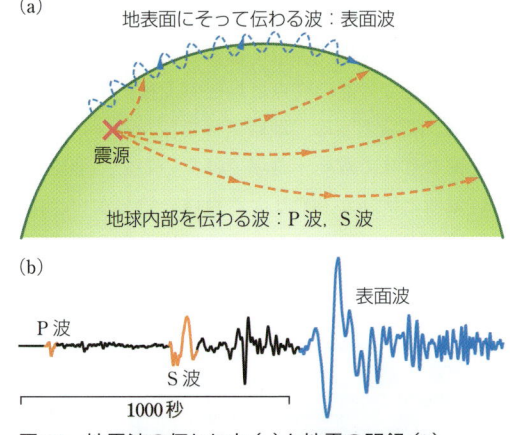

図22 地震波の伝わり方 (a) と地震の記録 (b)
(b)は、2005年のパキスタン地震(M7.6)を茨城県つくば市で観測した上下動記録。

地球内部を伝わる波には縦波と横波の2種類ある。初めに観測点に到着する波は、波の進む方向に振動する縦波で、**P波**という(図23)。次に観測点に到着する波は、波の進む方向と直角な方向に振動する横波で、

S波という(図23)。S波の後に地球表面を伝わって観測点に到着する波は周期が長く、**表面波**という。表面波は、P波やS波と異なり、距離によって振幅が小さくなりにくい。

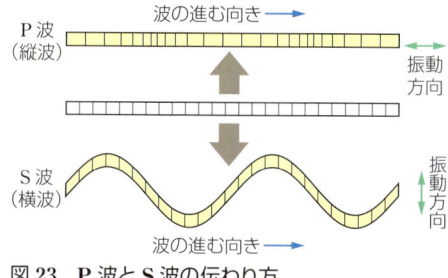

図23 P波とS波の伝わり方

P波は固体・液体・気体中を伝わるが、横波であるS波は固体中しか伝わることができない。

つる巻きばねを用いて、縦波と横波の伝わり方を観察してみよう。
→実験3

実験 3 地震波の縦波と横波を確認してみよう

■準備　つる巻きばねの中央に、ひもを結ぶなどして目印をつけておく。

■手順
① つる巻きばねを鉛直に伸ばし、一端を上下に動かして振動の伝わり方を見る(図A)。
② 同じつる巻きばねを、机の上に水平に伸ばして置き、一端を左右に動かして振動の伝わり方を見る(図B)。
③ つる巻きばねを机に水平に伸ばしたまま一端を上下に動かしてみよう。
④ つる巻きばねを机に水平に伸ばした状態で、縦波をつくってみよう。

■考察
① 手順❶と❷で、振動の方向(目印の動く方向)と振動が伝わる方向の関係を確認する。
② 手順❶と❷ではどちらのほうが振動の伝わり方が速いかを確認する(振動の伝わり方を指でさしながら確認すると、速さの違いを実感しやすい)。
③ 手順❸では、ばねは上下に動いているが、これは縦波と横波のどちらを表しているか考えてみよう。

図A　手順❶の振動のようす

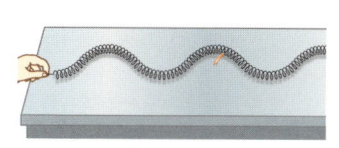

図B　手順❷の振動のようす

第2章　地球の内部

地球内部を伝わるP波，S波の進行方向は，光のように屈折したり反射したりする。地震波の伝わる速度が遅い層から速い層に，地震波が斜めに入射すると下に凸となるように屈折する。

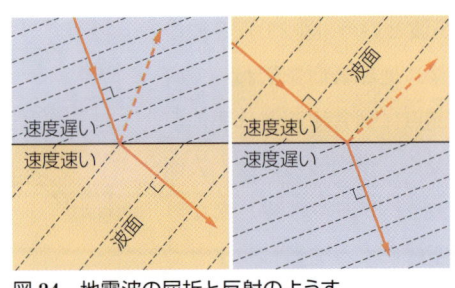

図24 地震波の屈折と反射のようす

逆に，地震波の伝わる速度が速い層から遅い層に，地震波が斜めに入射すると，上に凸となるように屈折する（図24）。このような地震波の性質を利用すれば，地球の内部構造を調べることができる。

B 走時曲線

地震波の観測によって，地球内部の地震波が伝わる速度の分布がわかる。地震波が観測点に到達するまでの時間を**走時**という。横軸に震央から観測点までの距離をとり，縦軸に走時をとってグラフにしたものを**走時曲線**という（図25）。

この走時曲線から，モホロビチッチは，地下約50 kmの深さに地震波の速度が急激に増加する不連続な面があることを明らかにした。この不連続面を**モホロビチッチ不連続面**（または**モホ不連続面**）とよぶ。不連続面より浅い部分は**地殻**，深い部分を**マントル**という。

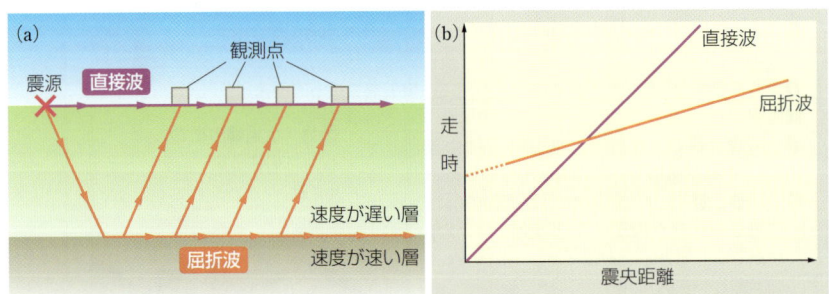

図25 地震波の進み方と走時曲線
地面をたたいたとき，地表を伝わってくる波（直接波）と地下で屈折して到達する波（屈折波）が観測される。走時曲線（b）を見ると，震央距離が近い所では直接波が初めに到達し，遠い所では，波の伝わる速度が速い領域を通ってくる屈折波が初めに到達する。

C 地球の層構造

震央距離が 1000 km をこえるような遠地地震では，震央と観測点をそれぞれ地球の中心と直線で結び，この2直線のなす角度を震央距離として用いる。これを**角距離**といい，*Δ* と表現する場合が多い(図26)。

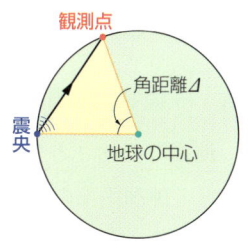

図26 角距離

遠地地震の走時曲線によって，地球の中心付近までの構造を調べることができる。多くの遠地地震の走時曲線を解析して，P波の伝わり方を見てみると，$Δ = 103°〜143°$ のあたりではP波が観測されない影になる。これは，ある深さにP波の速度が急激に遅くなる不連続面があり，そこでP波が下向きに曲げられることによる(図27)。

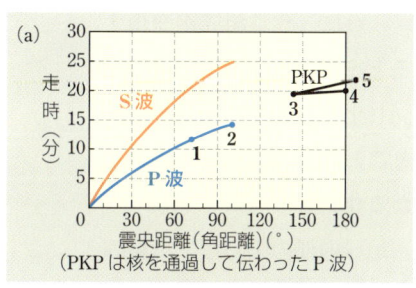

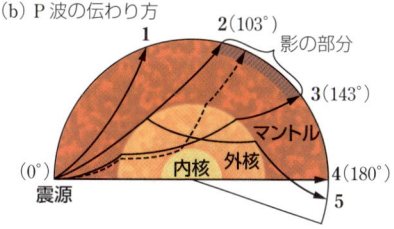

図27 遠地地震の走時曲線とP波の伝わり方

この不連続面の深さは約 2900 km で，ここまでをマントル，ここより深部のP波の速度が遅い部分を**核**(コア)とよぶ。S波は $Δ = 103°$ のあたりで見えなくなり，核の中を通るS波は観測されないので，核は液体であると考えられる。

さらに詳しく調べると，$Δ = 103°〜143°$ の影の部分に弱いP波が伝わることがわかった。核の内部に速度が急に速くなる不連続面があり，今度はそこでP波が上向きに曲げられることになるからである(図27(b)破線)。この不連続面の深さは約 5100 km である。核はこの面を境に，外側の**外核**と内側の**内核**に分けられる。内核で速度が急増するのは，内核が固体となっているためである。

2 | 地球内部の状態と構成物質

A | 地球内部の温度・密度・圧力

地震波の速さの分布(図28(a))と地球内部の化学組成から、地球内部の密度と圧力の分布を求めることができる。

一般に、化学組成が変化すると密度が不連続に変化し、同じ化学組成でも圧力が加わることによって密度も大きくなる(図28(b))。

地球内部の圧力は上に積み重なる岩石の重さによって、深さとともに増加する(図28(c))ので、深くなればなるほど密度は増す。地球中心の密度はおよそ17 g/cm³、圧力はおよそ 4×10^{11} Pa(約400万気圧)にも達する。

一方で、地球内部の温度は、直接的に求めることができず、その推定幅は大きい。マントルと核の境界付近では、3000 ℃前後、地球の中心部では約5000 ℃に達すると考えられている(図29)。

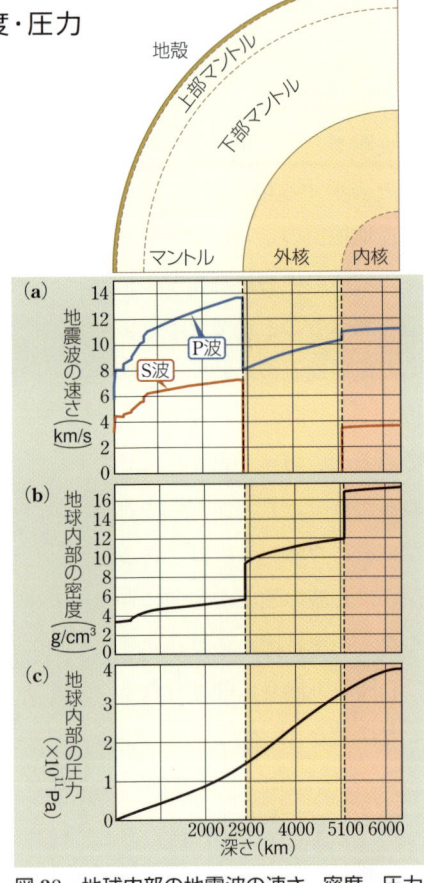

図28 地球内部の地震波の速さ、密度、圧力

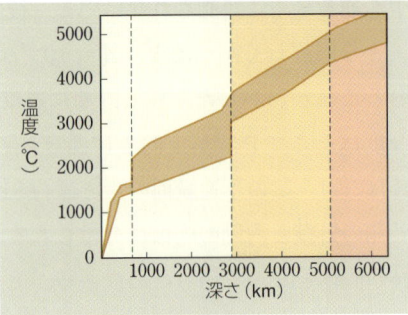

図29 地球内部の温度分布

B 地球内部の化学組成

地球は,原始太陽系星雲中の微粒子が集積してできたと考えられている。そのため,地球全体としては揮発成分を除いて,太陽系の代表的な隕石と似ており,図30のような化学組成をもつと推定されている。

惑星が,微惑星の衝突と融合によって大きく成長すると,隕石の衝突エネルギーや大気の温室効果(→p.113)によって惑星表面の温度が上昇する。ついには,岩石がとけ始め,惑星の表面はマグマの海(マグマオーシャン)でおおわれる。さらに,惑星内部の温度が上昇して全融解し,惑星全体がマグマの海によって満たされる。マグマの海では密度が大きい金属の鉄が落下して,地球中心に集まる。

このように,重力と形成当時の熱によって地球内部の成分が分離し,化学組成の異なる層構造ができた。

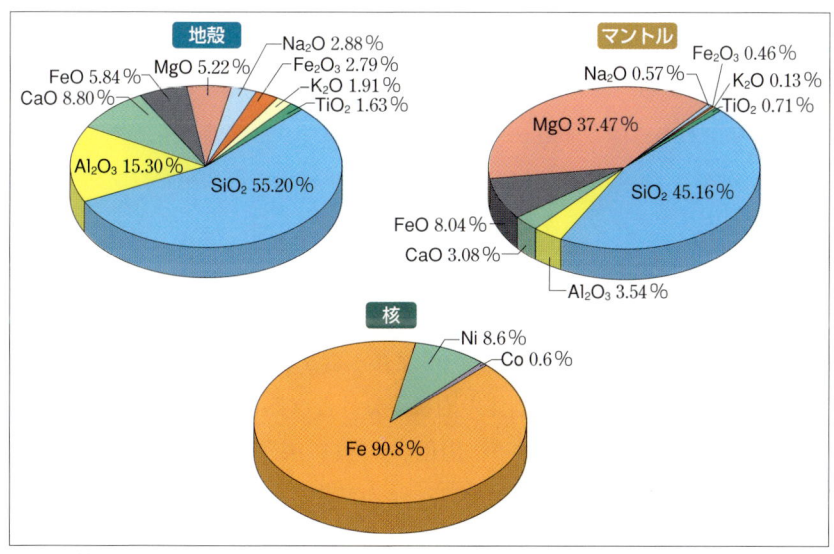

図30 地殻・マントル・核の平均的化学組成の推定値(質量%)
岩石の化学組成は,一般に酸化物の形で表される。

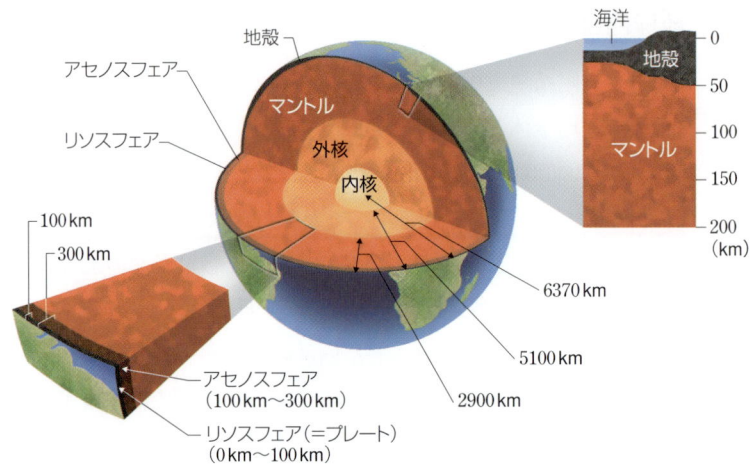

図31 地球の内部

❶**地殻** 地殻の構造は，大陸と海洋で大きく異なっている。大陸地殻は厚さ30〜50kmで，花崗岩質岩石の上部地殻と，玄武岩質岩石の下部地殻に分けられる。海洋地殻はほとんど玄武岩質岩石で，厚さ5〜10kmである。

❷**マントル** 深さ400〜700kmの遷移層をはさんで，上部マントルと下部マントルに分けられる。上部マントルは，地震波速度やマグマの組成などから，かんらん石と輝石を主とするかんらん岩からなると考えられる。下部マントルでは，圧力の増加によりこれらの鉱物は，高圧で安定な結晶構造をもつ鉱物に変わっている。

❸**核** 主として鉄からなり，ニッケルも含まれていると考えられている。核は，液体の外核と，固体の内核に分けられる。地球の冷却とともに，液体の核が中心部から徐々に固化し，内核が成長してきたと考えられる。

3 | 地殻熱流量

A | 地温勾配

鉱山の坑道などでは，地表から地下深くへと進むにつれて，周囲の岩石の温度が上昇する。その割合は，場所によって若干の違いはあるが，平均すると深さ 100 m 当たり 3 ℃程度（図 32）である。これを**地温勾配**あるいは**地下増温率**という。

地温勾配が存在するのは，地球の内部が高温だからである。

じゃがいもを温めてしばらく放置してから，温度センサーなどを差しこんでその内部の温度構造を調べてみると，表面に向かって温度が徐々に低下しているのがわかる。これは，内部の熱が熱伝導によって冷たい大気中へと移動し，冷えていくためである。

地温勾配もこれと同じ現象であり，高温の地球内部から，冷たい宇宙空間へと熱が移動し，地球が冷却されているために起こる。

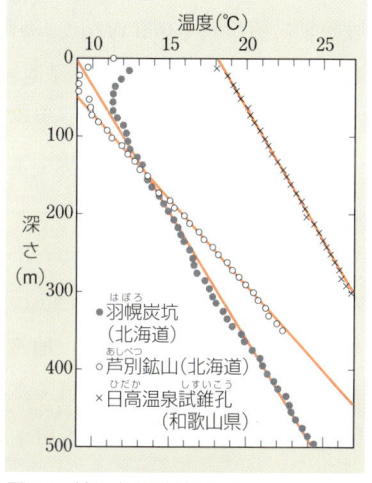

図 32 地温勾配の実測例
ほぼ深さ 100 m 当たり 3 ℃程度の地下増温率のものが多いことがわかる。

地球内部の温度構造は，マントルの深さ 1000 km ほどで約 2000 ℃程度，マントルと核の境界で約 3000 ℃程度，中心部で約 5000 ℃程度である。このように，固体地球の内部はきわめて高温の状態にある。

問 1. 地下増温率 3 ℃/100 m の割合を地下深部まで使えるとして，地球中心部の温度を計算し，理論的推定値と比較せよ。地球半径を 6370 km とする。

B 地殻熱流量

地球は内部ほど温度が高いので，高温の内部から低温の地表へ，熱が流れ出ている。この地表に流れ出る熱量を，**地殻熱流量**という。

地殻熱流量は，単位面積を単位時間に流れ出る熱量で表し，単位はW/m^2である。1Wは，1秒間当たりに1Jの熱量が流れ出たことを表す。

地球全体の地殻熱流量の平均値は約$0.085\ W/m^2$であるが，大陸地域の平均値は約$0.065\ W/m^2$，海洋地域の平均値は約$0.1\ W/m^2$であり，海洋地域のほうが高い。海洋地域においても，プレート拡大境界である中央海嶺付近で最も高く，中央海嶺から遠ざかるにつれて低くなっていき，プレート沈みこみ境界である海溝付近で最も低くなる(図33(a))。これは，マグマが上昇してプレートが生産される中央海嶺付近が最も熱く，プレートが移動するにつれ冷やされて密度を増し，最も冷たくなった場所で沈みこんでいくことを反映している。プレート沈みこみ境界にあたる日本列島においても，地殻熱流量は，冷たい太平洋プレートが沈みこむ日本海溝付近が最も低く，火山が出現する火山フロント(→p.48)付近から急激に高くなる(図33(b))。

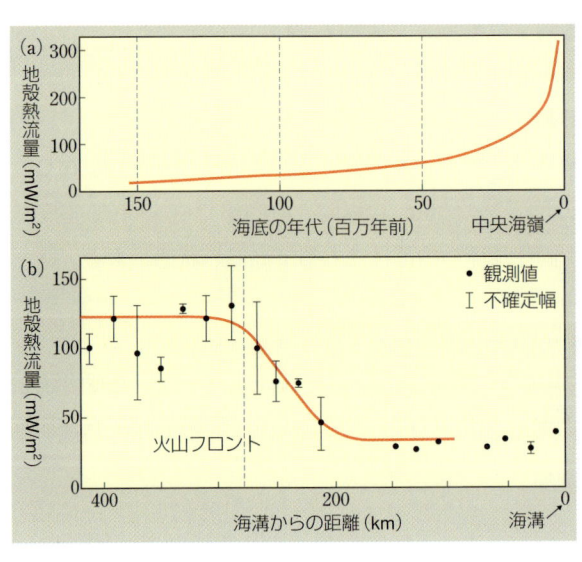

図33　地殻熱流量の変化
(a)海洋プレートにおける地殻熱流量の変化。中央海嶺(プレート拡大境界)から遠ざかり，海洋底の年代が古くなるほど地殻熱流量は小さくなる。(b)沈みこみ境界における地殻熱流量の変化。地殻熱流量は海溝付近では小さいが，火山フロントに向かって増大する。海溝付近は冷たく，火山フロントより内陸側は熱いことを示している。

C 地球内部の熱源

これまで述べてきたように，地球の内部はきわめて高温である。こうした熱エネルギーの源(熱源)は何であろうか。熱源として考えられるのは，地球が形成されるときに蓄えられた熱エネルギーと，地球内部の放射性同位体の放射性崩壊によって生成された熱エネルギーである。

地球は，太陽系形成時に太陽のまわりを周回する公転軌道上にあった微惑星が，互いに衝突し集積することで形成されたと考えられている(→p.225)。この衝突のエネルギーが蓄積され，やがて原始地球は全面的に融解してマグマオーシャン(→p.228)がつくられた。このマグマオーシャンが冷えて固化していく過程で，重い鉄は重力によって地球の中心部に集まり，鉄からなる核が形成された。前者の衝突エネルギーと，後者の鉄が地球の中心に移動する際の位置エネルギーが，地球形成時に地球内部に蓄えられた熱エネルギーである。

放射性同位体は，放射線を出して崩壊していくが，この放射線の放出が発熱の原因となる。地球内部に存在する，ウラン(U)やトリウム(Th)，カリウム(K)などをはじめとするさまざまな放射性同位体の放出する熱が，地球内部の熱源となる。
→表1

最近の考えでは，地球形成時に蓄えられた熱エネルギーと放射性崩壊によって生成される熱エネルギーの割合は，ほぼ1対1であるとされている。

地球は活発なプレートの活動や火山活動を行う生きた惑星であるが，そうした活動の原因となっているのが，地球内部の豊富な熱エネルギーである。

表1 岩石中の元素の含有量と岩石の発熱量

岩 石	含有量 (g/岩石1g)			発熱量 (W/m³)
	U	Th	K	
花崗岩質岩石	390×10^{-8}	1600×10^{-8}	3.6×10^{-2}	2.45×10^{-6}
玄武岩質岩石	50×10^{-8}	160×10^{-8}	0.4×10^{-2}	0.309×10^{-6}
かんらん岩	2.0×10^{-8}	6×10^{-8}	0.006×10^{-2}	0.0117×10^{-6}

参考 同位体

原子は原子核と負の電荷をもつ電子から構成される。原子核は正の電荷をもつ陽子と、陽子と質量は同じだが電荷をもたない中性子からなる。

宇宙で最も単純な構成をもつ原子は水素であり、陽子1個からなる原子核と1個の電子からなる。水素には、原子核が陽子1個と中性子1個からなる重水素もある。元素の性質はその電気的性質、すなわち陽子の数で決まる。重水素の質量は水素の2倍であるが、陽子は1個なので、電気的性質からは水素である。重水素のように、元素として性質は水素と同じであるが、原子核の質量数(陽子と中性子の数の和)が異なるものを**同位体**という。

同位体には**安定同位体**と、原子核から放射線を放出して他の原子核に変化していく**放射性同位体**とがある。放射性同位体が、放射線を放出しながら別の原子核に変化する現象を**放射性崩壊**という。放射線はエネルギーをもっているので発熱現象が起こる。そのため、放射性同位体は熱源となる。

放射性崩壊によって別の原子核に変化していく割合は常に一定であり、周囲の条件の変化に左右されない。このことから地質時計として利用される(→p.223 放射年代)。

表A 水素の同位体の比較

原子の種類を原子番号(陽子の数)や質量数(=陽子の数+中性子の数)を含めて表すときは、元素記号の左下に原子番号、左上に質量数を書く。

$^{1}_{1}H$	原子	$^{2}_{1}H$
陽子	互いに同位体	中性子
1	原子番号	1
	陽子の数	
	電子の数	
0	中性子の数	1
1	質量数	2

表B 自然界に存在する同位体の例

元素名	同位体	陽子の数	中性子の数	存在比(%)
水素	$^{1}_{1}H$	1	0	99.9885
	$^{2}_{1}H$		1	0.0115
炭素	$^{12}_{6}C$	6	6	98.93
	$^{13}_{6}C$		7	1.07
カリウム	$^{39}_{19}K$	19	20	93.2581
	$^{40}_{19}K$		21	0.0117
	$^{41}_{19}K$		22	6.7302
ウラン	$^{234}_{92}U$	92	142	0.0054
	$^{235}_{92}U$		143	0.7204
	$^{238}_{92}U$		146	99.2742

第2編　地球の活動

第1章
　プレートテクトニクス　p.40
第2章
　地震と火山　p.56
第3章
　変成作用と造山運動　p.96

アイスランドの火山列

アイスランドには，マグマが噴出して火山が並び，海面上に姿を現している中央海嶺があり，そこはプレートの拡大軸でもある。また，中央海嶺とホットスポットが重なっている世界でも特異な場所である。アイスランドを貫く大西洋中央海嶺は他の中央海嶺につながっていて，これらの中央海嶺は地球上をほぼ一周している。こうして，今でも地球は熱を放出して，冷却を続けている。

第1章
プレートテクトニクス

ハワイ諸島
©Jacques Descloitres, MODIS Land Rapid Response Team at NASA GSFC

プレートは「硬い板」、テクトニクスとは「地形などの構造がつくられる過程を説明する理論」を意味する。プレートテクトニクスでは、プレートが水平に動くことによって、さまざまな地殻変動が起こると考えている。ここでは、プレートテクトニクスの考えが、どのようにして導き出されてきたか、その歴史を学習する。

1 | プレートテクトニクス成立の歴史

プレートテクトニクスでは、「地球は複数の硬いプレートにおおわれていて、そのプレートが水平に動くことによって、地震・火山活動・造山運動が起き、地球表面の構造が作られている」と考えている。

重力によって垂直方向にものが移動することは理解しやすいが、プレートが水平方向に移動するしくみは理解しにくかったために、プレートテクトニクスの考えが受け入れられるまでに時間がかかった。

A | ウェゲナーの大陸移動説

ウェゲナーは、現在の大陸を適当に移動させてみると、ちょうどパズル合わせのように海岸線の形が一致することに気がついた。ウェゲナーはその他の地学的な情報を集め、1912年に大陸移動説を発表した。
ドイツ 1880～1930

彼は、全世界の陸地は石炭紀後期(約3億年前)にはパンゲアという1つの巨大な大陸をつくっており、ペルム紀になると南北に分裂をはじめたと考えた。南北に分かれた大陸をそれぞれゴンドワナ大陸とローレシア大陸、その間の海をテチス海といい、2つの大陸がその後さらに分裂と移動を続けた結果、現在の大陸分布がつくられたと考えたのである(図1)。

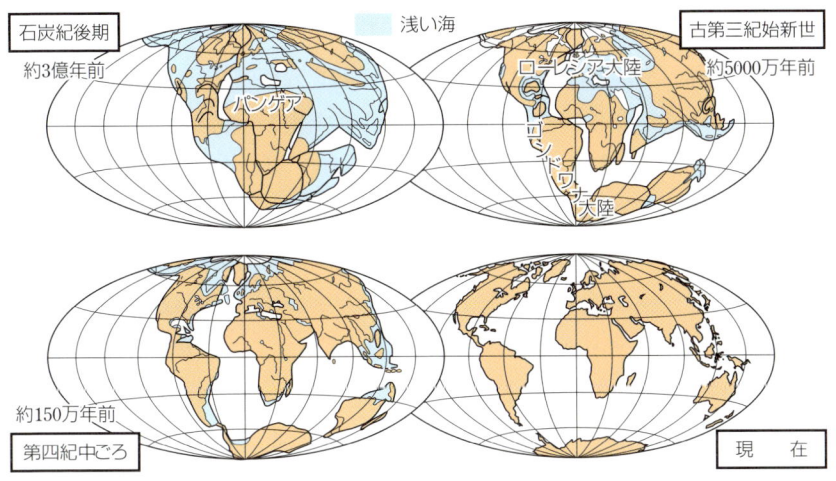

図1 ウェゲナーが考えた大陸移動の経過

　この大陸移動説は，大洋で遠く隔てられた両方の大陸に類似した陸生生物の化石が存在することや，それぞれの大陸における氷河の流れた向きなどをうまく説明できること（図2）から，当時の多くの研究者から注目された。

　大陸移動説はいろいろな論議をよんだが，当時では大陸が分裂して水平方向に移動する原動力をうまく説明できないこともあって，この魅力的な説は多くの反対にさらされ，人々の支持を失っていった。

図2 氷河の流れの向きや植物の分布などをもとにして復元したパンゲア

第1章 プレートテクトニクス

B 大陸移動説の復活

岩石は，形成された時代の地磁気の情報を残留磁気(→p.24)としてもっている。この情報を使って昔の地磁気を研究する分野を**古地磁気学**という。

岩石試料に保存されている残留磁気を測定すると，偏角と伏角(→p.19)からその岩石がつくられた時代の見かけの地磁気極の位置を求めることができる。いろいろな時代の岩石から求めた地磁気極の位置は，年代とともに移動していることがわかった。これを**極移動**という。

大陸ごとに極移動の軌跡を求めると，年代とともに規則的にずれていることがわかった。地磁気極の位置は大きく変わらないので，このような極移動の軌跡のずれは，大陸が移動すると考えると大変うまく説明できる。例えば，図3(a)に示したように，ヨーロッパ大陸と北アメリカ大陸から求めた地磁気北極の極移動の軌跡は，時代が古くなるとともに離れている。図3(b)のように，ヨーロッパ大陸と北アメリカ大陸の位置を大西洋拡大前の位置にもどすと，両大陸で得られた地磁気北極の移動曲線が一致する。

このように古地磁気学の研究から求められた大陸移動は，ウェゲナーの説と大筋で一致することがわかり，1950年代に大陸移動説は劇的に復活した。

(a) 現在の大陸から見た各時代の極の位置
(b) 大西洋を閉じた場合

ヨーロッパ大陸からの極移動曲線
北アメリカ大陸からの極移動曲線

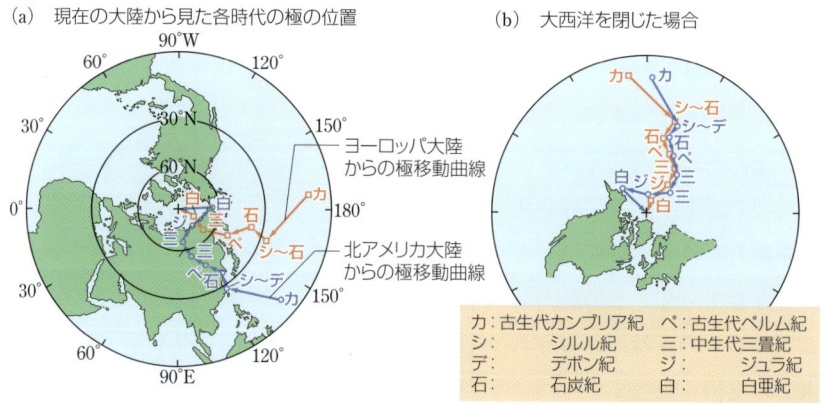

カ：古生代カンブリア紀　ペ：古生代ペルム紀
シ：シルル紀　　　　　　三：中生代三畳紀
デ：デボン紀　　　　　　ジ：ジュラ紀
石：石炭紀　　　　　　　白：白亜紀

図3 極移動から考えられた大陸移動
(a)は，ヨーロッパ大陸と北アメリカ大陸それぞれの岩石から求めた見かけの地磁気北極の位置を示したものである。(b)は，大陸移動説によって大西洋を閉じた場合の見かけの地磁気北極の位置で，極移動曲線が一致している。

C　海洋底拡大説

❶海洋底拡大説　地球の$\frac{2}{3}$を占める海洋，特に深海底は人類にとって全く未知の世界であった。しかし，1960年代になると，潜水艦の運行や探知という軍事的な目的もあり，海洋底の研究は目覚ましい発展をとげるようになった。

結果として，海洋底に延々と連続する巨大海底山脈である中央海嶺の地形学的特徴や，いろいろな海域の地殻構造や熱流量分布などが明らかになった。そのようなデータをもとに，アメリカのヘスとディーツは，海洋底拡大説を提案した。

彼らの基本的な考えは，中央海嶺では地球内部からマグマが上昇して海洋地殻が生まれ，海嶺の両側に向かって水平方向に移動し，海溝で沈みこむ(図4)というものである。したがって，大西洋では大西洋中央海嶺を中心とする海洋底の拡大とともに東西両側の大陸は移動することになり，ウェゲナーの大陸移動の結果を説明できる。海洋底は全体としてみると絶えず更新されており，大陸のような古い年代をもつ地殻は海洋底では存在しないことになる。

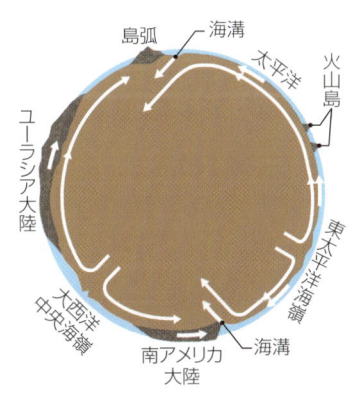

❷地磁気のしま模様　地磁気極は，常に自転軸とほぼ一致しているが，その極性は頻繁に反転する。イギリスのヴァインとマシューズは，この地磁気の反転は，海嶺で常に生成されている海洋地殻に磁気異常のしま模様として記録されていると考えた(図5)。

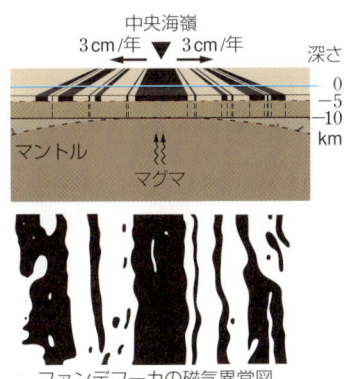

図4　海洋底拡大説

図5　地磁気のしま模様
黒は現在と同じ向きに，白は逆向きに磁化している。

第1章　プレートテクトニクス

記録されているしま模様は海嶺をはさんで対称的であり，代表的な地域における海洋底の磁気異常のしま（図6）の年代を求めておけば，他の海洋底においてもしま模様からその年代を容易に知ることができる。このような古地磁気による手法を用いて調べた結果，世界の海洋底の年代は海嶺から海溝に向かって古くなっており，最も古くても2億年（図7）であることがわかり，海洋底拡大説の直接的な証拠となった。

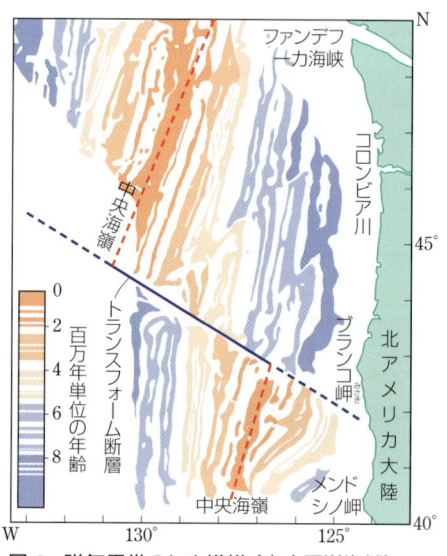

図6　磁気異常のしま模様（東太平洋海域）

　地磁気のしま模様によって求められた海洋底の年代は，海洋地殻の真上にある堆積物に含まれる化石を調べることによって確認された。

　このように，海洋地殻の年代は，40億年前までさかのぼることができる大陸地殻に比べて大変新しい。大陸地殻に古い時代の岩石が分布しているのは，大陸地殻がのっている大陸のプレートの密度は十分に小さいために，地下深くに沈みこみにくいからである。

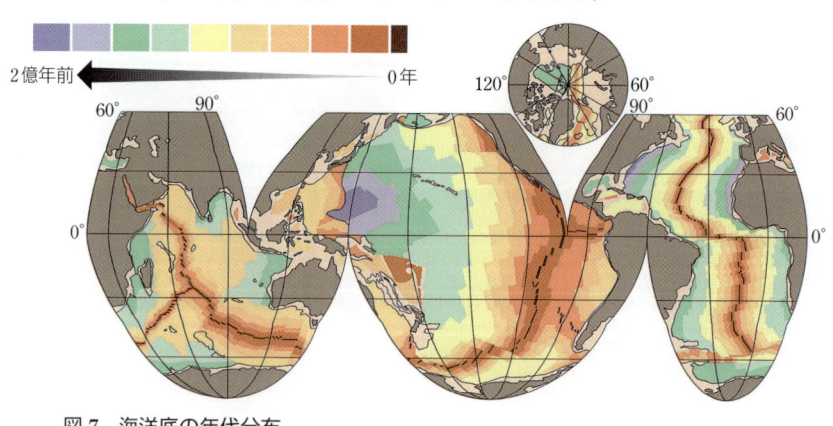

図7　海洋底の年代分布

2 | プレートテクトニクス

A | プレートの実体

　1970年代になると，大陸の移動を，変形しにくい硬い板であるプレートの動きとして説明できるようになった。

　プレートの実体は，リソスフェアとよばれる硬い岩層で，その下にはアセノスフェアとよばれる流れやすくやわらかい岩層が存在する（→p.14）。リソスフェアとアセノスフェアは，力を加えたときにどのように変形するかで分類される。

　リソスフェアは，異なる化学組成をもつ地殻とマントルを含んでいる（図8）。

　プレートは，流動しやすいアセノスフェアの上を滑るようにして動いている。プレートとプレートは互いに異なる方向に動いているために，さまざまな現象がプレート境界にそって発生し，大地形を作りだしていることがわかった（図9）。

　アセノスフェアと同じような性質をもつ「スライム」を作って，プレートの動きを再現してみよう。
→次ページの実験4

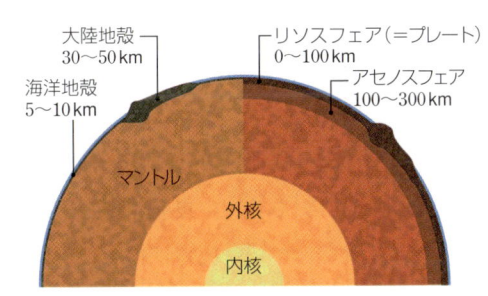

図8　地殻・マントルとリソスフェア・アセノスフェアの比較の図

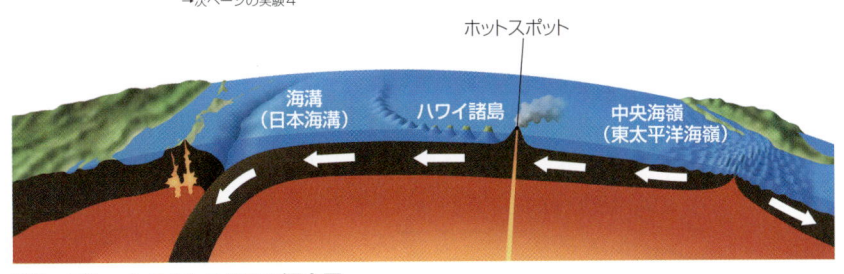

大陸地殻 30〜50km
海洋地殻 5〜10km
リソスフェア（＝プレート）0〜100km
アセノスフェア 100〜300km
マントル
外核
内核

図9　プレートテクトニクスの概念図

海溝（日本海溝）
ハワイ諸島
ホットスポット
中央海嶺（東太平洋海嶺）

> **実験 ④ スライムによるプレートの動き**
>
> ■準備　ホウ酸ナトリウム，P.V.A(ポリビニルアルコール)入り洗濯のり，ビーカー(100 mL)，着色料，板
>
> ■手順
> ❶ビーカーに100 mLの水を入れ，温めながらホウ酸ナトリウムを溶けなくなるまで入れる。
> ❷ホウ酸ナトリウムの飽和水溶液の中に，P.V.A(ポリビニルアルコール)の入った洗濯のりを，よくかき混ぜながら入れる。そうすると，軟らかなスライムができる。
> ❸机の上に直接，板を置き，板のすべりやすさを確認する。
> ❹スライムの上に板を置く。スライムは地球内部のアセノスフェアで，板はプレートとみなせる。板を軽く押すと簡単に移動することがわかる。

B　プレートの境界

地球上の大地形のうち最も特徴的なものは，**中央海嶺**と**海溝**である。これらはいずれも，太陽系地球型惑星(→p.273)の中では，地球にしか見られないものである。中央海嶺は，プレート拡大(生産)境界，海溝はプレート沈みこみ(消費)境界に相当している。

❶**中央海嶺**　中央海嶺(図10,11)では，プレートが引っ張られてできた割れ目をマントル物質起源のマグマが満たすように上昇し，プレートが生産される。中央海嶺は，地球上で最も火山活動の活発な場所[*1)]であるが，海底にあるためにその火山活動は目立たない。

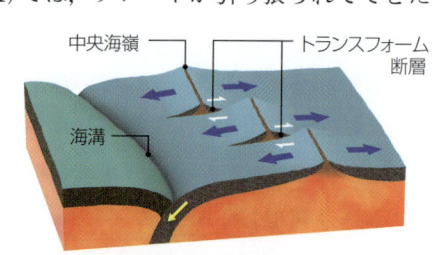

図10　3種類のプレート境界

❷**海溝**　冷えて重くなったプレートが地球内部へと沈みこんでいくプレート消費境界にあたるのが，海溝(図10)である。海溝付近にも，活発な火山活動が見られる。

[*1)] 地球上でのマグマの生産は，プレート拡大境界が62％，プレート沈みこみ境界が26％，ホットスポット(→p.52)他が12％を担っており，プレート拡大境界が約6割を占める。

❸**トランスフォーム断層**　移動するプレートどうしがすれ違うプレートすれ違い境界には，横ずれ断層(→p.206)の一種である**トランスフォーム断層**(図10,13)が形成される。

図11　ギャオ(アイスランド)
大西洋に位置する火山島アイスランドは，中央海嶺が海面上に姿を現した数少ない場所である。崖の左側から北米プレートになる。

図12　枕状溶岩(大西洋中央海嶺)
中央海嶺では，玄武岩質の流動性の高いマグマが，割れ目にそって大量に噴出し，海中に噴出すると急に冷えるため，枕を積み重ねたような構造となる。

図13　サンアンドレアス断層(アメリカ)
太平洋プレートと北米プレートの境界のトランスフォーム断層である。断層は1000 km以上続く。

C　プレートの分布

プレートは互いに異なる方向に移動しているために，プレートとプレートの間ではひずみがたまり，そのひずみを解放するために地震が発生する。結果として，プレート境界をなぞるように地震が発生している(p.48 図14)。

第1章　プレートテクトニクス

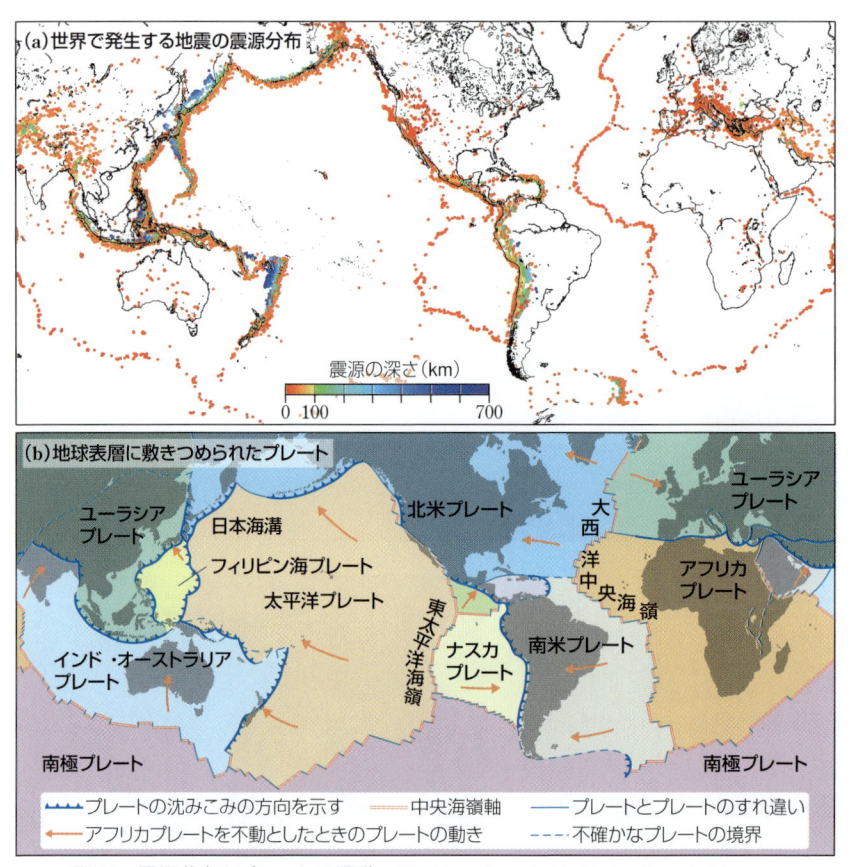

図14 震源分布とプレートの運動 地震は，プレートの境界で多発している。

D 火山の分布

　活動の活発な火山(図15)は，限られた地域にしか存在しない。プレート境界にそって線状に並んでいる所もある。地震の分布図(図14(a))と比較してみると，この線は，震源の深さが100 kmより深い地震が発生している地域に限られているように見える。

　日本列島のようなプレート沈みこみ境界では，火山は海溝から100〜300 kmといった一定の距離だけ離れた場所から現れ始め，海溝とほぼ平行に帯状に分布する(図16)。海溝側で火山が現れ始める場所を結んだ線のことを**火山フロント**(火山前線)とよび，火山の分布域のことを**火山帯**とよぶ。火山は，火山フロントに密集していて，そこから内陸側に離れるほどその分布はまばらとなる。

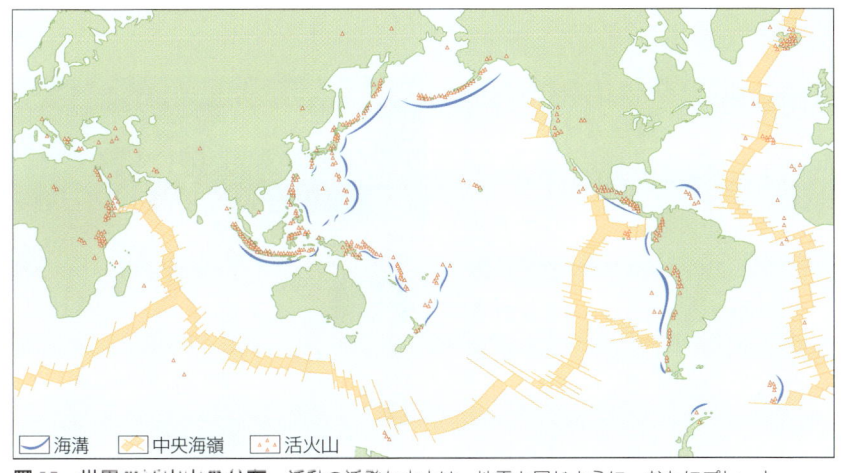

図15 世界の活火山の分布 活動の活発な火山は，地震と同じように，おもにプレート拡大境界やプレート沈みこみ境界にそう地域とホットスポット上（→ p.52）に分布している。

日本列島には，太平洋プレートの沈みこみに対応した東日本火山帯と，フィリピン海プレートの沈みこみに対応した西日本火山帯がある。

E　海洋のプレートの成長と運動

プレート拡大境界[*1)]は，中央海嶺のように海底に盛り上がる山脈として観測できる。この境界を両側に引っ張る方向に力がはたらいているため，海嶺の下から物質が受動的に上がってきている。

一般に，物質の融点は，圧力が低くなると下がる。地球の深部から上がってきた高温の物質は圧力の低下によってとけてマグマとなり，火山活動を活発にして，海洋の地殻が形成される。プレート拡大境界で生産された海洋のプレート（リソスフェア）は，水平方向に移動する間に冷やされていく。

図16 日本列島におけるおもな第四紀火山の分布と火山フロント

---

*1) プレート拡大境界は大陸の中にも見ることができる。典型的な例は，東アフリカ地溝帯である。ここでは，新第三紀中ごろから大陸地殻を割って火成活動が始まり，3方向に向かって大陸が裂け始めた。東方へはアデン湾，北方へは紅海，そして南方へは東アフリカ地溝帯が，現在も大陸を裂きつつある。

海洋のプレートの表面だけではなく、海洋のプレートの下のアセノスフェアも冷やされていくために、アセノスフェアの上部は硬くなり、海洋のプレートに取りこまれる（図17）。化学組成は変化せず、温度が下がるだけなので、新たに海洋のプレートに取りこまれた部分は、その下のアセノスフェアより密度が大きくなる。つまり、密度が大きく硬い板（海洋のプレート）が、密度が小さく流動する層（アセノスフェア）の上に乗っているような不安定な状態になっている。そのため、海洋のプレートはプレート沈みこみ境界で地球の深部に向かって落ちるように沈みこんでいく。沈みこむ海洋のプレート（スラブという）は同じ深さのマントルに比べて冷えているために重いので、海洋のプレートを下へと引っ張ることになる。このようにして、海洋のプレートは移動し、中央海嶺では新たに海洋プレートが生産される。

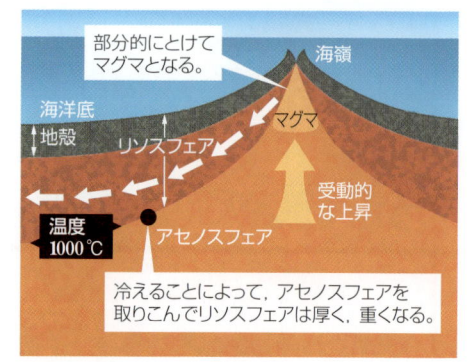

図17　海洋プレートの模式図

F　海洋底の地形

海洋底の地形を調べてみると、プレートが生産される中央海嶺から離れるにしたがい、深くなっていく（図18）。深くなっている割合を調べると、はじめは大きく変化して、そのうち一定の値に近づいていく。海洋底が深くなっていくこととプレートの厚さと平均的な密度は、強く関係している。海洋底ではアイソスタシー（→p.14）が成立しているために、プレートの密度が大きな所では沈み、密度の小さな所では盛り上がる。中央海嶺周辺で盛り上がっているのは、生成直後のプレートの厚さが薄く軽いためであり、時間とともにプレートが成長し重くなっていくにしたがい、海洋底は深くなっているのである。

古地磁気の研究によって地磁気逆転の歴史が詳しく調べられているの

で，海洋底拡大に要した時間がわかる。海嶺軸からの距離をこの拡大に要した時間で割ることによって，プレートの水平方向の成長速度が求められる。その結果，多くの場所で年間1〜10 cm程度であることがわかった。

G｜プレートの運動

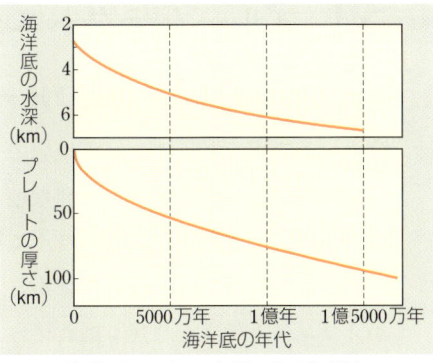

図18　海洋プレートの冷却による海洋底の水深とプレートの厚さの変化
横軸は，プレートが中央海嶺で生産されてから経過した時間を表す。

プレートは，地球の表面を移動している。こういった球の表面を移動する，球をおおうように丸みを帯びた板の運動は，地球の中心を通る軸を中心とした回転として表される。プレートはその軸を中心として回転しているので，移動するスピードは軸から遠ざかるほど大きくなる。

1つのプレートを固定して，他のプレートの運動を調べる場合，プレートとプレートの境界でどのようにずれているかを調べればよい。トランスフォーム断層は隣りあったプレートが互いに水平にずれるだけなので，断層の方向はプレートの運動方向と一致する。また，プレート境界で地震が発生したときに岩盤のずれた大きさと方向（すべりベクトルという）を調べると，大まかにはプレートの運動方向と一致する。このずれの方向と垂直な大円上に回転軸の極は存在するので，複数のずれの方向から得られた大円を重ねるとプレートの回転軸を求めることができる（図19）。回転軸が求まれば，プレートの運動のようすを明らかにすることができる。

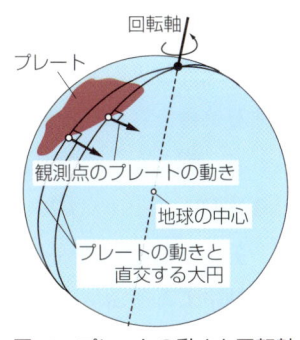

図19　プレートの動きと回転軸

---

*1) 球の中心を通る平面が球の表面と交わる円を**大円**という。赤道，子午線などは，大円である。

第1章　プレートテクトニクス　｜　51

3 | プルームテクトニクス

A | ホットスポットとプルーム

❶ホットスポット　プレート境界ではない所にも，火山活動が活発な地域がある。例えばハワイのキラウエア火山は，有数の活発な火山であるが，プレート境界から遠く離れている。このような所を**ホットスポット**（図20）とよぶ。[*1)]

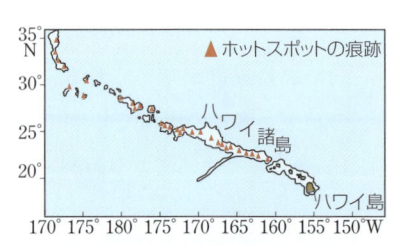

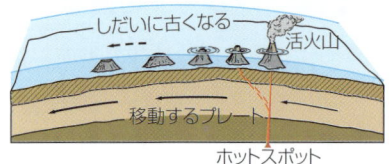

図20　ホットスポット

プレートは年に数cm動くが，ホットスポットの位置はほとんど変化しない。そのため，地表には，ハワイ諸島や天皇海山列のような，列になったホットスポットでできた火山やその痕跡が存在する。過去のプレートの動きは火山が活動した年代と現在の位置を調べることによって求めることができる。

❷プルーム　ホットスポットの下には，地下深部から物質が上昇する経路が存在する。この経路を**プルーム**とよぶ。プルームの根は，マントルと核の境界付近の非常に深い所に存在すると考えられ，地球深部で温められて，軽くなった物質が上昇している（図21）。

一般に，岩石は熱を伝えにくい。熱を効率よく運ぶには，岩石が移動する必要がある。地球では，プルームを通って地下の高温の物質が上昇することで，地球内部に蓄積されている熱を効率よく地表に運んでいる。

図21　プレート境界・ホットスポット・プルーム・火山フロント

---

*1) アイスランドは，中央海嶺とホットスポットが重なっているため，中央海嶺が海面上に姿を現している（→p.39 編初めの写真，p.47図11）。

B　マントルに沈みこんだプレート

　マントルの構造や運動は，地震波の解析により知ることができる。これまでは，プレートの沈みこみによって地震が起こる約 670 km の深さまでについては知られていたが，マントルの全体像は明らかでなかった。最近，多くの地点で地震波を観測してその伝わり方を解析し，地震波が地球内部を伝わる速度の 3 次元的な分布を明らかにする地震波トモグラフィーという手法が発展し，地球の内部構造を透視できるようになった。

　地震波の速度は，温度や物質の違いを反映して変化し，周囲より温度が低い場所では速く，高い場所では遅い。図 22 (a) は，地震波トモグラフィーを用いて明らかにされたマントル内部での地震波の速度を示したものである。

　日本列島の地下約 670 km 付近には，太平洋の海底下に見られない地震波速度の速い層（温度が低い層）が特徴的に分布している。太平洋プレートは 1.5 億年よりもさらに前から日本列島の下に沈みこんでいることが，地質学的な証拠からわかっている。

　これらのことから，日本列島周辺のマントルに見られる地震波の高速度異常域は，沈みこんだ過去のプレートの残骸であると考えられている。日本列島周辺の奥深くには過去のプレートの残骸が詰まっており，ちょうどその場所に地震波の高速度異常があると考えられる。周囲よりも温度の低い沈みこむプレートは，マントル深部へ落下して核

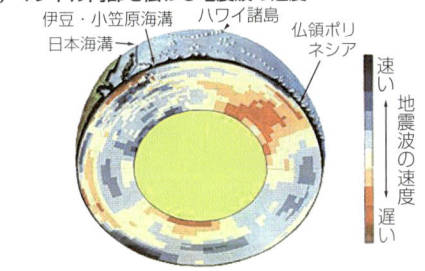

(a) マントル内部を伝わる地震波の速度

(b) (a)の地震波の速度の違いから考えられるマントルの動き

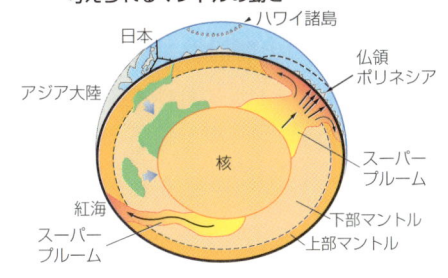

図 22　地震波トモグラフィーとマントルの動き

第 1 章　プレートテクトニクス　53

のすぐ上まで到達しても周囲よりまだ低温なのである。

　670 km付近と核のすぐ上の2か所に高速度異常域が集中しているが，その中間には見られない。沈みこんだプレートは，670 km付近にいったん滞留して大きくなり，それから一気に下降すると考えられる（前ページの図22(b)）。

C｜スーパープルーム

　南太平洋の仏領ポリネシア付近におけるマントルの地震波速度は，核の近くまでのどの深さにおいても周囲より遅い。この地域の地表は直径約3000 kmもの広い範囲にわたって盛り上がっており，盛り上がった地域には活火山が集中している。また，この場所は，5つのホットスポットがまとまって分布している地域でもある。これらのことから，地震波速度が遅い部分のマントルは，周囲よりも高温で，マントル物質がゆっくりと上昇する運動をしていると考えられている。

　図23は，そのようにして推定された地球の断面図を示している。

　マントルに見られる巨大な柱状の形態は，マントル物質の対流を示すと考えられている。これを**スーパープルーム**という。スーパープルームは，アフリカと南太平洋の2つの地域の下のマントルに認められ，そこでは深部マントル物質が上昇している。一方，アジア大陸の下にはマントルを下降する巨大な低温の流れ（**コールドプルーム**という）がある。

　地球内部の大局的な運動は，これらマントルにおける2つの大規模な流れによって支配されていると考えられている。このような考えを**プルームテクトニクス**という。

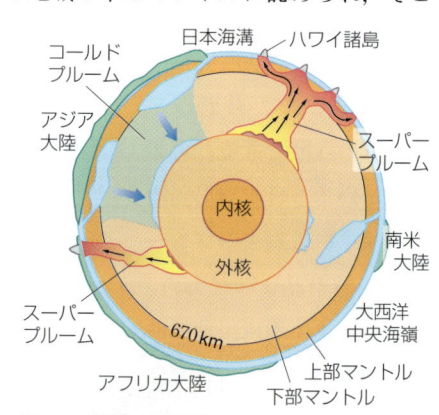

図23　地球の断面図
図は，スーパープルームとコールドプルームの動きを表している。

> **コラム**　**プレートテクトニクスは他の惑星では機能していない**

　地球型惑星である金星は，直径，質量，密度において地球とよく似ており，地球の姉妹惑星ともよばれる。金星の表層を厚くおおった硫酸の雲のために，金星の表面地形を観察することは長い間不可能であった。地球との類似性から，金星においてもプレートテクトニクスの考え方が適用できるとする見方が有力であったが，表面地形が観察不可能なため，そのことを確認することができなかった。しかし，1990年にアメリカのマゼラン衛星が金星を周回する軌道にのり，レーダーによって金星の表面地形を詳細に調査したことで，金星には地球のようなプレートテクトニクスの考え方が適用できないことが明らかとなった。

　金星には，地球のように大陸地域と海洋地域の明瞭な違いは認められず，また海洋地域に特徴的な中央海嶺や海溝のような地形やそれにそった火山の帯状配列も見られない。そのかわりに，地球上にはない巨大な環状の火山地形や，大型の盾状火山(→p.85)などが発達している。これらの火山性構造は，プルームに由来するものと考えられている。

　それでは，地球と比べて大きさも重さも密度も小さな火星の場合はどうだろうか。火星にも，地球で見られるようなプレートテクトニクスの考え方で説明できる大地形は見られず，太陽系最大の火山といわれるオリンポス火山(p.278 図8)などの大型の盾状火山が散在するのみで，やはりプルームのみに由来する地形をもつ惑星である。

　これらの惑星，特に性質の類似する金星にプレートテクトニクスの考え方が適用できず，地球にだけ適用できる理由については，まだ十分に解き明かされていない。

図A　金星，地球，火星の表面の地形　(©G.A.Neumann and NASA-GSFC.)
金星や火星と，地球の表面の地形は大きく異なる。

第1章　プレートテクトニクス

日本海溝付近の地震のつめ痕
(開口性割れ目)
©JAMSTEC

第2章 地震と火山

地震と火山は，どちらも地球内部に蓄えられたエネルギーが原因となって起こる現象である。地震の多い地域では，火山活動も活発である。地球表層部で地球内部のエネルギー放出が特に集中する場所は，日本列島のようなプレート境界やハワイ島のようなホットスポットであるが，こうした場所には地震活動や火山活動が集中する。

1 地震

　地震は，地殻やマントルに蓄積したひずみが一瞬で解放されることによって発生する。地震が起こると，地震波が地球全体に伝わっていく。この地震波から，揺れの大きさをはかるものさしである**震度**，地震の開始地点である**震源**と地震の規模をはかるものさしである**マグニチュード**が求められる。また，地下にどのような力が加わっているのかも知ることができる。

A 地震発生のしくみ

　江戸時代には，地下の大ナマズが暴れると大地震になるという言い伝えがあり，大地震の後に，多くのナマズを擬人化した**鯰絵**とよばれる錦絵(図24)が描かれた。その後，地震学の研究が進み，地下で蓄えられたひずみが断層のずれとして一瞬で解放される現象が地震であることがわかった。大地震が起こる所は，地下にひずみが蓄えられている場所に限られる。

図24　鯰絵 (国立歴史民俗博物館所蔵)

56　第2編　地球の活動

地震発生と同時に，断層面上にある震源から地盤のずれが開始する。このずれは約3km/sもの速度で広がっていく。大きな地震になると，10m以上ものずれが生じる。浅い所で大地震が起こると，ずれは地表まで達し，断層として地表で観測できる（図25）。このずれによる衝撃により地球が揺らされ，波（**地震波**）となり，地球の中を伝わっていく。

図25　台湾集集（チチ）地震（1999年）
川を横切る断層によって川底に5mの落差が生じ，滝ができている。

B 震度

　地震による各地点の揺れの強さをはかるものさしは，震度である。日本では，全国の市町村に設置されている震度計の観測記録を用いて震度を決定している。

　日本で使用されている震度階級は，気象庁震度階級（→p.392）である。震度階級は，阪神・淡路大震災（図26）などをきっかけとして見直され，現在では，階級は10段階に分けられており，階級ごとに解説文が用意されている。震度は，地震時に動いた断層から離れるほど小さくなるが，地盤の緩（ゆる）いところでは揺れが増幅され，大きな震度となる場合もある。[*1]

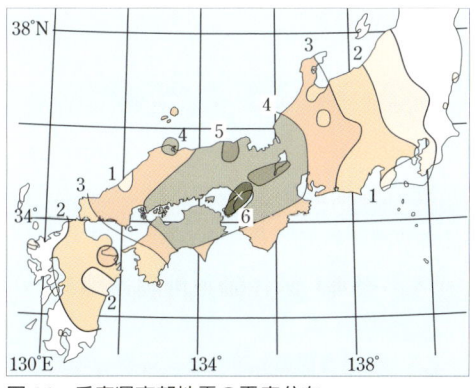

図26　兵庫県南部地震の震度分布
阪神・淡路大震災を引き起こした1995年兵庫県南部地震の震度分布。×が震央。詳しい調査により，神戸と淡路島で震度7の激震が観測されたことがわかっている。この震度は，10段階に改訂される前の震度階級である。

---

*1) 一部の深発地震では，震央付近ではほとんど揺れないが，震央から離れた地点では大きく揺れる現象が観測される。これは，沈みこむ海洋プレートの中に波のエネルギーが閉じこめられて，地表まで伝わっていくためであると考えられている。

C 地震波の性質

　池に石を投げ入れると、石が落ちた点を中心とした同心円状に波紋(水面の揺れ)として波が伝わっていく。これと同じように、地震が起こると、震源から波(地震波)が地球内部を伝わっていく。大きな地震が起こると、全世界の地震観測点で地震波を観測できる(図27)。

　地球内部を伝わる波には、P波とS波の2種類がある。初めに観測点に到着する波を**P波**(図27)という。次に観測点に到着する波を**S波**(図27)という。S波の後に地球表面を伝わって観測点に到着する周期(→p.389)が長い波は**表面波**(図27)という。地表付近の岩石中を伝わる地震波の速度は、P波が5〜7 km/s、S波が3〜4 km/s、表面波が3 km/s程度である。

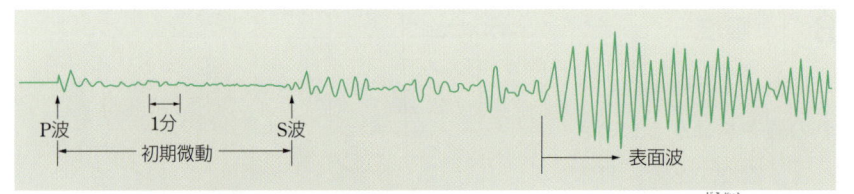

図27　地震の記録　1974年1月10日、ニューヘブリデス島地震の埼玉県堂平観測所における上下動記録(震央距離約6400 kmの遠地地震)

参考　緊急地震速報

　気象庁は、大きな揺れがくる前に震度の大きさを知らせる「緊急地震速報」を提供している。このシステムでは、震源近傍のP波の情報で地震の発生時間・位置(震源)・大きさ(マグニチュード)を即時に決定し、震源からの距離とマグニチュードから各点の震度を推定している。震源から十分に離れている地点では、S波が到達する前に、警報を出すことができる。大きな揺れがくる前に情報を入手できれば、学校や病院、道路をはじめとした公共施設などを担う機関にとって、地震に対応をする時間的余裕が生まれるであろう。

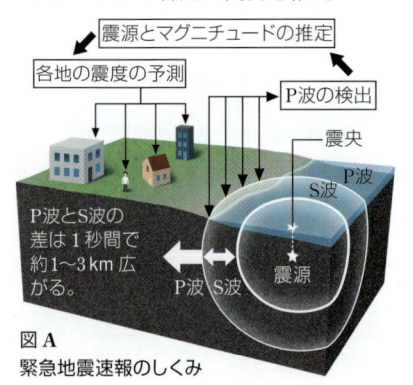

図A　緊急地震速報のしくみ

D　震源の決定

　地震による断層のずれは，断層上の1点から開始する。この開始点を**震源**，その真上の地表を**震央**とよぶ（図28）。また，震源から観測点までの距離を**震源距離**，震央から観測点までの距離を**震央距離**とよぶ。

　地震発生と同時に，P波とS波は震源から同時に伝わり始めるが，P波のほうが速く伝わるので，観測点にはP波のほうが先に到達する。P波とS波の到着時刻の差を**初期微動継続時間**（図29）（P-S時間）という。震源距離D〔km〕に比例して，初期微動継続時間T〔s〕は長くなる（図29）ので，$D = kT$となる。この式を震源距離に関する**大森公式**という。比例係数k〔km/s〕は地震波の速度によって決まり，地域によって異なる。日本付近では6～8 km/sである。初期微動継続時間Tがわかれば，震源は観測点を中心とした半径Dの半球上に存在することになる。したがって，3つの観測点で初期微動継続時間を調べれば，震源の位置を決定できる（図30）。

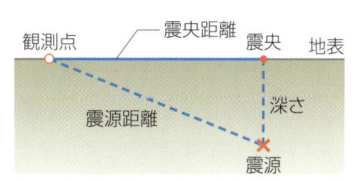

図28　震源と震央

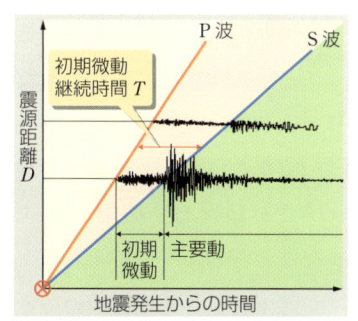

図29　震源距離と初期微動継続時間

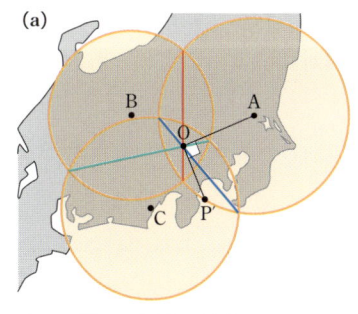

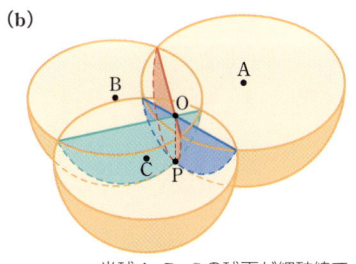

図30　震源・震央の決定の原理
(a)図で，観測点A，B，Cを中心にそれぞれの震源距離（地図の縮尺に換算）を半径とする円をかく。3つの共通弦が交わった点Oが震央である。OからAOに垂線を引き，Aの円との交点の1つをP'とすると，OP'が震源の深さとなる。この震源は，実際には(b)図のPの位置である。OP' = OPである。

半球A，B，Cの球面が細破線で接し，その交点が震源Pとなる。

第2章　地震と火山

E　地震の情報

地震を表現する基本的な情報は，**震源，震源時，マグニチュード**(記号：M)である。震源は地震の開始点，震源時は地震が開始した時刻でP波とS波の到達時刻から求めることができる。

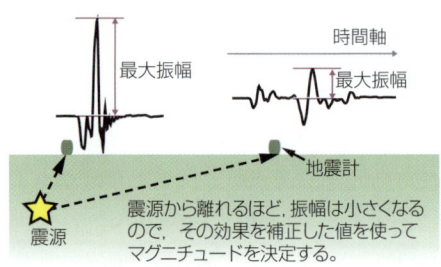

図31　震源からの距離とマグニチュードの関係

マグニチュードは地震の規模を表現するものさしである。各点で観測される地震波の最大振幅は，震源から離れるほど小さくなる。また，地震が大きいほど，最大振幅は大きくなる。震源から離れて地震波が減衰し，振幅が小さくなった効果を補正すれば，震源で発生した地震波の強さをはかることができる。この地震波の強さをはかった値がマグニチュードである。

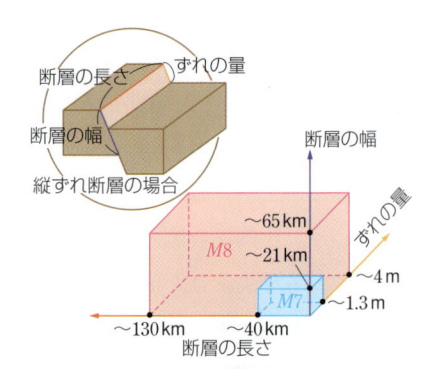

図32　$M7$と$M8$の地震の平均的な断層の長さ・幅とずれの量
マグニチュードが1大きくなると，それぞれの値は約3.2倍となる。

マグニチュードは，観測された地震波の最大振幅を震源までの距離によって減衰した効果を補正した値Aの常用対数によって定義され，$M = \log_{10} A$　となる。

一方で，断層運動のエネルギーEからもマグニチュードを求めることができる。このときマグニチュードは

$$M = \frac{1}{1.5} \log_{10} E + c$$

となる。つまり，マグニチュードが1大きくなると，地震のエネルギーは約32($= 10\sqrt{10}$)倍大きくなる。

> **コラム**　大きな地震と小さな地震の揺れの違い
>
> 　大きな地震になると，ずれる断層面の幅と長さが大きくなるので，断層運動の開始から終わりまで100秒をこえることがある。このようなとき，波の周期は長くなるが，振幅の最大値はそれほど大きな値にならない。そのため，最大振幅を使ってマグニチュードを測定すると小さな値になる。例えば，2011年東北地方太平洋沖地震のマグニチュードは9.0であるが，最大振幅を使うと8.4程度となる。
>
> 　一方で，断層運動のエネルギーを用いるとこのような問題は発生しないので，正確に巨大地震の規模を推定できる。 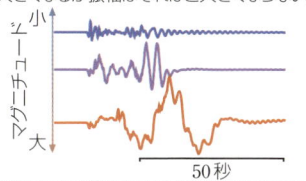
>
> 図A　大きな地震と小さな地震の揺れの違い

F　本震と余震

　地震は，近い場所や近い時間で群れて発生する場合が多い。この地震の群れで最も大きい地震を**本震**という。本震より前に起こった地震を**前震**，本震の後に起こった地震を**余震**という。余震は，本震によって生じた局所的なひずみを解消するために発生していると考えられている。

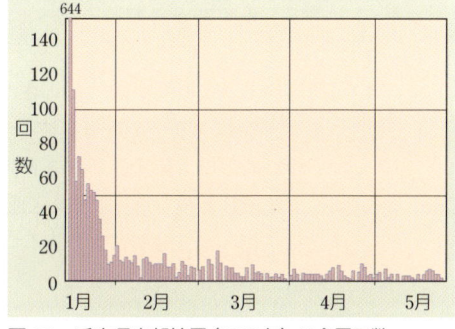

図33　兵庫県南部地震（1995年）の余震回数（5月23日まで）

　余震のマグニチュードは，最大でも本震のマグニチュードより1.2くらい小さいが，例外もある。余震の発生回数（図33）は時間の経過とともに減少する。余震が発生する領域を**余震域**（図34）とよぶ。余震域は本震で断層がずれた領域とほぼ一致する。

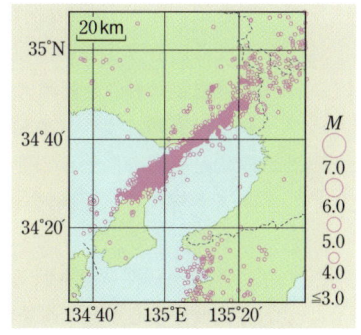

図34　兵庫県南部地震の余震分布（1月17日～5月23日）

参考　震源メカニズム

　地震を起こした断層がどのように動いたかという，地震波が発生するメカニズムのことを震源メカニズムという。一般に，断層運動は，地震が発生した地点の力の状態を反映している。断層が地表に到達している場合，地表調査により，どのタイプの断層かを調べることができる。

図A　1917年静岡県の地震のP波の初動分布
「押し」と「引き」の分布から4つの領域に分けることができる。

　しかし，断層は地表に到達していない場合が多く，地表調査からは断層運動について調べることは困難である。このようなときは，地震波から初動を調べ，どのような断層運動だったか推定することができる。

　図Bのように断層が動いたときについて考える。

　まず，領域AとCを通るP波を考える。断層のずれにより，押し出される領域なので，疎密波であるP波の初動は，外に押し出される形となる。逆に，領域BとDを通るP波の初動は，中に引きこまれるような形になる。つまり，押し引き分布により，4つの領域に分けることができる。

　断層運動は3次元で考える必要があるので，震源を中心とする球(震源球)を考える。

　震源球に押し引きの分布をプロットすると，4つの領域に分けることができる。4つの領域を分ける平面は2つあるが，そのうちの1つが断層面となる。もう1つの面は，補助面とよばれる。この球の下半球を2次元に投射したものを震源メカニズム解とよぶ(図B(a))。

　この震源メカニズム解からは，2つの断層面が求まる(図B(b))が，実際にどちらの断層面が動いたかは判断できない。しかし，この震源メカニズム解から，正断層・逆断層・横ずれ断層のいずれであるかを判断することができる。

　震源から押し出される領域の中心を結ぶ軸をT軸，震源へ引きこまれる領域の中心を結ぶ軸をP軸とよぶ。震源はT軸方向に引っ張られており，P軸方向に圧縮されている。

(a) 断層の動きを震源メカニズム解で表す

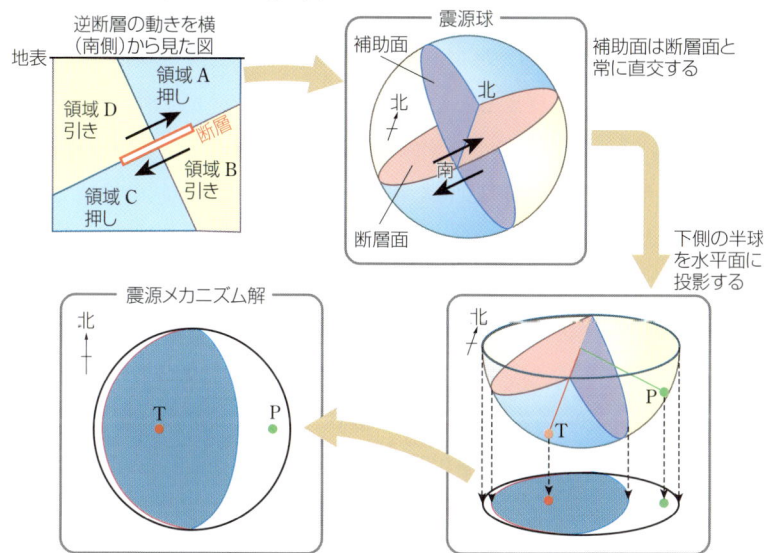

逆断層の動きを横（南側）から見た図

地表
領域 D 引き
領域 A 押し
領域 C 押し
領域 B 引き
断層

震源球
補助面
北
南
断層面

補助面は断層面と常に直交する

下側の半球を水平面に投影する

震源メカニズム解
北
T　P

北
P
T

(b) 震源メカニズム解から2つの断層面を求める

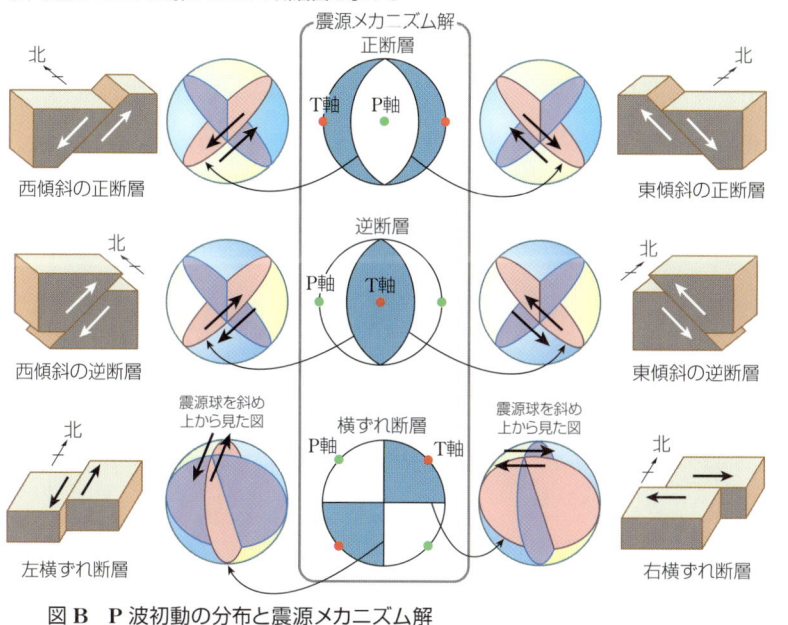

震源メカニズム解

正断層　T軸　P軸

西傾斜の正断層　　　　東傾斜の正断層

逆断層　P軸　T軸

西傾斜の逆断層　　　　東傾斜の逆断層

震源球を斜め上から見た図
横ずれ断層　P軸　T軸
震源球を斜め上から見た図

左横ずれ断層　　　　右横ずれ断層

図B　P波初動の分布と震源メカニズム解

第2章　地震と火山

G 地震の起こる場所

　地震はひずみがたまる地域で発生するので，その場所は限られている。地震が活発に起こっている地域は，プレート境界にそって線状に並んでいる(p.48図14)ように見える。これは，2つのプレートが別々の方向にすれ違っているために生じるひずみを，地震が解放するからである。

　地震が最も多く起こる場所は，太平洋を取り巻くベルト状の地域で，この地域を環太平洋地震帯とよぶ。この地域で発生する巨大地震のほとんどは，沈みこむ海洋のプレートと大陸のプレートの境界で蓄積したひずみを解放している。1900年から観測された$M9$クラスの地震はすべて，海洋のプレートと大陸のプレートの境界で発生している(図35)。次に目立つのは，アルプス-ヒマラヤ地帯で，$M8$クラスの地震が発生している(図35)。また，海洋中に線状の震央分布が見られるが，これは中央海嶺に関連したもので，$M8$クラスの地震を伴うのはまれであり，放出される地震エネルギーとしては小さい。

　さて，ヒマラヤ山脈の北側の，プレート境界から離れた場所で，$M8$クラスの地震が複数発生していることがわかる(図35)。インド・オーストラリアプレートが，ユーラシアプレートに衝突(→p.104)している力によって，これらの地震が発生していると考えられている。

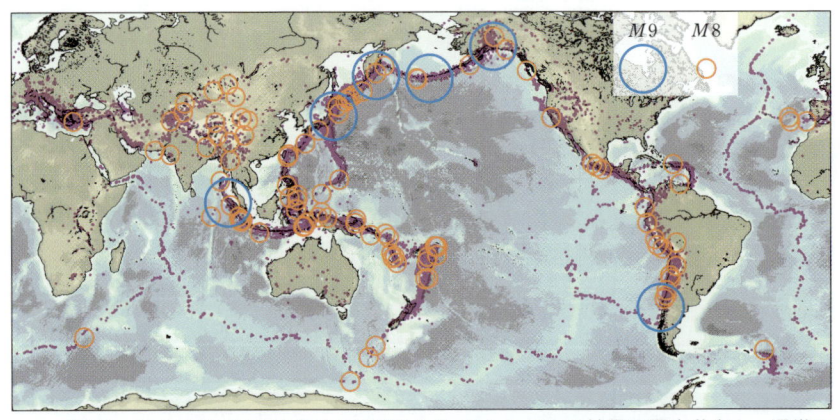

図35　1900年から2012年までに発生した$M8$と$M9$の地震の震央分布と，通常の地震活動(紫色の丸)

H 深発地震面

　海溝で沈みこむプレート(スラブ)は周囲のマントルと比べて温度が低い。これは、ドロドロのチョコレートの中にある、冷えたパリパリのチョコレートのようなものである。結果として、沈みこむプレート(スラブ)の内部でひずみを蓄えることができ、地震が発生する。深い場所で発生する地震のほとんどは沈みこむプレート(スラブ)内部で発生する地震である。このタイプの地震は、ときどき$M8$クラスの巨大地震になるときがある。沈みこむプレート(スラブ)内部のみで発生するために深発地震は面状に分布する(図36)。これを**深発地震面**という。深発地震面は日本の和達清夫によって1927年に明らかにされ、今では**和達—ベニオフ帯**とよばれている。

　断面図を見てみると、沈みこむプレート(スラブ)で地震が発生する領域が2重になっていることがわかる(図36)。この2つの面を**二重深発地震面**とよぶ。二重深発地震面は、古いプレートが沈みこむときに観測されると考えられている。上の面では、沈みこむ方向に圧縮されているタイプの地震が、下の面では、沈みこむ方向に引っ張られているタイプの地震が発生することが知られている。

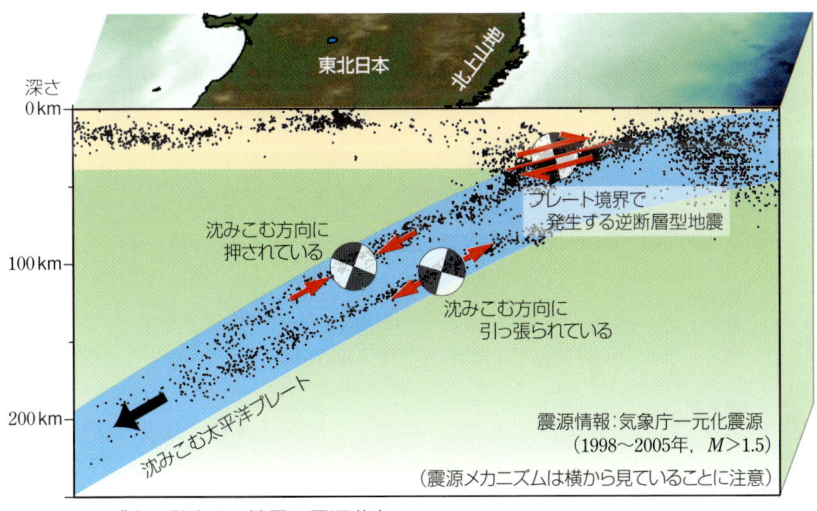

図36　スラブ内で発生する地震の震源分布

プレートの沈みこみに関連して深発地震が起こっていることを，次の実験で確かめよう。
→実験5

(実験) ❺ 日本付近の地震の震源

日本付近の地震の震源分布を見ると（図A），地震の起こる地域は限られており，また，地域によって震源の深さも異なっている。図Aを観察して，日本付近の地震の性質を調べてみよう。

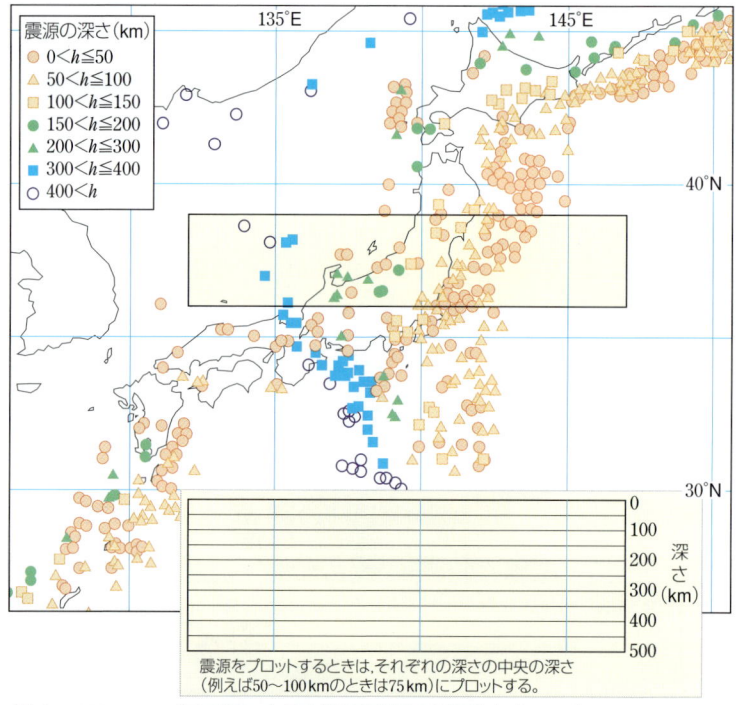

震源の深さ(km)
- ○ $0 < h \leq 50$
- △ $50 < h \leq 100$
- □ $100 < h \leq 150$
- ● $150 < h \leq 200$
- ▲ $200 < h \leq 300$
- ■ $300 < h \leq 400$
- ○ $400 < h$

震源をプロットするときは，それぞれの深さの中央の深さ（例えば50〜100 kmのときは75 km）にプロットする。

図A　1989〜1998年に起こった日本付近の地震の震源分布（$M \geq 5$）

■手順
❶深さ200 kmより深い震源域の東縁に線（等深線）を引く。
❷北緯36°〜39°の範囲にある震源の東西方向の断面図をつくる。

■考察
❶深さ200 kmの等深線と海溝やトラフは，どのような関係になっているだろうか。
❷手順❷で作成した断面図で震源の分布はどのようになっているか。

> **コラム** 超高温・高圧下で発生する深発地震

一般に，超高温・高圧下では，地震を起こすために必要なひずみを十分に蓄えることができないと考えられている。しかし，実際には，700 km 近くの深さでも地震が発生している。さらに，地震が発生する深さの頻度分布を見てみると，600 km 付近で地震活動が活発になっている。

この原因については長い間議論があったが，最近の研究で 600 km 付近で岩石が壊れやすくなっていることが明らかになってきた。しかし，なぜ岩石が壊れやすくなるのかは，まだわかっていない。深発地震は謎だらけである。

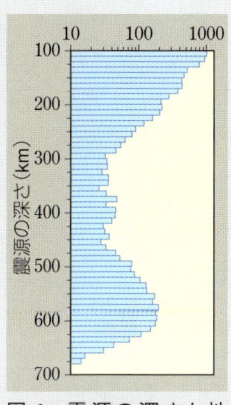

図A 震源の深さと地震の発生回数

I 地震の原因

浅い所で発生する地震の場所は，プレート境界と，プレートの内部で発生するものに分けることができる。

プレート境界で発生する地震は，プレート間の動く方向のずれを反映している。プレートとプレートの間の一部は強く固着して莫大なひずみが蓄積されており，そのひずみが地震時に一気に解放される。このように固着していて，地震時に大きくずれる領域を**アスペリティ**(p.68 図38)という。

莫大なひずみを蓄積するアスペリティのおおよその分布は，地殻の変動を解析することによって地震前に知ることができる。実際に，2011年に発生した東北地方太平洋沖地震についても，ぼやけたイメージではあったが，地震前に宮城県沖の広い範囲にわたって莫大なひずみが蓄積し続けていることが明らかになっていた(p.68 図37)。

一方で，現在の地殻の変動からはひずみの蓄積する速度のみが観測でき，どの程度のひずみが蓄積しているのかを計測することはできない。

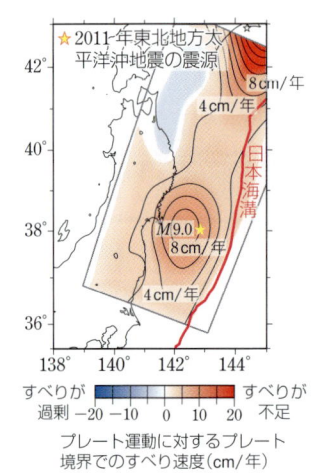

図 37 1999〜2000年3月の東北地方の地殻の変動

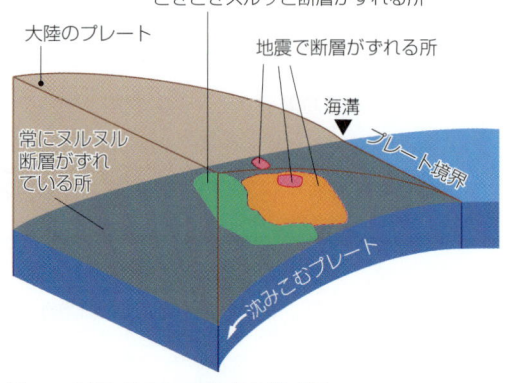

図 38 アスペリティの分布の模式図
アスペリティの周辺には，常に，または，ときどきゆっくりすべることにより，ひずみがたまりにくい領域があると考えられている[*1]。また，アスペリティは階層的な分布をしており，大きなアスペリティ（図の橙色）上に小さなアスペリティ（図の赤色）が乗っている場合もある。

また，蓄積されたひずみが，いつ，どれだけ解放されるかを予測することは難しいと考えられている。

プレート内部は，火山活動等によって温度分布が不均一になったり，物質が不均質に分布したりしているために，変形しやすい所としにくい所がある。プレート内部に力が加わると，地殻はゆっくりと不均質に変形することになる。不均質な変形によって生じたひずみがプレート内部で発生する地震で解放されると考えられているが，その詳細については必ずしも明らかになっていない。

J 日本の地震

日本は，4つのプレートが互いに押しあっている地域で(p.70 図41)，地球上で地震活動が活発な地域である。結果として，日本全土のほとんどが地震の危険にさらされている。日本で発生する地震は，プレート境界で発生する地震，沈みこむ海のプレート内で発生する地震，陸のプレート内で発生する地震の3つに分けられる(図39)。

[*1] 東北地方太平洋沖地震では，ひずみがたまりにくいと考えられている領域でも大きく断層がずれた。

$M8$ を超える巨大地震の多くは、太平洋沖で、太平洋プレートやフィリピン海プレートの沈みこみに伴って発生している、プレート間の地震である。また、沈みこむ前後の太平洋プレート内部でも $M8$ クラスの地震が発生する。

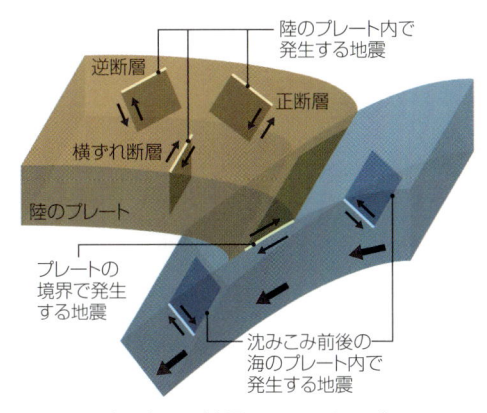

図39　日本で起きる地震の3つのタイプ

　陸のプレート内では、ときどき $M7$ クラスの地震が発生し、$M6$ クラスの地震は多発している。陸のプレート内で $M8$ クラスの地震が発生するのはまれである。陸のプレート内で発生している地震は、ひずみの蓄積するスピードが速い所に集中しているようにも見えるが、それ以外の地域でも地震が発生するので注意が必要である。

　沈みこむ太平洋プレートで発生する地震の震源は、海溝から遠ざかるにしたがいしだいに深くなり、深発地震面をつくっている。ウラジオストックあたりでは深さ 700 km ほどまで地震が発生するが、これよりも深い地震は知られていない。

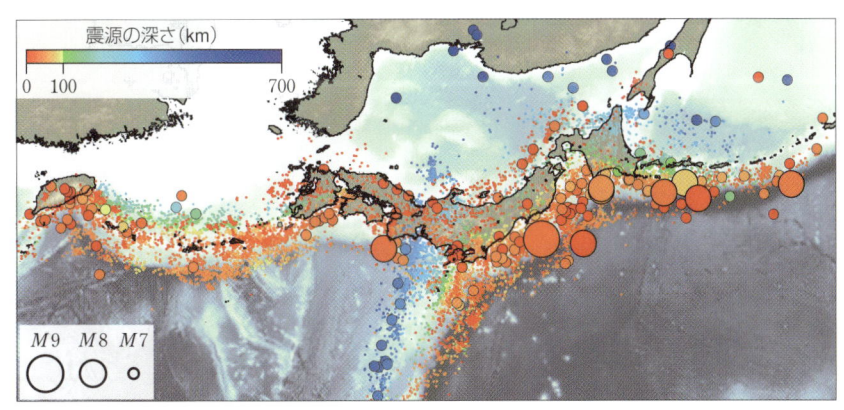

図40　日本で発生する地震の震源分布
点は 2010 年に発生した地震の震源。丸は 1923 年以降に発生した $M7$ 以上の地震の震源。

第2章　地震と火山　　69

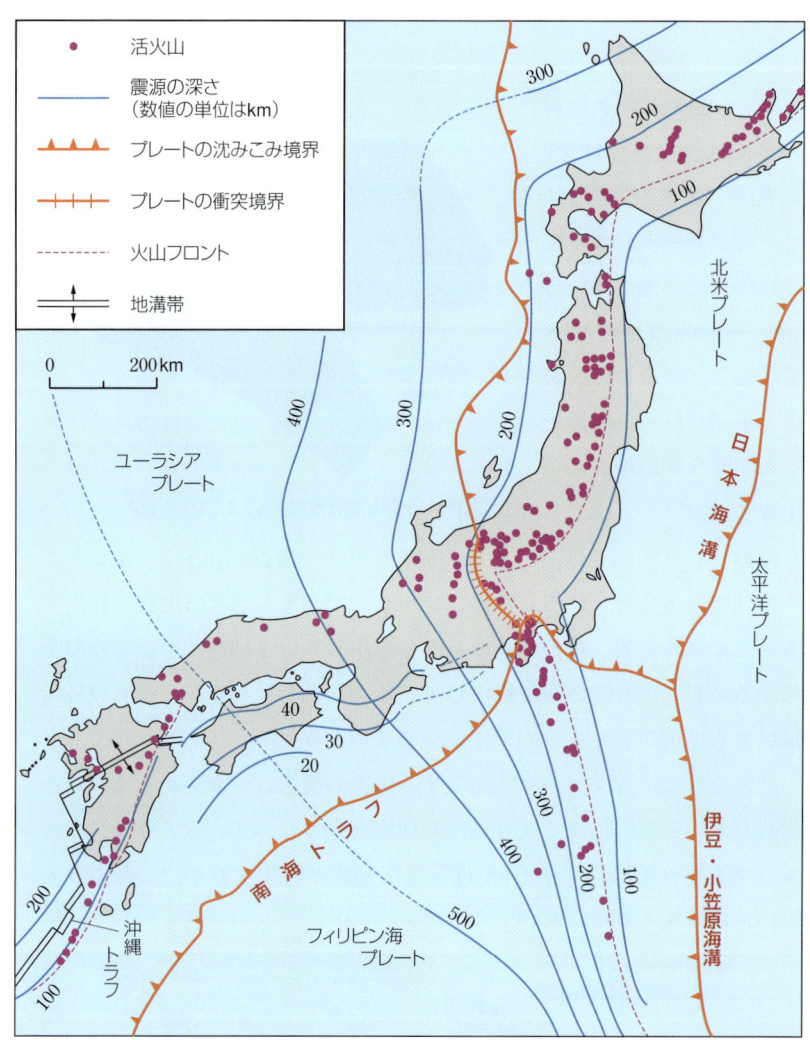

図41 日本列島付近のプレートの分布，活火山，震源の深さ

K 日本列島周辺の地殻

　日本列島は，島弧が2つ重なる配置をしている。東日本では太平洋側から日本海溝，千島海溝(p.252 図41)，伊豆・小笠原海溝にそって，太平洋プレートが沈みこみ，西日本では南海トラフと琉球海溝にそってフィリピン海プレートが沈みこんでいる(図41)。

　日本列島の西側には，日本海や東シナ海が位置し，東シナ海の東端には現在も開きつつある沖縄トラフがある。

また，海溝から200〜300km離れて，島弧の火山フロント（火山前線）が海溝と平行に走っている。

L 地震に伴う地殻変動

地震時に地表に生じた地殻の変位は，地下で断層が動いたことの地表への現れである。

横ずれ断層が動いた場合は，水平方向に移動する変動，逆断層や正断層は上下方向に移動する変動が観測される。おもに上下方向に移動する変動で津波が生成される。

M7クラス以上の地震が発生すると，地表に現れた断層のずれ（図42）のほかに，広い範囲で地殻変動が観測される。東北地方太平洋沖地震では，断層の周辺では東へ約24m移動し，断層から遠い日本海沿岸でも東へ約1m移動していることが観測されている（p.73図B）。

図42 丹那断層（静岡県）
1930年の北伊豆地震（M7.3）により，2〜3mの左横ずれ断層が生じた。

■ 参考 ■　東北地方太平洋沖地震による地殻変動

　2011年に発生した東北地方太平洋沖地震は，われわれに多くのことを教えてくれた。その一つは，巨大地震前と地震時の地殻変動である。

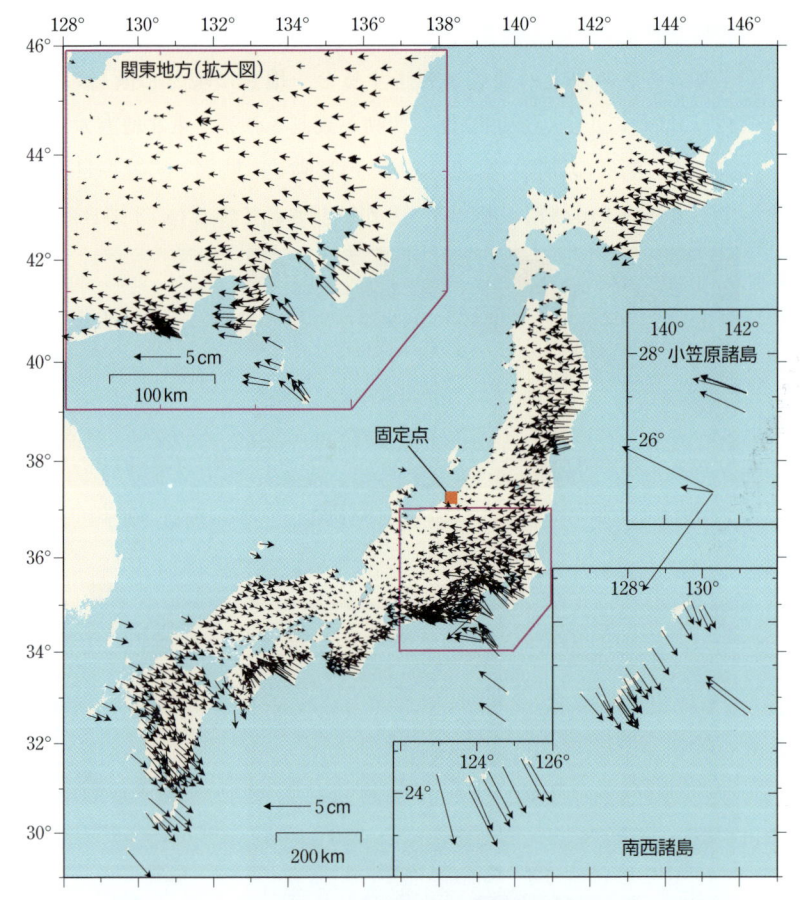

　巨大地震が発生する前までは，日本列島の多くの場所で，太平洋側からの強い押しの力がはたらいており，結果として日本列島は東西方向に大きくひずんでいた。そのため，日本列島で発生する地震の多くは，東西方向に圧縮される軸（P軸（→p.62））をもつ逆断層か横ずれ断層が多かった。図AのGPS記録で観測された日本列島の地殻変動を見ると，東日本では，東西方向に年間3～4cmも縮んでいたことがわかる。この縮みが，

図A　日本列島の2009年11月から1年間の地殻変動の速度（国土地理院のデータに基づく）
図中の赤い四角（■）を固定したときの，相対的な運動で表現している。

東北地方太平洋沖地震のプレート境界での断層すべりによって，ほとんど解放されたのである。結果として，東日本の地震活動や震源メカニズムは大きく変化したことが知られている。

　図Aから，地震が発生していなくても，1年間でかなりの程度ひずむということや，ひずみ方には地域差があることがわかる。特に，九州や沖縄にかけては太平洋に向かって引っ張られているような変動が観測されており，伊豆周辺では火山活動に起因する変動が観測されている。

　2011年の東北地方太平洋沖地震の前と直後の変位の図（図Aと図B(a)）を比べると，地震前と直後の変位が完全に逆になっていることがわかる。図B(b)では，鉛直方向の変位が示されており，東北地方の海岸ぞいでの沈降が顕著であることがわかる。つまり，地震までに押されたり，引きずられたりしていた地域が，地震によって反発して逆方向に移動したということになる。日本列島で観測された最大の所では，水平方向に530 cm，鉛直方向に120 cmも，地震のときにほぼ瞬時に移動した。海底では，水平方向に24 m，鉛直方向に3 mもの大変動が観測された。地震の震源は宮城県沖にあるが，深さ25 kmあたりの，幅が東西150 km，長さが南北450 kmの断層（西へ約15度で傾斜している）が，最大約50 mも東方向へずれて移動したのである。

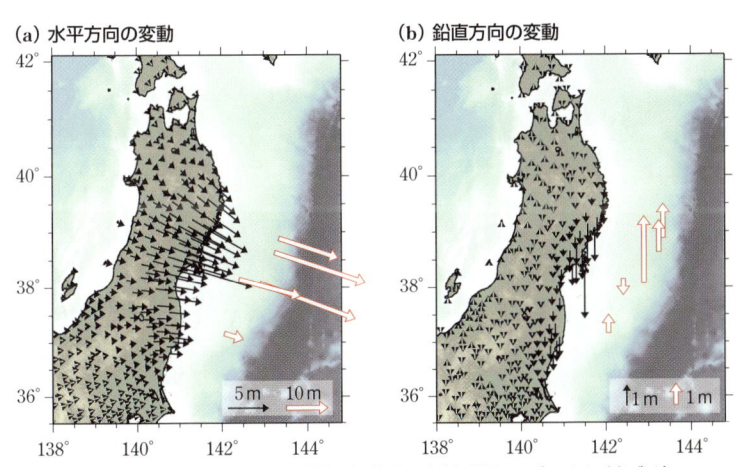

図B　東北地方太平洋沖地震の地殻変動（国土地理院のデータに基づく）
(a)は水平方向の変位で，(b)は鉛直方向の変位である。この地震では，海上保安庁によって海底でも地殻変動が計測されている（赤枠の矢印）。20 m以上の地殻変動が観測されたのは，この地震が初めてである。

M 変動地形

❶海岸段丘 日本の海岸ぞいには，海面から数mから数十mの高さの所にほぼ水平な面が発達している場所がある。何段もの階段状の地形が見られる場所もある。これを**海岸段丘**(かいがんだんきゅう)という。巨大地震のときに，それまで海水面すれすれだった海食台(波食台)が隆起して陸地となることをくり返して海岸段丘となったのである。

関東地方の南端の千葉県房総半島南部には，典型的な海岸段丘がある(図43)。この地域は，江戸時代の1703年に元禄(げんろく)地震(M 8.2程度)が海側で起き，そのときに最大6mも隆起したことが知られている。1923年の関東地震(M 7.9)のときにも，約2m隆起している。

これらの地震は，それぞれ元禄タイプ，大正タイプとよばれ，周期はそれぞれ2000〜2700年と，200〜400年と推定されている。したがって，元禄タイプの地震が1回発生するまでの期間に，大正タイプの地震が5〜10回起きると考えられている(図44)。

一番古い，最上段の海抜30mくらいの段丘は，7200年ほど前の年代である。地震の度に，上下方向の地殻変動だけでなく，大津波がきたことが知られている。

図43 房総半島南端の海岸段丘
この地域は，7000年間程度の短い期間で何段もの段丘ができた。

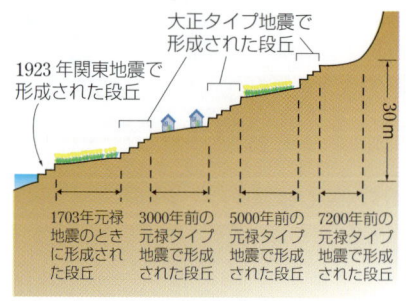

図44 房総半島南端部（南房総市千倉）における海岸段丘の断面図

地震で隆起した場所は，次の地震がくるまでは逆に徐々に沈降する。そのため，平均的な隆起は，隆起と沈降の間をとった値になる。房総半島南端では，年に約4mm程度の平均隆起速度が求められる（図45）。これがこの地域の垂直方向の平均的な地殻変動である。房総半島南端の隆起速度は，構造的な変動による隆起速度としては，台湾に続いて，世界で2番目に速いといわれている。[*1]

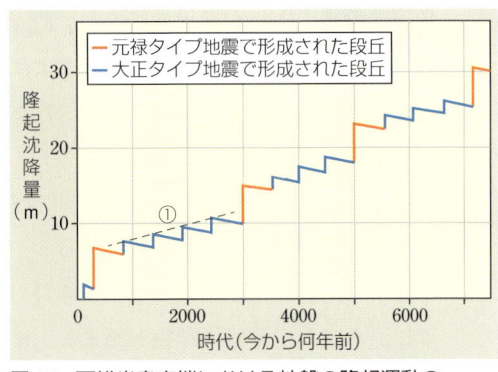

図45　房総半島南端における地盤の隆起運動の概念図　その場所の，「地盤」の，時間と隆起沈降の関係を表したもので，時間（今から何年前）を横軸に，隆起沈降のありさまを縦軸にして，時間ごとの高度の変化を示してある。地震時に急激に隆起し，次の地震時までゆっくりと沈降する運動を規則的にくり返している。　　　　　　　　　　（→問1）

図46　第四紀の沈降地域と海岸段丘の分布　海岸段丘が発達する場所では，継続的に隆起している。その他の地域は，沈降するか，ほぼ一定の高度を保っている。半島の先端は，隆起しているが，これは隆起の結果によって半島になっているからである。

問1.　図45の隆起と沈降のグラフにおいて，大正タイプ地震が続いているときの平均的な隆起速度は破線①で表される。この破線①の傾きから，大正タイプ地震が続いているときの平均隆起速度を求めよ。また，房総半島南端の平均隆起速度4mm/年は，大正タイプ地震が続いているときの平均隆起速度の何倍か。　（2mm/年，2倍）

*1) 氷河がとけたことによって隆起しているスカンジナビア地域は，年に1cmもの速さで隆起している（→p.14）。これは，房総半島南端の2.5倍にもなる。

第2章　地震と火山　｜　75

❷**河岸段丘** 大きな河川の所々に，段々の地形が残されている。これは，過去の河川の跡であり，河岸段丘（かがんだんきゅう）とよばれる。一般には，高い位置の段丘ほど古い時代のものである。図 47 は，天竜川の中流付近の河岸段丘の写真である。

河川における堆積作用と侵食作用の大きさは，気候変動や地殻変動，海水準変動の影響を受けて変化する。

海水準が高いときには，ゆるい傾斜の平野部の河川では，河川のまわりに洪水時の氾濫原（はんらんげん）堆積物がたまる。また，蛇行をくり返す河川が発達し，蛇行した河川は洪水時に新しい流れが形成され，河川の位置を変える。一方，今から約 2 万年前の最終氷期には，海水準が約 120 m 以上も下がり，海岸線が大幅に後退した。そのため，河川の下流の勾配（こうばい）が急になり，下流域で川底の侵食（下刻（かこく）という）が起こり，それまでの海岸平野や氾濫原（はんらんげん）を削って，段丘をつくった。海水準の相対的な変動は，氷河の消長による場合のほかに，地殻変動によっても起こる。

このように，気候変動や海水準の上下に伴う堆積作用と侵食作用の変化によって河川の位置の変化や平野の発達が起こり，また海水準が一定であっても地殻変動によって隆起して段丘地形が形成される。

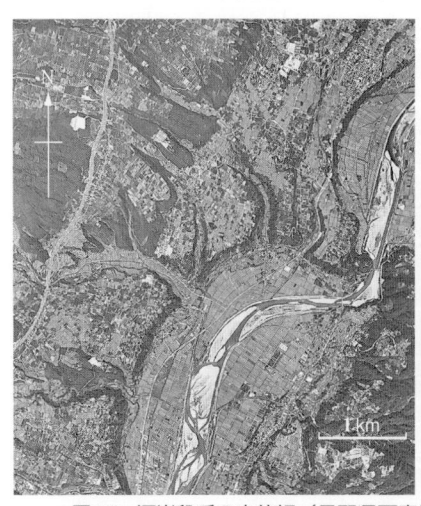

図 47　河岸段丘の立体視（長野県天竜川）
左の写真を左目で，右の写真を右目で見るようにする。2 枚の写真の間に白い紙を立てて仕切って見ると立体視しやすい。

❸**活断層地形**　内陸で大きな地震が起きると，地表面がずれることがある（地震断層という）。これがくり返し起きると，地表には断層地形が生じる。最近数十万年間にくり返し活動した地震断層で，今後も活動する可能性があるものを，**活断層**という。

　日本列島の活断層は，確認されているものだけでも2000にも上る。図48には，近畿，中部地方の代表的な活断層を示した。

　また，変位が著しい活断層のずれの向きを矢印で示すと，一定の規則性があることがわかる。中部地方と西日本は，北西―南東および北東―南西方向の横ずれ断層（前者が左横ずれ断層，後者が右横ずれ断層）である。

　一方，東北地方では，南―北方向の逆断層が多い。また，多くの活断層が密集して，帯状に発達するゾーンがある。

　マグニチュードが大きくなると断層の長さと幅，変位(ずれ)の平均はともに大きくなる。一般に，マグニチュードが1大きくなると，断層の長さと幅，変位の平均はともに約3倍になる。平均的なM7クラスの地震では，断層の長さは40km程度，幅は20km，変位の平均は1m程度になる。

　活断層は，陸域だけでなく，海域にも多数存在する。今後，海域の研究が進むと，沈みこみ型の巨大地震の詳しい性質と状態がわかり，地震予測は進むものと期待される。

図48　近畿，中部地方に発達する活断層群
北西―南東方向の断層は左横ずれ断層，北東―南西方向の断層は右横ずれ断層であることから，この地域が東西方向に圧縮されていることを示す。

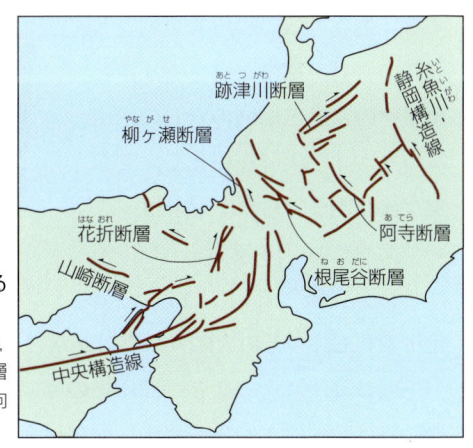

2 | 火成活動

A | 火山

　火山は，地下で生成されたマグマが上昇し地表に到達した地点で形成される。地球上では，火山は限られた場所にしか出現しない。それは中央海嶺などのプレート拡大境界，海溝の発達するプレート沈みこみ境界，そしてハワイなどの海洋火山島で代表されるホットスポットである。こうしたプレート境界やホットスポットでは地震活動や地殻変動も活発であり，エネルギーの集中した変動帯となっている。

　火山が形成される場所では，マグマが冷やされて固化することでその熱を放出する。マグマによって運ばれる地球内部の熱は，プレート拡大境界で大部分が放出されていることになる。高温のマグマは，地球内部の熱と物質を地表近くに輸送するという重要な役割を果たしており，火山はその最終生成物である。

B | 火山噴火のしくみ

　地下深部のマントルや地殻で形成されたマグマは，周囲の岩石よりも密度が小さいので浮力で上昇する。地下の浅い場所まで到達し周囲の岩石の密度が小さくなると，マグマの密度と周囲の岩石の密度がつりあって上昇を停止し，**マグマだまり**がつくられる(図49)。

　マグマには，多量の水(H_2O)をはじめ，二酸化硫黄(SO_2)，二酸化炭素(CO_2)などの火山ガス成分が溶けこんでいる。

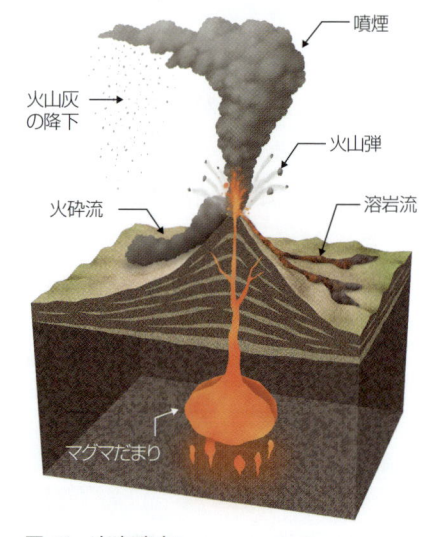

図49　火山噴火

　一般に高圧になるほど，液体中のガス成分の溶解度は大きくなる。炭酸飲料は，圧力をかけて水に二酸化炭素ガスを溶解させたもので，栓を抜くと圧力が急激に下がり，二酸化炭素ガスの溶解度が下がるので発泡

する(図50)。

　マグマも同様であり，高圧下では多量のガス成分がマグマ中に溶けこんでいるが，何らかの原因でマグマだまりの圧力が低下すると発泡する。発泡したマグマは見かけの密度が周囲の岩石よりも小さくなるので，マグマだまりからさらに上昇し，噴火(図50)に至る。噴火現象がしばしば爆発的になるのは，マグマの中で火山ガス成分が激しく発泡するためである。

図50　マグマの発泡のモデル

■ 参考 ■　火山活動と火山噴出物

　流体として噴出する溶岩流(図A)が，空中に飛びだしてひきちぎれたり，砕けたりすると，特定の形態をもつ火山弾(紡錘状火山弾，パン皮状火山弾(図B)など)や不特定の形態をもつ火山岩塊，発泡したスコリアや軽石(図C)，そして細かな火山灰などが形成される。

図A　ハワイ・キラウエア火山の溶岩流
マグマが連続した流体として流れ，冷却固化したもの。

　火口から上昇し上空の風に流されたなびいた噴煙からは，火山灰や軽石が雨のように地表に降下し，降下火砕堆積物となる。高温の火山灰，スコリアや軽石などを含んだ噴煙が地表にそって流れ下ると火砕流が発生し，火砕流堆積物が形成される。

図B　浅間火山のパン皮状火山弾
パン皮状火山弾は丸い膨れたフランスパンのような形状をしている。

図C　軽石・スコリア
スコリアとはよく発泡して気泡に富む岩塊で，黒っぽい色調のものをいう。同様の岩塊で白っぽい色調のものは軽石とよばれる。

第2章　地震と火山

C　マグマの発生と上昇

物質の融点や沸点は圧力によって変化し，圧力が高くなると，融点も沸点も上昇する。固体では規則正しく配列していた原子が，融点をこえると無秩序な配列に変化する。圧

> **▎復習▎　融点**
> 固体が液体に変化する温度が融点である。固体では，粒子がぎっしりつまって粒子どうしがしっかり結びついている。液体になると，粒子の結びつきが弱くなり，すき間ができて自由に動けるようになる。

力が高まると，押さえつけられることで原子の自由な運動が妨げられ，融解しにくくなるので，融点の温度は上昇することになる。

固体である岩石は，融点をこえると，融解して液体であるマグマに変化する。これがマグマの生成である。岩石がとけてマグマとなる際には，すべてとけてしまう場合は少なく，一部の鉱物がとけ残ることがふつうである。こうした状態のことを**部分融解**(部分溶融)という。

岩石を融解するためには，圧力は変えず温度を上昇させる方法(図51 ①)と，温度は変えずに圧力を下げる方法(**減圧融解**(図51 ②))がある。また，水のような融点を下げる物質を加えることでも融解が生ずる(**加水融解**(図51 ③))。

地球内部では高温の固体物質が，温度があまり低下せずに上昇し，圧力が低下することで融解する。高温のマントルプルームが上昇してくるホットスポットや，引っ張られたプレートが拡大することで，隙間を埋めるように高温のマントル物質が上昇してくる中央海嶺(プレート拡大境界)では，減圧融解によってマグマがつくられる。

冷えて冷たく重くなったプレートが地球内部へと沈みこんでいく対流の下降部にあたるプレート沈みこみ境界で，

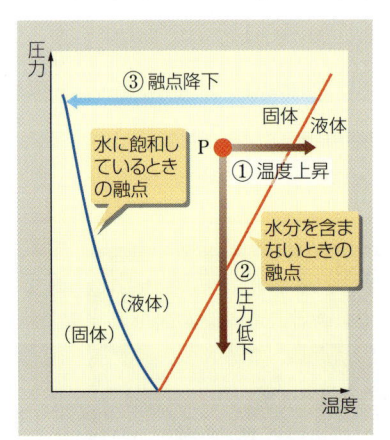

図51　マグマの生成プロセス
P点にある岩石からマグマが生成するためには，①温度の上昇，②圧力の低下(減圧)，③水の添加による融点の降下，のいずれかが必要である。

地球全体の 26％ にも及ぶ高温のマグマが生産されるのはなぜだろうか。

プレート沈みこみ境界では，沈みこむプレートにひきずられてその直上のマントルも沈みこむ。するとその分を埋め合わせるように深部の高温のマントルが斜めに上昇してくる（**反転流**という）。一方，沈みこむプレートの上面は海水と接していたことで含水鉱物などの形で多量の水が含まれている。含水鉱物などはプレートが沈みこみ温度圧力が増大することで脱水され，沈みこむプレートの上のマントルに水を供給する。プレート沈みこみ境界ではこうした高温の反転流の減圧融解と，供給された水による加水融解によってマグマが生成されると考えられている（図52）。

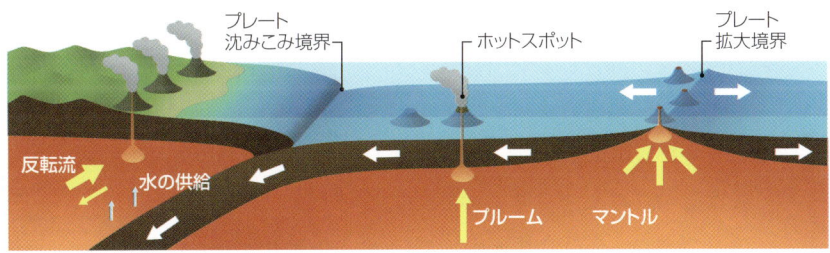

図52　マグマの発生と上昇

D　マグマの多様性とその成因

マグマは，マントルや地殻が融解することによって生成される。マントルでの融解は，温度上昇，圧力低下，水の添加などによって生ずる。一方，地殻の融解は，マントル起源のマグマによって地殻物質が熱せられるか，あるいは地殻物質がプレートとともに沈みこんで高温高圧の状態におかれることで起こる。

マントルはかんらん岩からなり，かんらん岩の融解によって生じるマグマは，融解が生じたときの圧力や含水量，そして融解度の違いなどによって化学組成は異なるが，基本的には玄武岩質である。一方，地殻の融解によって生成されるマグマは，ケイ長質または安山岩質である。

このように，融解によって生じるマグマの性質は，起源物質の違いや生成条件の違いにより多様である。融解で生じたマグマの組成は，地表に到達するまでの過程で，**結晶分化作用**や**同化作用**，**マグマ混合**などに

よってさらに大きく変化し、その多様性を増す。こうした、マグマ生成後に何らかのプロセスによりマグマの化学組成が変化することを**マグマの分化**という（図53）。

❶**結晶分化作用**　マグマが冷却し結晶が晶出することで、残液の組成が変化していくことをいう。玄武岩質マグマの結晶分化作用では、ケイ酸成分に富むケイ長質マグマが生成される。

❷**同化作用**　マグマが地殻物質を取りこむことで、その化学組成を変化させることである。

❸**マグマ混合**　異なる化学組成のマグマ、例えば玄武岩質マグマと流紋岩質マグマが混合して安山岩質マグマなどの中間組成のマグマを生成することをいう。

こうしたプロセスがマグマだまりで生じており、多様な組成のマグマを生成するしくみとなっている。

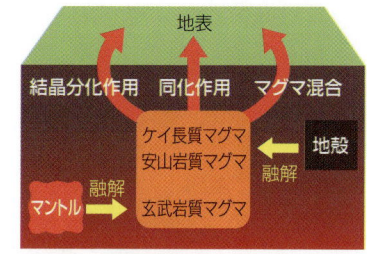

図53　マグマの分化
マグマは、上昇の過程で結晶分化作用、同化作用、マグマ混合などにより、その組成を変化させる。

E　プレート沈みこみ境界の性質

冷たいプレートが沈みこむプレート沈みこみ境界で、熱いマグマの発生・上昇がみられることは、不思議な現象である。沈みこみ境界とはどのような性質をもっているのか、東北地方を例にみてみよう。

東北地方の沖合いの海底には深さ8000 mにおよぶ日本海溝が発達している。日本海溝の陸側は大陸斜面となっており、大陸棚を経て海岸に至る。海岸ぞいには北上山地や阿武隈山地などの高まりがあり、その西側には郡山盆地、福島盆地、仙台平野、北上低地などの盆地群が連なっている。その西側には脊梁山地があり、山頂部には火山が分布している。火山が出現し始める東側のふちを連ねた仮想的な線が火山フロントである。

海溝付近からは、深発地震面（→p.65）が西方に向かって深くなるように斜めに分布して、最大で深さ700 km程度にまで到達している。地殻

熱流量(→p.36)は，海溝付近で低く，火山フロントから高くなっている。深発地震が起こる場所には冷たく固いものがあると考えられるが，それが沈みこんだプレートである。一方，火山フロントの下には高温のマグマが上昇してきているため，地殻熱流量が高くなっている。

火山フロントから西側の地下のマントルには，地震波の速度が遅い領域が斜めに分布している(図54)。地震波は熱くてやわらかく，密度の小さいものがあると遅くなる。マグマは，この地震波が遅い領域から上昇してきているものと思われる。

斜めに分布する地震波が遅い領域は，マントル内を斜めに上昇する高温のマントル物質の流れであると推定されている。この上昇流は，沈みこむプレートのひきずりによって生じたマントル内の反転流であると考えられる。

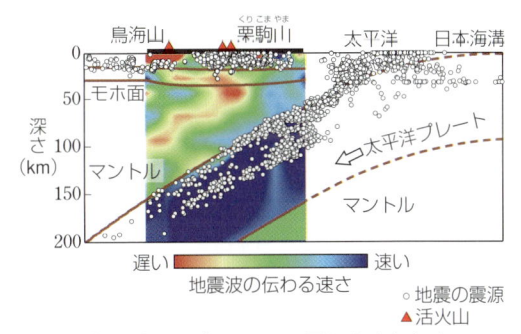

図54 地震波トモグラフィーで写し出された東北地方の地下の構造

上昇する高温のマントルからは，減圧融解によってマグマが発生する。また，長期間にわたって海水と接していたプレートの上面には，含水鉱物などの形で水が含まれている。そのプレートが沈みこみ，温度圧力が増大し，高温高圧下で含水鉱物が分

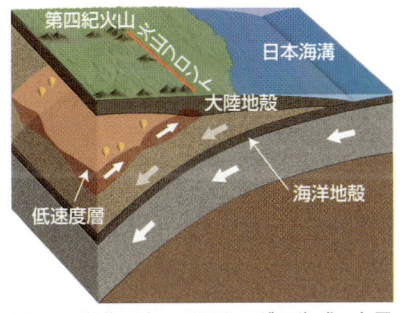

図55 東北日本におけるマグマ生成・上昇モデル

解することによって水がマントルに放出され，その場所の融点を下げてマグマの発生を促す。

沈みこみ境界のマグマの発生・上昇(図55)は，このように起こっていると考えられる。

コラム　噴火の様式と火山地形

　噴火の様式は，噴火するマグマの粘り気(粘性)や，含まれる水などの火山ガス成分の量によって決まる。

　マグマの粘性が低く火山ガス成分に乏しいと，噴水のような溶岩噴泉が生じ，さらさらした粘り気の小さな溶岩が流出する。こうした噴火様式はハワイ火山でよくみられるので**ハワイ式噴火**という。

　マグマの粘性がやや高く，火山ガス成分にもやや富むと，穏やかな噴火によって火山灰とともに火山弾が放物線を描いて間欠的に放出されるようになり，火口の周辺に降り積もって火砕丘を形成する。こうした噴火様式はイタリアのストロンボリ火山でよくみられるので，**ストロンボリ式噴火**という。

　さらにマグマの粘性が高くなり，火山ガス成分にも富むようになると，爆発的な噴火が間欠的に起こり，火山灰や火山岩塊が放出されるとともに，桜島火山の昭和溶岩や浅間火山の鬼押出溶岩のような粘り気の高い厚い溶岩が流出する。溶岩の粘性がもっと高くなると，流れないで火口付近に盛り上がった，雲仙普賢岳や昭和新山のような**溶岩ドーム**が形成される。こうした噴火様式は，イタリアのブルカノ火山でよくみられるので，**ブルカノ式噴火**という。

　粘性が高く火山ガス成分にも富むマグマが，盛大に発泡して連続的に噴出されると，噴煙が1万mをこえる上空にまで立ち上り，大量の火山灰や軽石が放出される。上空の風に流されたなびいた噴煙からは，火山灰や軽石が雨のように地表に降下し降り積もる(降下火砕堆積

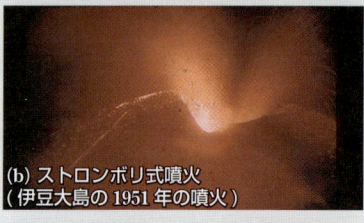

(a) ハワイ式噴火
(伊豆大島の1986年の噴火)

(b) ストロンボリ式噴火
(伊豆大島の1951年の噴火)

(c) ブルカノ式噴火
(桜島の1970年代の噴火)

(d) プリニー式噴火
(北海道駒ヶ岳の1929年の噴火)

図A　噴火の様式

物)。こうした噴火様式は，このタイプの噴火をイタリアのベスビオ火山で最初に体験し記載したローマ時代の学者であるプリニーの名前をとって，**プリニー式噴火**という。

ブルカノ式噴火やプリニー式噴火では，高温の火山灰や火山岩塊，スコリアや軽石などを含んだ噴煙が地表にそって流れ下る**火砕流**が発生することがある。

複成火山で粘り気の小さい溶岩がくり返し大量に流出すると，ハワイ島のマウナロア火山のような**盾状火山**が形成される。さらに大量の粘り気の小さい溶岩がくり返し流出すると，インドのデカン高原のような大規模な**溶岩台地**が形成される。また，やや粘り気の高い溶岩や爆発的噴火で噴出した火砕岩が交互に積み重なると，富士山のような円錐型の**成層火山**がつくられる。成層火山は単独で出現する場合もあるが，その多くは複数の成層火山が集まった火山の集合としてみられる場合が多い。

大量の火山灰や軽石が一度に大量に噴出すると，地下のマグマが急激に失われるため，地表が陥没して火山性の凹地形である**カルデラ**が形成される。カルデラの中には，**中央火口丘**として溶岩ドームや火砕丘，小型の成層火山が形成されることがある。

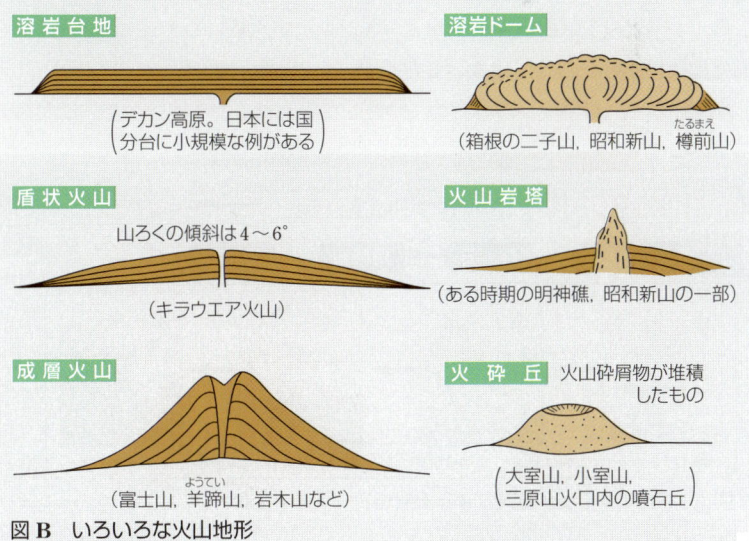

図B　いろいろな火山地形

コラム　ボーエンの反応原理

　ボーエン（アメリカ）はケイ酸塩鉱物の融解実験を行い，1920年代に反応原理を提唱した。ケイ酸塩鉱物は，マグマから鉱物が結晶化する際に，液（マグマ）と反応して自らの組成が変化すると同時に液の組成も変化させる。

　鉄とマグネシウムに富む苦鉄質鉱物の場合，最初に結晶化するかんらん石はやがて液と反応して輝石となり，次に輝石は液と反応して角閃石となる。さらに角閃石は液と反応して黒雲母を形成する。この過程で液の組成も大きく変化していく。一方，鉄やマグネシウムを含まない斜長石なども，液と反応して自らの組成が変化するとともに，液の組成を変化させる。こうしたプロセスのことを，ボーエンは反応原理とよんだ。鉱物の結晶化に伴って液の組成が変化する現象を結晶分化作用というが，ボーエンは反応原理によって結晶分化作用が進行し，その結果として玄武岩質マグマから安山岩質マグマや流紋岩質マグマが形成され，結晶化する苦鉄質鉱物も，かんらん石→輝石→角閃石→黒雲母と変化すると考えた。

　ボーエンの反応原理は，物理的原理にもとづく単純明快なものであったため，その後も長い間大きな影響を与え続けた。現在では研究が進み，すべての玄武岩質マグマがボーエンの反応原理にしたがって結晶分化作用を行うわけではないことが明らかにされており，ボーエンの反応原理も，科学史上の学説の一つとして扱われるようになっている。

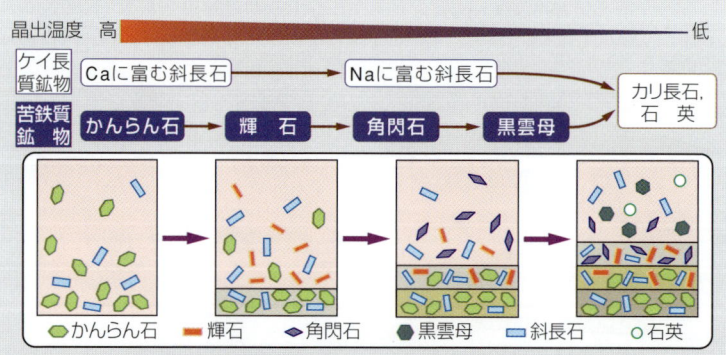

図A　ボーエンの反応原理による玄武岩質マグマの分化

3 | 火成岩

A | 鉱物

マグマが冷却して固化すると**火成岩**となる。火成岩はおもに**鉱物**によって構成される。

鉱物は，原子が規則正しく配列した結晶からなる。岩石を形づくる鉱物を**造岩鉱物**とよぶ。主要な造岩鉱物には，かんらん石，輝石，角閃石，黒雲母，長石，石英(p.88 表1)などがある。大部分の造岩鉱物は，ケイ素(Si)や酸素(O)を主成分としてこれに他の元素が加わった化合物で，**ケイ酸塩鉱物**という。[*1)]

B | ケイ酸塩鉱物の構造

ケイ酸塩鉱物は，1個のケイ素が4つの酸素に囲まれた**SiO_4四面体**(図56)が基本となっている。SiO_4四面体は隣りあう酸素を共有して連結し，ケイ酸塩鉱物の骨格を形づくる。ケイ酸塩鉱物では，骨格となるSiO_4四面体あるいはSiO_4四面体の複合体の間を埋めるように，鉄(Fe)，マグネシウム(Mg)，カルシウム(Ca)，ナトリウム(Na)，カリウム(K)などの陽イオンが配置されている。

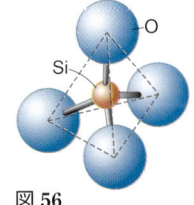

図56 SiO_4四面体
酸素を頂点とした4つの三角形の面からなる。ケイ素は，四面体の中心に位置する。

■ 参考 ■ かんらん石の固溶体

かんらん石では，独立したSiO_4四面体の間に，鉄とマグネシウムが0〜100%まで自由な割合で配置されている[*2)]。こうした状態は，溶液の溶媒中に自由な割合で溶質が溶けこむようすと似ているので，固体の溶液，すなわち**固溶体**とよばれる。

ケイ酸塩鉱物の多くはこうした固溶体からなる。

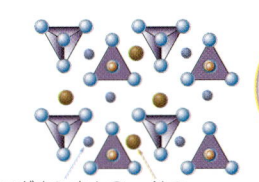

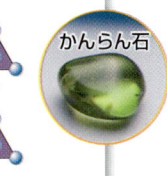

マグネシウムの陽イオン(Mg^{2+})　鉄の陽イオン(Fe^{2+})

図A かんらん石の構造
かんらん石はマグネシウム(Mg^{2+})を多く含むと緑色(写真)に，鉄(Fe^{2+})を多く含むと茶色になる。

---

*1) 石英(ケイ酸)は厳密にはケイ酸塩鉱物ではないが，これに含めることが多い。
*2) 宝石のペリドットは，マグネシウムを多く含むかんらん石である。

C 苦鉄質鉱物とケイ長質鉱物

火成岩は**苦鉄質鉱物**[*1]と**ケイ長質鉱物**[*2]からなる。苦鉄質鉱物は鉄やマグネシウムを含む黒っぽい鉱物(有色鉱物ともいう)であり,かんらん石,輝石,角閃石,黒雲母などからなる。一方,ケイ長質鉱物は鉄やマグネシウムを含まない白っぽい鉱物(無色鉱物ともいう)であり,斜長石,カリ長石,石英などからなる。苦鉄質鉱物は密度が大きく,ケイ長質鉱物は密度が小さい。

表1 ケイ酸塩鉱物の基本構造

SiO_4四面体　　上から見たとき　下から見たとき

	鉱物	SiO_4四面体の配置	説明
苦鉄質鉱物	かんらん石	独立	SiO_4四面体が完全に独立し,四面体のすき間に鉄やマグネシウムが入りこんでいる。
	輝石	単一のくさり状	SiO_4四面体のうち2つの酸素が,隣りの四面体と酸素を共有し,くさり状につながっている。
	角閃石	二重のくさり状	SiO_4四面体の2つ,または3つの酸素が,隣りあう四面体の酸素と共有され,二重のくさり状の構造をしている。
	黒雲母	網状	SiO_4四面体の3つの酸素が,隣りの四面体と酸素を共有し,層状の構造をしている。
ケイ長質鉱物	石英	立体的につながりあって網目状となっている。	SiとOのみからなり,SiO_4四面体のすべての酸素が隣りあう四面体と酸素を共有した立体網状構造をしている。
	長石類		石英と同じような立体網状構造をしているが,Siの一部がAlに置きかわり,その他のイオンも含んでいる。

苦鉄質鉱物では,くさりどうし,または層どうしの結合は弱いため,鉱物には特定の方向に割れやすい面ができる。このような性質を **へき開** という。くさり状の構造をもつ輝石や角閃石は柱状の結晶構造をしており,黒雲母は層状に薄くはがれやすい性質をもつ。

D　火山岩と深成岩

　マグマが固化してできた火成岩には，地表や地下の浅い所で急速に冷えてできた**火山岩**(p.92 図62)と地下の深い所でゆっくりと冷えてできた**深成岩**(p.92 図62)とがある。

　マグマが急速に冷却すると，鉱物の結晶は大きくなることができず，粒径は小さくなる。火山岩は**斑晶**と細粒の**石基**からなる**斑状組織**(図57)を示す。斑晶は固化する前のマグマ中に含まれていた結晶であり，石基はマグマが急冷してできた細粒の結晶とガラスからなる。

　マグマがゆっくり冷えると，結晶化した鉱物の粒径は数mmから数cmと大きく，粗粒で粒径のそろった結晶の集合体(**等粒状組織**(図58))となり，ガラスは含まれない。これが深成岩である。

　鉱物がマグマ中で自由に成長すると，鉱物本来の形態をもった結晶となる。こうした形態のことを**自形**という。自形の結晶が成長を続け互いに接するようになると，部分的に自由な成長を妨げられた形を示す。これを**半自形**という。最後に結晶化する鉱物は，すでに成長した鉱物の粒の間を埋めるようになり，鉱物本来の形をとれなくなる。こうした鉱物の形態のことを**他形**という。最初に結晶化した融点の高い鉱物は自形となり，最後に結晶化した融点の低い鉱物は他形となる。

図57　偏光顕微鏡で見た火山岩の斑状組織(富士山の玄武岩)
火山岩は，斑晶(この場合は斜長石)と細粒の鉱物からなる石基から構成される。

図58　偏光顕微鏡で見た深成岩の等粒状組織(富士山の噴出物に含まれる斑れい岩)
粗粒で等粒状の斜長石の結晶(灰色〜黒色)と輝石・かんらん石の結晶(色づいているもの)からなる。

*1) 苦鉄質の苦は，マグネシウムを意味する。
*2) ケイ長質のケイはケイ酸塩鉱物(石英)のケイ，長は長石の長を表す。

E 岩脈と岩体

マグマは地下深部から割れ目を通って上昇してくる。こうした割れ目を満たしたマグマが冷えて固まったものが**岩脈**や**岩床**(図59)である。岩脈や岩床は火山岩からなることもあるし、深成岩からなることもある。また、上昇してきたマグマがマグマだまりをつくってゆっくりと固化したものが深成岩からなる**貫入岩体**(図59)である。貫入岩体には直径が10 kmをこえるような大規模なものもあり、それは**バソリス**(底盤(図59))とよばれる。

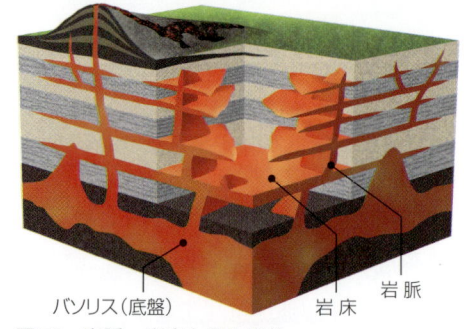

図59 岩脈、岩床と貫入岩体
岩脈は地層面を横切る方向の、岩床は地層面に平行な方向の、割れ目を満たしたマグマが固化したものである。

F 火成岩の分類

苦鉄質鉱物(有色鉱物(p.88 表1))に富む火成岩を**苦鉄質岩**、ケイ長質鉱物(無色鉱物(p.88 表1))に富む火成岩を**ケイ長質岩**、両者の中間のものを**中間質岩**とよぶ。また、ほとんど苦鉄質鉱物だけからなる火成岩は**超苦鉄質岩**とよばれる(図60)。

深成岩(→p.89)は、粗粒の鉱物の集合したものなので、構成鉱物の量比によって分類することができる(図61)。

これに対して、火山岩(→p.89)は、斑晶と石基からなり、石基は細粒の結晶とガラスからなるので、構成鉱物の量比によって火山岩を分類することは難しい。火山岩の分類(図60)は、火山岩のSiO₂量によって行われる。

	超苦鉄質岩	苦鉄質岩	中間質岩	ケイ長質岩	
SiO$_2$(質量%) 40	45	52	63	70	75
火山岩		玄武岩	安山岩	デイサイト	流紋岩
深成岩	かんらん岩	斑れい岩	閃緑岩	花崗閃緑岩	花崗岩

図60 深成岩と火山岩

*1) 深成岩の分類には色指数は使用されないが、大体の目安としては、花崗岩が5〜20、閃緑岩が25〜50、斑れい岩が35〜65である。火山岩は細粒でガラスも含むため、色指数を厳密に適用することは難しく、その色調は必ずしも組成を反映しない。

G　深成岩の分類

深成岩は，苦鉄質鉱物(p.88 表1)(有色鉱物)とケイ長質鉱物(p.88 表1)(無色鉱物)の量比によって分類することができる(図61)。また，深成岩の色調(図61)は，有色鉱物と無色鉱物の量比によって決まり，有色鉱物の割合をパーセントで示す。これを**色指数**(いろしすう)とよぶ。*1)

実験で深成岩の色指数を調べ，図61の分類と比べてみよう。
→p.93 実験6

	苦鉄質岩	中間質岩	ケイ長質岩	
	斑れい岩	閃緑岩	花崗閃緑岩	花崗岩
❶ 造岩鉱物の組成(体積%)	(Caに富む) かんらん石・輝石	斜長石・角閃石	石英・黒雲母	カリ長石 (Naに富む) その他の鉱物
❷ 色調	黒っぽい ←			→ 白っぽい
密度	大きい ←			→ 小さい
❸ 含有量 Fe, Mg, Ca	多い ←			→ 少ない
Si, Na, K	少ない ←			→ 多い

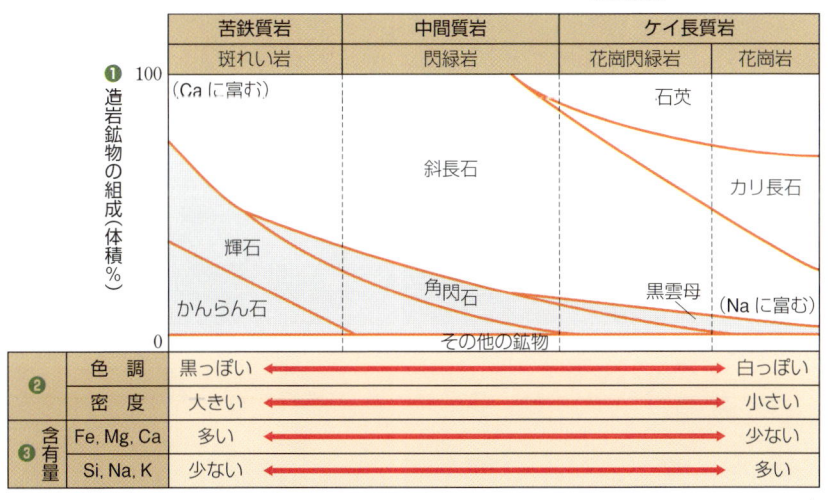

図61　深成岩の分類　下の解説を見てみよう。

図61の解説

❶造岩鉱物の組成
　それぞれの岩石に，どの鉱物がどのような割合で含まれているかを表している。岩石ごとに縦にグラフを読み，含まれている造岩鉱物の割合を読み取る。
斑れい岩：かんらん石，輝石，Caに富む斜長石からなる(角閃石を含むこともある)。
閃緑岩：輝石と角閃石，斜長石から構成される。かんらん石は含まない。
花崗閃緑岩：角閃石，黒雲母，斜長石，カリ長石，石英からなる。輝石は含まない。
花崗岩：黒雲母，Naに富む斜長石，カリ長石，石英からなる。角閃石は含まない。

❷色調・密度
　有色鉱物は，色調が黒っぽく，密度が大きいので，有色鉱物の量が減少すると色調も黒っぽいものから白っぽいものへと変化し，岩石の密度は減少する。よって，斑れい岩から閃緑岩，花崗閃緑岩，花崗岩へと変化するに従い，密度の大きい有色鉱物の量が減少するので，色調は白っぽいものへと変化し，岩石の密度は減少する。

❸Fe，Mg，CaとSi，Na，Kの含有量
　有色鉱物にはFe，Mg，Caが多く含まれているが，無色鉱物にはSi，Na，Kが多く含まれている。よって，斑れい岩から閃緑岩，花崗閃緑岩，花崗岩へと変化するに従い，Fe，Mg，Caが減少し，Si，Na，Kが増加する。

火山岩

玄武岩
(東京都・伊豆大島)

デイサイト
(長崎県・雲仙岳)

安山岩
(鹿児島県・桜島)

流紋岩
(長野県・浅間山)

深成岩

斑れい岩
(高知県・室戸岬)

閃緑岩
(神奈川県・丹沢)

かんらん岩(周囲の黒っぽい岩石は玄武岩)

花崗岩
(宮崎県・大崩山)

図62　火成岩の露頭と岩石

実験 6 火成岩の観察

ビルの壁面や駅の階段など，街の中には火成岩の石材がたくさん用いられている。深成岩は含まれる鉱物の割合によってその種類が分類されるため，見た目の色合いで大まかに3つに分けることができる。ここでは，深成岩に含まれる苦鉄質鉱物の体積パーセントを測定して色指数(→p.91)を求めてみよう。

■基本情報

苦鉄質鉱物の含有率(色指数)は体積パーセントによって表される。どのようにしたら，苦鉄質鉱物の体積パーセントが求められるだろうか。

各鉱物は，岩石標本に比べて小さいから，ある断面に現れる各鉱物の確率(これは断面積に比例する)はどの断面をとっても同一と考えてよい。例えば，図Aのように，(A)，(B)，(C)どの断面でも，苦鉄質鉱物の確率は15％であったとしよう。そうすると，体積＝断面積×高さ であるから，この苦鉄質鉱物が全体の体積に占める確率も15％となる。

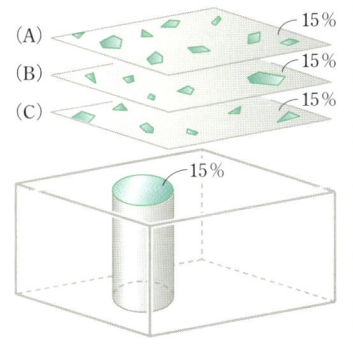

したがって，深成岩の色指数は，岩石の断面の苦鉄質鉱物の面積パーセントに等しいことがわかる。次の実験で，深成岩の色指数を調べてみよう。

図A 各断面の苦鉄質鉱物と全体の中での苦鉄質鉱物の割合

■準備
一面が研磨された花崗岩と閃緑岩の標本，ルーペ，トレーシングペーパー，方眼紙，赤鉛筆

■手順
❶用意した岩石標本の色指数がどれくらいの値になるかを予想する。
❷岩石標本の研磨面にトレーシングペーパーを当て，苦鉄質鉱物を鉛筆で塗りつぶす。
❸手順❷のトレーシングペーパーの下に方眼紙を敷き，5mm間隔の方眼を赤鉛筆で引く。方眼の交点が100か所以上あるようにする。
❹100か所以上の交点のうち，苦鉄質鉱物のある交点の数をかぞえ，それを全交点の数で割って，苦鉄質鉱物の面積パーセントを計算する。

■結果とまとめ

図Bの花崗岩の例で計算すると，色指数は9.6％となる。このように，方眼を使うと定量的に苦鉄質鉱物の含有量を測定することが可能である。

手順❶で予想していた色指数と実際の測定値を比較してみよう。また，鉱物の大きさによっては，同じ色指数でも見た目の色の印象が違うので，他の岩石でも色指数を測定してみるとよい。

なお，花崗岩の中にはピンク色の鉱物を多く含んだものもある。ピンク色の鉱物はおもにカリ長石であり，色指数を測定する場合には苦鉄質鉱物として数えない。

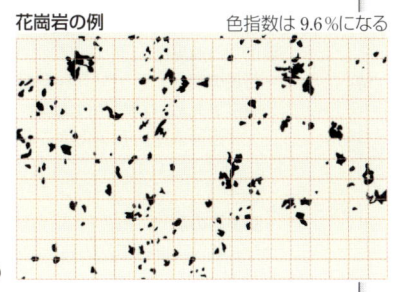

図B 花崗岩の苦鉄質鉱物を写し取ったもの　花崗岩の例　色指数は9.6％になる

火成岩の薄片を観察して造岩鉱物の形や光学的特性を調べよう。
→実験7

実験 7 偏光顕微鏡による火成岩中の鉱物の観察

■準備
火成岩の薄片のプレパラート各種，偏光顕微鏡

■手順

Ⅰ．偏光顕微鏡の調節
平行ニコル（上方ニコルを外し，下方ニコルだけにする）にし，鉱物が中心にくるようにステージに置く。ステージを回転させても，鉱物が十字線の中心から外れないように調整する。

Ⅱ．平行ニコルでの観察
(1) **色** ケイ長質鉱物は無色透明で，苦鉄質鉱物はそれぞれの色を示す。
(2) **多色性** 苦鉄質鉱物の場合，ステージの回転につれて色が変化するものがある。これを多色性という。
(3) **へき開** へき開のある場合，1方向または2方向に筋（へき開線）が見られる。この筋の有無から，へき開の有無およびどの方向にへき開があるかを調べる。

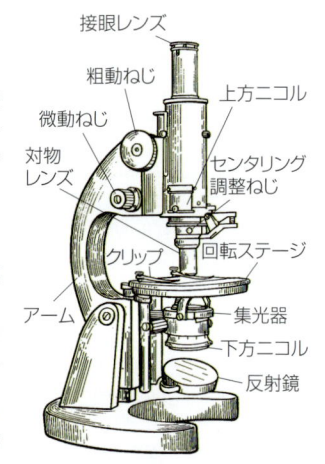

図A　偏光顕微鏡

Ⅲ．直交ニコル（上方ニコルと下方ニコルをつける）での観察
(1) **干渉色** 鉱物に特有の色が見られるものがある。
(2) **消光と消光角** ステージを回転させると，90°ごとに視野が暗黒になる。これを消光という。消光の状態のままで平行ニコルにもどし，鉱物のへき開線（または自形鉱物の長辺）と十字線とのなす角（消光角）を測定する。消光角が0°の場合を直消光，そうでない場合を斜消光という。

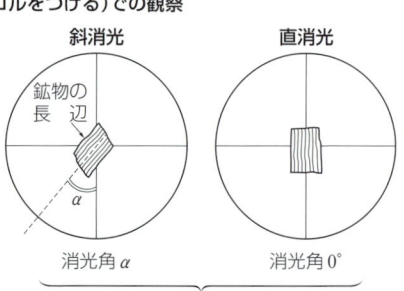

図B　斜消光と直消光
直交ニコルでは鉱物が消光している状態

・**石英の消光** ステージを回転していくと，急激に消光し，再び急激に現れる特徴的な消光をする。また，石英の中には鉱物中を暗黒部が動いていくような波状消光をするものもある。

・**斜長石の消光** 斜長石は，図Cに示すような，しま状または累帯状の特徴的な消光をする。

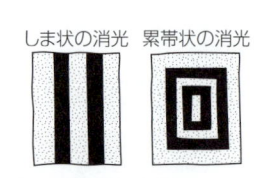

図C　斜長石の消光

表A 偏光顕微鏡で観察するときの鉱物の特徴

		形 （典型的な場合）	平行ニコル			直交ニコル	
			色	多色性	へき開	干渉色	消光
ケイ長質鉱物	石英	深成岩では他形，火山岩では自形を示す	無色透明	なし	なし	灰色	歯切れのよい消光，波状消光
	カリ長石		無色透明	なし	1～2方向	灰色	かすり模様のものあり
	斜長石		無色透明	なし	1～2方向	灰色	しま状消光，累帯状消光
苦鉄質鉱物	黒雲母		暗褐～黄緑色	強い	1方向	赤・黄・青・紫色などになる	直消光
	角閃石		青緑色～緑色～褐色	あり	1～2方向（交角約120°）		斜消光（消光角約20°）
	輝石		無色～淡緑色～淡褐色	あり	1～2方向（交角約90°）		直消光，斜消光（消光角約45°）
	かんらん石		無色～淡黄色	なし	なし		直消光
	磁鉄鉱		黒色	—	1方向	黒色	—

第3章
変成作用と造山運動

サルドーナ地殻変動地帯(スイス)

岩石は、形成された条件と異なる条件の場に移動すると変化する。この変化したときの条件を調べると、その岩石が経てきた歴史がわかり、造山運動を知ることができる。ここでは、変成作用と造山運動をプレートの運動と関連づけて学習する。

1 変成作用

　地球内部の高温高圧状態におかれた岩石が、基本的に固体状態のままで鉱物どうしの化学反応が生じ、その条件で安定な新しい鉱物からなる岩石に変化する現象を**変成作用**という。地温勾配(→p.35)は場所によって異なるため、変成作用の条件もそれに応じて異なり、異なったタイプの変成岩が形成されることになる。このため、変成岩を調べることで、変成岩が形成された場所の過去の温度や圧力のようすを知ることができる。

A 変成作用

　化学的風化では、高温で形成された火成岩を構成する鉱物が常温常圧で水と反応して分解し(加水反応)、低温で安定な含水ケイ酸塩である粘土鉱物(粘土を構成する鉱物)に変化する。この化学反応は、高温で安定していた鉱物が低温で安定する鉱物に変化することを示している。そのため、熱を放出する発熱反応である。粘土鉱物を集めて熱すると、粘土鉱物は分解し、高温で安定な新たな鉱物が形成され、水が放出される(脱水反応)。粘土で作られた容器を炉で熱すると素焼きや陶磁器になるが、これはこうした化学反応が起きるためである。この化学反応は、熱を吸収する吸熱反応である。変成作用はこれと同じ現象といえる。低温低圧

で安定な鉱物の集合体に熱や圧力を加えると，高温または高圧で安定な新しい変成鉱物が形成される。*1) こうした現象を**再結晶**という。新たに形成された変成鉱物は，その内部に熱エネルギーを吸収し，蓄えていることになる。

ある化学組成の岩石が変成作用を受けて温度・圧力が増大していくと，一定の温度・圧力の範囲では複数の種類の変成鉱物からなる一定の組み合わせが安定であるが，さらに温度・圧力が増大すると，新たな変成鉱物が出現して異なる複数の変成鉱物からなる組み合わせが安定となる。こうした，一定の複数の変成鉱物の組み合わせで示される一定の温度・圧力の範囲のことを**変成相**という。温度・圧力図上に異なる変成相を示したものが図63である。地温勾配の異なる地域では，温度・圧力の増大に合わせて，異なる変成相が出現することになる。逆に，異なる変成相の組み合わせが明らかになれば，その変成作用が生じた当時の，その地域の地温勾配を知ることができる。

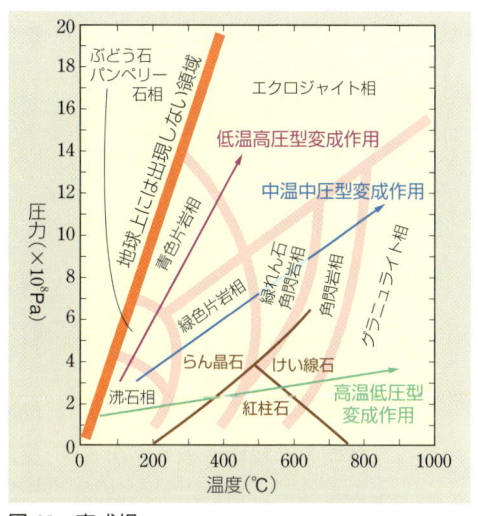

図63 変成相
変成岩は，ある温度・圧力範囲では，同じ組み合わせの鉱物の種類からなる。こうした領域を変成相という。温度・圧力が増大するにつれて変成相は変化する。

変成鉱物が再結晶している際に大きな方向性のある力（地殻応力）が加わると，変成鉱物はその力の方向性に支配された配列を取るようになる。その結果，ぺらぺらとはがれやすい片理面の発達した結晶片岩や，鉱物が面状に配列してしま状の構造をもつ片麻岩などが形成される。変動帯で大規模に起こる変成作用（**広域変成作用**という）では多くの場合方向性のある大きな地殻応力がはたらくため，こうした結晶片岩や片麻岩が形成される。

---
*1) 化学組成が同一で結晶構造が異なる鉱物どうしの関係を**多形**という。

B 接触変成作用

冷たい地殻上部の岩石中に高温のマグマが貫入してくると、マグマと接する岩石はその熱で暖められることで温度が上昇し変成作用を起こす。このようなマグマと接触することで生ずる変成作用のことを、**接触変成作用**とよぶ。

接触変成作用によって泥岩や砂岩などの堆積岩が再結晶すると、硬い緻密な岩石に変化する。こうした岩石のことをホルンフェルス（図64）という。

図64 接触変成岩（ホルンフェルス）
(a)は花崗岩マグマの貫入によって接触変成作用を受けた砂岩ホルンフェルス（下の暗灰色の部分）。

C 広域変成作用

地殻内部の広域な領域の岩石が、その場所の地温勾配の下に長くおかれると、その地温勾配に応じた変成作用を受ける。これを**広域変成作用**とよぶ。プレート境界などの変動帯で広域変成作用が生ずる場合、同時にその場所での地殻応力によって変形作用を受け、薄くはがれる構造（**片理**）の発達した結晶片岩（図65）が形成される。薄くはがれる面を**片理面**という。広域変成作用によって、結晶片岩などの変成岩が形成された地域は、**広域変成帯**とよばれる。

広域変成帯は、低温高圧型、高温低圧型、そしてその中間型に区分される。

図65 広域変成岩（結晶片岩）
(a)は広域変成作用によって形成された結晶片岩。
(b)の顕微鏡写真では変成鉱物の配列がみられる。

変成岩を観察してみよう。
→実験8

(実験) 8 石灰岩と結晶質石灰岩の観察

　結晶質石灰岩(大理石)は，石灰岩が変成作用を受けて，含まれている方解石という鉱物の結晶が再結晶して大きくなった接触変成岩である。変成作用では結晶構造は変化するが，化学組成は変化しないので，石灰岩と方解石の成分はいずれも炭酸カルシウムである。成分が同じで組織が異なる2つの岩石を観察してみよう。

■準備　石灰岩(研磨面があるもの。できればフズリナなどの生物の骨格が見えるものがよい)，結晶質石灰岩(研磨面があるもの)，方解石の結晶(実験用の小さなもの)，ルーペ，カッターナイフ，ハンマー

■手順
❶石灰岩中にサンゴやフズリナなどの生物の骨格があれば，それらをスケッチする。
❷結晶質石灰岩の研磨面を見てスケッチする。
❸方解石の形をスケッチする。
❹方解石のへき開を確かめる。また，カッターナイフを使って，小さな結晶体を切り出してみる。
❺最後に，石灰岩，結晶質石灰岩，方解石に希塩酸をかける。

■観察のポイント
　手順❹で，カッターナイフでへき開にそって力を加えると，もとの結晶と相似の立体を切り出すことができる。へき開と異なる方向に力を加えてもうまく切り分けることはできない。
　手順❺では，二酸化炭素が発生することから，成分が炭酸カルシウムであることがわかる。

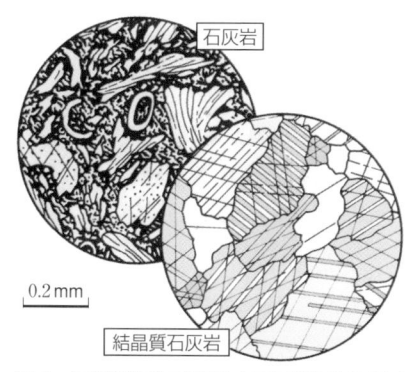

図A　偏光顕微鏡で観察した石灰岩と結晶質石灰岩のスケッチ

第3章　変成作用と造山運動

D　プレートの沈みこみと変成帯

　地球上の広域変成帯の多くは，プレート沈みこみ境界で形成されている。広域変成帯のうち低温高圧型は，冷たいプレートの沈みこむ場所で，プレートによって地下深く引きずりこまれた堆積岩などにみられる。こうした場所は地殻熱流量(→p.36)が小さく，地温勾配(→p.35)も小さい。すなわち，圧力が増加しても，温度はあまり上昇しない場所である。低温高圧型変成作用は，海溝近傍のようなプレートの沈みこむ場所で生じる(図66)。

　一方，高温低圧型は，地下の浅い場所で非常に高温な場所，すなわち高温のマグマが上昇してくる火山帯の地下のような場所で形成される。こうした場所は地殻熱流量が高く，地温勾配が大きい。高温低圧型変成作用は，火山帯の地下で生じる(図66)。

　沈みこむプレートの性質は，そのプレートの形成年代によって異なる。年代の古い十分に冷えたプレートが高速度で沈みこむ場合には低温高圧型変成帯が形成されるが，年代の若い温かいプレートが低速度で沈みこんだ場合には，中間型の広域変成帯が形成されることになる。また，プレート衝突境界の地下でも，地温勾配がそれほど小さくならず，中間型広域変成帯が形成される可能性がある。このように，広域変成帯は，プレート沈みこみに伴う，異なる地温勾配の場所の性質を反映しており，逆に広域変成帯の性質から，広域変成帯が形成された当時のその場所の温度や状態を知ることができる。

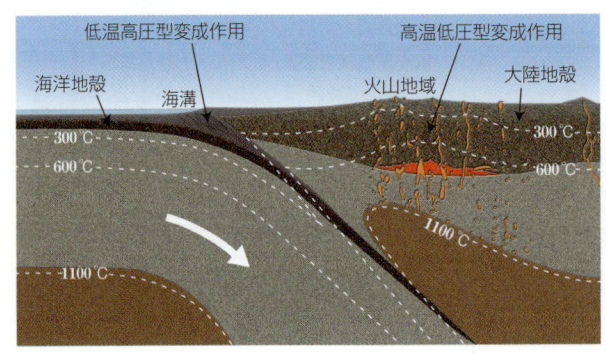

図66　低温高圧型変成作用と高温低圧型変成作用の起こる場所
プレートが沈みこむ海溝付近の地下は低温であり，低温高圧型の広域変成作用が生ずる。マグマの上昇してくる火山地域の地下は高温であり，高温低圧型の広域変成作用が起こる。

2 | 造山運動

A | 造山帯と安定地塊

　大陸は全体的には平らであるが，大陸の内部やへりに山がちな場所がある。その代表例が，ヨーロッパアルプスからヒマラヤへと続く列である。そこには，6000 m から 8000 m をこえる高山が延々と並んでいる場所がある。他にも，北アメリカ大陸のロッキー山脈やシエラネバダ山脈，それに南アメリカ大陸のアンデス山脈などが，4000〜6000 m 程度の高さでそびえている。また，大きな大洋の縁にそっては，海溝に平行な島弧が連なっている。島弧では 3000 m 以上の高さ（海抜高度）に達している場所もあり，海溝（深さ 6000〜9000 m）からはかると 12 km 以上の高度差がある地形となっている。千島，東北日本，西南日本から琉球列島，伊豆・マリアナ島弧などは，その例である。

　こうした高い山の列は，新生代にプレートの沈みこみがある場所か，その後に大陸が衝突した地帯である。つまり，地球の歴史から見ると数千万年という短い間に，プレートの沈みこみや衝突によって側方に短縮する変形が行われた地帯が，現在，高い山の列になっているのである。

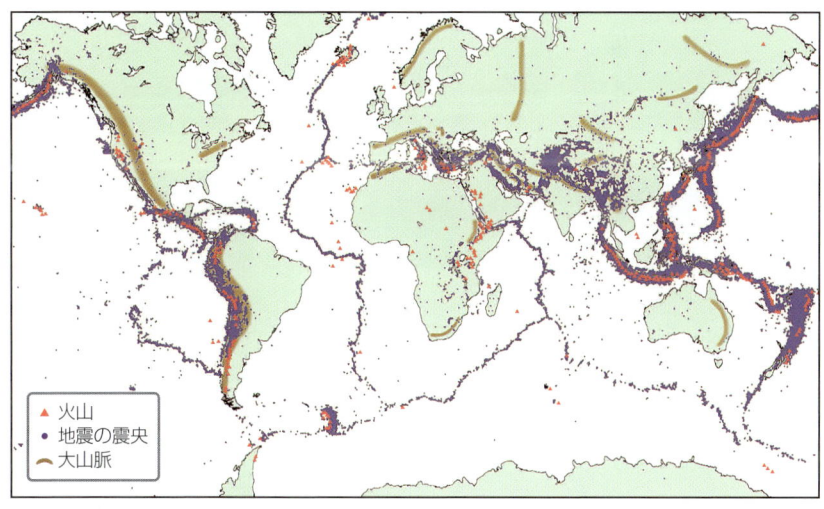

図 67　現在の火山・地震の分布と大山脈
地震の多くは，新しい造山帯，または，島弧にそった地域に発生している。

こうした地帯は，比較的新しい時代に造山作用を受けた地域であり，**造山帯**という(図68)。造山帯の多くは，地震の集中する所であり，また火山も多く，地殻変動も著しいので**変動帯**ともいう(図67)。

　一方，それほどの高さはないが，周囲より高い山の列が存在している地帯がある。例えば，北アメリカ大陸東海岸のアパラチア山脈や，オーストラリア大陸東海岸のグレートディバイディング山脈などである。これらの地帯は，数億年前にプレートの沈みこみや大陸の衝突が起きて高い山の列になり，その後，侵食作用を受けて少し低くなったが，深部でできた変成岩や花崗岩が露出している過去の造山帯である。同じような古い造山帯には，アパラチア山脈から大西洋を渡って，イギリス，スカンジナビアにのびるカレドニア造山帯，ヨーロッパ大陸をほぼ東西に走り，フランス北部，イギリス南部へと続くバリスカン造山帯，ユーラシア大陸の中央部に南北に走るウラル造山帯などがある。

　これに反して，アフリカ大陸やユーラシア大陸，オーストラリア大陸の大半，北アメリカや南アメリカの中央部などは大きな山の列はなく，基本的には広大な平たい地形で占められている。構成岩石は，先カンブ

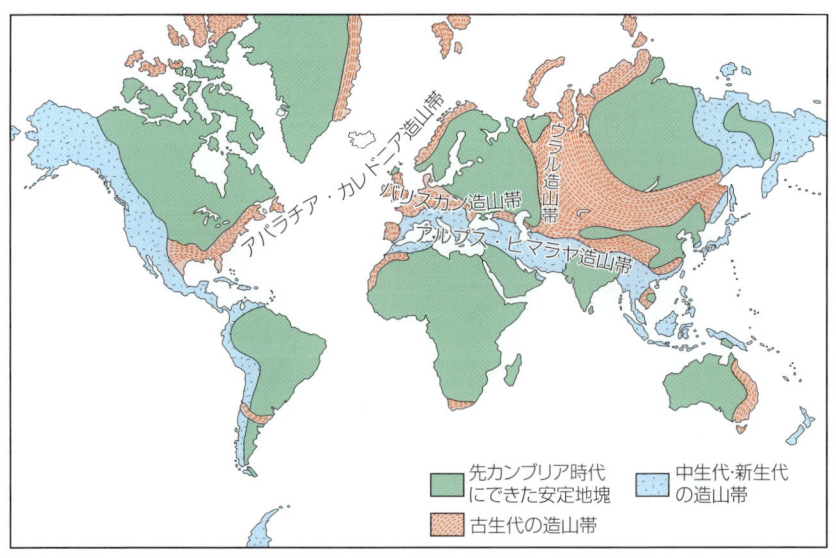

図68　世界の造山帯と安定地塊

リア時代の変成岩や花崗岩であり，その上をほぼ水平な地層が分布していることが多い。これらの地域は，この数億年の間，プレート運動による変動をほとんどあるいはまったく受けていない。このような地域を**安定地塊**（または**盾状地**）という（図68）。

B 造山運動

　海洋プレートは，水平に移動して海溝で沈みこむ。環太平洋の多くの場所では，海溝での沈みこみが起きている。また，インド洋ではインドネシアのスンダ列島の南側などで沈みこみが起きている。大西洋縁辺では，小アンチル諸島やサウスサンドイッチ諸島沖だけで沈みこみが新生代から始まっている。そのほか，フィリピン・インドネシア周辺の海域では，小規模ではあるが，さまざまな場所で沈みこみが生じている。

　プレートの沈みこむ地域では，海側のプレートが運んできた密度の小さい堆積物が大陸縁辺に付け加わって**付加体**をつくることがある。また，島弧の火成作用により列島に火山列を生じたり，深部では大量の花崗岩質マグマ（ケイ長質マグマ）の貫入が起こり，広域変成帯が形成されたりする。そして，海洋プレートの沈みこみによりプレート境界にはひずみが生じ，地震が発生し，断層や褶曲を伴う変形が起こってもち上げられて山脈をつくる。

　このような花崗岩や変成岩の上昇を主とする造山運動を，**太平洋型造山運動**（図69）（または**コルジレラ型造山運動**）という。

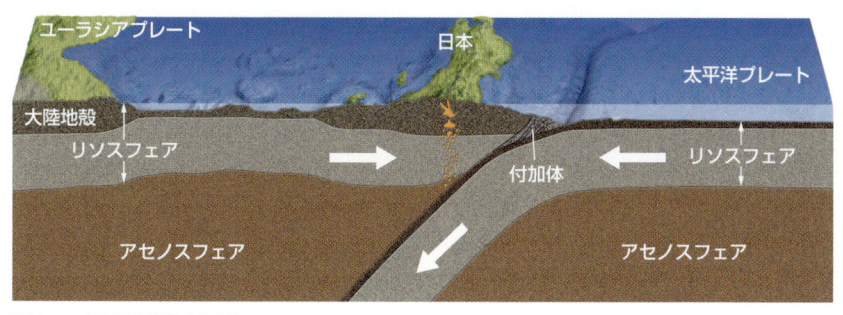

図69　太平洋型造山運動

一方，沈みこむプレートが大陸を乗せていると，初めは海洋プレートが沈みこんで太平洋型造山帯を形成するが，沈みこむ側の大陸が海溝に到達すると，大陸は密度が小さく軽いために十分深くまで沈みこめず，沈みこまれる側の大陸と衝突する。大陸どうしの衝突によって押し上げられた大陸地殻の一部は大規模に隆起して大山脈を形成する。

　このようなプレートの衝突境界で起こる造山運動を**アルプス型造山運動**(図70)(または衝突型造山運動)という。アルプス型造山運動は，大陸と大陸のぶつかりあいであり，その後どちらかの大陸が下に潜りこんでいく。

　インド大陸は，アフリカやオーストラリア，南極大陸と同じ，ゴンドワナ大陸(p.41 図1,2)の一部であったが，中生代(約1億4000万年前)に分裂して北上し，古第三紀(約5000万年前)ころにアジア大陸に衝突し，やがて逆断層が発達し，アジア大陸の下に沈みこみ始め，それに伴って著しい側方短縮が起きた。これは現在も続いている。このため，大量の大陸地殻が積み重なり，モホ不連続面までの厚さは60 kmをこえる。これが，世界の屋根といわれるヒマラヤ山脈の成因である。また，北方へ厚くなった大陸地殻は，チベット高原を隆起させている。

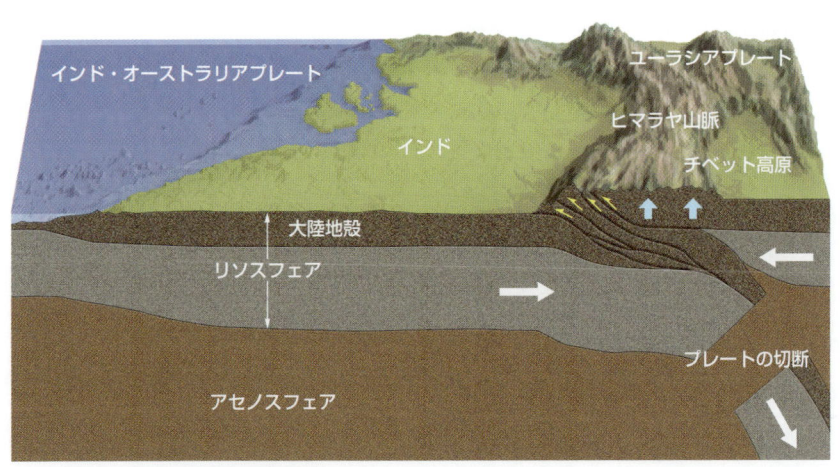

図70　アルプス型造山運動

第3編 地球の大気と海洋

第1章　大気の構造と運動　　p.106
第2章　海洋と海水の運動　　p.150
第3章　大気と海洋の相互作用　p.167

積乱雲

積乱雲が強い上昇気流で成長した。この雲の下では雷とともに激しく雨が降っている。こうした雨の降り方が最近増えてきたといわれている。
地球上では，太陽放射エネルギーによって，地表から蒸発した水蒸気が雲をつくり，降水をもたらし，生物が生存できる環境が維持されている。こうした大気の水分の多くは，海洋から供給されている。

第1章 大気の構造と運動

極成層圏雲

宇宙から眺めた地球は,静かな青い大気のベールに包まれているかのようである。しかし,その「底」でくらす私たちは,その場所が決して静かでないことを知っている。そこでは,大規模な風の流れがあり,雲がわき,雨や雪が降る。これらを生み出すのは太陽からの放射エネルギーだが,地球の大気はどのようにして熱エネルギーから運動をつくり出しているのだろうか。

1 | 大気の構造

A | 大気の組成

地球大気の主成分は窒素(N_2)と酸素(O_2)である(表1)。地表から高度約80 kmまでの大気はよく混合されているため,成分の割合(組成比)はどこでもほぼ一定である。

ただし,大気中の水蒸気(H_2O)の量は,空間的にも時間的にも大きく変動する。水蒸気の大部分は地表付近に存在する。特に水温の高い熱帯の海上では,水蒸気の割合は質量比4%ほどにも達

表1 地球大気の主成分[*1)]
太字で示した気体は温室効果ガスである。

気体	体積比	総質量 (kg)[※1]
窒素 N_2	78.08%	3.87×10^{18}
酸素 O_2	20.95%	1.19×10^{18}
アルゴン Ar	0.93%	6.6×10^{16}
水蒸気 H_2O	—[※2]	1.7×10^{16}
二酸化炭素 CO_2	391 ppm[※3]	3.05×10^{15}
メタン CH_4	1.81 ppm[※3]	5.16×10^{12}
オゾン O_3	—[※2]	3.3×10^{12}

※1 地球大気の総質量は約 5.1×10^{18} kg である。
※2 場所や時間によって変動が大きい。
※3 2011年の値。

[*1)] 単位のppmは百万分率で,$1 \text{ ppm} = \frac{1}{10000}$ %

また,ppbは十億分率で,$1 \text{ ppb} = \frac{1}{1000} \text{ ppm} = \frac{1}{10000000}$ %

[*2)] 飽和水蒸気量とは,1 m³の空気に含むことのできる最大の水蒸気量である(→ p.128)。

する。これは，気温が高いと飽和水蒸気量が大きいからである。水蒸気は，蒸発するときに周囲の大気から奪った熱(蒸発潜熱という)を，凝結して液体や固体の雲粒になるときに解放して周囲の大気を暖める。このため，水蒸気は大気の熱収支や運動に重要な役割を担っている。

B 気圧

　気圧はどこにおいても高さとともに減少する。地球全体で平均した海面気圧は 1013 hPa だが，圏界面(→ p.108)では通常 200 〜 300 hPa に減少する。これは，気圧がある高さより上にある大気にはたらく重力によって生じるためである。したがって，地球大気の全質量の約 7 〜 8 割が対流圏に存在することがわかる。残りの大気質量のほとんどが成層圏に存在するため，成層圏上端の気圧は 1 hPa にすぎない。

例題 1. **気圧と大気にはたらく重力の関係**

地球上では，質量 1 kg の物体には 9.8 N の重力がはたらく。ある高さより上にある断面積 1 m² の空気柱の質量が M kg であるとき，この空気柱にはたらく重力は $9.8M$ N である。この断面積 1 m² の空気柱の重さによる圧力が，この高さにおける気圧である。

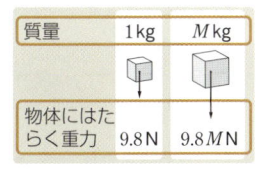

ある地点で地表の気圧を測定したところ，1029 hPa であった。この地点に鉛直に立つ断面積 1 m² の空気柱を考え，上空にある 1 m² 当たりの空気の全質量を求めよ。

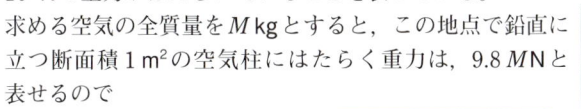

解　ある地点での地表の気圧は
　　　1029 hPa $= 1029 \times 10^2$ Pa $= 1029 \times 10^2$ N/m²
これは，この地点で鉛直に立つ断面積 1 m² の空気柱に 1029×10^2 N の重力がはたらいていることを表している。
求める空気の全質量を M kg とすると，この地点で鉛直に立つ断面積 1 m² の空気柱にはたらく重力は，$9.8M$ N と表せるので
　　　$9.8M = 1029 \times 10^2$
　　　$M = \dfrac{102900}{9.8} = 1.05 \times 10^4$ 
求める空気の全質量は
　　　1.05×10^4 kg

C 大気の層構造

地球の大気は，温度の構造により，**対流圏**，**成層圏**，**中間圏**，**熱圏**の4つの層に分けられる（図1）。

❶**対流圏** 最下層の**対流圏**は10 kmほどの厚さがあり，大気の全質量の約8割を占めている。自然環境を左右するさまざまな天気現象のほとんどは対流圏で起こっている。太陽放射で加熱される地表面に接するため，対流圏の気温は通常，地表付近で高く，高度とともに低下して**圏界面**で極小となる。

❷**中層大気** 対流圏のすぐ上にある**成層圏**では，対流圏とは逆に，上空ほど気温が高い。高度約20〜30 kmに存在する**オゾン層**で，オゾン（O_3）分子が太陽からの**紫外線**を吸収し，大気を加熱するからである。紫外線に対する高い吸収効率のため，紫外線の大部分はオゾン層に届くまでに吸収され，その上にある大気がおもに加熱される。このために，気温は

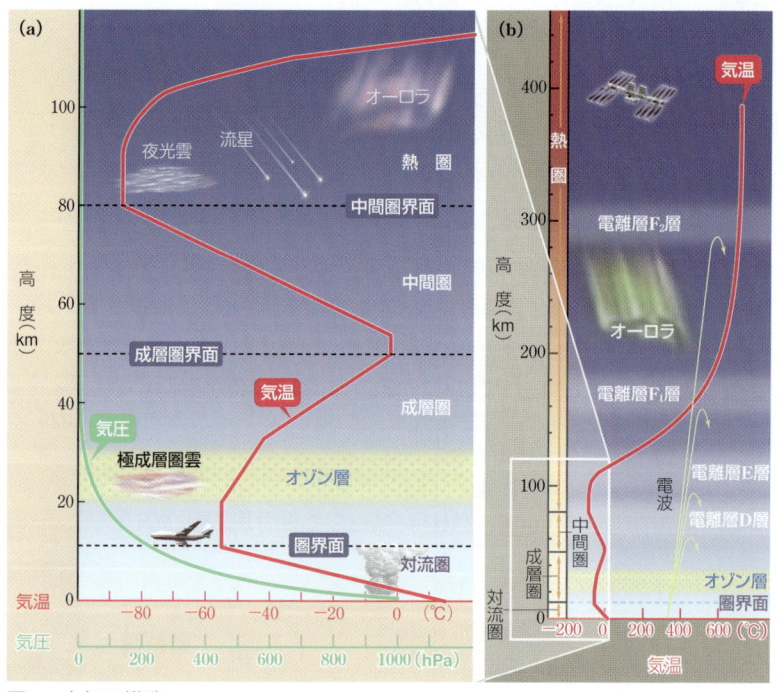

図1 大気の構造

成層圏界面(高度約50 km)で極大となる。成層圏のO_3分子は，紫外線の強いエネルギーによってO_2分子が2つのO原子に解離し，それぞれにO_2分子が結合することによって形成される。一方，O_3分子は紫外線を吸収すると，O_2分子とO原子に解離する。こうしてオゾン層は，生物に有害な紫外線が地上に届くのを防いでいる。

対流圏とは異なり，中・高緯度域[*1)]の成層圏では，東西方向に一周する風の向きが季節によって反転する。夏は東風が吹き続けるが，冬は西風[*2)]に変わる。西風は緯度60°付近で特に強い。その極側(北半球ならば北極側，南半球ならば南極側)には，**極渦**という低温で巨大な低気圧がある(図2)。

対流圏に比べ成層圏の循環は安定している。しかし冬季には，対流圏からの大規模な波動の影響で極渦が一時的に崩壊し，極域の気温が4〜5日のうちに30〜40 ℃も上昇する激しい現象(**成層圏突然昇温**)もたまに起こる。突然昇温は北半球で起こりやすいが，毎年春季に起こる西風から東風への移行は，南北両半球ともに突然昇温に伴っている。一方，赤道上空の成層圏では，東西風の向きがほぼ13か月ごとに反転する現象(**準二年振動**)が確認されている。

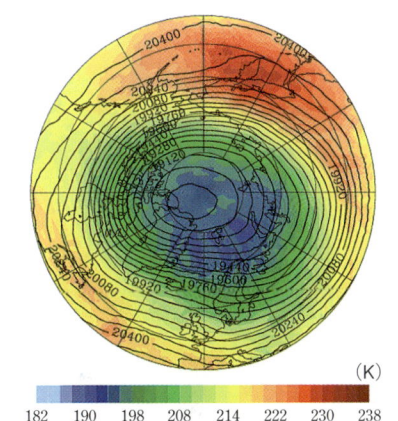

図2 2010年1月9日に観測された成層圏下部の50 hPa面天気図 (p.136 図27)
北極上空から見下ろした場合の図で，実線は等高線(単位はm)，色は気温(K)を表す。等高線は地上天気図における等圧線に相当するもので，周囲より高度が低い所が低気圧である。

南半球の冬季には，極渦内に太陽放射があまり届かない。そのため，O_3による加熱が弱く，極渦内は著しい低温となる。南極上空の極渦内では，対流圏から伝わってくる波動が弱いため，低温化が特に顕著である。−78 ℃以下の低温状態では，硝酸液滴と氷粒からなる**極成層圏雲**(→p.106 章初め写真)が形成され，早

---
*1) 低緯度・中緯度・高緯度の範囲は，それぞれおよそ0〜30°，30〜60°，60〜90°である。
*2) 東から西に吹く風を東風，西から東に吹く風を西風という。

春になると，その表面で紫外線によるO_3分子の分解が進行するようになる。この分解を促進するのは，産業活動により排出されたフロンガスから解離した塩素原子である。こうして，南極上空の成層圏では，極渦内でオゾン層の破壊が進み，1980年代後半には南半球の早春期に**オゾンホール**が出現するようになった（→p.370）。その後フロンガスの生産は国際的に禁止されたが，ガスはいまだに成層圏に残っており，オゾンホールは現在も毎年出現している。

なお，2011年の北半球の早春には，北極上空の成層圏でも著しい低温となり，初めてオゾンホールが観測された（図3）。

成層圏の上にある厚さ約30kmの**中間圏**では，上空ほど気温が低い。**中間圏界面**（高度約80km）付近では，高緯度地域で夏季に上昇気流が強まり，冬季よりもさらに低温となる。ここで形成された氷粒が**夜光雲**として観測される。

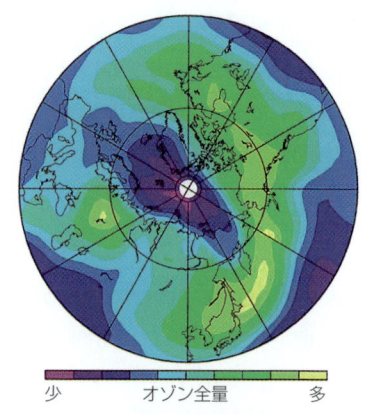

図3 北極上空のオゾン全量分布（2011年3月25日）（国立環境研究所提供）
北極上空から見下ろした場合の図で，紫色や青色はオゾンが少ない領域である。

なお，成層圏と中間圏をあわせて**中層大気**とよぶ。

❸**熱圏** 中間圏の上の**熱圏**では高さとともに気温が上昇し，高度200km以上では600℃をこえる。熱圏では，太陽からのX線や紫外線によって，酸素（O_2）や窒素（N_2）などの気体分子の一部は原子となっている。これら原子の大部分は電離し，イオンと電子に分かれている。電子密度が特に高い**電離層**が熱圏には複数存在する（p.108図1）。

太陽系内に漂う塵が高速で熱圏に突入し，発光する現象が**流星**である。熱圏では**オーロラ**（極光）という発光現象も起こる。これにかかわるのは，熱圏の外側に広がる**磁気圏**（→p.26）に入りこんだ太陽風の荷電粒子である。この荷電粒子が地球の磁力線にそって高緯度の熱圏に流入し，酸素原子や窒素分子に衝突すると発光が起こる。

第3編 地球の大気と海洋

2 | 地球全体の熱収支

A | 太陽放射と地球放射

❶地球が受ける太陽放射 太陽は、莫大な量のエネルギーをおもに可視光線として宇宙空間に放っている(**太陽放射**)。1.5 × 10⁸ km 離れた地球には、そのエネルギーのごく一部が届く。地球の大気の上端で、太陽光に垂直な 1 m² の面が 1 秒間に受ける太陽放射エネルギーを**太陽定数**(図4)といい、その値は 1370 W/m² である。地球全体が受けるのは、地球の円形の断面(図4)がさえぎる太陽放射エネルギーである。地球全体が受ける太陽放射エネルギーを地球の全表面積で平均すると、太陽定数の $\frac{1}{4}$ にあたる 342 W/m² となる。

地球の大気は太陽放射をよく通すため、降り注ぐ太陽放射の半分が地表(陸面や海面)に達して、直接地表を暖める(p.112 図5(a))。

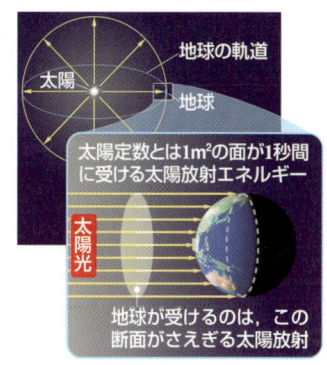

図4 地球が受ける太陽放射

例題 2. **地球表面が受ける太陽放射エネルギー**

地球表面が 1 秒間に受ける太陽放射エネルギーの総量は何 W か。また、地球全体を平均すると、地表 1 m² 当たり何 W/m² か。大気による反射・吸収は無視できるとして、地球を半径 $6.4 × 10^6$ m の球、太陽定数を $1.4 × 10^3$ W/m² とする。

解 地球の断面積は $3.14 × (6.4 × 10^6)^2$ m²   ←円の面積 πr^2
地球表面が 1 秒間に受ける太陽放射エネルギーの総量は
    太陽定数×地球の断面積＝$(1.4 × 10^3) × 3.14 × (6.4 × 10^6)^2$
    　　　　　　　　　　＝ **$1.8 × 10^{17}$ W**
地球の表面積は $4 × 3.14 × (6.4 × 10^6)^2$ m²   ←球の表面積 $4\pi r^2$
したがって、地球全体の平均は
$$\frac{(1.4 × 10^3) × 3.14 × (6.4 × 10^6)^2}{4 × 3.14 × (6.4 × 10^6)^2} = \frac{1}{4} × (1.4 × 10^3) = \mathbf{3.5 × 10^2 \ W/m^2}$$

---

*1) 1 W(ワット)とは、1 秒間に 1 J(ジュール)のエネルギーが出入りしたり、変化したりすることを示す。

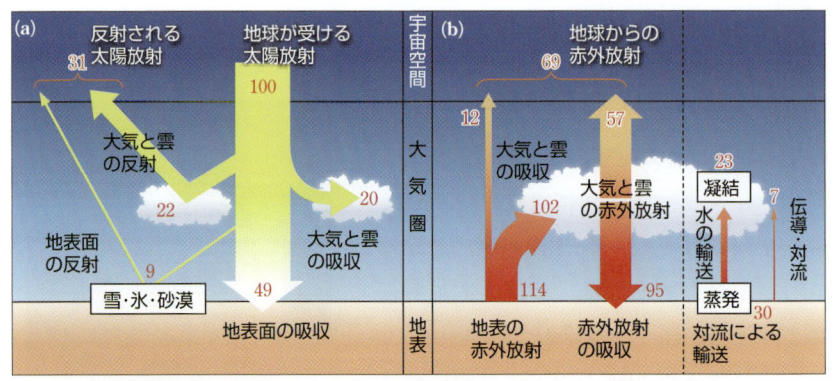

図5 地球のエネルギー収支を示した模式図 大気の上端で受ける太陽放射エネルギーを地球全体で平均した量を100とした相対値として示す。(下の解説を見てみよう)

大気の上端に入射する太陽放射のうち、地球大気が直接吸収するのは約20％に過ぎない。約30％は雲や地表で反射されて、地球を暖めずに宇宙空間にもどされる。氷や雪の面積や大気中の微小粒子の数が増えると、太陽放射の反射率が高まり、地表気温を下げるようにはたらく。

❷**地球放射** 地球が太陽放射によって常に暖められていても、地球全体で平均した地表気温はほぼ15℃に保たれている。それは、地球が吸収する太陽放射と同量のエネルギーが、赤外線として昼夜の別なく宇宙空間へ放出(赤外放射)(図5(b))されるからである。これを**地球放射**という。

図5の解説

❶ 図中の数値は、地球が受ける太陽放射エネルギーを地球の全表面積で平均した量($342\ \text{W/m}^2$)を100としたときに、大気と雲や、地表が吸収・反射・放射するエネルギーがいくらであるかを表している。

❷ 図(a)は、大気の上端で受ける太陽放射エネルギーが、どこで吸収・反射されているかを表し、図(b)は、地表や大気と雲から放射されるエネルギーが、どこで吸収・放射されるかを表している。

問1 宇宙空間、大気圏、地表それぞれにおけるエネルギーのつりあいを考えてみよう。

問2 地表が放出する赤外放射は差し引きいくらか。対流による放出と比較しよう。

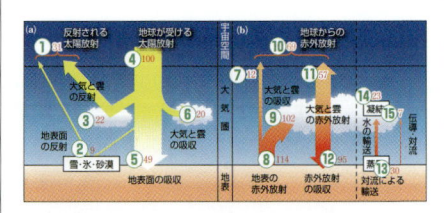

大気圏に入射する量	④=100
大気圏から放射される量	①+⑩=100
大気圏において 吸収する量	⑥+⑨+⑭+⑮=152
放射する量	⑪+⑫=152
地表面において 吸収する量	⑤+⑫=144
放出する量	⑧+⑬=144

B 温室効果

地表からの赤外放射のうち、直接宇宙空間へ出ていく量はわずかで、その大部分は大気中の水蒸気(H_2O)や二酸化炭素(CO_2)、メタン(CH_4)、オゾン(O_3)などの気体や雲によって吸収される(図5(b))。地球放射として宇宙空間に放出されるエネルギーのほとんどは、これら**温室効果ガス**や雲からの赤外放射である。

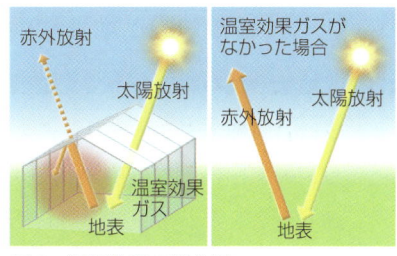

図6 温室効果の概念図
温室効果ガスは、太陽放射はよく通す。しかし、地球放射は吸収され、通りにくい。

温室効果ガスは、地表からの赤外放射とほぼ同じ量のエネルギーを下向きにも赤外放射し、再び地表を暖める。これを**温室効果**(図6)という。雲は水蒸気などと同じく温室効果をもたらすが、一方で太陽放射を反射して地表を冷やすはたらきもする。温室効果がなければ、地球全体の平均地表気温は、現在より30℃以上も低下してしまうと考えられている。

■参考■ 放射冷却と逆転層

地表からは常に赤外放射によってエネルギーが失われている。太陽放射がなくなる夜間になると、赤外放射によって地表面の温度は低下する。これを**放射冷却**という。土や岩石は水に比べて比熱[*1)]が小さいので、陸面では放射冷却による表面温度の低下が著しい。放射冷却が特に強まるのは、よく晴れて風の弱い冬の夜である。それは、夜の時間が長いだけでなく、温室効果をもたらす雲がなく、水蒸気も少ないからである。また、風が弱いと、下層大気において小さな乱れ(渦対流)が生じにくく、混合による上下の熱交換が抑えられるからである。

放射冷却によって地表面が強く冷却されると、地表付近の気温が上空よりも低くなる。この場合の気温分布は、通常の対流圏内の気温分布(p.108 図1)とは逆になっている。このように通常と気温分布が逆になった層を**逆転層**という。逆転層内では、大気の鉛直運動が抑えられる。このため、地表面の冷却がさらに進むほか、工場や自動車から排出された汚染物質が下層大気にとどまりやすく、深刻な大気汚染をもたらす場合がある。

*1) 単位質量の物質の温度を1℃上げるのに要する熱量を比熱という。

第1章 大気の構造と運動

C 温室効果と地球環境の変化

　地球の長い歴史の中で，地表気温は長期的に大きな変動をくり返してきた。南極やグリーンランドの氷に閉じこめられた過去の空気の分析から，大気中の二酸化炭素（CO_2）やメタン（CH_4）の濃度も気温とともに変動したことがわかっている。例えば，二酸化炭素（CO_2）の濃度は寒冷期（氷期（→p.249））に低く，逆に温暖期（間氷期（→p.249））には高かった。

　こうした気候の自然変動の一方で，産業革命以降の化石燃料の大量消費などによって大気中の二酸化炭素（CO_2）の濃度が急増している。20世紀後半以降に観測された地表気温上昇のかなりの部分が，人間活動の結果として強まってきた温室効果の影響と考えられている（→p.368）。

参考　電磁波と光

　物体は，その温度に応じた量のエネルギーを電磁波として放射する。電磁波は，電場と磁場の変化が伝わっていくときの波である。波の隣りあった2つの山（あるいは谷）の間の距離を**波長**という（→p.389）。物体はさまざまな波長の電磁波を放つが，どの波長も光の速さ（3.0×10^8 m/s）で伝わる。よって，**周期**（1波長進むのに要する時間）は波長に比例し，**周波数**（1秒間に通過する波の数）は波長に反比例する。電磁波として放射されるエネルギーが最大となる波長は，物体の温度が高いほど短くなる。

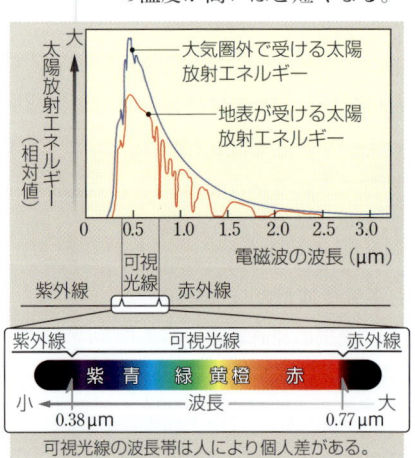

　太陽から放射される電磁波のエネルギーは，私たちの視覚でとらえられる**可視光線**の部分にピークがある。一方，太陽よりずっと低温の地球が放射するのは，目に見えない**赤外線**がほとんどである。また，物体から電磁波として出されるエネルギーの総量は，物体の温度とともに急激に増える。単位面積について比較すると，5500℃の太陽表面から放射されるエネルギーは，地球大気の上端から放射されるエネルギーの30万倍にも達する。

可視光線の波長帯は人により個人差がある。

3 | 大気の大循環

A | 熱収支の不均衡と熱輸送

❶緯度による受熱量の違い　高緯度地域では，太陽高度が低く，雪や氷による反射が多いため，地表が受け取る太陽放射エネルギーが低緯度地域より少なくなる。地球放射として失われる熱

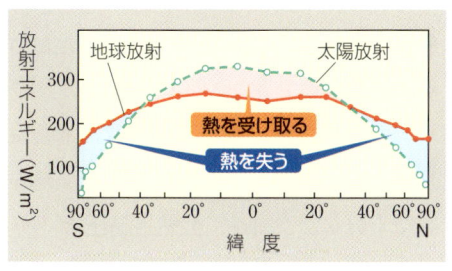

図7　地球の緯度別の放射エネルギー収支

エネルギーも，寒冷な高緯度地域ほど少ない。しかしその南北差は，太陽放射の南北差よりずっと小さい。そのため，緯度35°より高緯度側では，地球放射で失うエネルギーが太陽放射で受け取る分を上回り，低緯度側ではその関係が逆になる(図7)。[1]

❷大気と海洋の熱輸送　緯度によって熱収支にかたよりがあるにもかかわらず，低緯度地域と高緯度地域との温度差は一定に保たれている。それは，低緯度地域で太陽放射で余分に受け取った熱エネルギーを，大気や海洋の循環が高緯度地域へ運び，そこで地球放射で失われる熱エネルギーを補っているからである(図8)。この熱輸送の大部分は大気循環によるが，北半球では海洋循環が熱帯から中緯度への熱輸送に大きく寄与している。もしこうした熱輸送がなければ，低緯度地域は今よりも高温に，高緯度地域はずっと低温になってしまうだろう。[2]

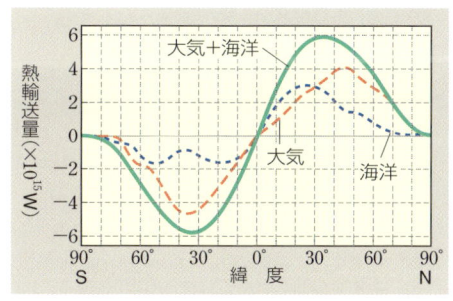

図8　大気・海洋による熱輸送の緯度分布
1年間の平均として，北へ向かう熱の流れを＋，南へ向かう流れを－で示す。

---

[1] 地表面や温室効果ガス，雲などは，温度が高いほど多くの熱エネルギーを赤外放射する。
[2] この熱輸送のために，地球放射量の南北差が比較的小さく抑えられている。

B 大気の大循環

極向きの熱輸送を担う対流圏の大規模な循環のようすは，低緯度地域と中・高緯度地域とで大きく異なっている(図9)。

❶低緯度地域の大気循環 低緯度地域は気温が高くて飽和水蒸気量も多く，積乱雲が発達しやすい。暖かい熱帯の海上では，東西に連なる積乱雲の群れが多量の雨を降らせる。水蒸気が凝結するときに放出される潜熱は大気を加熱し，大規模な上昇気流をもたらしている。この赤道収束帯で上昇した空気は，亜熱帯高圧帯でゆっくりと下降する(図9)。このため，亜熱帯高圧帯では乾燥して雲ができにくく，大陸には砂漠ができ，海上では蒸発が盛んである。亜熱帯で下降した空気は，貿易風として赤道収束帯に多量の水蒸気を運びこんで，多量の降水を支えている。このように，熱帯で上昇し亜熱帯で下降する大規模な南北循環をハドレー循環と

(a) 地表付近の典型的な大気の流れと対流圏の南北断面図

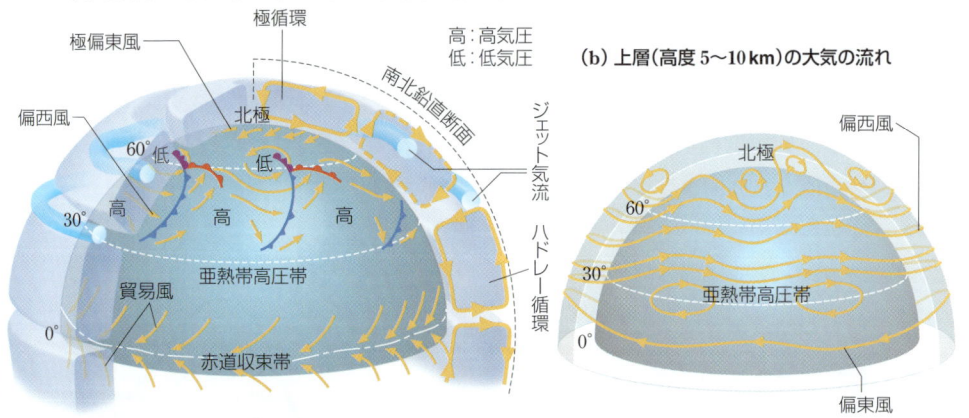

(b) 上層(高度5〜10km)の大気の流れ

図9 大気大循環の模式図
地表付近のようす(a)と上空のようす(b)。地表付近の貿易風は北半球では北東風，南半球では南東風である。両半球とも，中緯度では地表でも上空でも偏西風が吹いているが，偏西風波動に伴って蛇行が激しい。これに対して，亜熱帯上空のジェット気流の蛇行はずっと弱い。なお，中緯度の南北断面に現れる循環(破線矢印)は，東西方向に平均したときに偏西風波動の影響を示す見かけのものである。上図は海陸分布とは無関係に存在しうる大気循環を示すものである。

---

*1) **熱帯収束帯** ともいう。赤道にそっては海水温が比較的低いので，赤道から少し離れた緯度帯に形成される。

*2) 地球自転の影響で，貿易風は東寄りの風となる。

よぶ。

❷ 中・高緯度地域の大気循環

熱帯を除き，対流圏上部では偏西風が西から東に吹いている（図9）。偏西風の風速は圏界面の高度で最大となり，ほぼ同じ緯度帯を流れて地球を一周する。ハドレー循環のへりにあたる亜熱帯上空では偏西風が特に強い（**亜熱帯ジェット気流**）。このジェット気流をはさんでは，南北の温度差が特に上空で大きい。
→p.124参考

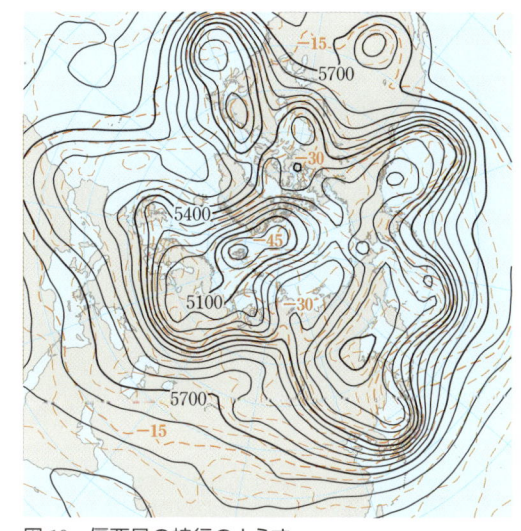

図10　偏西風の蛇行のようす
2012年4月3日21時の500 hPa面天気図（→p.136〜137）。等高線（実線）の混みあった部分の蛇行が偏西風の蛇行を表している。この日，日本海上空で低気圧が急発達し，全国に強風や激しい雨をもたらした。（気象庁天気図による）

ジェット気流は季節により南北に移動し，夏には高緯度側を，冬は強まって低緯度側を吹く。

亜熱帯上空とは異なり，中緯度上空ではいくつもの渦が生じて，偏西風（亜寒帯ジェット気流）を南北に蛇行させている（図10）。これらの渦は**偏西風波動**に伴うもので，その多くは地表付近を西から東へ移動する高気圧や温帯低気圧に対応するものである。中緯度から高緯度への熱輸送の大部分を，こうした渦が担っている（p.115図8）。このように，中緯度の大気循環は渦によって蛇行する偏西風に特徴づけられ，**ロスビー循環**ともよばれる。

南極上空では下降流があり，氷床上には寒冷な高気圧が形成されている。高気圧のまわりの冷たい空気は，南極大陸の沖合に停滞する大規模な低気圧に吹きこんでいる。こうした循環は北極ではかなり弱い。

次の実験で，偏西風波動を再現してみよう。
→次ページの実験9

第1章　大気の構造と運動

> **実験 ⑨ 偏西風波動のモデル実験**
>
> 電動回転台の上に、大・中・小の3つの丸い容器を重ねて置く（中・小の2つの容器は熱伝導のよい金属製）。"中"の容器に水とアルミニウム粉末を入れ、外側の大きい容器に湯、内側の小さい容器に氷水を入れる。中心を合わせて回転の速さをうまく調節すると、"中"の容器の水面の模様に流れの速い所ができ、図のような蛇行が見られる。

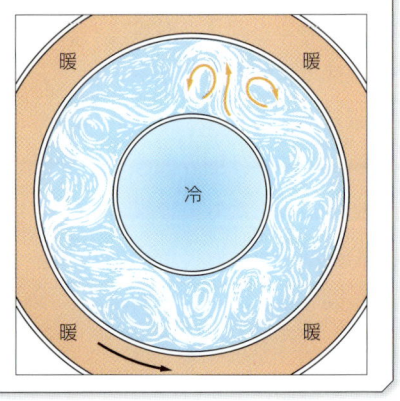

C 偏西風波動と温帯低気圧

　中緯度上空では、偏西風波動に伴って多くの渦が生じている。上空の低気圧性の渦は、高緯度側から低温の低圧域が張り出す「気圧の谷」となっている。対照的に、上空の高気圧性の渦は、低緯度側から高温の高圧域が張り出す「気圧の尾根」となっている。

　上空の高気圧性・低気圧性の渦は、対応する地上の高・低気圧に対して、それぞれ西にずれている（図11）。気圧の谷の下方には寒気が広がっており、気圧の尾根の下方には暖気が存在する。その寒気・暖気は、（北半球では）下層の北風・南風によってさらに強められている。こうして、暖気が北上し寒気が南下することで、差し引きとして熱エネルギーを低緯度から高緯度へ運んでいる。また、発達中の低気圧・高気圧は、寒気域に下降気流、暖気域に上昇気流をそれぞれ伴っている。

　このように、温帯低気圧や移動性高気圧は、南北の気温差が大きな中緯度で、上空の偏西風波動の影響で発達する。日本近海や北米東方沖では、上空の偏西風が強く、なおかつ暖流と寒流が接して地表気温の南北差が大きいので、低気圧が発達しやすい。これらの地域の上空に、偏西風波動に伴う強い低気圧性の渦がやってくると、地表の低気圧が急激に発達して強風や高波、大雨・大雪などの被害をもたらすことがある。

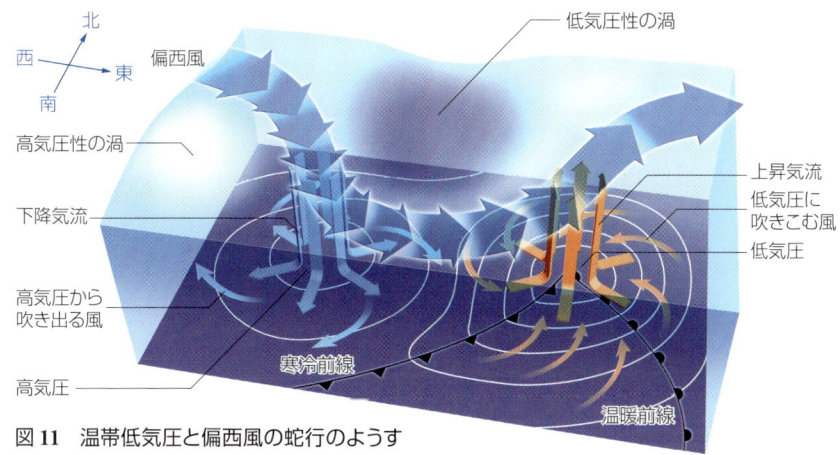

図11 温帯低気圧と偏西風の蛇行のようす
上空の低気圧性渦の下層にある寒気が，北風によって南下する先に寒冷前線ができる。低気圧性渦の西側では，地上高気圧の上空に下降気流がある。一方，低気圧性渦の東側の下層では，北上する暖気とともに上昇気流があるため，地表で低気圧が発達しやすい。

▮参考▮ 温帯低気圧と前線

　温帯低気圧は，地表気温の南北差の大きい地域で発生しやすい。発達する低気圧の東側では，南からの湿った暖気が北側の寒気に乗り上げる所に**温暖前線**ができる。温暖前線の寒気側には乱層雲が広がり，雨が降る。一方，低気圧の西側では，次の高気圧の東側を寒気が南下し，それが暖気と接する所に**寒冷前線**ができる。ここでは，寒気とぶつかった湿潤な暖気が持ち上げられるため積乱雲が発達しやすく，激しい雨や雷雨をもたらすことがある。これらの前線が通過すると，気温や湿度，風向が急変する。低気圧が最盛期を迎えるころには，南側で寒冷前線が温暖前線に追いつき，**閉塞前線**が形成される。閉塞前線をはさんだ気温差は決して顕著ではないが，前線付近では湿った暖気が持ち上げられるため，雲が形成されて雨が降りやすい。

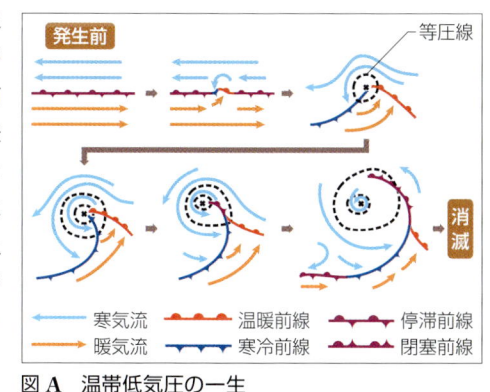

図A　温帯低気圧の一生

D　地球自転の影響

❶コリオリの力　天気図に現れるような大規模な大気の流れや海流は，赤道付近を除き，地球自転の影響を強く受ける。ジェット機やミサイルなども同様である。地球自転の効果は，地球に相対的に運動する物体（流体も含む）に対し，その運動に直交してはたらく力として現れる。発見者にちなんで，この力を**コリオリの力**（転向力）とよぶ。

　ジェット機が北極点から，北緯70°にある地点Aに向けて飛びたったとする（図12）。ジェット機が時速550 kmで飛行すると，もし地球が自転していなければ，約2200 km真南に位置する地点Aには4時間後に到達するはずである。しかし，地球が自転しているために，地点Aはこの4時間で経度60°（約2300 km）東へ移動するので，真南に飛行したジェット機は地点Aより経度60°西にある地点A'に到達してしまう[*1)]。こうして，自転する地球上に静止している観測者からは，真南へ動くジェット機に右向きの力がはたらくように見える。これがコリオリの力で，北半球では物体の水平運動に対し右向きに，南半球では左向きにはたらく[*2)]。

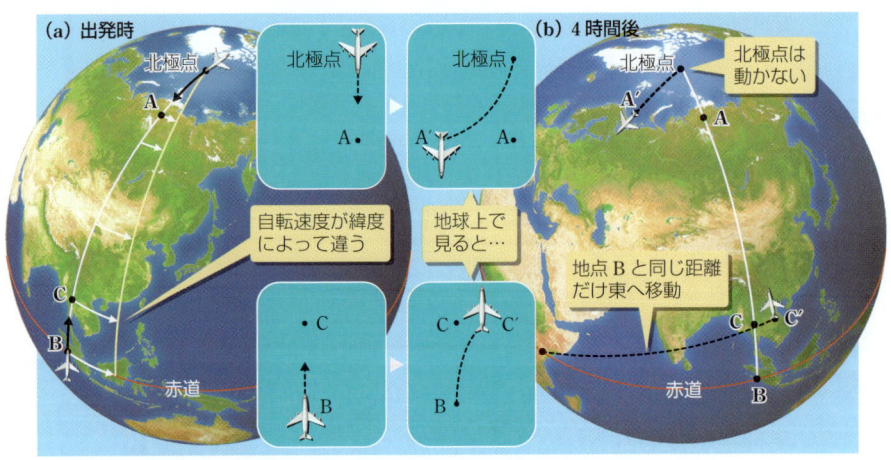

図12　高緯度と低緯度にはたらくコリオリの力（北半球）

*1)　実際のジェット機はたえず進路を調節しながら目的地に向かっている。
*2)　南極点から真北に向かうジェット機を考えれば，南半球ではコリオリの力が物体の運動に対して左向きにはたらくことが理解できる。

なお，コリオリの力の大きさは運動の速さに比例する。

❷**緯度によるコリオリの力の違い**　次に，ジェット機が赤道上の地点Bから，同じ経度で北緯20°に位置する地点Cへ向けて飛行する場合を考えよう（図12）。時速550 kmで飛行すると，北緯20°には4時間で到達するであろう。地球が自転しているために，宇宙空間から見ると，地点Bは時速1675 km[*3)]で東へ動いているので，地点Bから飛びたったジェット機は同じ速度で東向きにも運動している。一方，自転による地点Cの移動速度は時速1574 kmである。このため，ジェット機は4時間で，宇宙空間から見て6700 km（時速1675 km×4時間）東へ進んでいるが，地点Cは6296 kmしか東へ移動していない。こうして，地球上に静止する観測者が見ると，北へ向けて飛行したジェット機は，地点Cより404 km，経度にして3.85°だけ東にある地点C'に到達する。

このように，同じ速度で動くジェット機にはたらくコリオリの力は，緯度が高い場所ほど強く，その大きさは北極や南極で最大となる。逆に，赤道上を運動する物体にはコリオリの力ははたらかない。

ジェット機が飛びたつ地点や向きを変えても，コリオリの力がはたらくことを確かめよう。
→実験10

実験 ⑩ コリオリの力がはたらくことを確かめよう

❶図12において，ジェット機が時速550 kmで，地点Cから地点Bへ向けて飛びたった場合を考えて，コリオリの力が，ジェット機の進む向きに対して右向きにはたらくことを確認しよう。

❷ジェット機が時速550 kmで，東京付近の地点D（北緯36°）から，同じ経度で青森付近の地点E（北緯41°）へ向けて飛びたった場合，ジェット機は，地点Eよりどの向きにどれだけ離れた地点に到達するか，計算してみよう。ただし，各緯度での地球の自転速度は，赤道上（図12の地点B）の移動速度に，緯度θの余弦（$\cos\theta$（→p.388））をかけたものに等しい。

---

*3) 赤道の周長は約40075 kmであるが，ここでは簡単のため40200 kmと仮定している。

E 地衡風と傾度風

❶地衡風 上空の偏西風にも、地球自転の影響としてコリオリの力がはたらいている。北半球上空では、東向きに吹く偏西風に南向きのコリオリの力がはたらく。一方、偏西風をはさんでは、北側よりも南側のほうが気圧が高い。この南北の気圧差による北向きの力が、南向きのコリオリの力とほぼつりあっている(図13)。

このように、上空の大規模な大気の流れにおいては、高圧側から低圧側へと気圧差によって生じる力(**気圧傾度力**)(図14)と流れに直角にはたらくコリオリの力とがつりあっている。こうした大気の流れを**地衡風**という。どちらの力も流れに直角にはたらくため、地衡風は等圧線にそって吹く(図15)。等圧線の間隔が狭く、気圧傾度力が大きな所ほど地衡風も強い。

上空では高緯度側よりも低緯度側で気圧が高い。これは、熱帯のほうが高温で、高緯度側より空気が膨張するためである(p.136 図27右図)。この気圧差による気圧傾度力は、北半球の中緯度上空では北向きで、偏西風に

図13 地衡風にはたらく力のつりあい(北半球)
南半球では流れの向きが反転する。

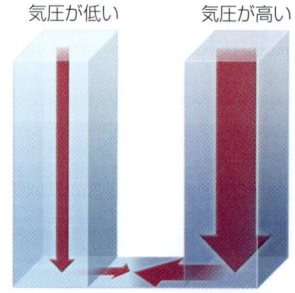

図14 気圧傾度力
気圧の差によって、高圧側から低圧側に力がはたらく。

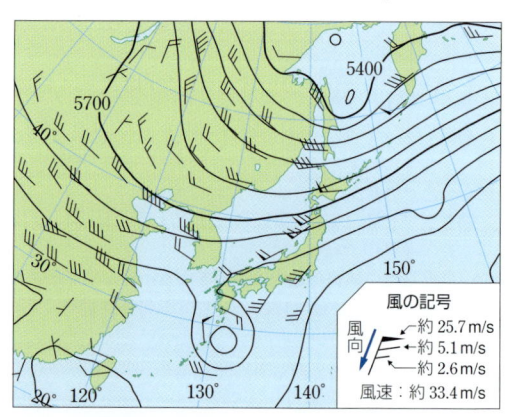

図15 地衡風のようす
2011年9月20日9時の500 hPa等圧面の高度分布(→p.136)と風向・風速。等高線(単位はm)は地上天気図における等圧線に相当するもので、周囲より高度が低い所が低気圧、高い所が高気圧となっている。(気象庁天気図による)

南向きにはたらくコリオリの力とつりあっている。このように，北半球では高圧側を右手に見るように地衡風が吹く。一方，南半球の中緯度では，気圧傾度力は南向きだが，同じ向きの流れにはたらくコリオリの力の向きが北半球とは反転し，上空には北半球と同様に偏西風が卓越する。

❷**高・低気圧と傾度風**　高気圧や低気圧の近くでは，等圧線が曲がっており，地衡風も等圧線にそって曲がって流れる。曲がり方が大きいと，流れにはたらく遠心力が無視できなくなる。この場合，流れにはたらくコリオリの力，遠心力と気圧傾度力の3つの力がつりあっている。こうした流れを**傾度風**という。

円形の等圧線をもつ北半球上空の低気圧と高気圧を考えよう(図16)。遠心力はそれぞれの中心から外向きで，その大きさは風速の2乗に比例し，等圧線の半径に反比例する。

低気圧の近くでは，中心に向かう気圧傾度力に，コリオリの力と遠心力がともに外向きにはたらいてつりあっている。よって，低気圧が強まって中心の気圧が低下し，気圧傾度力が増大しても，それに応じて傾度風も強化され，外向きの2つの力も増大し，つりあいが保たれる。

一方，高気圧の近傍では，中心に向かうコリオリの力に，外向きの気圧傾度力と遠心力がつりあっている。仮に高気圧が強まって，外向きの気圧傾度力と風速が増大したとしよう。コリオリの力の大きさは風速に比例して増大するが，遠心力の大きさは風速の2乗に比例して増大す

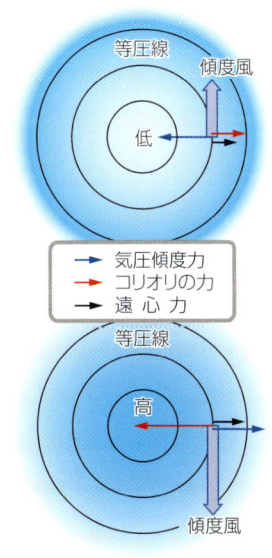

図16　低気圧(上)と高気圧(下)に伴う傾度風(北半球)
南半球では傾度風の向きが反転する。

るため，高気圧がさらに強まっても，中心に向かう正味の力は気圧傾度力ほどには強まらず，いずれ力のつりあいが保てなくなる。つまり，高気圧の強さには上限があるのである。

---

*1) 厳密には，気圧傾度力は等圧線(または等圧面上の等高線(→p.136))に直角にはたらく。

▲ 参考 ▲ 地衡風と温度風

　気温の異なる場所に，断面積の等しい2つの空気の柱（気柱）を置いたとする。気柱の上面と底面それぞれの気圧は互いに等しく，2つの気柱に含まれる空気の質量は等しいとする。低温の気柱に比べ，高温の気柱は膨張するため，上面・底面にあたる2つの等圧面の高度差が大きい。底面の高度の違いがわずかであれば，2つの気柱を横切る等圧面の高度差は上空ほど拡大する。つまり，同じ高度では高温の気柱ほど気圧が高く，2つの気柱の気圧差も上空ほど大きい。

　このように，水平方向の温度差に応じて，水平方向の気圧傾度力の大きさとそれに対応する地衡風の風速は，ともに高さ方向に変化する。こうした地衡風の風速の高さによる差を**温度風**という。

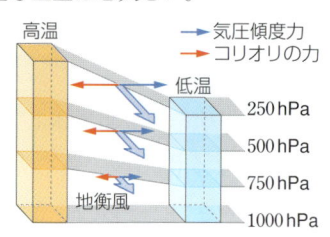

F　地表の高・低気圧と風の吹き方

　上空と同様，地表付近の流れにも気圧傾度力がはたらく。また，大規模な流れにはコリオリの力もはたらき，その大きさは流速に比例する。よって，上空と同じく，地表の高気圧・低気圧に伴って，北半球ではそれぞれ時計回り・反時計回り[*1)]に風が吹く（図17）。ただし，地表面との間にはたらく摩擦によって，地表付近の風は弱い。よって，風にはたらくコリオリの力も弱く，それだけでは気圧傾度力とつりあうことができない。そのため，風は等圧線にそって吹くのではなく，気圧傾度力に従って，気圧の高いほうから低いほうへと等圧線を横切って吹く。地表付近の大規模な流れでは，流れにはたらくコリオリの力と摩擦力が気圧傾度力とつりあっている（図18）。

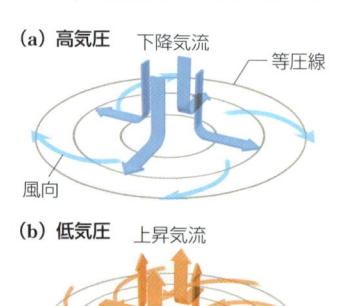

図17　地上の高気圧（a）・低気圧（b）に伴う風の分布（北半球）

---

*1) 南半球では，低気圧に伴って時計回り，高気圧に伴って反時計回りに風が吹く。

北半球では，高気圧の中心から時計回りに風が吹き出し，低気圧の中心に向かって反時計回りに風が吹きこむ（図17）。これに伴い，高気圧の中心では下降気流があり，雲ができにくく晴天となりやすい。一方，低気圧の中心では上昇気流があり，雲ができて降水が起こりやすい。

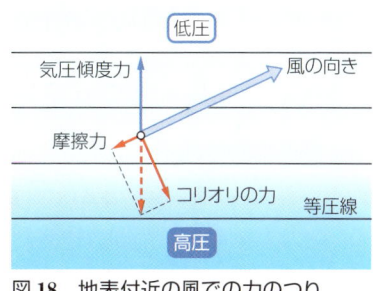

図18 地表付近の風での力のつりあい（北半球）

参考　物質輸送

大気循環は，熱エネルギーや水蒸気を輸送し，地球の気候を形成する上で重要な役割を担っている。[*2]
陸上の全降水量の約$\frac{1}{3}$は，海上から輸送された水蒸気で支えられている（→p.171 参考）。

大気中に放出された微小粒子（エーロゾル）も，大気の流れによって遠方へ運ばれる。火山噴出物のうち，質量の小さな硫酸液滴などは落下しにくく，遠距離を輸送される。春季を中心に日本に飛来する黄砂も，中国大陸の乾燥地域で強い風に巻き上げられた土壌粒子が，低気圧の西側を吹く西風で運ばれたものである（図A）。対流圏中層に達した一部の粒子は，ジェット気流で北米上空まで輸送される。

図A 人工衛星で観測された黄砂
（日本海上空の茶色の領域）

人間活動で排出された大気汚染物質も，大気循環で輸送され，排出源から離れた地域に汚染被害をもたらす。自動車や工場から出た窒素酸化物や硫黄酸化物が，大気循環で遠距離を運ばれた後に降水に溶けこむと，酸性雨の被害が広域に及ぶ。また，2011年3月の東北地方太平洋沖地震で被災した福島第一原子力発電所からは，放射性物質を含む微小粒子が大気中に放出され，地表付近の風で内陸地域に輸送された後，おもに降水により地表に落下した。一部の物質は，低気圧に伴う上昇気流で対流圏中層に達し，ジェット気流で北米やヨーロッパまで運ばれたことが確認されている。

*2) 大気循環だけでなく，海洋循環も熱エネルギーや物質の輸送に重要である。

第1章　大気の構造と運動

4 | 大気中の対流と水蒸気の役割

A | 乾燥大気の安定性

❶乾燥断熱減率 上空ほど気温の低い対流圏では，空気の上下運動が起こりやすい。ある空気の塊（かたまり）が持ち上げられると，それは気圧の低下とともに膨張し，周囲の空気に対して仕事をする。その分だけエネルギーを失った空気塊（くうきかい）は，その温度が低下する。

もし，上昇する空気塊が周囲と熱のやりとりをせず，なおかつ水蒸気の凝結も起こらないならば，空気塊の温度は高さ1kmにつき9.8℃の割合で低下する。[*2)] この気温低下の割合を**乾燥断熱減率**（かんそうだんねつげんりつ）という。[*1)]

❷乾燥大気の安定性 上昇する空気塊の周囲で気温が高さとともに低下する割合を，**気温減率**（きおんげんりつ）という。気温減率が乾燥断熱減率より大きい場合，上昇する空気塊の温度が乾燥断熱減率に従って低下しても，周囲の気温より高くなっている。こうして浮力を得た空気塊は上昇を続け，対流が発生する。このとき大気は**不安定**（絶対不安定）であるという（図19(a)）。こうした状況は，夏季に強い日射で暖められた地面付近によく現れる。また，冬季に大陸からの寒気が比較的暖かい海上に吹き出す場合にも，下層の大気は不安定になり，対流が活発に起こりやすい。[*3)]

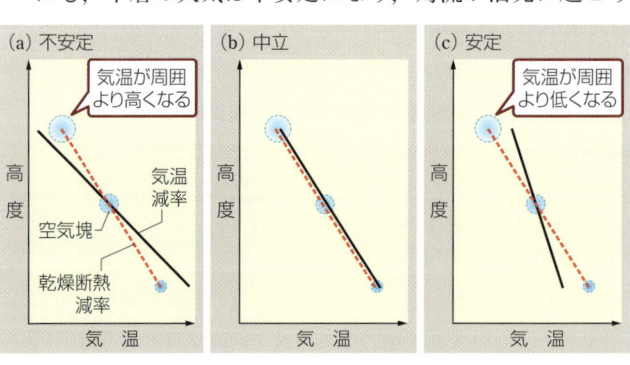

図19　乾燥大気の安定性
(a)不安定，(b)中立，(c)安定な気温分布。縦軸は高さ，横軸は気温。実線は周囲の気温分布。破線は空気塊の断熱的な上下運動に伴う気温変化。

(a) 不安定 — 気温が周囲より高くなる／気温減率／空気塊／乾燥断熱減率
(b) 中立
(c) 安定 — 気温が周囲より低くなる

---

*1) 周囲との熱のやりとりがない変化の過程を**断熱過程**（だんねつかてい）という。このとき，断熱的に上昇する空気塊の膨張は，**断熱膨張**（だんねつぼうちょう）とよばれる。
*2) 逆に，断熱的に下降する空気塊は圧縮され（**断熱圧縮**（だんねつあっしゅく）），周囲の空気から仕事をされるため，乾燥断熱減率の割合で気温が上昇する。

周囲の気温減率が乾燥断熱減率より小さい場合には，上昇する空気塊で水蒸気の凝結が起こらないかぎり，安定である。上空ほど気温が高い場合には，大気の安定性はさらに高く，空気の上下運動が起こりにくい。これは成層圏では典型的な状況だが(p.108 図1)，対流圏下層でも**逆転層**として観測されることがある。
→下の参考

▲ 参考 ▲　逆転層

　夜間や早朝，地表面は赤外放射でエネルギーを失い冷やされる(**放射冷却**)。熱容量が小さい陸面では，放射冷却による表面温度の低下が大きい。放射冷却が特に強まるのは，晴れて風の弱い冬の夜である。それは夜が長いだけでなく，温室効果をもたらす雲がなく水蒸気も少ないからである。そして，風が弱いと大気の乱れが生じにくく，空気の混合による上下の熱交換が弱まるからである。こうして地表が強く冷やされると，上空ほど気温の高い**逆転層**(気温逆転層)が形成される。

　そこでは，大気が安定化して空気の混合がさらに抑えられるため，工場や自動車から排出された汚染物質が地表付近にとどまり，深刻な大気汚染をもたらすことがある(図A)。

　また，亜熱帯高気圧におおわれた海上で，下降気流に伴う断熱圧縮で形成された暖気が，冷たい海面と接すると逆転層が作られる。

図A　冬の朝の逆転層

　一方，前線付近で暖気が寒気に乗り上げるように流れる場合には，上空に逆転層が形成されることがある。

----

*3) このときは海面から大量の水が蒸発し，対流に伴って「すじ状」の雲列が形成される。

B 湿潤大気の安定性と積乱雲

❶飽和水蒸気量 飽和水蒸気量は，1 m³の空気に含むことのできる最大の水蒸気量である。一定の温度では，1 m³の空気に含まれる水蒸気量が多いほど，水蒸気の圧力も大きくなるので，水蒸気量と水蒸気の圧力は対応している。特に，飽和水蒸気量に対応する水蒸気の圧力を**飽和水蒸気圧**という。飽和水蒸気量(あるいは飽和水蒸気圧)は，気温が下がると急激に減少する(図20)。

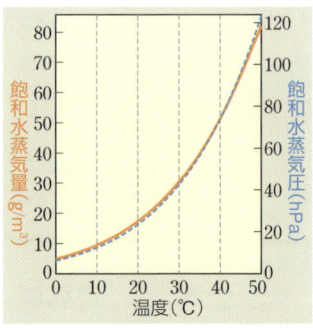

図20 飽和水蒸気量(実線)と飽和水蒸気圧(破線)の温度依存性

　水蒸気を含んだ空気の温度を下げていき，水蒸気が飽和して凝結し始める温度を**露点**という。また，飽和水蒸気圧に対する実際の水蒸気圧の割合を**相対湿度**といい，飽和した場合100%である。

$$相対湿度 = \frac{ある温度における水蒸気圧}{その温度での飽和水蒸気圧} \times 100\%$$

❷湿潤断熱減率 大気下層にあり水蒸気を多く含む空気塊が，何らかの原因で断熱的に持ち上げられた場合を考えよう(図21)。上昇を始めてしばらくは水蒸気の凝結は起こらず，空気塊の温度は乾燥断熱減率に従って急速に低下していく。高度Cまで上昇すると空気塊の温度は露点に達し，水蒸気の凝結が始まる。[*1)] この後は，凝結に伴って潜熱(→p.171)が放出されるため，飽和した空気塊が上昇するときの温度低下率は乾燥断熱減率より小さくなる。この温度低下の割合を**湿潤断熱減率**とよぶ。[*2)]

❸積乱雲の発達 空気塊がこのまま上昇して水蒸気の凝結が続く場合を考えよう。もし周囲の気温減率が湿潤断熱減率より大きいならば，ある高度Fより上では周囲の気温が空気塊の温度を下回るようになる。この高度(**自由対流高度**)をこえた空気塊は，浮力を得て自然に対流が起こる

---

*1) 凝結が起こり始める高度Cを「持上げ凝結高度」(または単に「凝結高度」)とよび，ここが雲底となる。

*2) 乾燥断熱減率とは異なり，湿潤断熱減率は温度に依存する。温度が高いほど潜熱の放出量も多く，湿潤断熱減率は小さい。

図21 湿潤対流が発生する場合の気温の高度分布
地表付近にある湿潤な空気塊が持ち上げられて、凝結高度Cに達すると雲が形成され始める。さらに持ち上げが続けば、空気塊の温度は湿潤断熱減率に従いゆるやかに低下していく。もし自由対流高度まで達すれば、その後は周囲の気温より高くなり、湿潤対流が発生して積乱雲が形成される。一方、持ち上げが足りず、自由対流高度まで達しない場合には、自らの浮力では上昇できず、背の低い雲は形成されても対流は生じない。

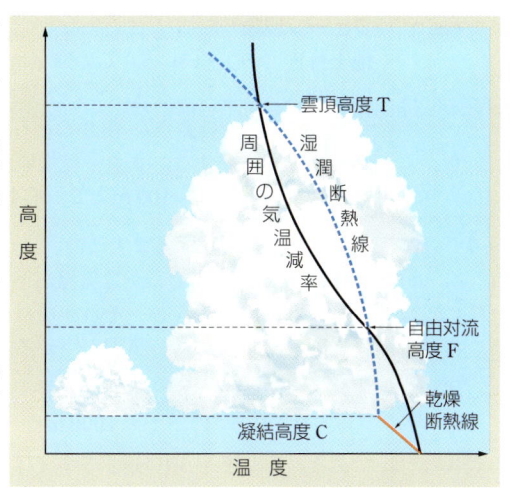

ようになる。そして、凝結が続く限り空気塊の温度は湿潤断熱減率でゆるやかに低下し続け、その温度が周囲の気温と再び等しくなる高度Tまで上昇を続ける。**積乱雲**はこのような上昇気流に伴って、高度T(雲頂高度)まで発達する。積乱雲の高さはしばしば10 kmをこえ、圏界面付近にまで達する(p.108 図1)。

❹**湿潤大気の安定性** このように、周囲の気温減率が乾燥断熱減率よりも小さくて対流が起こらない条件であっても、周囲の気温減率が湿潤断熱減率より大きければ、大気は不安定となりうる(図22の③)。このとき、水蒸気の凝結を伴う対流(**湿潤対流**)が生じ、積乱雲が発達することがある。ただし、湿潤対流が生じるためには、大気下層に湿った空気塊があり、それを自由対流高度まで持ち上げるだけの上昇気流が存在する、という条件を満たさなければならない。よって、このような大気の状態を**条件つき不安定**であるという。逆に、周囲の気温減率が湿潤断熱減率より小さければ(図22の①)、大気は**絶対安定**で、水蒸気が凝結しても対流は発生しない。

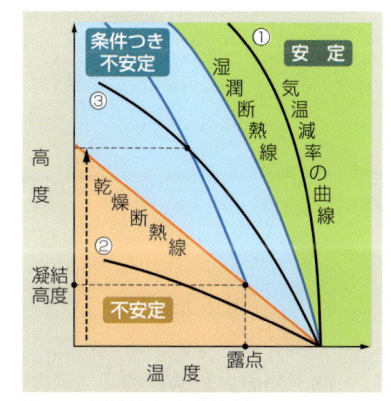

図22 湿潤大気の安定性
破線矢印は、湿潤対流を引き起こすのに必要な上昇運動(持ち上げ)。

例題 3. フェーン現象

地上付近での気温が 25.0 ℃の空気塊が，高さ 2500 m の山をこえて反対側へ吹き下りたとき，この空気塊の温度は何 ℃になるか。ただし，この空気塊の露点を 15.2 ℃とし，山をこえて吹き下りるとき雲は消えているとする。また，乾燥断熱減率を 0.98 ℃/100 m，湿潤断熱減率を 0.50 ℃/100 m とし，有効数字 3 桁で求めよ。

解　空気塊が露点に達するまでには
$25.0 - 15.2 = 9.8$ ℃　だけ気温が下がらなければならない。それまでは乾燥断熱減率に従って気温が下がるから，露点に達する高さは

$$9.8 \text{ ℃} \div \frac{0.98 \text{ ℃}}{100 \text{ m}} = 1000 \text{ m}$$

である。その後，山頂に達するまでは，湿潤断熱減率で気温が下がる。よって，高さ 1000 〜 2500 m の間 (高度差 1500 m) で低下した温度は

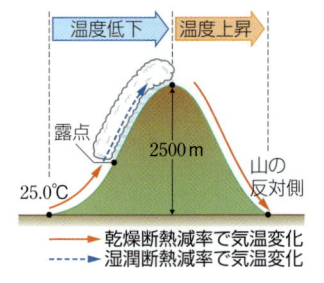

$$\frac{0.50 \text{ ℃}}{100 \text{ m}} \times 1500 \text{ m} = 7.5 \text{ ℃}$$

である。山をこえて吹き下りるときは乾燥断熱減率で気温が上昇するから，山頂から山の反対側に達するまでに上昇した気温は

$$\frac{0.98 \text{ ℃}}{100 \text{ m}} \times 2500 \text{ m} = 24.5 \text{ ℃}$$

である。以上より，空気塊は露点 (15.2 ℃) に達した後，7.5 ℃低下して，24.5 ℃上昇したから，山の反対側での温度は

$$15.2 - 7.5 + 24.5 = \mathbf{32.2 \text{ ℃}}$$

このように，湿った空気塊が上昇し，山脈をこえて吹き下りるとき，山の風下側では高温で乾燥する。この現象を**フェーン現象**という。

C 雲の形成

❶上昇流と雲の形成　水蒸気を多く含んだ空気塊が上昇流に伴って持ち上げられ，その温度が低下し続けると，含まれていた水蒸気が凝結して雲を形成する。上昇流が発生するのは，風が山の斜面にぶつかったり，低気圧や前線付近で異なる方向から吹いてきた大気下層の気流が収束したりする場合である。湿った空気がゆっくりと上昇すると，水平に広がる層状の雲が形成される。一方，気温の高さ分布が条件つき不安定の場

合には，地表付近にある湿潤な空気が何らかの原因で持ち上げられると，背の高い積乱雲が発達しやすい。特に，地表が太陽放射で強く加熱されたり，上空に寒気が流れこんだりしたときには積乱雲の発達が顕著で，激しい降雨や突風(とっぷう)，落雷(らくらい)をもたらすことがある。

❷**過飽和と過冷却**　図 20 (p.128) は水平に広がる水面に対する飽和水蒸気量を示している。微小な水滴の場合には，表面積を小さく保とうとする表面張力のために凝結が妨げられ，温度が露点以下になって水蒸気圧が飽和水蒸気圧をこえても，凝結はなかなか起こらない。このような状態を**過飽和**(かほうわ)という。一方，液体の水を静かに冷やすと，温度が 0 ℃以下になってもただちに凍結しない。このような状態を**過冷却**(かれいきゃく)といい，この状態の水を**過冷却水**(かれいきゃくすい)という。

　ある温度で過冷却水と氷が共存し，周囲の水蒸気がその両方に対して過飽和の状態にある場合を考えよう。過冷却水に対する飽和水蒸気圧は，同じ温度の氷面に対する飽和水蒸気圧よりもわずかに高い(図 23)。そのため，水蒸気は水滴よりも氷に対するほうが，より過飽和の状態にある。

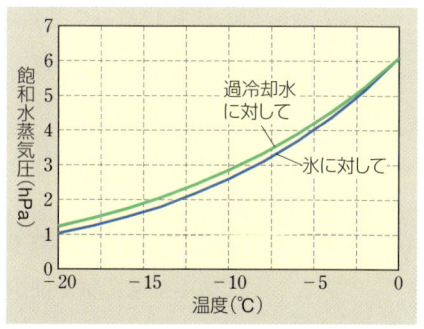

図 23　過冷却水と氷に対する飽和水蒸気圧の温度依存性

❸**雲の凝結核**　球形の水滴に水蒸気が凝結するには，その半径が小さいほど高い過飽和の状態が必要となる。このため，現実的な状況では，水蒸気の凝結だけで雲粒(半径 10^{-3} mm 程度の水滴)が形成されることはあり得ない。現実的なわずかな過飽和の状態で雲粒が形成されるには，半径 10^{-4} mm 程度の微粒子(エーロゾル)を核(**凝結核**(ぎょうけつかく))として，そこに水蒸気が凝結することが必要である。凝結核となるエーロゾルには，土壌粒子や海塩粒子(かいえん)(波しぶきが蒸発してできた塩類の結晶)など自然起源のものや，「すす」など人為起源のものもある。凝結核に水蒸気が凝結することによって，雲粒は半径 10^{-2} mm 程度にまで成長する。

熱帯で発達する背の高い積乱雲や，中・高緯度で形成されるほとんどの雲の中では，気温が低いため氷の結晶（氷晶）が形成される。雲の中では氷晶と過冷却水滴とが共存していることが多い。氷面に対する飽和水蒸気圧が，同じ温度の水面に対するよりも低いため（p.131 図23），水蒸気が水滴と氷晶の両方に対して過飽和の状態にあっても，氷晶に対するほうがより高い過飽和の状態にある。こうした状況では，水蒸気は選択的に氷晶の表面に昇華し，氷晶が成長する。こうして水蒸気が消費されると，水蒸気が過冷却水滴に対してのみ不飽和となる。すると，水滴からの蒸発が起こって大気中に水蒸気が補給され，氷晶に対する過飽和状態が保たれるため，昇華によって氷晶はさらに成長する（図24）。

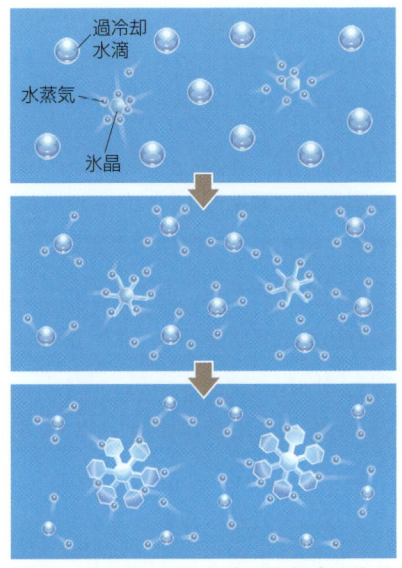

図24　過冷却水滴と混在する場合の氷晶の成長

　氷晶が形成されて成長していくようすを，次の実験で観察しよう。
→実験11

実験 11　過冷却水滴と氷の粒

　冷凍庫のふたを開け，息をたくさん入れてふたを閉める。しばらくして静かにふたを開けると小さな過冷却水滴が霧のように漂っている。その中でエアクッションを手で割ると（針のない注射器で割ってもよい），その衝撃で過冷却水滴が小さな氷の粒になる。懐中電灯の光を当てると，氷の表面の反射光や，氷の内部を通って屈折した色の輝きが見られる。時間がたつと氷の粒はだんだん大きくなって下のほうへ落ちていくのがわかる。この小さな氷の粒のようすは，高い空の巻雲の姿に似ている。

図A　冷凍庫の中で色づいて輝く小さな氷の粒

D　降水のしくみ

❶暖かい雨　雲粒の水滴が水蒸気の凝結で成長していくと，凝結による半径の増大の速度はしだいに鈍ってくる。そのため，水蒸気の凝結だけで，半径1 mm以上の雨滴にまで成長することは不可能である。

　重力の影響で落下する雲粒は，空気の抵抗を受けるため，落下速度は無限に増大せず上限がある。雲粒の半径が大きいほど落下速度の上限も大きくなる。そのため，ゆっくり落下する小さな雲粒を，急速に落下する大きな雲粒がとらえることで，その半径がしだいに増大して雨滴に成長していく（図25(a)）。雲の中の上昇気流が強いほど，雨滴が雲の中に長くとどまれるため，大きく成長できる。熱帯・亜熱帯で形成される背の低い雲からは，このように氷晶の形成のないまま降水がもたらされる。これを暖かい雨という。

❷冷たい雨と降雪　熱帯で発達する背の高い積乱雲や，中・高緯度で形成されるほとんどの雲の中では，氷晶は過冷却水滴から水を奪って急速に成長する。氷晶は落下しつつ，より小さな別の氷晶や水滴を取りこんでさらに成長を続け，雪の結晶となる。上昇気流の強い積乱雲の中では，氷晶が雲の中に長くとどまれるため，雪から霰，さらには直径数cmの雹にまで成長する。これらが落下途中でとければ雨となる。こうして降る雨を冷たい雨（氷晶雨）という（図25(b)）。

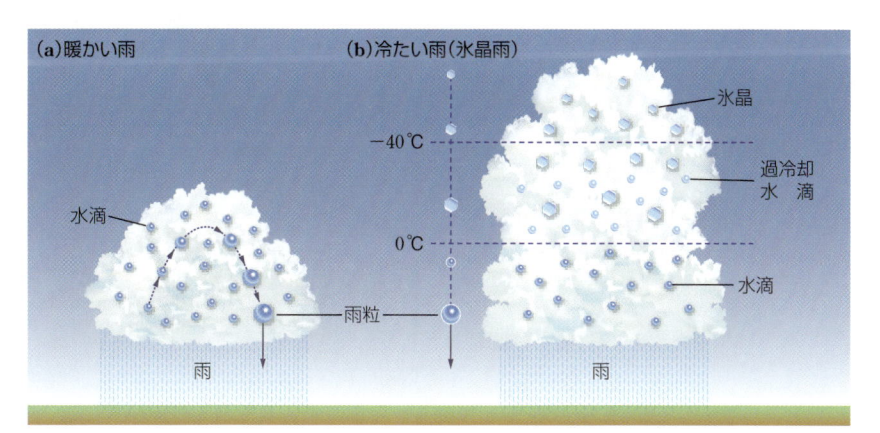

図25　暖かい雨と冷たい雨のしくみ

> **コラム**　**雪の結晶**

　上空で水蒸気が凝結してできた小さな氷の粒(氷晶)は、水蒸気がさらに昇華することで成長し、角板状、角柱状や樹枝状などさまざまな形の雪の結晶となる。これが空から降ってくる雪のもとになっている。

　北海道大学で雪の研究を行った中谷宇吉郎(1900～1962)は、結晶の形状が気温と水蒸気の飽和度によって決まることを、人工雪の実験で最初に確かめた。

　下の写真は、南極の昭和基地に降った雪の結晶の顕微鏡写真である。日によって、気温や湿度が異なるので、違う形の雪の結晶になる。

　日本で通常見られる雪は、雲をつくる小さな水滴が凍りついたり、雪の結晶が絡みあっていて、結晶の形状を観察するのは難しい。

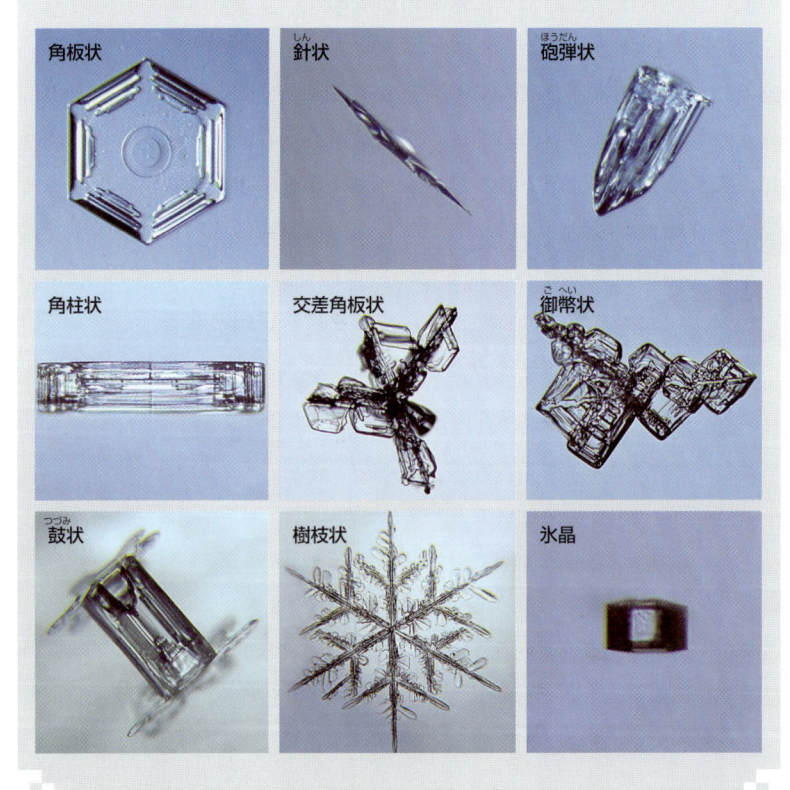

角板状	針状	砲弾状
角柱状	交差角板状	御幣状
鼓状	樹枝状	氷晶

5 日本付近の気象の特徴

A 地上天気図と高層天気図

　一般に, 地上天気図には, 各地の観測所で観測された気温, 露点, 風向・風速, 雲量などが記載され, 船舶などにより海上で観測されたデータも含まれる。また, 平均海面での気圧分布が等圧線によって示される。

　天気図の歴史は古く, 19世紀には地上観測に基づいて, 研究目的の天気図が作られていた。20世紀初頭には地上天気図を利用して, ノルウェーの研究者らが温帯低気圧の発生・発達から衰弱(p.119図A)までの典型的過程を明らかにした。低気圧に伴う温暖前線, 寒冷前線, 停滞前線, 閉塞前線の構造も明らかにされ, これらの前線を表す記号は現在でも用いられている(p.137図28(d))。

　その後実施され始めた高層大気の気象観測から, 上空の偏西風波動が地上の温帯低気圧の発達に不可欠なことが示された。また, ジェット気流の持続的な蛇行が異常な天候(p.169図69)をもたらすこともわかってきた。こうして, ジェット気流の状態を把握するために, **高層天気図**が作成されるようになった。そのための観測データは, 指定された世界中の観測所から毎日2回か4回上空に放たれるラジオゾンデ(図26)に搭載された測器によって得られる。

図26　ラジオゾンデ

---

*1) ラジオゾンデは, 大型の風船に気象測器がつり下げられたもので, 各高度で測定した気圧・気温・湿度のデータを地上の受信機に無線送信する。ラジオゾンデを追っていくことで, 各高度の風向・風速を推定できる。

高層天気図の中で，最も長い歴史をもち広く利用されているのが，500 hPa面[*1)]の天気図である（図28(b)）。地上天気図では等圧線を描くが，500 hPa面天気図では，平均海面に対する500 hPa等圧面の高度分布を等高線で描く（図27）。500 hPa面の高度は，対流圏の気温分布を反映して緯度とともに低下する傾向にあり，中緯度地域では上空5〜6 kmほどの高さに分布する。周囲より等圧面高度の高い領域が高気圧，低い領域が低気圧である。また，上空の流れはほぼ地衡風であるため，ジェット気流は，等高線が混みあって気圧傾度力が特に強い，帯状の領域として現れる。さらに，500 hPa面上の等温線の分布によって，上空の寒気の分布が把握できる。

　同様な天気図は，700 hPa面（上空約3 km）や850 hPa面（上空約1.5 km）についても作成されており，対流圏下層の気温分布[*2)]や大気循環の把握に有効である（図28(c)）。

　500 hPa面天気図は中緯度に位置する亜寒帯ジェット気流の把握に有効だが，その風速が最大となるのは300 hPa面付近（上空約9 km）にある圏界面である。一方，亜熱帯ジェット気流は，熱帯の圏界面にあたる200 hPa面付近（上空約12 km）で最大風速をとり，500 hPa面天気図

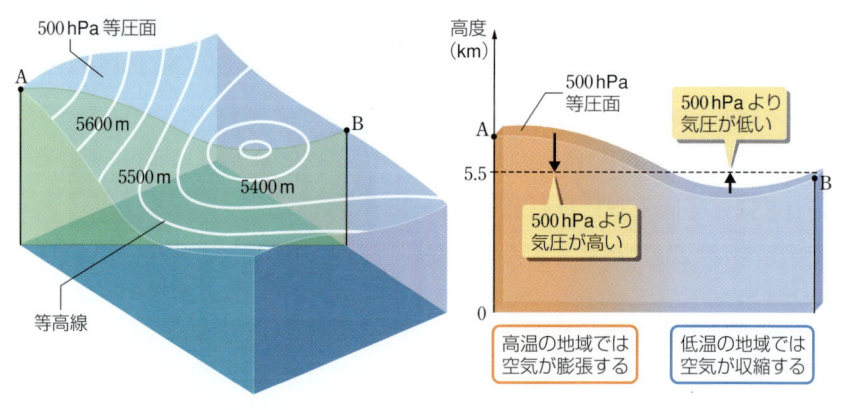

図27　高層天気図の考え方

---

*1) 大気中で気圧がどこでも同じになるような面を**等圧面**という。例えば，500 hPaの等圧面（500 hPa面）とは，各地点の500 hPaとなる高さを通る面のことである。
*2) 地上天気図に記載される観測所の気温データは，その地点の標高の影響を強く受ける。

第3編　地球の大気と海洋

ではとらえにくい。これら2つのジェット気流の動向を把握するため，300 hPa面や200 hPa面の天気図には，風速の等値線も描かれている(図28(a))。

図28 2005年12月13日9時(寒波襲来)
(a) 300 hPa面天気図。実線は等高線(単位はm)，破線は風速の等値線(m/s)を表し，色の陰影は80 m/s以上の領域を示す。
(b) 500 hPa面天気図，(c) 850 hPa面天気図。実線は等高線(m)，破線は等温線(℃)を表し，色の陰影は(b)では−36℃以下の領域，(c)では−18℃以下の領域を示す。
(d) 地上天気図。　　　(気象庁天気図による)

参考　天気図と数値予報

　数値予報とは，地球全体で観測された最新データから現在の大気の状態(気温，風向，風速など)を把握した上で，物理の法則に基づいてコンピュータで計算することによって，数日先の大気の状態を予測するものである。現在では，数値予報で予測された海面気圧や各等圧面高度の分布から，数日先の天気図(予報天気図)が作成され，週間予報に活用されている。また，近年は，人工衛星観測による気温，風，水蒸気量などのデータも利用されており，ラジオゾンデ観測の少ない南半球や熱帯域でも，予報精度が大きく向上している。

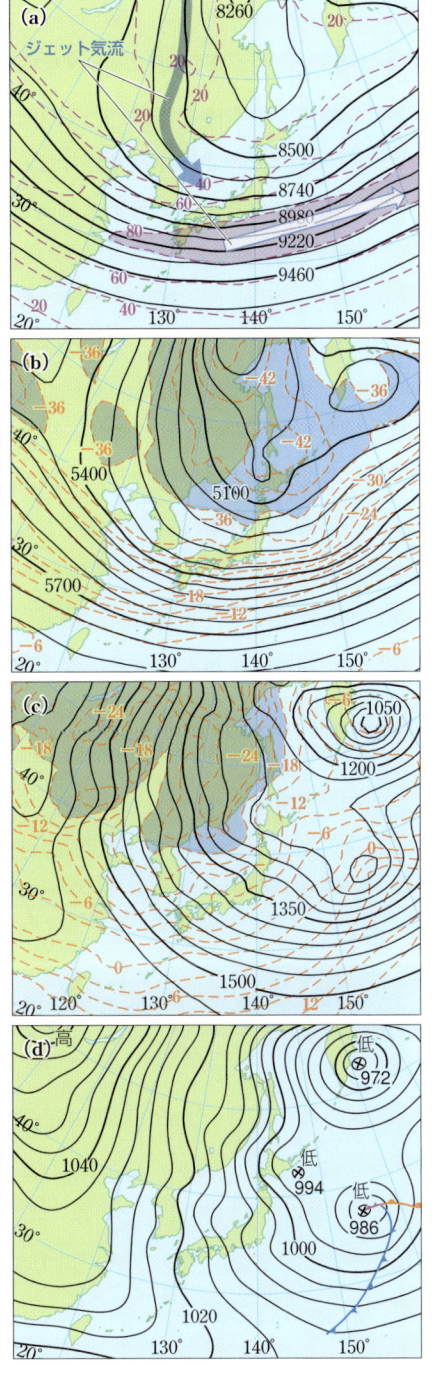

第1章　大気の構造と運動

B　日本付近の四季の気象

❶日本の天候を特徴づける大気循環　日本列島はアジア大陸のすぐ東にあり，大陸北部や冷たいオホーツク海上から南下する寒気が，暖かい黒潮と接する所にある。そのため，世界の温帯地域の中でも，冬季に南北の気温差が特に大きくなり，上空の偏西風が最も強い(図29, p.147 図41)。よって，季節風だけでなく，偏西風波動に伴った温帯低気圧や移動性高気圧の影響も受けやすい。

また，日本の明瞭(りょう)な四季は，各季節に最も勢力を増す地上の高気圧の影響を受けており，高気圧がもつ性質(気温や湿度)に特徴づけられる(図30)。

❷偏西風波動と変わりやすい春や秋の天気　春や秋には偏西風波動の影響で，日本付近を高気圧と低気圧が交互に西から東へ移動する(図31)。偏西風波動は，波長が4000 km程度，東進速度が40 km/hほどのため，低気圧は4～5日ごとに通過し，天気がほぼ数日周期で規則的に変化する。

低気圧が接近すると，まず温暖前線に伴う雲が広がり，その後，低気圧の中心付近の雲の影響で雨が降る。低気圧の通過後は，大陸からの移動性高気圧が乾いた空気を運んでくるため(図30)，その後1～2日は晴天となる。なお，低気圧が北方を通過するときには，温暖前線の通過

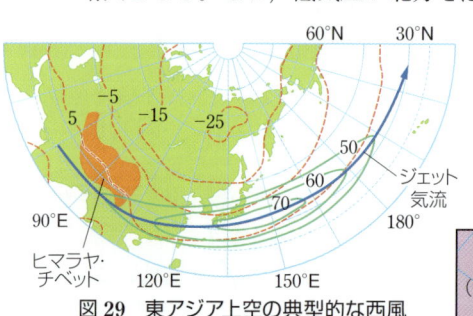

図29　東アジア上空の典型的な西風の分布(1月)
破線は1500 mの高さでの気温分布(単位は℃)，実線は10 kmの高さを吹く偏西風の風速(単位はm/s)を表す。
南北の気温差に対応して，日本付近の上空で偏西風(ジェット気流)が強くなっている(→p.124参考)。

図30　日本の四季に影響する高気圧
大規模な地上の高気圧に伴った，比較的一様な気温や湿度の分布をもつ空気の塊を気団という。

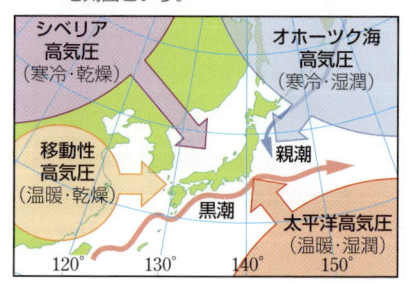

後に南風が強まり気温が上がる。その後，寒冷前線の通過後には北風に変わり，気温や湿度が急に低下する。一方，高気圧の南側に入ると，前線の影響を受けて曇や雨，雪の天気となりがちである。

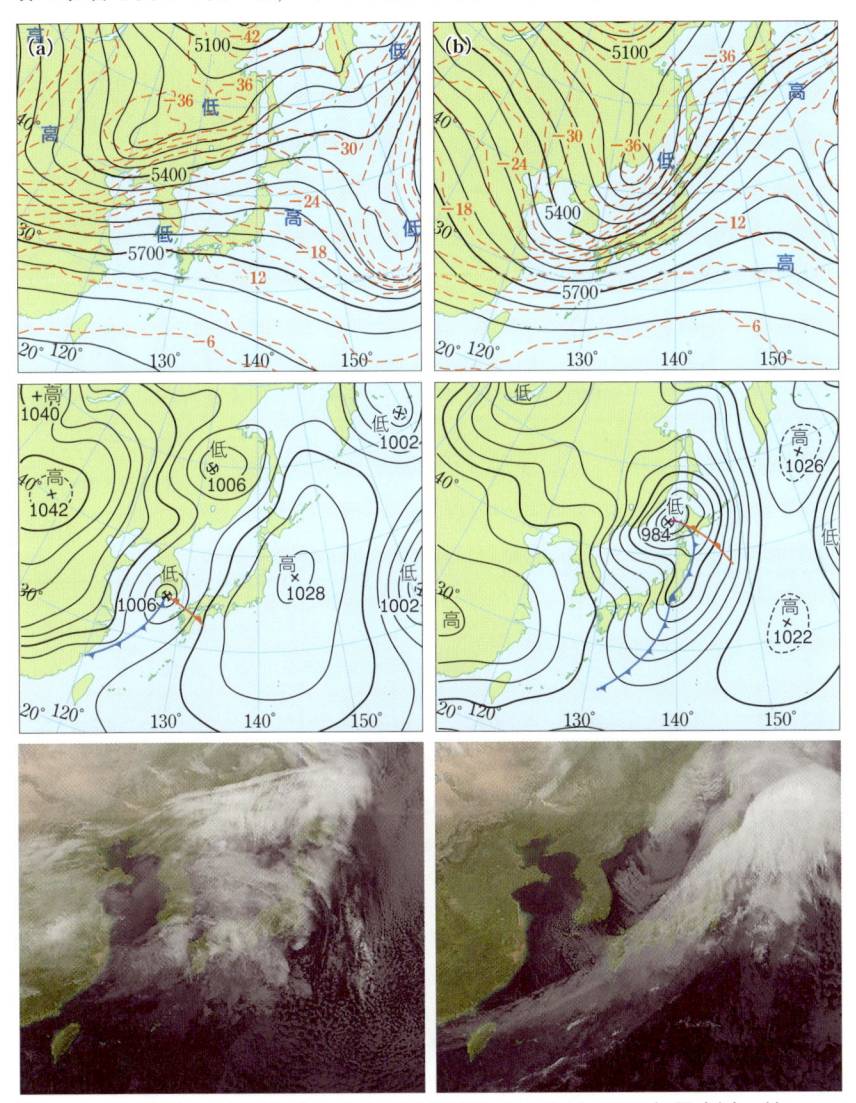

図31　2009年3月13日9時(a)と14日9時(b)の500 hPa面天気図(上)，地上天気図(中)，赤外画像(下)
500 hPa面天気図には地上の高・低気圧の中心位置を示している。

❸**2つのジェット気流と梅雨期の天気**　春から夏への変わり目(梅雨期)
6月上旬～7月中旬
には，日本上空の偏西風はやや弱まり，亜寒帯ジェット気流と亜熱帯ジェット気流の2つの流れに明瞭に分かれる。北側の亜寒帯ジェット気流は北上し，日射で暖まったシベリア大陸の冷たい北極海に面する沿岸付近を吹く。このため，日本付近には温帯低気圧や移動性高気圧があまりやってこない。日本のはるか北方で亜寒帯ジェット気流が北へ蛇行すると(図32(a))，地表のオホーツク海高気圧が発達し(図32(b))，北・東日本の太平洋岸に冷たく湿った北東風(ヤマセ)を吹かせる。

一方，梅雨期には，アジアモンスーンに伴って東南アジアで積乱雲による降水が増大する。亜熱帯ジェット気流は北上し，日本南部の上空を北東へ流れるようになり[*1)]
(図32(a))，日本付近ではこれにそって地表の梅雨前線が形成される(図32(b))。地表の前線のすぐ南側には，南海上の太平洋高気圧(小笠原高気圧)やインド洋・南シナ海から高温多湿の気流が吹きこむため雨量が多く，降水帯が形成される(図32(c))。特に，高温多湿の空気が舌状に流れこむ地域では，集中豪雨が起こりやすい。

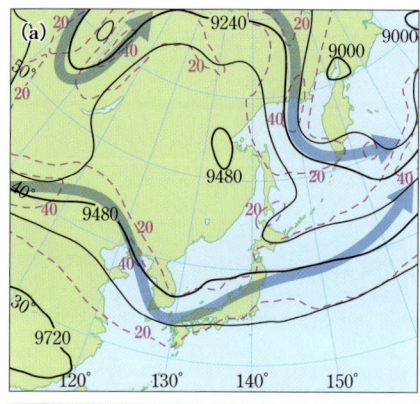

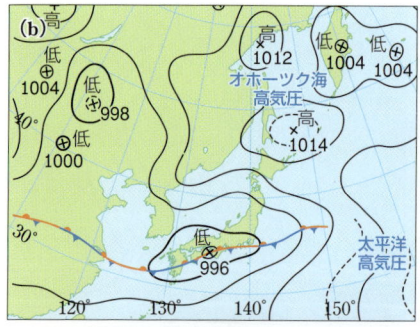

図32　2008年6月22日9時(熊本県で大雨)
(a)300 hPa面天気図，(b)地上天気図，(c)赤外画像。

*1) このジェット気流をとらえるには，200 hPa面や300 hPa面天気図が適している。

❹**亜熱帯高気圧と夏の天気** 7月後半になると，日射で暖められた東南アジア・南アジアの陸域に，大規模な低気圧が形成される（図33）。そこに，インド洋や南シナ海から，暖かく湿った季節風が吹きこみ，積乱雲が発達して大量の雨が降る。この**アジアモンスーン**に伴い，日本の南海上でも積乱雲が盛んに発生するようになると，上空の亜熱帯ジェット気流は北海道上空まで北上して弱まる（図34（a））。これに伴って梅雨前線も北上し，本州でも梅雨明けとなる（図34（c））。

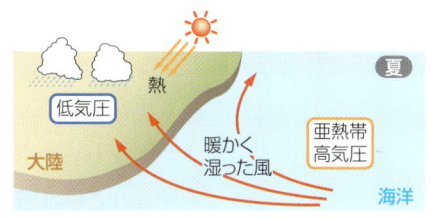

図33 夏の季節風

日本付近は南東海上から高気圧におおわれ，南よりの季節風が高温多湿の空気をもたらすため，蒸し暑い晴天が続く。日本上空へ張り出す太平洋高気圧（小笠原高気圧）は，圏界面まで達する背の高い高気圧である。この高気圧は，500 hPa面天気図では太平洋上の亜熱帯高気圧帯へ連なっており（図34（b）），300 hPa面天気図では大陸上空のチベット高気圧へとつながっている（図34（a））。チベット高気圧は，アジアモンスーンの降水による大気加熱で大陸上空に形成される大規模な高気圧で，その北縁に亜熱帯ジェット気流が吹いている。

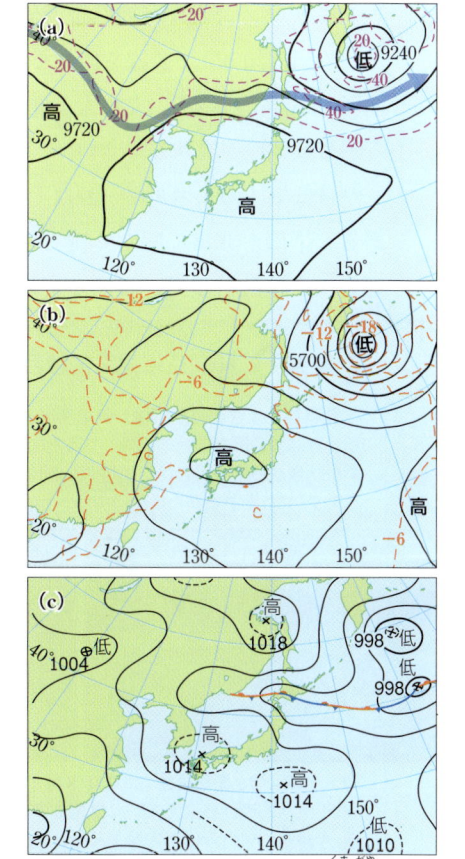

図34 2007年8月16日9時（熊谷，多治見で40.9℃）
(a) 300 hPa面天気図，(b) 500 hPa面天気図，(c) 地上天気図。

第1章 大気の構造と運動

2010年は，日本付近で亜熱帯ジェット気流が例年になく北上し，太平洋高気圧が強く北へ勢力を広げて記録的な暑夏になった。近年では，都市域における排熱効果に地球温暖化も重なり，最高気温が35℃をこえる猛暑日も珍しくない。一方，日本上空で亜熱帯ジェット気流が南下すると冷夏になりやすい。このときオホーツク海高気圧が頻繁に現れると，北日本の太平洋側を中心に冷害が深刻化する。

　日本の夏によく見られる積乱雲を衛星画像などでも確認してみよう。
→実験12

❺**台風と熱帯低気圧**　8月から9月にかけては，日本列島に台風が接近しやすい。台風などの熱帯低気圧は熱帯や亜熱帯の暖かい海上で発生・発達し(図35)，前線を伴わない。海水温が最も高くなるこの季節に，北西太平洋では台風，北東太平洋や北西大西洋ではハリケーンとよばれる熱帯低気圧が発達しやすい。[*1)]

　熱帯低気圧のエネルギー源は，暖かい海から蒸発する大量の水蒸気である。下層が非常に暖かく湿っているため，大気の状態は条件つき不安定で，積乱雲の発達に適している。このとき，低気圧性の渦がやっ

実験 ⑫　空に見えた積乱雲を衛星画像などでも確認しよう

　発達した大きな積乱雲は，気象衛星画像にも写っていることを確認しよう。また，積乱雲は強い雨を局地的に降らせるため，雨の分布によっても雲の場所が推定できる。衛星画像から水平距離がわかれば，雲頂の高度角(観測地点と雲頂を結ぶ方向が地表面となす角度)を測定することにより，その雲のおよその高さを推定することもできる。

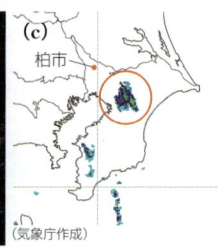

図A　積乱雲と衛星画像(2011年8月5日17時)
(a)千葉県柏市から南東方向に見えた衰退し始めの積乱雲　(b)気象衛星による可視画像(千葉県中央付近に雲の塊がある)　(c)気象レーダーによる雨の分布(千葉県中央付近で雨が降っている)

---

*1) 北太平洋西部の洋上で発生し，最大風速が17 m/s以上になった熱帯低気圧を台風という。

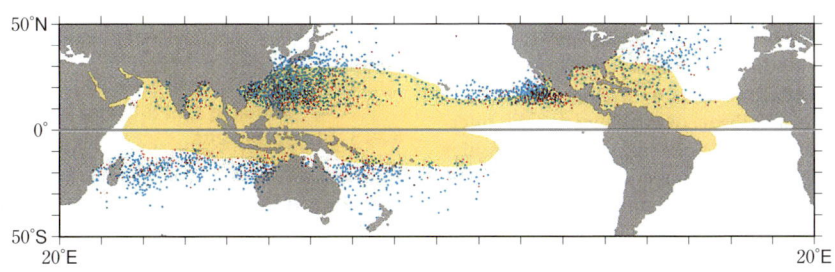

図35　熱帯低気圧が観測された地点の分布図（1970〜1989年）
色のついた領域は，海面水温26.5℃以上の温暖な海域。南大西洋では熱帯低気圧がほとんど発生しない。　（出典：Atmospheric Science, Second Edition, John M. Wallace, Peter V. Hobbs, p.369, 2006, with permission from Elsevier.）

てくると，海面付近の風は摩擦の効果により渦の中心へ吹きこみ（p.124図17(b)），中心付近では上昇運動が生じ積乱雲の群れが発達を始める。吹き寄せられた水蒸気はおもに中心の近傍で凝結し，そのとき放出される潜熱により上昇気流はさらに強化されて，低気圧中心へ吹きこむ風はさらに強まり，海面からの蒸発も増大する。このようにして，熱帯低気圧へ吹きこむ暖かく湿った気流が強化され，低気圧中心を囲むような背の高い積乱雲の群れができるが，中心のごく近傍には雲のほとんどない「目」が形成される（図36）。台風やハリケーンでは「目」のまわりに発達する雲の列にそって，下層の反時計回りの風が最も強くなる。

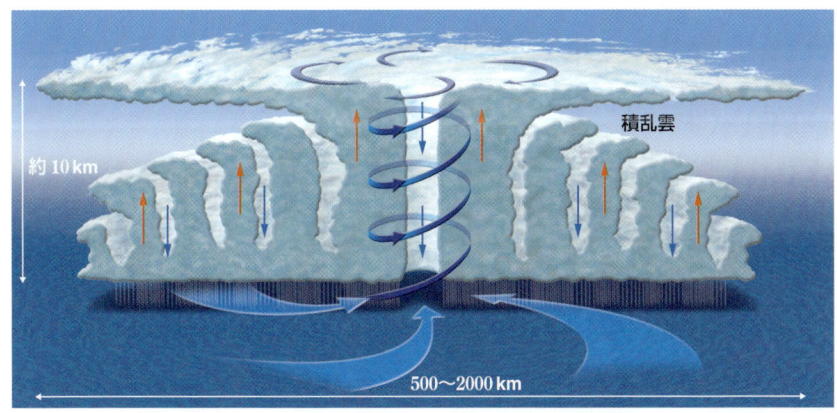

図36　北半球の海上にある台風の断面図
下層では湿った暖かい風が中心へと吹きこむ。中心付近のごく狭い範囲（目）は下降流があって雲がない。そのまわりには強い上昇流があって，壁のようにそそり立つ積乱雲が発達している。上空では，中心付近から風が時計回りに吹き出している。

第1章　大気の構造と運動

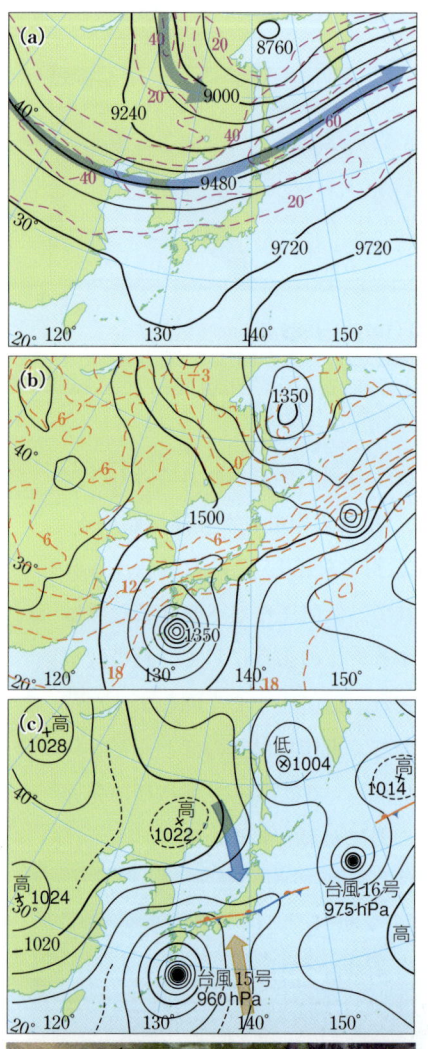

❻**秋の天気** 夏から秋への移行期(秋りん期)には、上空の亜熱帯ジェット気流が本州付近にまで南下し、太平洋高気圧の張り出しが弱まる。このジェット気流にそって地表に秋雨前線が形成され、天気の悪い日が多い。この前線の北側には、中国大陸からの乾いた涼しい空気が流れこんでいる（図37）。

秋りん期には、台風が小笠原高気圧の西縁を北上し、九州・四国・本州に接近しやすい。このとき、台風と高気圧の間で南寄りの風が強まり、秋雨前線に向けて高温多湿の空気が吹きこむため、広い範囲で大雨になりやすい（図37）。秋雨と台風の影響で、東日本では秋りん期に梅雨期に匹敵する雨量が観測される。

図37　2011年9月20日9時（台風15号と秋雨前線の影響により日本列島南岸で大雨）
(a) 300 hPa面天気図、(b) 850 hPa面天気図、(c) 地上天気図、(d) 赤外画像。
周囲に比べて台風の中心域では、850 hPa面の高度が大きく低下しているが、300 hPa面の高度の低下はわずかである。これは、多量の水蒸気が凝結する際に放出する潜熱により、台風の中心付近の気温が周囲より高く、気柱（→p.124参考）が下方に膨張していることの現れである。

秋りん期を過ぎると，亜寒帯ジェット気流はアジア大陸を南東に流れ，日本付近で亜熱帯ジェット気流と近接して流れるようになる。それに伴って，大陸から偏西風波動も頻繁にやってくるようになる。日本付近で温帯低気圧が頻繁に発達し，天気が周期的に変わる。

❼**偏西風・季節風の強化と冬の天気**　冬になると，日射の弱まるシベリア大陸の上には，強い寒気を伴ったシベリア高気圧が発達する。一方，日本の北東の海上には大規模なアリューシャン低気圧が停滞しがちになる(p.137 図28(d))。シベリア高気圧から吹き出す冷たく乾いた季節風は(図38)，日本海の比較的暖かい海面から加熱されるとともに，蒸発を促して多量の水蒸気を取りこむ。このため，下層大気は不安定となり，湿潤対流に伴いすじ状の雲列が形成される(図39)。この湿潤な気流が日本列島の山地の斜面を上昇するときに，日本海側に多量の雪や雨を降らせる。山をこえた季節風は，再び乾いた風となって平野部に吹き下りるため，太平洋側では乾燥した晴天が続く。

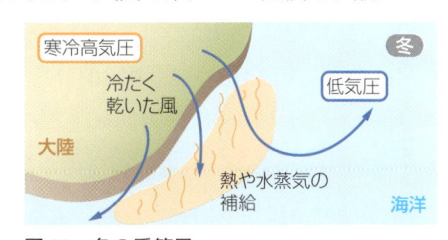

図38　冬の季節風

　上空の偏西風は持続的に蛇行したままで(p.137 図28(a))，周期的な天気の変化は起こりにくい。日本付近では亜寒帯ジェット気流が著しく南下し，亜熱帯ジェット気流と合流して対流圏で最も強いジェット気流を形成している(p.147 図41)。これに対応して気温の南北差も最も顕著である。
→ p.124 参考

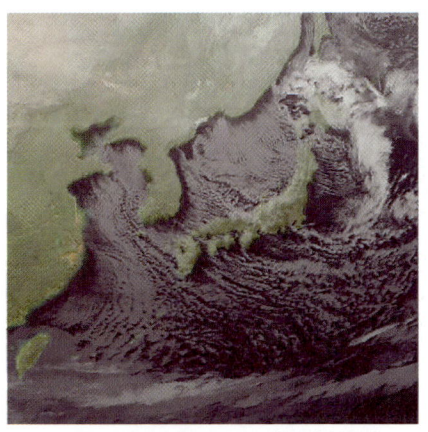

図39　2005年12月13日9時の赤外画像
天気図はp.137 図28を参照。

6 | 世界の気象と気候

A | 海陸分布と大気循環

　大気循環はさまざまな大気の運動によって構成されているが，その中には海陸分布に関係なく存在するものがある。その代表例は，熱帯の南北循環であるハドレー循環や亜熱帯ジェット気流である(p.116 図9)。また，亜寒帯ジェット気流と，それを伝わる偏西風波動，地表の移動性高・低気圧も同様である。仮に地球表面に大陸がなく，東西方向に一様な水温分布をもつ海洋だけが存在する状況でも，ある瞬間には偏西風波動のためにジェット気流は蛇行する(p.116 図9)。しかし，長期間で平均すれば大気循環は東西方向に一様になるはずである。

　現実の大気循環は，長期間で平均しても東西方向に一様にならない。その典型例は，海陸の温度差によって引き起こされる季節風(モンスーン)である(p.141 図33, 図40(a))。夏季アジアモンスーンに伴っては，加熱される大陸上に地表低気圧，その上空には大規模な高気圧(チベット高気圧)が形成される。大陸の中部・東部における大気の加熱はおもに多量の降水に伴う潜熱の解放によるもので，大陸西部の加熱は乾燥した

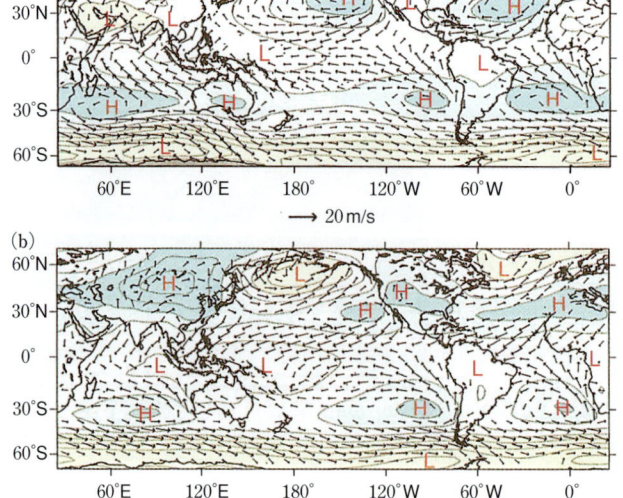

図40　平年の海面気圧と地表風
6～8月の平均(a)と12～2月の平均(b)を示す。実線は5hPaごとの気圧を表し，1020hPa以上の領域に影をつけた(Hは高気圧)。矢印は地表の風向を示す。熱帯の大陸上は通年，亜熱帯・中緯度の大陸上は夏季に，大規模な低気圧(図中のL)が形成される。

(出典：Atmospheric Science, Second Edition, John M. Wallace, Peter V. Hobbs, p.17, 2006, with permission from Elsevier.)

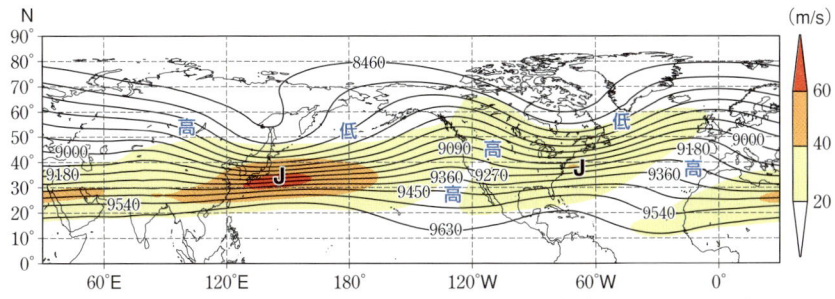

図41 冬季北半球における300hPa面の平均的な高度分布（実線は90mごと）
上空の気圧の谷・尾根が，図40(b)に記された地表の低気圧（図中の低）・高気圧（図中の高）よりも，西側にある。特に強いジェット気流（図中のJ）が，上空の気圧の谷のすぐ南側を吹いている。

陸面の日射加熱によるものである。一方，夏季でも水温の低い大洋東部には，下層に亜熱帯高気圧が発達する。

冬季には対照的に，強く冷却されるアジア大陸上にシベリア高気圧が発達し，相対的に温暖な北太平洋と北大西洋にアリューシャン低気圧とアイスランド低気圧がそれぞれ停滞する(p.145図38, 図40(b))。海洋上における大気の加熱は，頻繁に発達する温帯低気圧による降水の寄与が大きい。上空では，海陸分布に伴う大気の加熱・冷却分布によって，強い偏西風が持続的に蛇行している(図41)。この蛇行は，チベット高原やロッキー山脈などの大規模山岳の存在によっても強められている。こうした偏西風の蛇行は，大規模な地表の高・低気圧と密接に結びついている。

B 世界の気候区

❶熱帯の気候区 地球の赤道面が公転面から約23.4°傾斜しているため，同じ緯度でも受け取る太陽放射エネルギーが1年の間に変化する。低緯度地域では，熱容量の小さい陸上で地表温度の変化として現れる。気温が高いほど温度変化に対する飽和水蒸気量の変化が大きいため(p.128図20)，下層大気が含みうる水蒸気量は季節変化が著しく，これが熱帯域の陸上で積乱雲の活動を変化させる。これは赤道からやや離れた熱帯域で顕著であり，太陽高度の高い季節に雨季となる。逆に，太陽高度の低い季節は乾季となるため，熱帯密林（ジャングル）は育たず，低木と草原（サバンナ）が広がる。この気候帯を「サバンナ気候」という(p.149図42)。また，年間降水量が多くモンスーンの影響を強く受ける「熱帯モンスーン気候」はアジア南部などに見られる。

第1章 大気の構造と運動

年間を通じて降水量が多く、熱帯密林が形成される「熱帯雨林気候」の地域は、インドネシア・ニューギニア、アマゾン川流域、コンゴ川流域などに限られる。これらの地域は太陽高度の年変化が最小となる赤道付近に位置し、年間を通じて高温多雨である（図42）。

❷**西岸気候と乾燥気候**　大陸西部では緯度15°以上になると、雨季になっても積乱雲が発達しにくい。雨季も短く年間降水量が少ないため、樹木が育ちにくく草原（ステップ）が広がる。この乾燥気候を「ステップ気候」という。[*1)]

大陸西部では緯度25°〜30°付近で降水量が極小になる。冬季はハドレー循環の下降流域にあたり、地表は亜熱帯高圧帯におおわれる。夏季には乾燥した陸面が強い日射で加熱される一方、沖合の寒流域に発達する亜熱帯高気圧の影響を受ける（p.146 図40）。こうして、年間を通じて降水が極度に少なくなり、砂漠が形成される気候帯を「砂漠気候」という。[*2)]

大陸西部の中緯度域（35°〜45°）では「地中海性気候」が卓越する。ここでは、夏季には亜熱帯高気圧の影響で乾燥して高温となるが、高気圧の弱まる冬季には、温帯低気圧の通過で降水が起こり、温和である。その極側（45°〜55°）には夏季でも亜熱帯高気圧の影響が及びにくく、涼しくて比較的降雨が多い。冬季は西方海上に停滞する低気圧に伴う南西風が吹きこむため（p.146 図40）、高緯度のわりに温和である。温帯低気圧も頻繁に通過して降水も多い。このように、夏冬の気温差が小さく年間を通じて降水に恵まれた温帯気候を「西岸海洋性気候」という。

❸**季節風と大陸東部の気候**　大陸西部に比べて東部では、夏と冬の気温差や降水量の差が大きく、その差は季節風（モンスーン）の影響を強く受けるアジア大陸東岸で特に顕著である。夏季には、海上の亜熱帯高気圧から大陸上の低気圧へと吹く季節風が、高温多湿の空気をもたらし、降雨が増える。逆に冬季には、大陸上の寒冷な高気圧から海上に停滞する低気圧に向けて、冷たく乾いた北寄りの季節風が吹き続ける（p.146 図40）。このように、大陸東部の亜熱帯・中緯度には、夏季は高温多湿で冬季は冷涼で乾燥する「温暖湿潤気候」が広がる。[*3)]

北緯40°以北では「冷帯気候(亜寒帯夏雨気候)」が卓越する。ここでは，季節風の影響が夏季に弱まるが，冬季には強い。このため，冬季の寒さは厳しく，年間降水量も少ない。内陸では夏と冬の気温差が特に大きい。

❹**高緯度地域の気候**　南極大陸やグリーンランドには「氷雪気候」が広がる。年間を通じて非常に寒冷で，沿岸の一部を除き，植生は存在しない。冬季は日照時間が極端に短く，夏季も太陽高度が低い上，雪氷面が太陽放射をよく反射するため，気候は寒冷になる。氷床の標高が高いことも，寒冷な気候を維持する。

北半球高緯度の大陸北部には永久凍土が広がっている。北極海沿岸付近は年間を通じて低温で乾燥し樹木は育たないが，短い夏季に凍土表面が融解してコケ類が生える。この寒帯気候を「ツンドラ気候」という。その南側のシベリアやカナダの内陸部は，冬季は寒冷高気圧におおわれて寒さが極度に厳しいものの，夏季には気温が上昇して降雨もあるため，針葉樹林(タイガ)が広がる。このような気候帯を「大陸性亜寒帯気候」という。

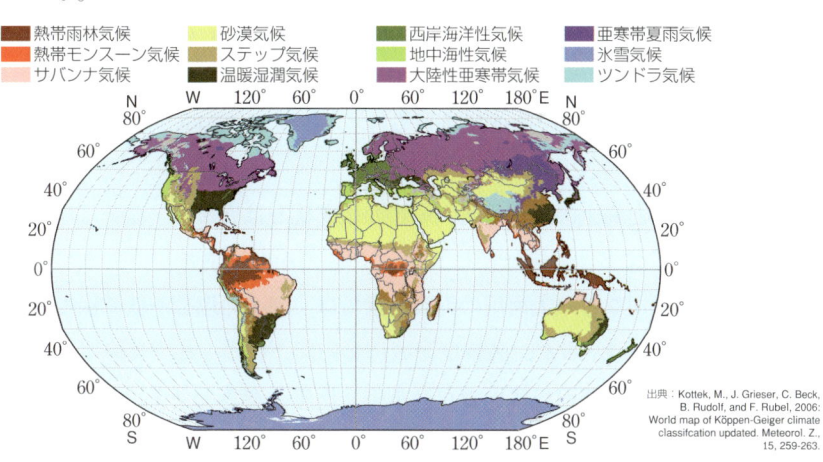

図42　気候区分　前の見返しに，より詳細な拡大図がある。

出典：Kottek, M., J. Grieser, C. Beck, B. Rudolf, and F. Rubel, 2006: World map of Köppen-Geiger climate classifcation updated. Meteorol. Z., 15, 259-263.

---

*1) ステップ気候は砂漠気候の中緯度側にも広がる。
*2) 海洋から遠く離れ，水蒸気の供給が極度に少ないアジア大陸中央部にも砂漠気候が分布する。
*3) 季節風が対馬暖流の上を吹き渡ってくるため，わが国の日本海側は例外的に冬季の降水量が多い。一方，沿岸域を除き，大陸では冬季の乾燥が著しい。

第2章
海洋と海水の運動

地表の約70％を占める海洋には，地球上の水の97％以上が存在している。「水の惑星」地球を象徴するのが海洋であり，気候システムの中で重要な役割を担っている。本章では，海洋の温度構造や流れのしくみだけでなく，気候にはたすさまざまな役割を考えてみよう。

1 海洋の構造

A 海水の組成

❶塩分　海水の密度は水温だけでなく，含まれる塩類の濃度(塩分)にも依存する。塩分は，海水1kg中に含まれる塩類の質量(g)で示され，単位は‰(千分率)を用いる。塩類の組成比はどこでも一定である(表2)。

表2　海水に含まれる塩類の組成

塩類	質量%
塩化ナトリウム　NaCl	68.00
塩化マグネシウム　$MgCl_2$	14.44
硫酸ナトリウム　Na_2SO_4	11.36
塩化カルシウム　$CaCl_2$	3.20
塩化カリウム　KCl	1.93
炭酸水素ナトリウム　$NaHCO_3$	0.56
臭化カリウム　KBr	0.30
その他	0.21

❷塩分の分布と海上の降水分布　塩類の組成比とは異なり，塩分は場所や深さに依存する。外洋域では33〜38‰の範囲にあるが，アマゾン川やガンジス川などの大河川の河口付近では，海水の塩分が低く保たれている(図43(a))。また，高緯度海域において，秋季〜冬季に海水が塩類を排除しつつ凍る際には塩分が高まる。逆に，春季〜夏季に海氷が融解する際には塩分が低下する。大洋における表層の塩分分布は，降水量と蒸発量の差を反映している(図43(b),(c))。亜熱帯高気圧におおわれて日射で暖まる亜熱帯の海上では，降水量を上回る蒸発が起こるため塩分が高い。ここで生じた余分な水蒸気の多くは，貿易風により熱帯収束帯へと運ばれ，そこで多量の降水をもたらす。そのため，熱帯収束帯の

海洋表層では塩分が低い。亜熱帯で余剰となった水蒸気の残りは，中緯度の海上へ運ばれる。そこでは，冬季に温帯低気圧が頻繁に発達し，多量の雨や雪を降らせる。日本付近では，梅雨や秋雨として，夏の初めや終わりに降水が特に多い。このように熱帯や中緯度では，蒸発を上回る降水があるため，海洋表層の塩分は亜熱帯域より低く保たれている。

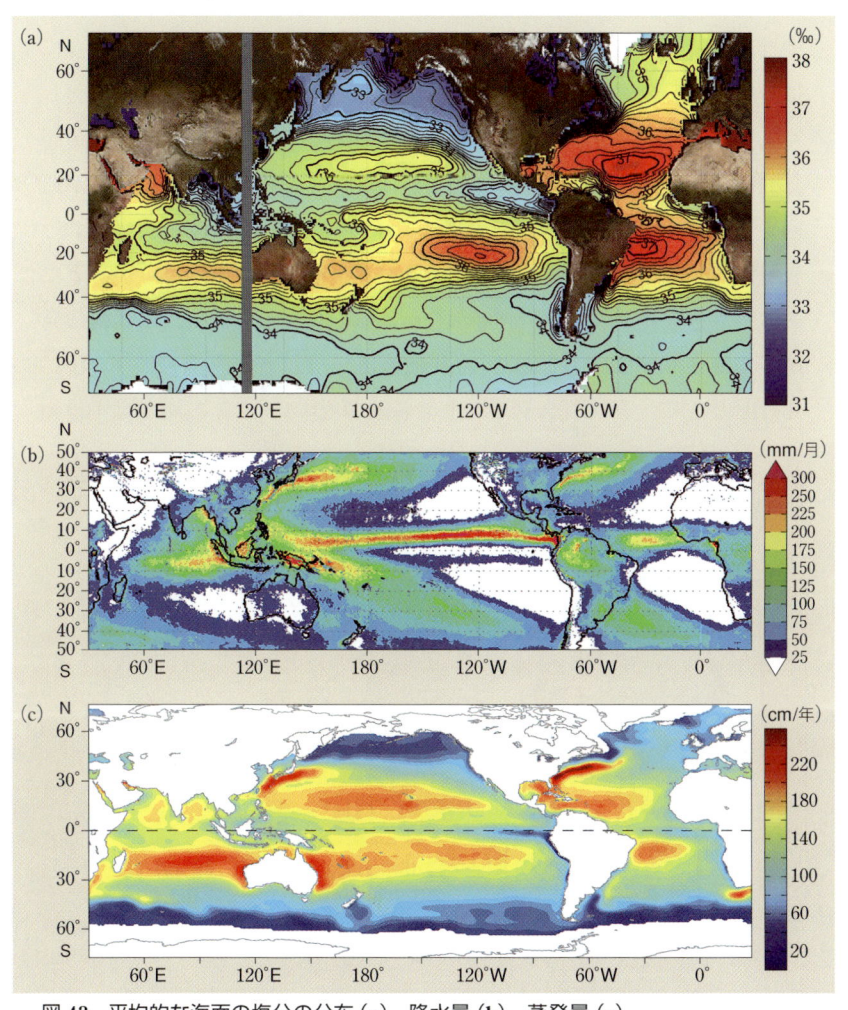

図43 平均的な海面の塩分の分布 (a)，降水量 (b)，蒸発量 (c)
(a)は，フランスのCNES/IFREMER Centre Aval de Traitement Des données SMOS (CATDS)により作成された図を，(b)，(c)と経度が合うよう改変。東経113°〜118°付近の塗りつぶし部分は，引用元の図で表示のない部分。

B 海洋の層構造

❶表層混合層 大気と同様、海洋の水温や海水の密度も鉛直方向に層構造を示す。風や波による海洋表層のかき混ぜや海面での冷却による対流などによって、海面付近の**表層混合層**では水温が深さによらずほぼ一様となっている(図44)。中緯度では、春から夏にかけて、海面での冷却や風によるかき混ぜが弱まると、表層混合層は薄くなる(図45)。夏には薄い表層混合層のみが日射で強く暖められ、海面付近では水温が著しく上昇する(図46(a))。薄い表層混合層のすぐ下には季節的な水温躍層(鉛直方向の水温変化が大きい層)が形成される。秋になって低気圧が通過するようになると、海面での冷却や風によるかき混ぜが活発化して、表層混合層が深まっていく。このとき、夏に形成された水温躍層の下にある冷水を取りこみつつ、表層混合層は低温化する[*1]。低気圧が頻繁に発達して海上風が強まる冬の中・高緯度海域では、表層水温の低下(図46(b))とともに、表層混合層が著しく深まり(図45)、その深さは100 m

図44 海水温の鉛直分布と海洋層構造

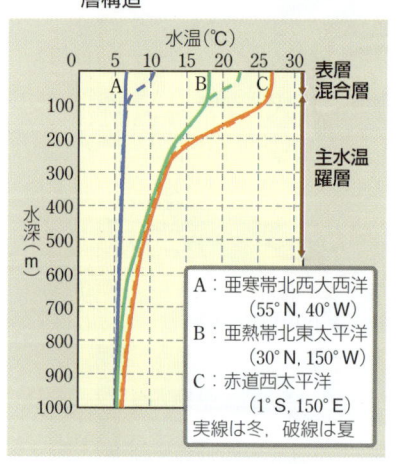

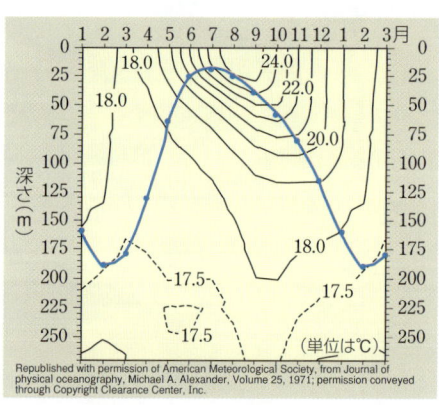

A: 亜寒帯北西大西洋 (55°N, 40°W)
B: 亜熱帯北東太平洋 (30°N, 150°W)
C: 赤道西太平洋 (1°S, 150°E)
実線は冬、破線は夏

図45 北大西洋(35°N, 48°W)における水温鉛直分布の平年の季節変化
1〜3月は左右両方に示している。太線は混合層の深さを表す。

[*1] このとき表層混合層に取りこまれるのは、季節的な水温躍層の下に前の冬から残されていた低温の水である。もし前の冬に強い冷却で表層混合層が異常に冷やされたなら、それは夏の間は大気に触れず、次の秋に表層混合層に再び取りこまれる。これは、海面水温の異常が翌年に持続する一因となる。

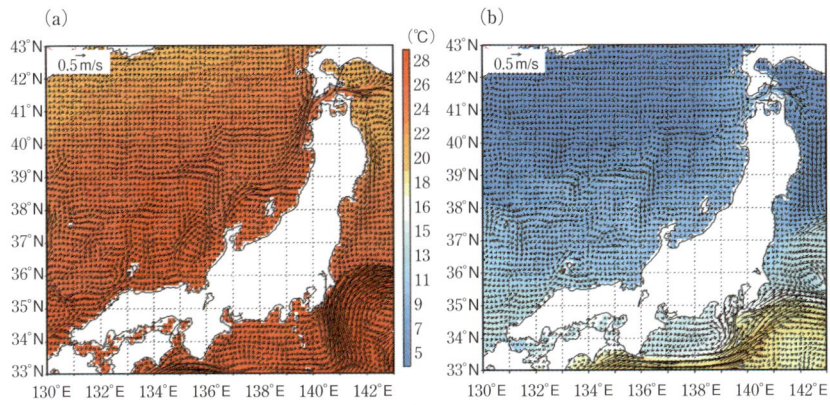

図46 2005年8月(a)と2006年2月(b)の海面の水温と海流 (©JAMSTEC)

をゆうにこえる。こうして中緯度では、表層の水温が低い冬季に表層混合層が深まり、水温の高い夏季に浅くなるという明瞭な季節変化を示す。

❷ **主水温躍層と深層水** 熱帯と中緯度の海域では、鉛直方向の水温勾配の大きな**主水温躍層**が、表層混合層の下に常に存在している(図44)。強い表層海流をはさんでは、主水温躍層が暖水側で急に深くなっている。
→p.155参考
厚さ数百mにも及ぶ主水温躍層の下では、水温は深さとともにゆるやかに低下し、水温がほぼ一様な深層の水につながっている(図44)。ただし、高緯度の海域では主水温躍層は明瞭でなく、表層から深層に冷たい海水が分布している。近年の気温上昇に伴って、海洋表層の温暖化が進んでいる(図47)。これは、温室効果ガス濃度の増加が影響していると考えられている。近年観測される海洋深層の温暖化は、北部北大西洋や南極沿岸で沈みこむ海水の変化による影響とも考えられている。

図47 20世紀後半(1955〜2003年)に観測された水温の変化傾向(全海洋平均)

10年当たりの変化量を示している(実線は0.05℃ごと)。赤色は0.025℃以上の水温上昇、青色は0.025℃以上の水温低下を表す(IPCC第四次評価報告書による)。

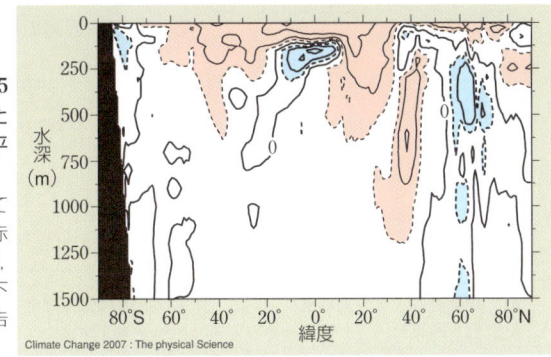

第2章 海洋と海水の運動

2 | 海洋の大循環

A | 風成循環

❶地衡流 偏西風などの大気の大規模な流れと同様, 黒潮などの大規模な海流も地球自転の影響を強く受けている。日本の南岸を東へ流れる黒潮(図48)には, 南向きのコリオリの力がはたらく。一方, 黒潮の南側では北側よりも海面高度が高い(図49)。よって, 同じ深さで比べると, 海水による圧力(水圧)は南側の方が高い。この水圧の南北差による北向きの**圧力傾度力**[*1)]が, 黒潮にはたらく南向きのコリオリの力を打ち消すようにつりあっている。こうした力のつりあいの成りたつ流れを**地衡流**といい, 赤道を除くすべての海域の海流に当てはまる。

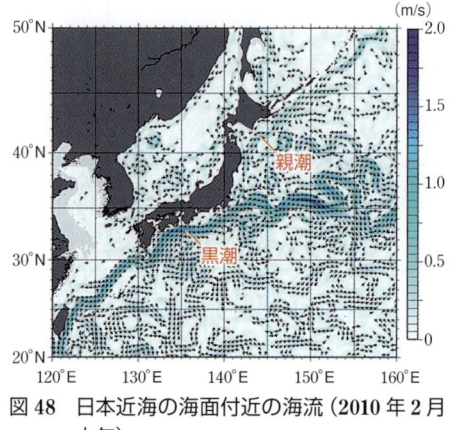

図48 日本近海の海面付近の海流(2010年2月上旬)
色は流速を表す(気象庁資料による)。

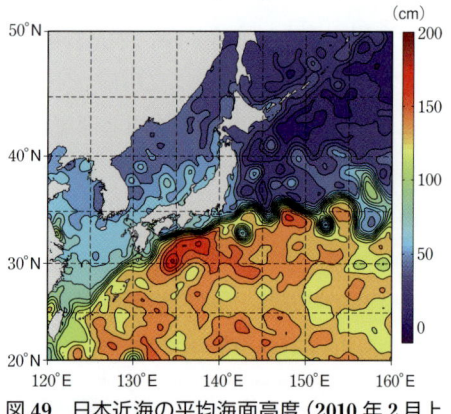

図49 日本近海の平均海面高度(2010年2月上旬)
(作図に使用した海面高度データは, フランスのCnesの支援を受けて, Ssalto/Duacsによって作成され, Avisoによって配付されたものである。http://www.aviso.oceanobs.com/duacs)

コリオリの力と圧力傾度力は, ともに流れの方向に直交してはたらくため, 地衡流は海面高度の等値線にそって流れる[*2)](図49)。その流速は海面高度の傾斜の強さに比例する。
→次ページの参考

---

*1) 地衡流は大気の地衡風に対応し, 圧力傾度力は気圧傾度力に対応する。
*2) 同じ向きの流れにはたらくコリオリの力が南北半球で逆転するため, 偏西風・貿易風で引き起こされる亜熱帯循環系の流れの向きも反対になる。

■参考■ 黒潮の流速の鉛直分布

　日本の南岸では，黒潮の北側（冷水側）に比べ南側（暖水側）で海面が高くなっている（図A上）。よって，平均海面からの深さが同じ所では，水圧は北側よりも南側で高く，黒潮にはたらく圧力傾度力は北向きである。一方，冷水に比べ暖水は密度が小さく，膨張しているため，等密度面の間隔が暖水側で広がっている。よって，主水温躍層も南北に傾き，冷水側で深さ100〜200m付近，暖水側では深さ500〜600mに位置している。これに対応して，地衡流も深さとともに弱まり，主水温躍層より下では流れは非常に弱まっている。

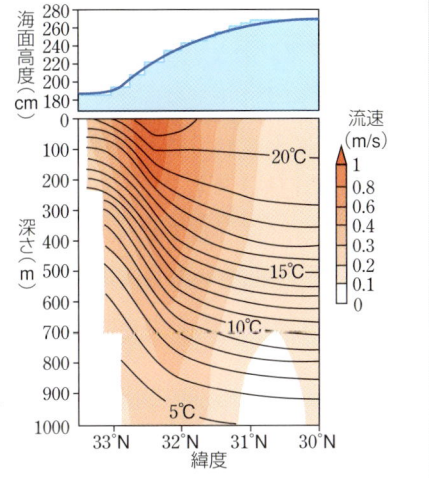

図A 134°E断面における黒潮（2005年4月28日気象庁観測）
色は流速(m/s)，実線は水温(℃)で，等温線はほぼ等密度線に対応する。

❷風による海面付近の流れ　海上に風が吹いても，海水にはたらく摩擦力のため，表層の水は一様には動かされず，海面に近い水ほどより強く動かされる。赤道上以外の海域では，風により生じた海水の運動にコリオリの力もはたらく。海面付近の流れは，これら2つの力のつりあいで決められ，深さとともに弱まりつつ向きを変える（図50）。北半球では，風の吹いていく向きの右手側に「らせん」を描くような流れの分布となる。[*3)]

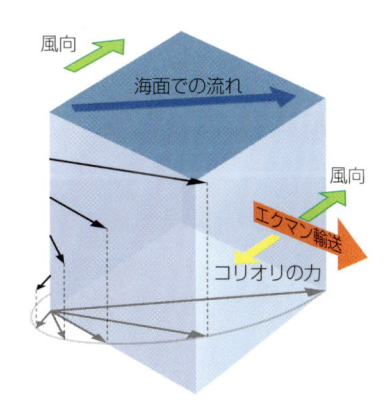

図50 風による海面付近の流れ

---

*3) 南半球では，風の吹いていく向きの左側になる。

第2章　海洋と海水の運動　155

このように，風によって生じる海面付近の海水の運動を**エクマン吹送流**とよび，摩擦力の影響により流れの分布がらせん状になっている海洋表層を**エクマン層**という。典型的なエクマン層の厚さは数十 m ほどである。海面のすぐ下ではエクマン吹送流は風下へ向かう成分をもつが，深さとともにしだいに風上へ向かう成分に変わる(p.155 図 50)。よって，エクマン層全体で考えると，上層と下層で海上風に平行な流れが打ち消しあうので，正味として海水は風向きと直交する向きに輸送される。これを**エクマン輸送**という(p.155 図 50)。エクマン層全体でみれば，風によって海面に加えられた力を，エクマン輸送にはたらくコリオリの力(風上向き)が打ち消すようにつりあっている。

北半球では風向きの右側，南半球では左側へのエクマン輸送が生じることから，亜熱帯高気圧におおわれる両半球の海域では(p.146 図 40)，海面付近の水が大洋の中央に収束し(エクマン収束)(図 51)，そこで下降運動が生じる。一方，北半球亜寒帯の海域では，アリューシャン低気圧やアイスランド低気圧に伴う海上風により，海面付近に上昇運動が生じる。これにより，栄養分に富んだ水が湧き上がるため，プランクトンの発生が促され(図 52)，よい漁場となっている。

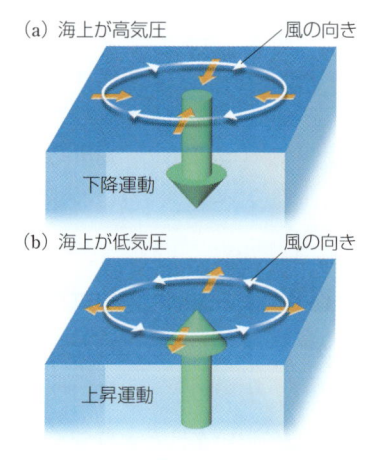

図 51　海上の高気圧(a)・低気圧(b)に伴う風による海面付近の運動(北半球)

図 52　衛星観測による海洋表面のプランクトンの葉緑体分布(2003 年 4 月の平均)
赤や黄色の領域では多く，青色の領域では少ない。だ円で囲んだ領域は，北半球の冬季にアリューシャン低気圧(左)とアイスランド低気圧(右)が停滞する領域である。

亜熱帯の沿岸では，エクマン輸送によって海面付近の水が沖合に移動させられる。なお，亜熱帯高気圧の中心位置が大洋東部にかたよるため(p.146 図40)，沿岸では東向きの気圧傾度力が強い。これに対応して，沿岸を赤道向きに吹く風も強く，エクマン輸送も大洋東部で特に大きい。この輸送によって失われる表層の海水を補うため，大洋東部の沿岸(大陸西岸の沖合)では，深い所から水温の低い水が湧き上がり(沿岸湧昇)，海面水温が低くなっている(p.159 図56)。一方，東風の貿易風が吹く熱帯では，エクマン輸送によって海面付近の水が，北半球側では北向きに，南半球側では南向きに運ばれる。海水を補うために，赤道では深い所から水温の低い水が湧き上がり(赤道湧昇)，特に太平洋東部で海面水温が低くなっている(p.159 図56)。

❸**西岸強化と風成循環**　北太平洋や北大西洋など，世界の各大洋には，亜熱帯高気圧のまわりを吹く貿易風や偏西風によって，表層に時計回りの巨大な水平循環(**亜熱帯環流**または亜熱帯循環系)が形成されている(p.159 図55)。黒潮や(メキシコ)湾流など，亜熱帯環流の西側には熱帯から中緯度に向かう強い暖流がある。このように，大洋の西のへりで海流が特に強まることを**西岸強化**とよぶ。[*1)]

現実の海洋を長方形の海に見立てて，西岸強化を考えてみよう。それは北半球亜熱帯にあり，南半分では東風の貿易風，北半分では偏西風が吹くものとする(図53)。エクマン輸送によって表層の水は大洋中央部に収束し，海面が高まる。これによる圧力傾度力は中央部から岸へ向かい，対応する地衡流は時計回りである。もし地球自転の効果が緯度によらず一定ならば，大洋東西で圧力傾度力の大きさは等しく，西岸強化は起こらない(図53)。

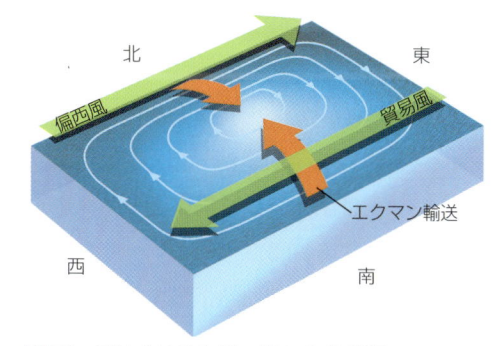

図53　コリオリの力が一様なときの海流(北半球)

---

*1) ここでの「西岸」は「大洋西部の岸」という意味であり，通常用いられる「大陸西部の沿岸」という意味ではないことに注意しよう。

第2章　海洋と海水の運動

現実の球形の地球上では，大洋中央部で南向きの流れとなっている(図54，図55の北緯20°〜40°付近)。詳しい研究によると，これは，同じ速さの地衡流にはたらくコリオリの力が高緯度ほど強い(p.120図12)ことに起因する。南向きに輸送されてきた海水は，熱帯域でしだいに集まって西へ向かい，大洋西側の岸にそって強い暖流となって北へともどされる。これが西岸強化である。南向きの流れと比べ，暖流にはたらく圧力傾度力と，それに対応する海面高度の傾斜はともに大きく，海面高度が最大となるのは大洋の北西部になる。[*1]

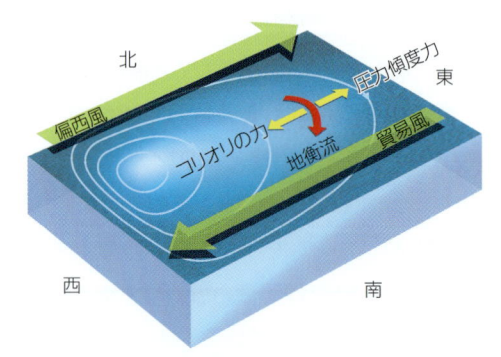

図54 コリオリの力に対する地球の球形の効果を含めたときの海流(北半球)

❹**世界のおもな海流** 海洋表層を流れるおもな海流は，海上風によって引き起こされる水平循環である。これを**風成循環**とよぶ。

亜熱帯高圧帯のまわりを吹く貿易風や偏西風によって，南北両半球の各大洋に**亜熱帯環流(亜熱帯循環系)**が形成されている(図55)。ただし，流れにはたらくコリオリの力が北半球とは逆向きの南半球では，亜熱帯環流は反時計回りである。西岸強化のため，どの環流でも西側で極向きの暖流が強い。なかでも，黒潮や湾流という北半球の暖流が顕著である。一方，カリフォルニア海流など亜熱帯循環系の東部を赤道へ向かう寒流は，沿岸湧昇の影響で水温が低い(図56)。こうして，亜熱帯循環系は全体として効率よく熱エネルギーを低緯度から中緯度へ運んでいる(p.115図8)。

北半球の亜熱帯循環系の北には，偏西風によって引き起こされる**亜寒帯循環系**がある。その流れは弱く，向きは反時計回りである。それでも西岸強化によって，親潮やラブラドル海流などの寒流が循環系の西部に

[*1] 海面高度の最大地点が大洋中央より高緯度寄りにずれるのは，同じ速さの地衡流にはたらくコリオリの力が低緯度より強く，より強い圧力傾度力とつりあうからである。

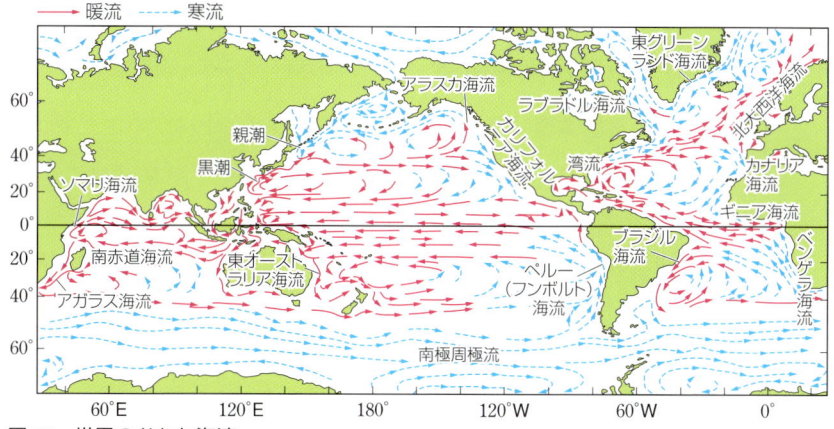

図55 世界のおもな海流
北半球が夏季になるときの流れを示す。冬季には，季節風の影響で，熱帯インド洋の海流の向きが反転する。

形成されるが，流速はたかだか 0.2 m/s である。一方，南半球の亜寒帯循環系は北半球に比べて強く，南極大陸の沖合を一周する。この東向きの流れは，海上の強い偏西風によって生み出されている。

亜熱帯循環系と亜寒帯循環系が接するところでは水温の南北差が大きく，温帯低気圧が頻繁に発達する。特に大洋西部では，冬季に大陸から吹く冷たく乾いた気流に，強い暖流から大量の熱エネルギーや水蒸気が供給されるため，低気圧が急速に発達することがある。

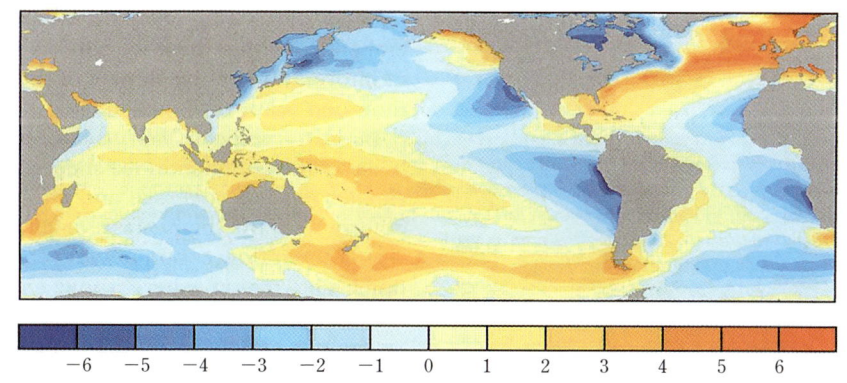

図56 年平均の海面水温分布から，緯度ごとに年平均・東西平均した値を差し引いた海面水温偏差(℃) 赤色は暖流，青色は寒流域におおむね対応する(図55)。ただし，南極周極流については，特に水温の低い海域が青色で，比較的水温の高い海域が赤色で示されているが，流れにそっては全体的に水温が低い。 （出典：Atmospheric Science, Second Edition, John M. Wallace, Peter V. Hobbs, p.31, 2006, with permission from Elsevier）

第2章 海洋と海水の運動

B 熱塩循環と深層循環

❶海氷生成と熱塩循環 図55(前ページ)によれば，中緯度の北太平洋では，黒潮と親潮が合流した流れがほぼ真東に向かっている(北太平洋海流)。一方，北大西洋では湾流から続く流れが北東へ向かい，グリーンランド南東沖にまで達している(北大西洋海流)。これは，偏西風や北東貿易風によって引き起こされる風成循環に加えて，表層を北上し，深層を南下する大規模な南北・鉛直循環が北大西洋で卓越することを示している。

太平洋に比べて大西洋では表層の塩分が高く(p.151 図43(a))，海水の密度も大きい。これは，降水の少ない大西洋の亜熱帯域を，表層の海水がゆっくり北上するうちに，強い日射で暖められ，海面からの蒸発が盛んだからである。海水が中緯度にまで北上すると，低気圧に伴う降水によって薄まるので，海水の塩分はやや低下する。しかし，亜寒帯域に達すると，表層の海水は急速に冷却されて密度が増大し，沈みこみが起こる。

秋季から冬季にかけては冷却が著しく，グリーンランド近海では海氷が盛んに生成される。海水は塩類を排除しながら凍るので，成長する海氷の下には低温で非常に塩分の高い水が形成され，沈みこみが促進される[*1)]。沈みこんだ冷たい水は深層を南下し(北大西洋深層水)(図58(b))，表層を北上する暖流とともに高緯度への熱エネルギー輸送に寄与している。こうして，温度と塩分の緯度による違いにより引き起こされる海洋の鉛直循環を**熱塩循環**という。もし北大西洋の熱塩循環が何らかの原因で弱まると，温和なヨーロッパの気候が寒冷化するだろうと考えられている。

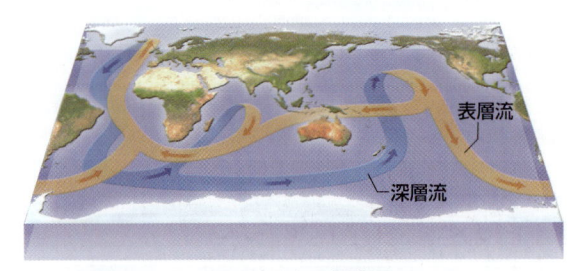

図57 コンベアーベルトの概念図

---

*1) 海水は塩類を含むため，氷点は$-1.8℃$まで下がる。冷やされた海水は，$-1.8℃$で凍るまで密度が増大する。また，低温の海水の密度はほとんど水温によらず，塩分に強く依存するため，塩分の高い海水ほど冷やされたときに沈みこみやすい。

❷**深層循環とコンベアーベルト**　海氷が生成される海域で沈降した低温で密度の高い水は，世界の大洋の深層をゆっくりと循環する(**深層循環**)。このうち，南極大陸のウェッデル海付近からは水温0℃以下の水が沈みこんでいる(図58)。この水は密度が最も高いため，大洋の底層にまで沈みこんでいく(南極底層水)。深層に沈んだ水は全海洋のさまざまな場所でゆっくりと湧き上がり，表層にもどされる。この湧き上がりには，海底地形が複雑な場所で潮汐(→p.164)によって引き起こされる激しい流れや，強い低気圧による海水の激しいかき混ぜが寄与すると考えられている。こうした大規模な海洋の鉛直循環を**コンベアーベルト**といい(図57)，海面から溶けこんだCO_2などを海洋全体に運ぶ役割を担っている。表層から沈みこんだ海水が深層をめぐってから湧き上がり，もとの場所にもどるには，約1500年かかると考えられている。

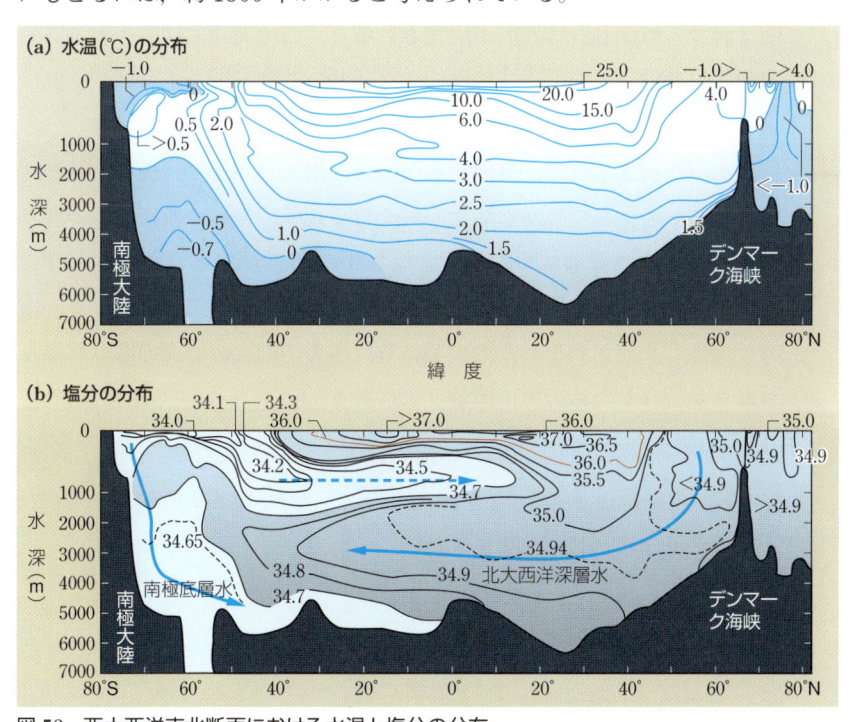

図58　西大西洋南北断面における水温と塩分の分布
濃い影は，(a)は水温が0℃以下，(b)は塩分34.7‰以上の領域。実線の矢印は，冷たく重い海水が沈みこんでいく深層循環の経路。破線の矢印は，高緯度の表層から深さ数百〜1000 mあたりへともぐりこむ流れ(中層循環)を示す。

3 | 海面の運動

A | 波浪

　海上を吹く風が直接影響し海面に生じる波を**風浪**(ふうろう)(図59)という。風浪はさまざまな波長や波高(→p.389)をもった波の集まりで，不規則な形をしてとがった峰(みね)をもつ。風速が波の進行速度より大きければ，風からエネルギーを得て波は発達を続ける。また，風浪の中で卓越する波の波高や波長は風速とともに増大する。ただし，風が吹きつける距離(吹送距離(すいそうきょり))や吹き続ける時間(連吹時間(れんすいじかん))が限定されると，波の発達も制限される。気象予報に基づいて，海上での風速・吹送距離・連吹時間を予測し，それによって風浪の波高分布の予報が行われている。

　海上風が弱まったり，風浪が風域の外へ出たりすると，短い波長の波が急速に衰え，なだらかな形状の峰をもつ比較的整った波形のみが残される。このような波は**うねり**とよばれ(図60)，減衰しながら遠方へ伝わる。うねりの代表例である「土用波(どようなみ)」は，台風の影響で日本のはるか南方で発生した波が到来したものである。多くの場合，海面の波は風浪とうねりが混在したもので，**波浪**(はろう)とよばれる。

図59　風浪

図60　うねり

B 海洋波動と津波

❶波の伝わる速さ うねりのように整った波形をもつ波動については，波の速さと波長・周期の間に，次の一般的な関係が成りたつ。

$$\text{波の速さ} = \frac{\text{波長}}{\text{周期}}$$

これとは別に，波の速さと波長の間には，伝わるしくみに応じて決まる特定の関係がある。例えば，水深に比べて波長が特に小さい**表面波**については，波の速さが周期（または波長の平方根）に比例する[*1)]。表面波による海水の運動は，海面付近の浅い所に限られる。

一方，水深に比べて波長が非常に長い**長波**については，波の速さが波長には依存せず，水深の平方根に比例する[*2)]。長波において，海面の峰の部分では，どの深さの海水も波の伝わる向きに動く。一方，谷の部分では，どの深さの海水も波の伝わる向きとは逆向きに動く。

問1. 平均水深3920 mの海洋を長波が伝わるときの速さは何km/hか。脚注*2)にある式を用い，有効数字3桁で求めよ。ただし，重力加速度の大きさは9.8 m/s²とする。

❷津波の伝搬 波長が数十m以下の波浪に対し，波長が数十kmにも及ぶ**津波**は，水深の大きな大洋でも長波とみなせる。津波に伴う海水の動きは海底にまで達する。長波としての津波は大洋を非常に速く遠方まで伝わる。例えば，水深4 kmの大洋では，津波の速さは秒速200 m近くにも達する。実際，1960年に南米のチリ沖で発生した地震による津波は，22.5時間で太平洋を横切り，約17000 km離れた三陸沿岸に大きな被害をもたらした（図61）。

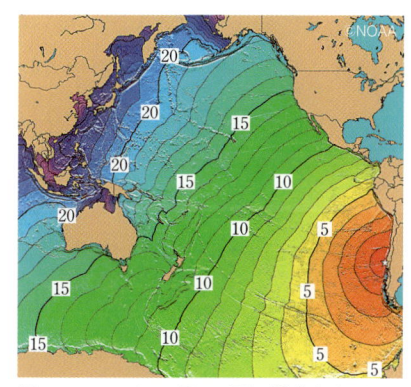

図61 1960年5月22日に発生したチリ地震による津波が伝わった時間

---

*1) 表面波の速さは $V = \dfrac{gT}{2\pi} = \sqrt{\dfrac{gL}{2\pi}}$ と理論的に与えられる。ただし，g は重力加速度の大きさ，T は波の周期，L は波長である。

*2) 水深 h に対して，長波の速さは $V = \sqrt{gh}$ と理論的に与えられる。

❸ 沿岸付近での波動の伝わり方

　波が岸に近づき，水深が波長の半分ほどになると，海底の影響を受け始める。波長の短い風浪よりも，うねりのほうが海底の影響を受けやすい。水深が浅くなるとうねりの進む速さが減少し，波高が徐々に増大する。そのため，岸に平行な等深線をもつ海岸に斜めにうねりがやってきても，屈折が起こるため岸の近くでは峰線がほぼ海岸に平行になる(図62)。

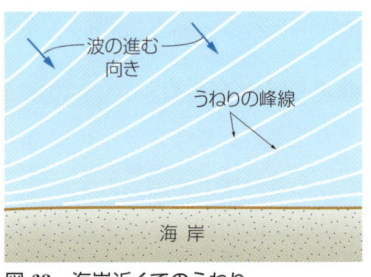

図62　海岸近くでのうねり

　海岸線や等深線が突き出た部分では，うねりに伴う波のエネルギーが集中して波高が増大しやすい(図63)。

　津波においても，沿岸に近づき水深が浅くなるにつれ，波高が徐々に増大する。入江では，津波が沖合から運ぶ海水が集中するため，波高が特に高くなりがちである。2011年の東北地方太平洋沖地震に伴って発生した津波の波高は，三陸沿岸の湾や入江では波高が10 mをゆうにこえた場所がいくつもあり，甚大な被害をもたらした。

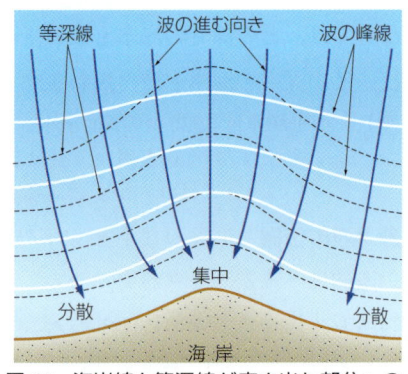

図63　海岸線と等深線が突き出た部分への波の集中

C ｜ 潮汐

　海面は半日・1日の周期で規則的な昇降をくり返す。この現象を潮汐といい，それに伴う流れを潮流という。地球上に潮汐を引き起こす力(起潮力または潮汐力)を及ぼすのは月と太陽である。地球上の場所が異なれば，これらの天体からの引力の向きや大きさが異なる。こうして，

海洋を含めた地球全体の地表面で，重力の分布に勾配が生まれ，これが起潮力となる（図64）。

月と地球は，共通重心[*1)]のまわりを約27日の周期で互いに公転している。地球に及ぼす月の引力は，地球の中心では，地球の公転による遠心力とつりあっている（図64(a)）。公転による遠心力は，地表のどの位置でも大きさ・向きが等しい。一方，月の引力が最大になるのは月に面した地表で，その裏側で最小になる（図64(b)）。月に面した地表では月の引力が公転の遠心力に勝って，海面を上昇させようとする。逆に，裏側の地表では公転の遠心力が月の引力に勝って，やはり海面を上昇させようとする。こうしてどちらの側でも起潮力が生じる（図64(c)）。

太陽も起潮力を及ぼす。新月と満月のときは，地球・月・太陽が一直線上に並ぶ。

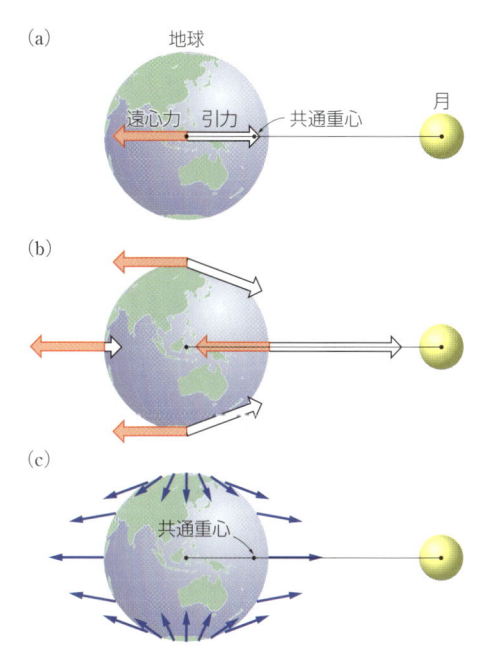

図64　月による起潮力
地球中心(a)と地表面(b)にはたらく地球公転による遠心力と月の引力。(c)は起潮力を表す。

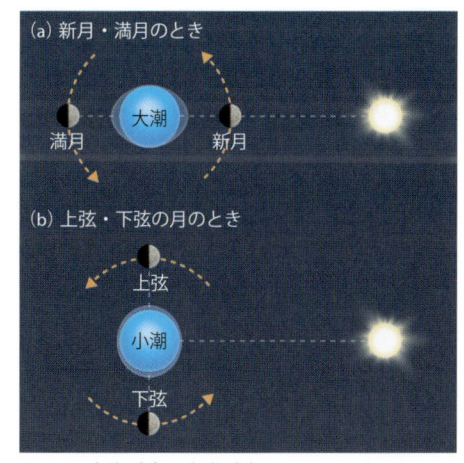

図65　大潮(a)と小潮(b)

---

*1) 共通重心は，地球と月が質量の無視できる棒でつながっていると考えたときの全体の重心である。地球の中心から月に向けて地球半径の約 $\frac{3}{4}$ の所にある。

このとき，月と太陽による起潮力が互いに強めあって干満の潮位差(潮差)が最大となる(p.165 図65(a))(**大潮**)。一方，起潮力の強めあいは上弦・下弦の月のときには起こらず，潮差が小さい(p.165 図65(b))(**小潮**)。

D | 高潮

　台風などの熱帯低気圧や強い温帯低気圧が沿岸近くを通過すると，気圧の低下によって海水が吸い上げられて海面が上昇する。さらに，強風によって表層の海水が湾の奥に向けて吹き寄せられると，沿岸で海面が異常に上昇する。この現象を**高潮**という。大潮の満潮時に高潮が起きると，湾の奥で著しく海面が上昇し，沿岸部に深刻な浸水被害をもたらすことがある。低気圧がもたらす豪雨によって河川や排水路の水位が上昇すると，沿岸部の浸水被害はさらに拡大する。

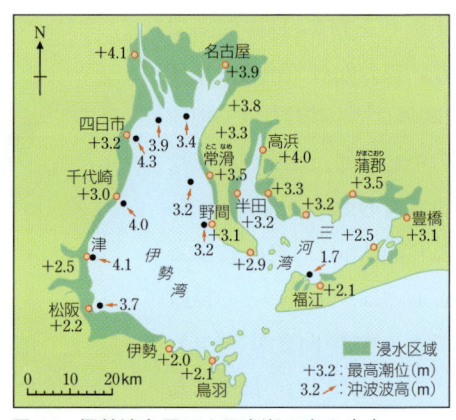

図66　伊勢湾台風による高潮の高さ(m)

　わが国に最大の高潮被害をもたらしたのは，1959年9月下旬に上陸した「伊勢湾台風」である。強い台風が伊勢湾のすぐ西を北上したため，気圧の低下による海面の吸い上げと，強い南風による吹き寄せ効果が重なり，湾の奥に位置する名古屋市沿岸では4mほども水位が上昇した(図66)。高潮による浸水は沿岸部の広い地域に及び，犠牲者は5000人をこえた。

第3章
大気と海洋の相互作用

アリューシャン低気圧
©Jacques Descloitres, MODIS Rapid Response Team, NASA/GSFC

これまでは，大気と海洋の現象を別々に扱ってきた。しかし実際には，両者は互いに影響を及ぼしあって変動し，さまざまな地域に異常な天候を引き起こす。また，人類の産業活動により大気中の温室効果ガス濃度が急増しつつあるが，それが地球の大気や海洋に与える影響も懸念されている。

1｜大気と海洋の相互作用

A｜熱帯地域の気候変動

❶エルニーニョ・南方振動 平年状態の赤道太平洋(p.168 図 67(a))では，貿易風によって表面付近の暖水が西に吹き寄せられ，東部では主水温躍層(→p.153)が浅くなっている。このため，貿易風が引き起こす赤道湧昇(→p.157)によって，東部では主水温躍層の下にある冷たい水が湧き上がり，海面水温がかなり低い(p.159 図 56) (21 ～ 25 ℃)。一方，西部では海面水温が 5 ℃以上も高く，水蒸気の豊富な空気が暖められて積乱雲が発達し，大量の雨を降らせている(p.151 図 43(b))。水温の高い西部では海面気圧が低く(p.146 図 40)，水温の低い東部との気圧の東西差が，西向きの貿易風をもたらしている。このように平年状態でも，赤道域の大気と海洋は密接に結びついている。ところが，2 ～ 6 年に一度，赤道太平洋で貿易風が弱まり，その中・東部の海面水温が平年より 1 ～ 4 ℃も上昇した状態が半年以上続くことがある。これを**エルニーニョ(現象)**という。表面付近の暖水が東へ広がるにつれて，降水域と大気の上昇域も東へ移動する(p.168 図 67(b))。これに伴う海面気圧の東西差の減少は，貿易風の弱まりを維持・強化する。

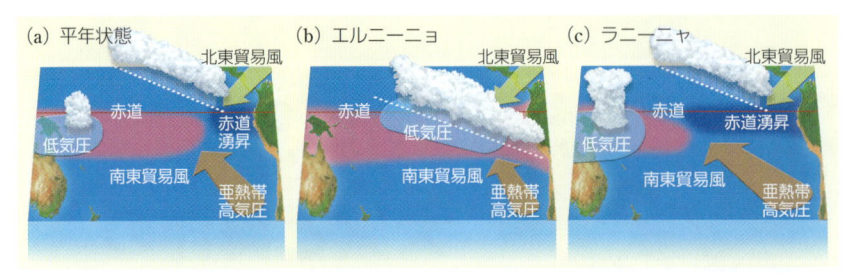

図67 赤道太平洋の平年状態(a),エルニーニョ(b),ラニーニャ(c)の模式図

　反対に，赤道太平洋で水温や気圧の東西差が平年以上に拡大し，貿易風が特に強化される時期も数年に一度現れる(図67(c))。この状態を**ラニーニャ**(現象)とよぶ。このように，赤道太平洋は大気と影響を及ぼしあいつつ(相互作用)，エルニーニョとラニーニャの状態をくり返している。このような海水温の変動とともに，熱帯太平洋域の気圧の東西差の大きさも，数年周期で変動している。これを**南方振動**という。これらの現象をまとめて，**エルニーニョ・南方振動**(ENSO)とよぶ。
El Niño and the Southern Oscillation

　南方振動は，太平洋域だけでなく，熱帯大西洋やインド洋上でも貿易風を変化させるため，広い範囲で水温異常や降水異常が発生する。[*1)]

❷**中緯度域への遠隔影響**　ENSOの影響は中緯度にも及び，ジェット気流の強さや緯度が平年状態とは異なる傾向となる。例えば，エルニーニョが発生した冬には，北太平洋でジェット気流が強まる傾向がある。日本付近では亜熱帯高圧帯が強まって寒気が南下しにくく，暖冬傾向になる(図68)。アリューシャン低気圧は東にかたよって発達するため，南西風の強まる北米西岸でも暖冬となるが，偏西風が南下する北米南東部では寒冬傾向となる。ラニーニャが発生した冬はこれらと逆の天候となる。

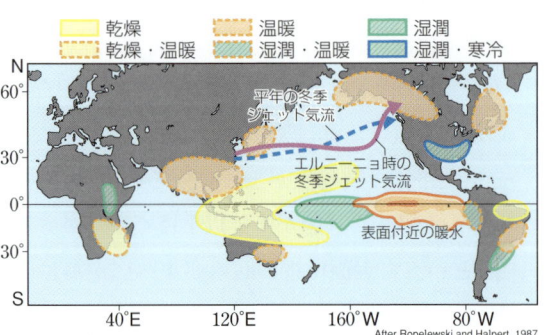

図68 エルニーニョ時に起こりやすい世界各地の天候の傾向(北半球の冬，南半球の夏の時期)

ラニーニャ時にはすべて逆の傾向となる。エルニーニョが起こると，降水域が東へずれ，ペルーなどでは大雨が降りやすくなる。一方，オーストラリアやインドネシアなどではエルニーニョ時に干ばつ，ラニーニャ時には大雨に見舞われやすい。

B 中・高緯度地域の気候変動

❶偏西風の蛇行と異常気象　通常の状態では，気温の南北差に対応して，上空のジェット気流は西から東へ吹いているが，ジェット気流が大きく蛇行した状態では，気温分布も平年とは大きく異なる(図69)。例えば，北半球でジェット気流が持続的に南下した地域では異常低温が起こりやすいが，北上した地域では温暖な高気圧におおわれて異常高温となりやすく，干ばつが深刻化することもある。ジェット気流が南から流れる所では，下層に暖湿な気流が流れこみ大雨となりやすく，集中豪雨が起こることもある。このように，ジェット気流の持続的な蛇行は，離れた複数の地域にさまざまな異常気象[*2]をもたらしうる[*3]。

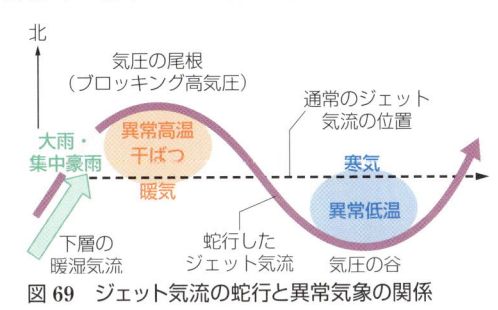

図69　ジェット気流の蛇行と異常気象の関係

❷北大西洋振動　熱帯からの遠隔影響とは別に，中・高緯度の気候系は独自の変動をもつ。その代表例は「北大西洋振動(NAO)」(North Atlantic Oscillation)である。これは，地表のアイスランド低気圧と南方の亜熱帯高気圧(アゾレス高気圧)が同時に強弱をくり返す変動で，周辺の広い地域に異常な天候をもたらす(p.170 図70)。これら停滞性の高・低気圧が同時に強まると，上空の偏西風も強化され，移動性の高・低気圧の活動も活発化する。ヨーロッパには南西風が吹きこみ，降水の多い暖冬となる。反対に，これらの高・低気圧が同時に弱まると，偏西風は弱まって北大西洋上空で北へ持続的に蛇行し，ブロッキング高気圧(図69)が形成されやすくなる。この上空の高気圧は温帯低気圧の東進を妨げつつ，南東側に寒気を南下させるため，ヨーロッパは乾燥し寒波に見舞われやすい。

[*1)] 最近，熱帯インド洋にも独自の大気海洋結合変動が見出されている。

[*2)] 「異常気象」とは，厳密にはある地点で30年に一度程度しか起こりえない極端な天候状態(気温や降水量)をさす。しかし，実際にはそれほど極端ではなくても，社会的に大きな影響を与えた異常な天候状態も「異常気象」とよばれることが多い。本書では後者の意味で「異常」や「異常気象」を用いている。

[*3)] これを遠隔影響(テレコネクション)という。ENSOが中緯度にもたらす異常気象も遠隔影響の現れである。

図70 NAOに伴い偏西風の強い状態（左）と弱い状態（右）

■ 平年より低温
▨ 平年より高温
▨ 平年より湿潤
▨ 平年より乾燥
→ 強化された偏西風

　北太平洋でも，地表のアリューシャン低気圧の変動と上空のジェット気流の変動が連動している。このような太平洋域の変動やNAOは，海上の風や気温を変動させ，大気海洋間の熱交換や，海洋の表層混合層をかき混ぜる強さを変えるため，海面水温の変動を伴う。こうした海上風の異常が持続すると，海洋の風成循環を変動させて黒潮や湾流に影響を与えることもわかってきた。

　次の実験で，大気と海洋の関係について考えてみよう。

→実験13

実験 13 気温と海面水温の季節変化

　インターネットを利用して，海洋上のある地点の毎月の気温と海面水温を調べ，その変化を比較してみよう。

表A　佐渡島付近の日本海の毎月の気温と海面水温の平均値（1971年〜2000年）

月	気温（℃）	海面水温（℃）
1月	4	11
2月	3	9
3月	6	9
4月	10	10
5月	14	13
6月	18	18
7月	22	22
8月	25	24
9月	22	23
10月	17	20
11月	11	16
12月	7	13

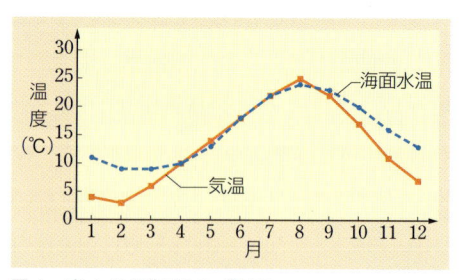

図A　表Aから作成したグラフ

2 水や炭素の循環

A 地球気候における水の役割

❶水の状態変化と熱 地球上の水のほとんどが海洋に存在する(表3)。この水は，気体，液体，固体と状態(図71)を変えながら，大気中を循環する。海や陸の表面から水が蒸発する際，水蒸気はそこから熱(蒸発熱)を奪っていく(図71)。その水蒸気が大気中で凝結して雲粒になるとき，熱(凝結熱)を放出する。地表から大気への熱輸送(p.112 図5(b))のかなりの部分は，こうした対流(湿潤対流)によって行われている。

大気中に水蒸気や雲粒として存在する水は，地球全体の量のわずか0.001%にすぎず，地表面からの蒸発と降水を頻繁にくり返している。地球全体を平均すると，1つの水分子が大気中に滞留する時間は，11日程度である。

表3 地球上の水の分布

場　所	質量比（%）
海	97.4
氷床や氷河	1.986
地下水	0.592
湖沼・河川・土の湿り・動植物	0.021
大気（水蒸気・雲）	0.001

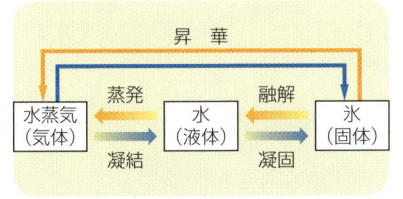

図71 水の状態変化

■参考■ 海陸間の水の循環

「水の貯蔵庫」である海洋では降水量を上回る量の水が蒸発し，蒸発熱を奪っている。こうしてできた余分な水蒸気と蒸発熱は，大気の循環によって海上から陸上へと運ばれる。そのため，陸上では逆に降水が蒸発量を上回り，河川の流れが保たれる。地球全体を平均すると，陸上の降水の約 $\frac{1}{3}$ は，大気循環による海上からの水蒸気輸送によるものである。

*1) 蒸発熱や凝結熱のように，物質の状態が変化するときに必要となる熱を潜熱(せんねつ)という。

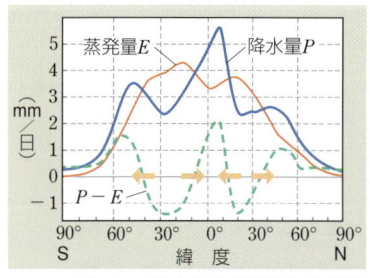

図72 降水量と蒸発量の緯度別分布
矢印は大気循環による水蒸気輸送の向き。高緯度への水蒸気輸送と熱輸送は，ともに中緯度で特に大きい。

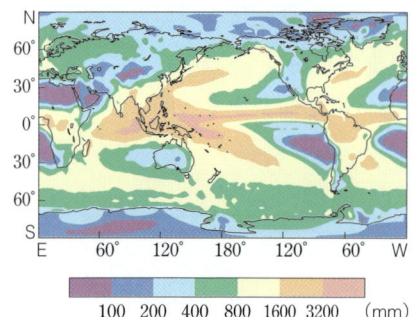

図73 年間降水量の分布
海上は人工衛星からの観測による。

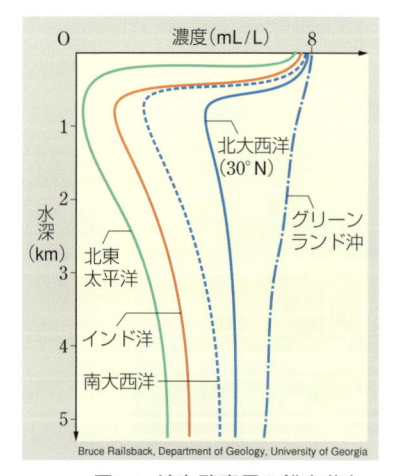

図74 溶存酸素量の鉛直分布

❷ **降水の分布と水蒸気輸送** 水の収支を緯度別に見ると，蒸発量も降水量も（図72），高緯度では低緯度よりずっと少ない。これは，高緯度では気温が低く，飽和水蒸気量が少ないためである。一方，亜熱帯では降水量よりも蒸発量が多い。蒸発が特に盛んなのは，黒潮やメキシコ湾流などの暖流域（p.159図55）や，亜熱帯高気圧におおわれて日射で暖まる亜熱帯の海上である。亜熱帯で生じた余分な水蒸気は，大気循環によって熱帯や中緯度へと運ばれ，輸送先で多量の降水をもたらしている。降水量が特に多いのは熱帯と，南北両半球の中緯度である（図72,73）。これらの降水域では，地表面からの蒸発を上回る量の降水がもたらされる。熱帯海上の赤道収束帯（p.116図9）では，南北両半球の亜熱帯海域から多量の水蒸気を運んできた貿易風が収束し，東西に連なる積乱雲による多量の降水をもたらしている。一方，中緯度の海上では冬季に温帯低気圧が頻繁に発達し，多量の雨や雪を降らせる。また，日本付近では，梅雨や秋雨として，夏季の初めや終わりに降水が特に多い。

B 海水中の溶存酸素

海水に溶けこんだ酸素（O_2）の量（溶存

酸素量)は，海面近くではほぼ飽和状態にある。海面下では生物の呼吸や海水中を沈んでいく有機物の酸化・分解などでO_2が消費される。このため，海面から沈みこんだ海水の溶存酸素量はしだいに低下していき，主水温躍層(p.152 図44)の下で極小となる(図74)。

C 大気海洋間の二酸化炭素の交換

海水は二酸化炭素(CO_2)をよく溶かす性質があり，海洋は大気中のCO_2の量を調節するはたらきをする。海水に吸収されたCO_2は，炭酸水素イオン(HCO_3^-)や炭酸イオン(CO_3^{2-})に解離する。

大気と海水でCO_2の分圧が異なれば，その差に応じて大気海洋間でCO_2の交換が起こる。海水のCO_2分圧を左右するCO_2溶解度は，水温と塩分に依存する。さらに，大気海洋間のCO_2交換速度は，表層水の混合の強さにも影響される。北大西洋の亜寒帯域や南洋では，冬季に海上風が強まり海面も強く冷却されるため，表層水が激しく混合されて，大気海洋間で気体の交換が促進される。こうして大気から海洋表層に取りこまれたCO_2は，熱塩循環に伴う沈みこみにより深層へ送りこまれる(CO_2の物理ポンプ)。

太陽光が届く海洋表層では，光合成によって植物プランクトンが海水中のCO_2を取りこんで有機物として固定する。こうして海水のCO_2分

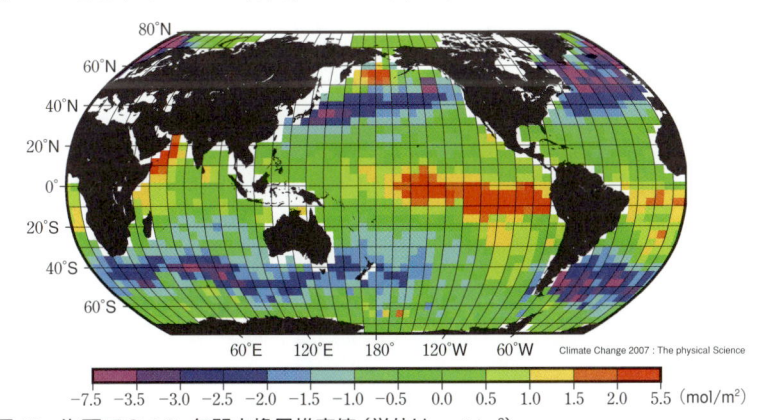

図75　海面でのCO_2年間交換量推定値(単位は mol/m²)
赤色は海から大気へ，青色は大気から海への移動を表す。両半球とも熱帯で海から放出され，亜寒帯で海が吸収している。(IPCC第四次評価報告書による)

圧が下がると，大気からのCO_2取りこみが増大する。固定された有機物の大部分は表層内で分解されてCO_2と水にもどされるが，残りは海洋内部へ沈降していく（CO_2の生物ポンプ（→p.227））。

　大気から海洋へCO_2の取りこみが平均的に多いのは，南北両半球の亜寒帯海域である（p.173図75）。逆に，熱帯太平洋域からは長期平均として大気へCO_2が放出されるが，ENSOに伴う数年周期の水温変動に応じて，大気海洋間のCO_2交換量も変動する。

　産業革命以降の産業活動の拡大によって大気中のCO_2濃度が増加し続けている（p.368図3）。これに伴い，海水に取りこまれるCO_2の量も増加しているため，どの海域でも表層で人為起源の炭素濃度が高い（図76）。取りこまれた人為起源の炭素は，多くの海域では主水温躍層（→p.153）より下にはほとんど輸送されていないが，北大西洋では熱塩循環に伴う沈みこみ（p.161図58(b)）による輸送のため，深層まで達している。深層循環による緩やかな輸送により，深層では1000年ほど遅れてCO_2濃度が増加すると考えられている。さらに，大気から取りこまれるCO_2により，海洋表層の酸性度が高まる傾向にある。こうした海水の酸性化が及ぼす海洋生態系への影響が懸念されている。

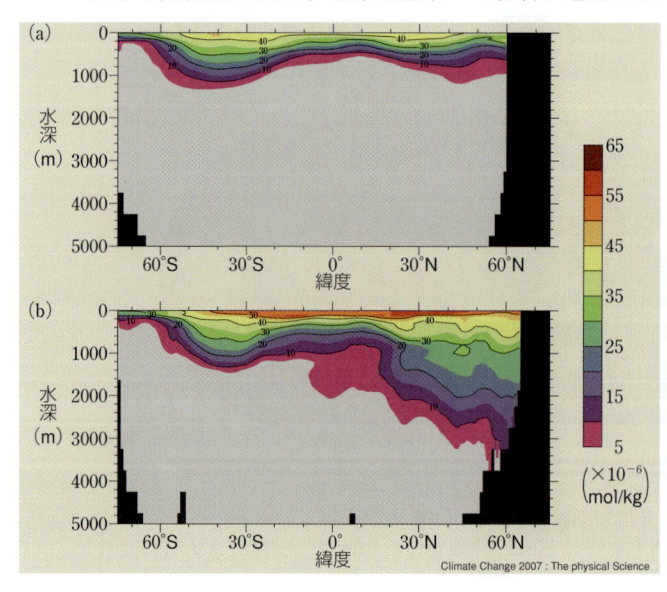

図76　海水1 kg中に含まれる人為起源の炭素量の緯度−深さ分布（単位は10^{-6} mol/kg）
太平洋・インド洋(a)および大西洋(b)の各海域における東西平均推定値（1994年）。（IPCC第四次評価報告書による）

第4編 地球表層の水の動きと役割

第1章
　地表の変化　　　　p.176
第2章
　地層の観察　　　　p.198

5万分の1地質図「横須賀」（産業技術総合研究所地質調査総合センター発行）

地層や岩石の三次元的な分布を，種類や時代ごとに異なる色や模様で示すことによって，地質図が作られる。そのデータは，陸上や海底での地質調査によって得られる。こうして各地の地質図が作成され，産業技術総合研究所の地質調査総合センターから発行され，国土の基本的な情報を提供している。それは，土地利用や災害防止などに幅広く活用されている。

第1章 地表の変化

砂浜と富士山(神奈川県藤沢市)

地表は，太陽からのエネルギーが注ぎ，雨が降り，風が吹き，多くの生物が生活している場所である。その影響は地下の岩石にも及んでいる。このように，地表では大気，水，生物，岩石という4つの物質が，さまざまな作用を相互に及ぼしあっている。この章では，これらのありさまを具体的に見ていこう。

1 岩石の風化

A 侵食・風化・運搬・堆積

❶地表の侵食 地表は，河川などの流水や雨，風，波，氷河などによって削られる(図1)。この地表が削られる作用を**侵食**という。

岩石は，太陽からの熱と光や気象作用によって破壊されたり，性質が変化したりして分解される。岩石が分解されることを，**風化**という。岩石の風化には，割れ目に入りこんだ水の凍結による膨張や，気温の変化などによって引き起こされる**物理的(機械的)風化**(図2)と，鉱物そのものが水に溶けたり，変化したりして分解する**化学的風化**，さらに生物の作用によって分解される**生物的風化**がある。

地表は，侵食と風化によって変化する。

図1 侵食の例 (V字谷(富山県黒部川))

図2 岩石の物理的風化の例 (玉ねぎ状構造)

第4編 地球表層の水の動きと役割

❷**運搬と堆積** 侵食や風化によって、岩石は礫、砂、泥となる。礫、砂、泥は、粒子の大きさで区分され(表1)、総称して**砕屑粒子**という。

砕屑粒子は、流水や風によって**運搬**される。流水や風によって運ばれた砕屑粒子は、次第に低い所へ移動し、流水の流れや風が弱まったり、止まったりしたときに**堆積**する。

表1 粒子の大きさによる砕屑粒子の分類

名　称		粒　径
巨　礫		256 mm 以上
大　礫		64 ～ 256 mm
中　礫		4 ～ 64 mm
細　礫		2 ～ 4 mm
砂		$\frac{1}{16}$ ～ 2 mm
泥	シルト	$\frac{1}{256}$ ～ $\frac{1}{16}$ mm
	粘土	$\frac{1}{256}$ mm 以下

B 風化のプロセス

岩石の風化プロセスには、上に述べたように、物理的作用、化学的作用、生物的作用がある。一般にはいくつかの作用が重なり、複合的な風化作用となる。

❶**物理的風化** 地下の深い所から浅い所に上昇してきた岩石は、圧力が高い所から圧力の低い所にくるために膨張する。一方、温度は低下するため収縮する。その結果、岩石は地表に向かって引っ張りの力を受け、地表面に平行な割れ目が多数つくられる。

このような割れ目はシーティングとよばれ、花崗岩などでよく見られる(図3)。とくに花崗岩は、数種類の等粒状の鉱物からできているが、鉱物、粒子ごとに膨張率が異なる上に、粒子の間に水がしみ込みやすい。このため花崗岩が風化すると、まさ(図4)とよばれる粒子状の砂になる。

温度変化による岩石の物理的風化を実験で確かめてみよう。
→p.178 実験 14

図3 シーティングの例(アメリカ・カリフォルニア州)

図4 まさ(北海道士別市)

岩石の割れ目やすき間にある水には，さまざまな成分が含まれている。水分が蒸発すると，石こう（硫酸カルシウム：$CaSO_4$），岩塩（塩化ナトリウム：$NaCl$），方解石（炭酸カルシウム：$CaCO_3$）などの結晶ができる。結晶化が進むむ，体積の増加によって岩石のすき間が広がり，物理的に分解する。やがて岩石に穴があくこともある。このような風化は**塩類風化**（図5）とよばれ，物理的風化の例である。

図5　塩類風化であいた穴（アメリカ・ユタ州アーチーズ国立公園）
岩石が塩類風化を受けると特徴的な地形が形成され，名所となることも多い。

実験 14　岩石の物理的風化

　岩石はかたくて簡単には壊れない。人為的に岩石を破壊しようと思えば，真っ先にハンマーでたたいたり鉄製乳鉢ですり潰したり，あるいはヤスリで削ったり，等の方法が思い浮かぶ。自然界でそれに代わる作用はどのようなものだろうか。ここでは，岩石をガスバーナーで熱したり冷却したりして，岩石がどのように変化するのかを確かめてみよう。

■準備
　花崗岩，ガスバーナー，三脚，金網，るつぼばさみ，300 mLビーカー，ハンマー，金床（または鉄板）

■方法
❶花崗岩を金床の上で3 cm角程度に割り，これをガスバーナーで熱する。
❷熱くなった花崗岩をるつぼばさみで取りだし，水を入れたビーカーに入れて急激に冷やす。
❸❶と❷の作業をくり返す。花崗岩の表面から崩れた鉱物片がビーカーの底にたまっていないだろうか。
❹❸の花崗岩を，ポリ袋に入れ，金床の上に置きハンマーでたたいてみよう。岩石はもろくなっていないだろうか。

⚠注意　岩石を割るときは軍手等を着け，岩片が飛び散ることがあるので安全メガネを着用する。

■考察
　花崗岩は，どうして壊れやすくなったのだろうか。理由を考えてみよ。

問 1. 身の回りのものが，①水の凍結によって壊される例，②温度変化によって壊される例をあげてみよう。

❷化学的風化 化学的風化は，鉱物が水に溶解することによって進行する。溶解のしやすさは，鉱物の種類だけでなく鉱物に含まれる元素によっても異なる。炭酸塩，硫酸塩，斜長石などCaに富む鉱物は水に溶けやすい。またNa，K，Mg，Ca（など周期表の1族，2族の元素）はイオンになりやすく，水に溶けやすいのに対して，Si，Al，Feは溶けにくく，**粘土鉱物**などになる。鉱物は酸性の水ほど溶解しやすい。

また，雨水には大気中に含まれるCO_2が溶けて，弱酸性となっている（pH 5.6）。それが方解石（成分は$CaCO_3$）などの炭酸塩鉱物と反応すると，それを溶かし，炭酸水素イオン（HCO_3^-）を生成する。この作用を**溶食作用**といい，それは，次のように書かれる。[*1]

$$CaCO_3 + CO_2 + H_2O \longrightarrow Ca^{2+} + 2HCO_3^-$$

この結果，鍾乳洞などの石灰岩地域に特有の地形（**カルスト地形**（図6，7）とよぶ）がつくられる。

炭酸水素イオンの濃度が増加すると，反応は逆に進み，炭酸塩鉱物として析出する（鍾乳石や石筍の形成）と，CO_2は再び大気にもどる。

$$Ca^{2+} + 2HCO_3^- \longrightarrow CaCO_3 + CO_2 + H_2O$$

図6 カレンフェルト（愛媛県・五段高原）
地表の石灰岩が雨や地下水などによって割れ目に沿って溶食され，墓石のように岩柱が林立している。

図7 百枚皿（山口県・秋芳洞）
鍾乳洞内に流れる地下水中の炭酸水素イオンが，カルシウムイオンと反応して炭酸塩鉱物となって沈殿し，皿のようになったもの。

[*1] 酸性雨（pH 5.6以下，→p.375）の降る場合はこの反応はより進む。

第1章 地表の変化

❸**生物的風化** 岩石は地表付近の生物活動の影響を受けても破壊・変質する。根の成長によって岩石は物理的に破壊され（図8），また生物活動の影響によって化学的にも分解される。

こうした有機物が分解すると，次のような化学反応で表されるように二酸化炭素が発生する。

図8 岩を割って成長している根（山梨県北杜市）

$$CH_2O + O_2 \longrightarrow CO_2 + H_2O$$

二酸化炭素は水に溶けて炭酸になり，周囲を酸性にするはたらきをしている。

◼ 参考 ◼ 風化による元素の再分配

複合的な風化の結果，岩石圏，水圏，生物圏，気圏に，それぞれ元素が分配されたり，濃集したりする（図A）。

イオンになって水に溶けやすいもの（Cl^-, Na, K, Ca, SO_4^{2-} など）は，海に濃集する。ガスになるもの（N_2, O_2, H_2O, Arなど）は，大気に濃集する。水酸化物の水への溶解度が低いもの（$Al_2Si_2O_5(OH)_4$, $Fe(OH)_3$）や，水に溶けにくい化合物をつくるもの（SiO_2）は，岩石圏（地表の地層など）に濃集する，といえる。また，生物のからだをつくるもの（C, H, O, N, P, S）は，生物に含まれる。現在は，それらの元素や化合物などが環境を循環しながら微妙なバランスでつりあっているといえる。

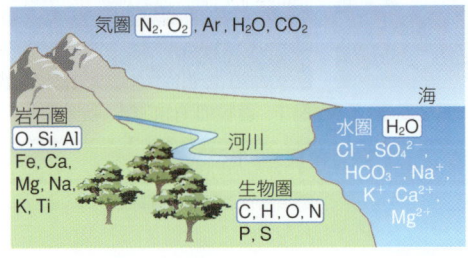

図A 環境の4圏（岩石圏，水圏，気圏，生物圏）にあるおもな元素

青枠で囲ってある元素，化合物などが主体となっている。

気圏 N_2, O_2, Ar, H_2O, CO_2
岩石圏 O, Si, Al, Fe, Ca, Mg, Na, K, Ti
水圏 H_2O, Cl^-, SO_4^{2-}, HCO_3^-, Na^+, K^+, Ca^{2+}, Mg^{2+}
生物圏 C, H, O, N, P, S

C 土壌の形成

岩石の多くはケイ酸塩鉱物で構成されており,炭酸塩鉱物に比べてはるかに溶けにくい。特に石英や白雲母,カリ長石などの風化に強い鉱物は,岩石が風化しても,分解があまり進まず,そのまま残留する。一方,斜長石やかんらん石,輝石などは風化に弱く,粘土鉱物や水酸化物に変化する。[*1] こうした物質に腐植物などが加わり,土壌ができる。

岩石によって鉱物の種類や粒度が異なるので,土壌の性質は岩石の種類によって異なる。中国地方は花崗岩が広く分布するので,それらが風化してできたまさ(p.177 図4)とよばれる白っぽい砂状の土がよく見られる。これに対して,関東地方や東北地方では,火山灰に由来する土壌が発達している。関東ロームは,鉄鉱物が酸化してできた赤い粘土質の火山灰土壌である。最近1万年の若い火山灰土壌は,動植物の分解物や炭質物を含んでおり,黒色を示すことから黒ボク土とよばれる。

風化は,岩石の種類だけではなく,気温や降水量などの影響を強く受ける。地表に近いほど,気温変化が大きく,生物活動も活発である。地表に降った雨や雪も,土壌中の生物や鉱物と相互作用しながら,地下に向かって浸透する。

風化作用は地表近くほど活発に起こる。日本のような降水量が多い気候条件下では,落葉の下に腐植物の多い土壌が発達し,風化によってできる粘土鉱物は地下に向かって少なくなる。このため,図9のような土壌が形成されることが多い。

落葉・落ち枝

有機物(腐植),微生物,無機栄養分

溶解・懸濁成分が下方へ移動するゾーン

上層からきた Fe, Al, 腐植物質,粘土の集積領域。岩石の変化は下層より進んでいる

風化途上の鉱物

母岩

図9 モデル的な土壌

[*1] 鉱物の風化しやすさの順序は,マグマから晶出する順序と同じである。石英は,化学的な風化をほとんど受けず,最後まで残留する。大陸の砂丘では,ほとんど石英粒子だけからなるものが多い。

D 気候と風化侵食・地形の形成

それぞれの気候帯で、それぞれ特徴的な水、大気、岩石間の相互作用が起きている。それにより特徴的な風化作用が行われ、それに応じた土壌が形成されている。また、気候に応じて、特徴的な地形が形成される。

❶高温多湿条件下におけるアルミニウムの濃集　高温多湿の低緯度における風化の代表的な例として、アルミニウムの濃集による、ラテライト(赤色土壌)やボーキサイト(図11)(アルミニウムの鉱石)の形成がある。

高温多雨地域では、岩石の分解が速い。しかも、分解されて析出するNa, K, Mg, Caなどの周期表の1族, 2族の元素は、イオンになって水に溶けやすいので、すぐに失われる。一方、岩石の主成分であるアルミニウムとケイ素は、酸化物や水酸化物をつくって沈殿する。

しかも、この二つの元素は、条件によって、水に溶けやすくなったり、溶けにくくなったりする(図10)。pH 5〜8の条件では、アルミニウムを主成分とする水酸化物($Al(OH)_3$, $AlO(OH)$)だけが残留するということが起きる。こうして集積したのが、ボーキサイト鉱床(図11)であり、今日の世界のアルミニウムの全量を供給している。

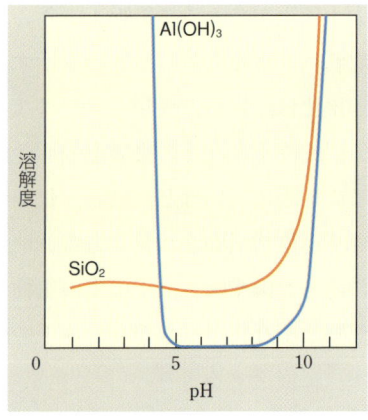

図10　SiO_2と$Al(OH)_3$の溶解度のpHによる変化

図11　ボーキサイト鉱床(ジャマイカ)とボーキサイト

❷**氷河周辺の気候帯における風化作用と地形** 気温が氷点を前後するような条件下では，岩石の割れ目にしみ込んだ水が氷になることで，割れ目や鉱物粒子のすき間を広げ，物理的な風化を促進する。それにより，ブロック状の岩石へと破壊され，ブロックが積み上がった集合ができる（図12）。また，霜や氷の作用によって，地表は著しく撹拌され，土壌化が起きる。氷ができたりとけたりを続けると，岩石片が移動しやすくなり，構造土とよばれる特徴的な形態が形成されることもある（図13）。

起伏の大きい山地には，一般に，水の侵食によって，断面がV字形の谷地形（V字谷）が発達する。しかし，氷河の占める谷では，氷河の重量による侵食によって，U字谷や，カール（図14）とよばれるスプーンでえぐったような地形ができる。日本でも，最終氷期（→p.267）には中部山岳地帯の2800 m以上の高山で氷河が発達し，現在こうした氷河地形が残されている。また，北海道ではそれが2000 m付近まで見られる。

最終氷期には，世界的に現在よりも気温が5℃以上も低かったと考えられている。世界の高山の麓や，高緯度では平地でも，多くの個所で，氷河の侵食による湖が見られる。これは最終氷期が終わった後に退いた氷河のあとに残されたもので，スカンジナビアやカナダなどに多い。

図12 高山に見られる岩石の破砕現象（鳥海山（山形・秋田県境））
水が凍結・融解をくり返して火山岩をブロック状に破壊している。

図13 スピッツベルゲン島の構造土
氷点を上下するごとに，礫が氷によってしだいに移動して，特徴的な集積をする。

図14 カール（長野県・穂高岳）

第1章 地表の変化

2 砕屑粒子の運搬・堆積作用

A 砕屑粒子の堆積作用

　風化作用で分解されたり破壊されたりして地表に生じた粒子は，砕屑粒子（または砕屑物）とよばれる。それらは水の流れや，風のはたらきで運搬され，しだいに低地に運ばれる。

　水の中を運搬される砕屑粒子は，流れに乗って，ある場合には底面をすべるように，あるいは転がるように，またはとび跳ねながら運ばれる。そのようすは，流れの速さ（流速）と粒子の大きさ（粒径）に関係している（p.185図A）。図15は，砂粒子が水の流速の違いによって，どのような堆積構造（微小な地形）を形成するかを，実験に基づいて示したものである。

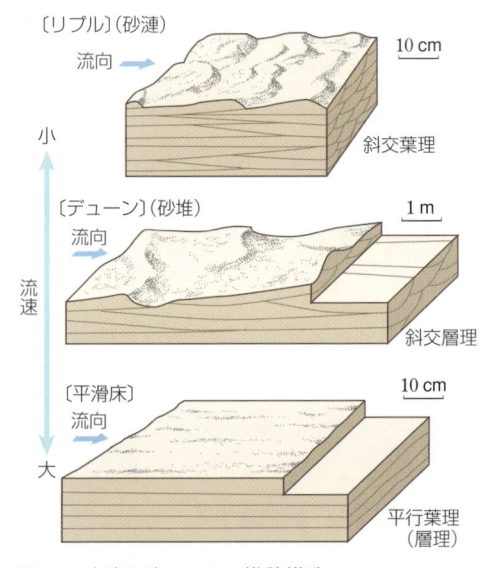

図15　流速の違いによる堆積構造

　次ページのコラムの図Bのように，水の流れでは砂が最も流されやすい。細粒な砂粒子の場合，流速が小さいと動かないが，流速が増すと表面にはリプル（砂漣）が形成される。その断面は斜交葉理になっている。流れが速くなると，デューン（砂堆）が形成され，さらに速くなると，平滑な地層ができる。

図16　風でつくられた砂丘（オーストラリア）　風は左から吹く。

コラム　なぜ砂は集まるのか

流れの底面では，大小さまざまな粒径の粒子が集まって，凸凹した表面をつくっている。流れの速さは，底面から摩擦の影響を受けるので，底面近くでは急に遅くなる。底面の粒子は，流れの速さと粒子の大きさに応じた（基本的には，その流体中の落下速度に応じた）動きをし，流れがしだいに速くなるとともに，中程度の粒子が最も動きやすくなる（図A，図B①）。

粒子を含んだ流れが遅くなると，大きい粒子から沈降を始める（図B②）。そのため，粒子の大きさに応じて，集まる場所が決まってくる。これを**分級**という。海流や潮流によって流されてきた粒子は，流れが遅くなった場所や陸上にでたところで集まりやすい。

海岸の砂の粒径は1～2mm，砂丘の砂は0.05～0.2mm程度のものが多い。砂サイズの粒子は流れの変動を受けやすく，容易に移動する。そのため，砂は他の粒子群から選別されやすい。これが砂浜ができる主な原因である。

砂浜では，次に台風や津波がくると，たまった砂は，再び流される。

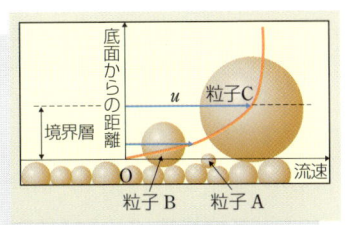

図A　底面からの距離による流速分布と粒子の大きさ

小さい粒子Aは底についていて，より大きな粒子に隠れているので動きにくい。大きい粒子Cは速い流れを受けるが，重いので動きにくい。一方，中間の粒子Bは，底面の粒子の上に載っていて動きやすい。

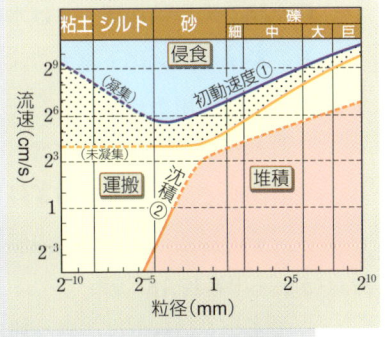

図B　粒子の移動開始，流動粒子の沈積と停止（堆積）を示す粒径と流速の関係

図C　砂浜（神奈川県藤沢市）

問2. 大雨で洪水が起こり，家屋が浸水の被害を受けると，水が引いた後には大量の泥が残されることが多い。洪水ではさまざまな粒度の土砂が一気に運ばれてくるが，なぜ泥が残ったのだろうか。その理由を考えてみよ。

B 堆積が行われる場

　風化，侵食により細かくされた粒子や，火山の噴火により放出された火砕物は，流水や風によって運搬され，流れが遅くなった場所(蛇行河川のカーブの内側や，海底や湖底などの低い場所)で堆積する。河川によって海に運ばれた堆積物は，河口に近い場所では粗い粒子が，遠い場所では細かい粒子が堆積する。しかし，そうした堆積物の供給はいつまでも一定ではない。急な河川の増水や季節による流量の変化，長期的には堆積場所の移動や海水準変動などによって，堆積場所が側方に移動したり，同じ場所でも粒度の異なる砕屑物が堆積する。このようにして，場所ごとに特徴的な地層を形成する。

❶**水路での堆積作用**　水は水路(チャネル)に沿って流れる。流速が速いと，粒子は一気に下流まで流される。しかし，流速が遅くなると，水路でも堆積作用が行われる。

　流れが緩やかな場所では，水路はしだいに蛇行するようになる。蛇行する個所では水流が壁面を侵食するカットバンク(攻撃斜面)が形成される。その対面のカーブの内側では，粒子が堆積するポイントバーが形成される(図17,18)。

　ポイントバーでは，斜交層理が形成される。流れが続くと蛇行はしだいに著しくなり，次の洪水時にカットバンクが破られて，直線状に一気に流れるようになると，その部分は三日月湖として取り残される(図18)。

図17　海岸に流れこむ小河川のつくる水路のようす

図18　川の蛇行(アメリカ・アラスカ州)

❷**扇状地での堆積作用**　水路が山地（斜面）から平地へ出る所では，流れの速さが低下するので，礫や砂などの粗粒の粒子が堆積しやすくなる。それらは洪水時に土石流となって一気に広がり扇状の地形（**扇状地**（図19））を形成する。水路から離れた場所では，より細粒の粒子が周辺に広がって堆積する。このような作用は，陸上でも水面下（海底や湖底）でも行われる。

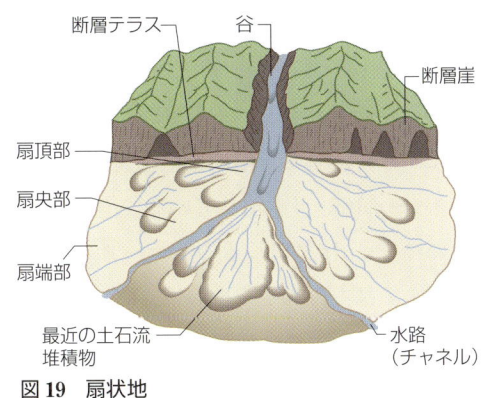

図19　扇状地

問3.　扇状地は田圃ではなく，果樹園などに利用されていることが多い。この理由を考えてみよう。

❸**三角州**　川が海や湖に流入する所には，しばしば**三角州**（デルタ）が発達する。

　三角州は，砕屑粒子の供給量と，沿岸の流れのかねあいによって，形態が異なる（図20）。

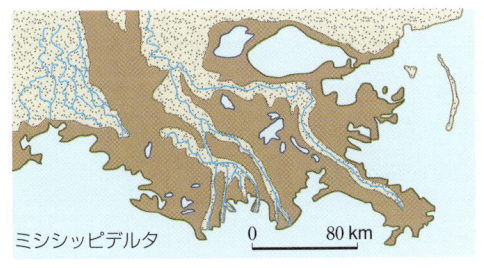

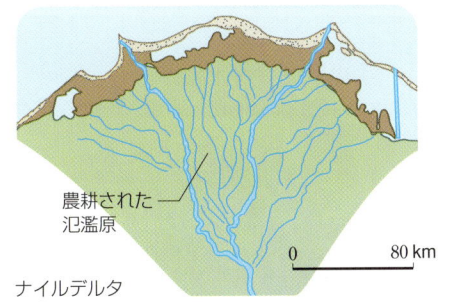

図20　三角州
ミシシッピデルタは，河川の作用が卓越したケースで，沖合に細長くのびる。一方，ナイルデルタは，波の作用が卓越していて，側方に広がる。

❹海浜と内湾での堆積作用
海浜に運ばれた砕屑粒子は，さらに波や潮流に流されて，細粒の泥は沖合まで運ばれるが，粗粒の礫や砂は近くにたまり，側方や沖合に砂浜や沿岸砂州をつくる。そこでは，波や沿岸流によって，さまざまな堆積作用が行われている。

外洋に面した浜と内湾(幅に対し奥行の大きな湾)の奥の浜では，流れのようすに応じて，堆積作用も異なる。外洋に面した浜では，沿岸流や波浪(→p.162)が卓越している。流れが速いので泳ぐのに危険であるが，うねり(→p.162)がくるのでサーファーにはうってつけだろう。

通常では，外洋から押し寄せる寄せ波の影響で，砕け波(図21)が生じている。そのたびに，底質の砂が巻き上げられ，それは徐々に浜のほうへ押し寄せられ，そこに堆積する。砕け波は，うねりの大きさに比例して，海岸線からある一定の距離で必ず生じていることがわかる。そこは周囲よりも浅くなっていて，沿岸砂州が形成されていることが多い。ふだんこの浅い部分はゆっくりと浜のほうへ近づいている。このように，海浜の日常の堆積作用で，砂浜は維持されている(図22)。

図21 砕け波
波が押し寄せ，水深が浅くなったところまでくると，底面からの摩擦で上部だけが前方へ進む。そのため，重力的に不安定になって砕け波が生じる。

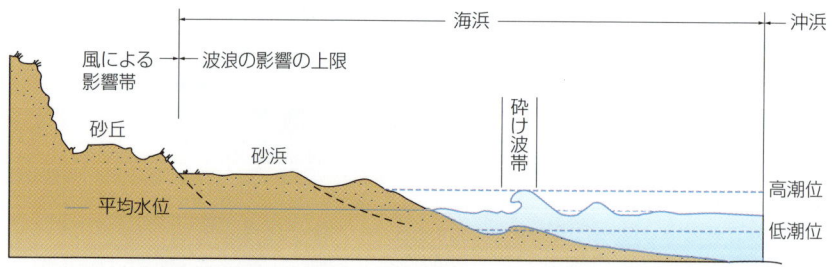

図22 海浜における波の影響による堆積作用と海浜の地形
波によって砂が陸の方へ押し寄せられ，砂浜をつくる。より細粒の砂は，風によってさらに内陸に運搬され，堆積し砂丘をつくる。

こうして，外洋に面した浜では，流れや波浪が強いために，砂が運ばれやすく，またその流れが弱まった場所では堆積が起きている。

しかし，一旦嵐になると，それまで堆積していた砂などは，一気に外洋へ流される。流された砂や礫は，少し沖合でたまる。そこでは図23のような特徴的な形態の斜交層理ができることがある。ときどきくる嵐のたびに，海浜から外洋にかけての堆積作用とそれによる地形形成は変化する。

図23 嵐のときに海底下数10 mでできる斜交層理（高知県土佐清水市）
嵐のときには深いところにまで波の影響が及び，そこでは振動する波によって左右対称で上に凸の斜交層理ができる。

一方，内湾では，遠浅の海浜がつくられている所が多い。そこでは，潮の満ち干が大きく，泥や砂が多い遠浅の海が広がっている。こうした静かな内湾では，波浪が大きくないので，最後の寄せ波などにより，非対称なリプル（図24）が発達することが多い。振動する波の作用で，対称的なリプル（図25）が形成されていることもある。

内湾は，波浪や沿岸流の作用が弱く，また陸から有機物が運ばれて堆積するために，それを栄養とする生物にとっては住みやすい環境となっている。内湾の砂浜は，潮干狩りなどの好適地となっている所が多い。

図24 内湾における非対称リプル（東京湾）
最後の寄せ波（左からの流れ）によって非対称なリプルができている。

図25 グレートソルトレーク（アメリカ・ユタ州）での振動リプル
湖の場合は，寄せ波ができず，湖水面が高いときの波浪による対称リプルができる。

第1章　地表の変化

❺**深海での砕屑粒子の堆積作用**　波浪底面よりも深い海では，嵐のときも波浪の影響を受けずに，水の中だけの特殊な堆積作用が行われる。泥を含んだ砕屑粒子が，ひと塊りになって，混濁流としてより低い所へ運ばれる堆積物重力流，等深度を流れる底層流で運ばれる等深度流などによる堆積作用である。また，陸からの砕屑粒子がほとんどこない遠洋域の堆積物は，風で運ばれた塵のほか，生物を起源とした物質や粘土を主体としている。

C｜堆積物重力流

水の流れが一定だと，形成される堆積構造は，ある程度一定であるが，流れが強くなったり，粒子の大きさの組合せなどが変わった場合はどうだろうか。ふだんは，静かに流れている川でも，大雨や大洪水のときのテレビ報道の映像を見ると，まったく異なる運搬作用が起きていることがわかる。泥水が大量の土砂を含んで，速くて大量の流れが発生していることがわかる。それは，大小さまざまな粒子を乱雑に巻き込み流れ下っている。ある場合には，巨大な構造物(家，自動車，木々など)を運んでいる。

泥，砂，礫などの雑多な砕屑粒子を含んだ密度の濃いものが，重力によって流れ下る流体を，**混濁流**(乱泥流ともいう)という。混濁流は，一般に，礫，砂，泥を含んだ水が一気に下るものである。それらの内部

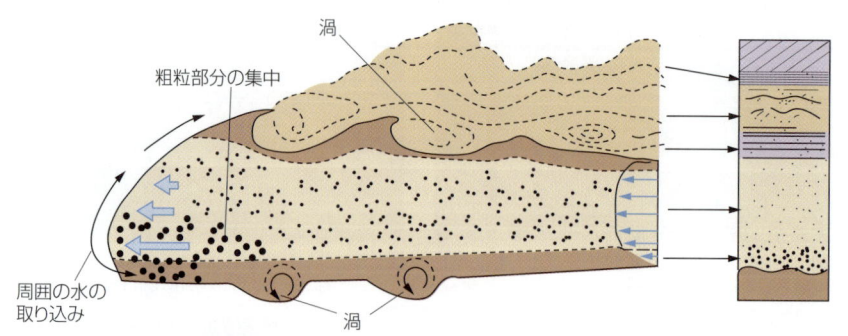

図26　水中堆積物重力流のモデルと級化構造の形成　水中堆積物重力流では，先端部に礫などの粗粒物質が集中し，内部はさまざまな大きさの粒子が混ざり合って流れている。流れの勢いがなくなると，粒径の大きなものから堆積し，級化構造をつくる。

のようすは、図26に示すように、先端部と後方部で異なる構造をしており、勢いがなくなると、やがて静止する。そのとき、粒径の大きなものから沈む。このような現象は、地震や洪水があると、海底や湖底でしばしば発生し、ビデオで撮影された例もある。海底地すべりを伴い、それにより海底ケーブルが切れたケースもある。ケーブルが切れた時間から、高速(時速数十km)であることが確かめられた。

混濁流は海や湖の底を流れ、波浪の影響を受けない数十m以深で、運んできた砕屑粒子を堆積させる。そのため、混濁流堆積物は下方ほど粗粒、上方ほど細粒となる、いわゆる**級化層理**が形成される。砂粒子の
→下の参考 図A
上の部分では、流れがあるために、平行葉理や斜交葉理も形成される。混濁流の流路は、陸上の河川につながっている。混濁流より密度が高い場合を**水中土石流**という。水中土石流では、大小の粒子が混じりあったまま堆積することが多く、級化層理が形成されることは少ない。

日本周辺の南海トラフや相模トラフは、主にこの混濁流や水中土石流の堆積物で構成されていることが確かめられている(→p.256)。

■参考■　級化層理の原理

粒子は、流体中を運動するとき、流体から抵抗を受ける。抵抗力は粒子が大きいほど、また速度が大きいほど大きくなる。

粒子が水中を落下し始めると、初めは落下速度が小さいので抵抗力も小さいが、しだいに速度が増してくると、抵抗力も大きくなる。やがて、重力、浮力、抵抗力の3力がつりあうようになると、粒子は一定の速度で落下するようになる。このときの粒子の落下速度は、粒径の2乗に比例する。これをストークスの法則という。

ストークスの法則は、級化層理の説明に使われる。つまり、粒径の異なる粒子の混じった混合物を流体中で一気に落下させると、大きな粒子ほど速く落下し、先に着地する。その結果、下部ほど大きな粒子(礫や砂)、上部ほど小さな粒子(泥など)が堆積する(図A)。

図A　級化層理(神奈川県三浦市)
噴火時の火山灰や火山礫がそのまま海底に落下して形成された。

D 侵食と地形の形成

❶地すべり，崩壊 風化・侵食によって生じた砕屑物は下流に運ばれ，湖や海で堆積する。その過程で，地表には，特徴的な地形がつくられる。河川は，洪水時に地表をV字型に侵食していく。侵食に比べて，山地の隆起速度が大きな地域では，**V字谷**が形成される。その過程で，不安定になった斜面は，大雨や地震などをきっかけに，**崩壊(山崩れ)**や**地すべり**を起こし，地形は改変されていく。斜面が急速に崩壊落下すると，谷を埋めて，天然のダムが形成されることがある(図27)。

図27 山崩れとそれによってできた天然ダム(2011年9月，奈良県五條市)

地すべりは，地表近くの土砂や岩盤が，面に沿ってゆっくりとすべる現象をいう。地すべりにより，地形はなだらかな斜面に変化する。全国にある棚田(図28)の多くは，地すべり地形を利用したものである。日本海側の地域では，雪融け時や大雨時に地すべりが起こることが多く(図29)，大量の水が山の斜面にしみこみ，粘土を含んだ面に沿ってゆっくりとすべる。地すべりは長い間続くので，農業や生活に大きな影響を与える。また地すべり面が，地震時に一気にすべることもある。

図28 棚田(大阪府能勢町)

図29 地すべり(2012年3月新潟県上越市)

❷**海食崖** 海岸地域では、砂浜（p.185 図C）と岩礁地帯で、まったく違う地形を示す。岩礁地帯では、海岸の岩石が波や潮流による侵食に抵抗するので、**海食崖**や**海食台**が発達する。海食崖（図30）は、ほぼ垂直な崖が、割れ目に沿

図30 海食崖（千葉県勝浦市）

って崩壊を起こしながら、少しずつ後退する。また、波の侵食作用が続くと、平らにならされて、そこに**海食台**（波食台ともいう）が形成される。

海水準変動によって、海食台面が海水面上に出ると、平坦な台地となる。このような作用がくり返されると、海岸段丘となる。これは地震時の瞬時の隆起によって起きることもある（→p.74）。

E さまざまな堆積作用

❶**火山性堆積作用** マグマが地表近くまで上昇し、爆発的噴火をすると、火山灰などが噴出する。また、溶岩が粉砕されてガスとともに流れ下る火砕流もある。これらは火山岩と堆積岩の両方の性格をもっている。

カルデラをつくるような爆発的な火山活動では、軽石流や火山灰が溶結してできる溶結凝灰岩や火山灰層が、火山近傍に厚く堆積している。溶結凝灰岩は、宮崎県の高千穂峡（図31）のように固い岩石となることがある。一方、火山灰層は、南九州のシラス（p.194 図B）のように、崩壊しやすい場合が多い。高温の火砕流は、海上を渡って遠くまで運ばれることもある。細粒の火山灰は、風に乗って広域に広がり、対比（→p.209）に有効な火山灰層として堆積する。

→次ページのコラム

図31 溶結凝灰岩（宮崎県・高千穂峡）
火砕流堆積物が溶結して溶岩のようになり、節理が発達している。

高温で大量の噴出物をもたらす噴火は，極めて大規模なものもある。約7万4000年前のスマトラ島のトバ火山の噴火では，長径約100kmにも及ぶカルデラが形成され，インドに至るまでの環境を一変させ，多くの生物を死滅させたと考えられている。島弧での海底火山の大規模な噴火では，軽石質の堆積物が噴火口の周辺に大量に堆積する。中新世の石材として有名な大谷石（緑色凝灰岩 →p.265）などはその例である。

コラム　九州のカルデラと火砕流堆積物

九州地方には，第四紀後半にできたいくつかのカルデラがある（図A）。火山活動の末期に，高温の火山噴出物が大規模に噴出し，広い範囲に火砕流堆積物となって堆積した。それは安山岩質から流紋岩質であり，ガスを伴って海を渡り，あるものは，本州や種子島などにも達した。そのときの火山灰は，本州や四国の広い範囲に降り注いだ。阿多カルデラ，姶良カルデラ，鬼界カルデラなどからの火山灰は，地層の対比に用いられている（→p.209）。この火砕流におおわれた地域では，動植物は全滅したと考えられる。火砕流はガラスを含んでおり，数10mの厚さの堆積物の下部のガラスはつぶれて溶結し，あたかも溶岩のようになった例（高千穂峡）(p.193図31)，それほど固結せずに崖崩れしやすい例（シラス台地）（図B）などがある。

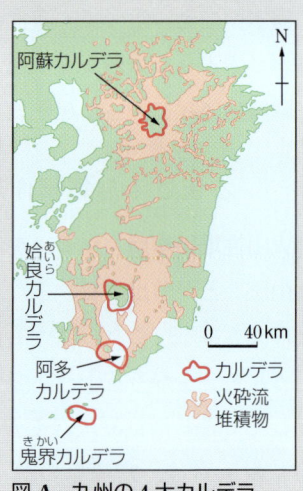

図A　九州の4大カルデラ

図B　シラス台地（鹿児島県霧島市）
シラス台地は，姶良カルデラを形成したときの火砕流による堆積物で，厚さは数10mもあり，なかには100mを超えるところもある。

❷**生物性堆積作用と化学性堆積作用**　生物の遺骸が堆積してできたものを生物岩という。生物岩は、もとの生物がどんな成分の殻や外骨格などをもっていたかで、さらに細かく分類される(→p.201 表2)。

有孔虫、石灰質ナノプランクトン、サンゴなどは、炭酸カルシウム($CaCO_3$)を主成分としている。直径が 100 μm 前後の粒子は、深海ウーズ(軟泥)として堆積する。固結すると、チョークや石灰岩となる。有孔虫の一種である紡錘虫(フズリナ)だけでできた紡錘虫石灰岩や古生代のウミユリが密集してできたウミユリ石灰岩などもある。

放散虫、ケイソウなど二酸化ケイ素(SiO_2)を主成分とするケイ質ウーズが固結するとチャートとなる。

遠洋域(→p.196)では、こうした細粒の生物起源の堆積物(図32)がたまっている。特に水深 1500 m を超える(場所によりその深さは異なる(→p.196 参考の脚注))深海では、上から落ちてくる炭酸カルシウムの供給よりも溶解の方が上回り、炭酸カルシウムを主体とした粒子は溶けてしまう。そのため、深海ではケイ質の粒子の堆積が主となり、それ主体の堆積物がたまる。さらに海洋の深い所では、ケイ質の粒子さえも溶けて、粘土だけが残り、深海粘土としてたまる(p.197 図B)。

このような遠洋性堆積物の特徴は、地質時代の海の深さを知る指標となる。

図32　遠洋性堆積物の電子顕微鏡写真
(a)には石灰質ナノプランクトンである円石藻の一種が見られる。(b)は主として放散虫からなる。

図33　熱水噴出孔 　　図34　トラバーチン（ジブチ）

　また，深海の海底火山や熱水噴出孔（図33）付近では，温水から化学的に沈殿するトラバーチン（図34）などの堆積物もある。化学的に沈殿

参考　遠洋域での生物起源の深海堆積物

　陸からの砕屑粒子（陸源性の砕屑物）がほとんど運ばれてこない深海は，遠洋域とよばれている。そこでは，緯度や海の深さに応じて，さまざまな生物起源の物質のほか，風で運ばれる火山灰や黄砂などの風成塵も堆積する。

　現在の海洋の，比較的浅い部分は，炭酸塩（主として，炭酸カルシウム）に飽和している。炭酸塩は，温度が低いほど，pHが低いほどまた圧力が高いほど，海水によく溶けるが，特に圧力の効果が大きい。そのため，炭酸カルシウムでできている有孔虫や円石藻（植物プランクトンの一種）の遺骸は，沈降するにつれ，ある深さで溶けてしまう。その深さを炭酸塩補償深度（CCD）とよぶ[*1]。CCD以浅では，陸源性の砕屑物の供給量が少なければ，こうした炭酸カルシウムの生物遺骸（化石となる）を主としたウーズ（軟泥）が堆積し，やがては固結して石灰岩になる。CCD以深では，ケイ質の，放散虫やケイソウを主とした生物遺骸からなる軟泥がたまり，固結してチャートとなる。さらに深い所では，ほとんどの生物遺骸が溶けてしまい，溶け残った粘土が主としてたまる（深海粘土）。

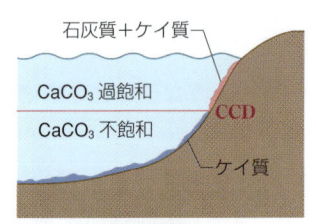

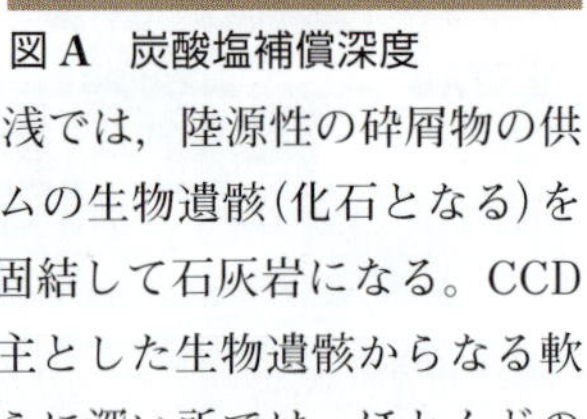

図A　炭酸塩補償深度

*1）CCDの深さは，場所や時代により異なるが，現在の大西洋では約3000m，太平洋では約1500mである。

したチャート(ジャスパー)や，蒸発岩(岩塩や石こうなど)も，化学的堆積物である。熱水噴出孔での堆積物には，金属元素が濃集することがある。銅，亜鉛，鉛などの鉱床や，希元素鉱床などは，その噴出孔からの成分が鉱物となって堆積してできたものもある。

以上述べたように，地球上には，さまざまな堆積作用がある。堆積岩には，堆積した場所だけでなく，より広い環境のさまざまな条件が反映されている。過去の時代の堆積物(現在では堆積岩になっている)を地質調査で明らかにすることにより，当時の堆積環境とそれをつくる気候，緯度，深度などを知ることができる。

かろうじて，魚の骨(リン酸カルシウムを主とする)や花粉などが含まれる。

現在の深海底では，図Bのように，緯度や深度によって決まる堆積物が見られる。

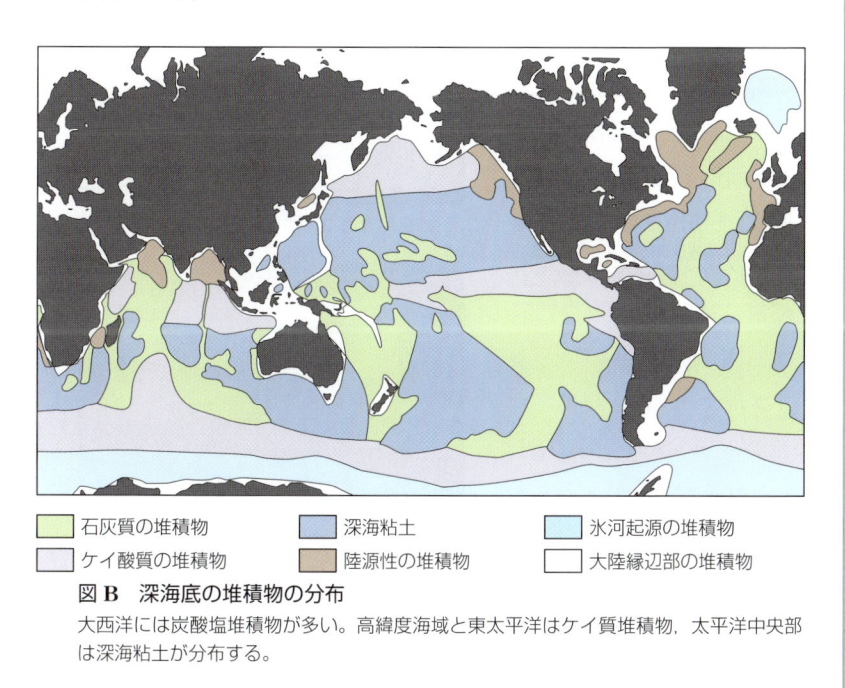

| □ 石灰質の堆積物 | □ 深海粘土 | □ 氷河起源の堆積物 |
| □ ケイ酸質の堆積物 | □ 陸源性の堆積物 | □ 大陸縁辺部の堆積物 |

図B 深海底の堆積物の分布
大西洋には炭酸塩堆積物が多い。高緯度海域と東太平洋はケイ質堆積物，太平洋中央部は深海粘土が分布する。

第1章 地表の変化

褶曲した地層(高知県室戸市)

第2章 地層の観察

前章で見た堆積作用のプロセスとメカニズムを理解すると，地層に残された過去の環境や変動が推測できる。堆積した地層が，その後，どのような続成，変質，変成を経て今日に至っているかがわかると，その場所のさまざまな歴史が解き明かせる。本章では，そのありさまを探究しながら地層の観察を行っていこう。

1 | 地層の形成と堆積岩

A | 堆積構造と堆積環境

❶**堆積構造と堆積環境** 砂が水や風に流されてきて堆積するときに，さまざまな構造が形成される。表面構造(表面の地形)と，内部構造(堆積構造)には関連があり，**リプルマーク**(図35, 38)の内部構造は**斜交葉理**(**クロスラミナ**)(図36, 38)といい，また，リプルマークの大規模なものは**サンドデューン**(図37)という。それぞれ，そのときどきの堆積環境[*1)]を示している[*2)]。

図35 リプルマーク

図36 斜交葉理(神奈川県三浦市)

---

*1) こうした粒子の堆積作用に関しては，水槽を作って実験的に再現することが可能であり，さまざまな条件に応じた構造が確かめられている。その逆として，堆積構造からその場所の堆積環境が推定できる場合もある。

*2) リプルマークとサンドデューンは，大きさで分類する。リプルマークはセンチメートル規模のもの，サンドデューンはメートル規模のものをいう。

ペットボトルに入れた水と砂でリプルマークを作り，観察してみよう。
→実験15

実験 15　堆積構造をつくってみよう

❶ 2種類のふるい（0.15 mmおよび 0.6 mm程度）を使って，砂の粒度を 0.15〜0.6 mmサイズに調整する。
❷ 500 mLのペットボトルに3分の1程度砂を入れる。
❸ 水を8分目くらいまで入れる。
❹ ペットボトルを横にしてよく振り，砂と水をかき混ぜたのち，横にしたまま静止する。
❺ ペットボトルを左右に一定のリズムでゆすったり，傾けたりして，砂の表面を観察する。動かすリズムや大きさをいろいろ変えて実験してみる。

■考察
大きくゆすったときと，小刻みにゆすったときで，できたリプルマークの間隔（波長）はどのように違うか観察する。

両手で持ち，上下に振る。

机上に置き，小刻みに動かす。

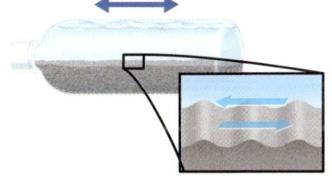

図A　ペットボトルの振り方

図B　リプルマークの例

図37　サンドデューン（サハラ砂漠）
表面に見える模様は，リプルマークである。

この上面にできた構造がリプルマーク

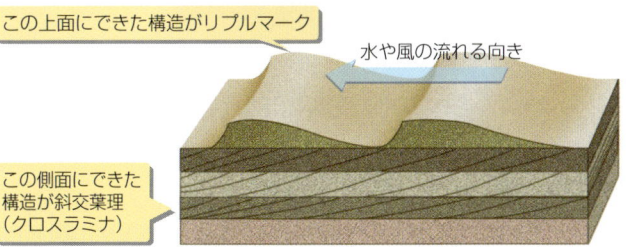

水や風の流れる向き

図38　リプルマークの模式図

この側面にできた構造が斜交葉理（クロスラミナ）

第2章　地層の観察

❷**地層** いろいろな粒子が運搬され，沈殿して堆積すると，**地層**がつくられる。地層は，粒度，組成，色などの違いによって境界を区分できる。その境界面を，**層理面**という。*[1)] 地層の上には，次々と地層が堆積していく。どのような地層がどのような順序で堆積したかを**層序**という。

❸**続成作用** 堆積物は，長い年月をかけ固結し堆積岩（表2）となる。堆積物が堆積岩へと変化する過程を**続成作用**（図39）という。

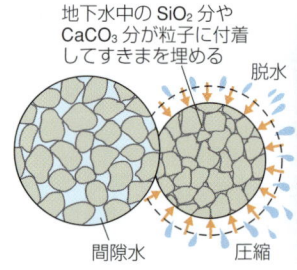

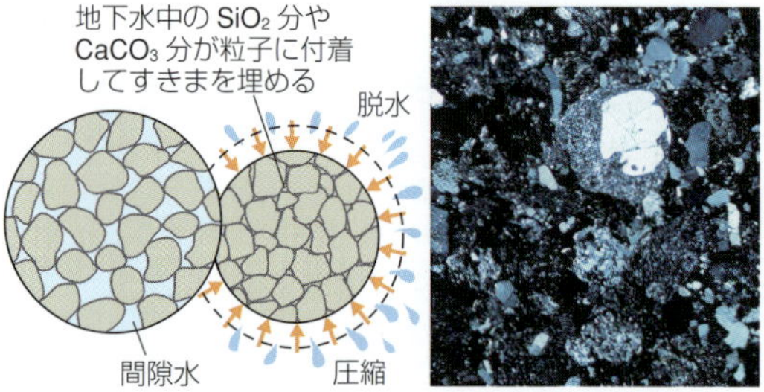

図 39 続成作用
圧密作用で間隙水が絞り出され，粒子の間にCaCO$_3$やSiO$_2$が沈殿し，固まる（セメント化作用）。

続成作用には，埋没によって粒子どうしが圧縮される**圧密作用**と，粒子の間に沈殿物ができて固結する**セメント化作用**の2つがある。

圧密作用は，物理的なプロセスである。堆積物は，はじめは間隙が多いが，上に載った堆積物の重みで圧縮され間隙が減少すると同時に，間隙水が絞り出される。

図 40 化石を核としたノジュール
化石からとけ出した石灰分により，続成作用が進み，まわりの地層より硬くなった。

一方，セメント化作用は化学的プロセスであり，間隙水から炭酸カルシウム（CaCO$_3$）や二酸化ケイ素（SiO$_2$）が沈殿し，堆積物粒子を固着させる。

続成作用は，堆積直後から始まるが，深く埋没するほどその程度は強くなり，粒子を構成する鉱物の再結晶が始まると，**変成作用**（→p.96）とよばれる作用になる。

問 4. 風化作用と続成作用の両者での物理的作用を比較してみよう。また，化学的作用についてはどうだろうか。

---

*[1)] ある特徴によって上下の層とは明確に区切られる一枚一枚の層を**単層**といい，単層と単層の境界を層理面という。層理面は堆積物が堆積したときの堆積面である。

表2 堆積物と堆積岩

種類	堆積物		
砕屑岩	粒径 (mm)	泥	粘土
	$\frac{1}{256}$		シルト
	$\frac{1}{16}$	砂	
	2	礫	
火山砕屑岩	火山灰		
	火山灰, 火山礫, 火山岩塊		
生物岩	石灰質遺骸（$CaCO_3$）		
	ケイ質遺骸（SiO_2）		
化学岩	$CaCO_3$		
	SiO_2		
	$CaMg(CO_3)_2$		
	$NaCl$		
	$CaSO_4 \cdot 2H_2O$		

→ 続成作用 →

堆積岩		
泥岩	粘土岩	頁岩, 粘板岩
	シルト岩	
砂岩		
礫岩		
凝灰岩		
凝灰角礫岩, 火山礫凝灰岩, 火山角礫岩		
さんご石灰岩, 紡錘虫石灰岩など		
放散虫チャート, けい藻土など		
石灰岩		
チャート		
苦灰岩		
岩塩		
石こう		

❹**地層累重の法則** 地層は，地表面や海底面に上へ上へと積み重なる。そのため，水平方向へ広がりをもつ地層では，地層は上のほうが若い。これを**地層累重の法則**という。

❺**整合と不整合** 地層が連続的にたまるとき，地層間の関係を，**整合**という。逆に，地層間に時間的，堆積環境的な不連続性があり，それが堆積作用の中断や陸化，あるいは構造運動などを意味する場合，**不整合**[*2)]という。また，下位の地層と平行でない不整合の場合を**傾斜不整合**という。

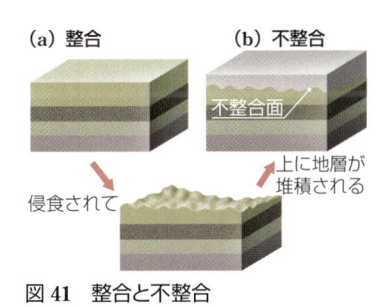

図41 整合と不整合

[*2)] 隆起-侵食-堆積という一連の構造運動による広域的な不連続のほかに，海進時にできる不連続や海底地すべりによる侵食などの地域的な不連続などもあり，このようなものも含めて不整合とする考えもある。

ある地域で，深い所で形成された花崗岩や変成岩の上に，堆積岩が直接重なっていることがわかると，花崗岩や変成岩が隆起して侵食され，その後堆積物がたまったということが推定できる。それは，地殻の隆起や削剝，地層の堆積などが，この順序で起きたことを意味する(図42)。不整合の上下の地層や岩石との関連を，広域的に調査すると，造山運動や地殻の上下運動，火成岩の貫入などが解明される場合もある。

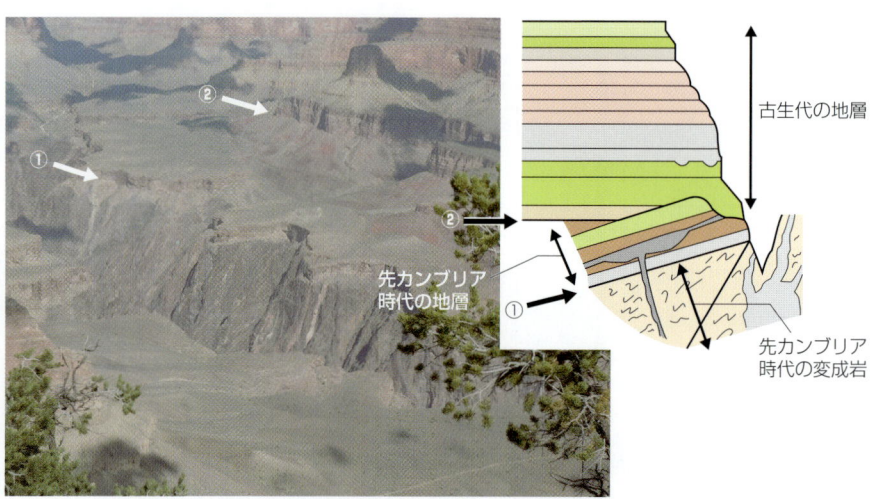

図42　グランドキャニオンの不整合（アメリカ・アリゾナ州）
グランドキャニオンには，侵食によって，最下部の先カンブリア時代の変成岩(約17億年前)が露出している。それを不整合(①)におおって約12～7億年前までの先カンブリア時代後期の地層と，5～3億年前までの古生代の地層(②の不整合より上)が，ゆるい傾斜でのっている。写真の矢印①は，約12億年前以前の造山運動を示す不整合である。

2 地層の観察

A 地層の走向・傾斜

❶**露頭**　道路の切り割りや，造成地や工事現場，河川の侵食によってできた崖，海岸などに，地層が露出している。周辺の火成岩などとの関係が見られる場合もある。それらの地層や岩石が観察できる場所を**露頭**（図43）という。

　露頭の地層を観察すると，ある場合には，地層があたかも本を積み重ねたかのように，水平に分布しているだろう。また，ある場合には，傾斜していたり（図44），曲がっていたり（**褶曲**→p.207 という）する。

図43　露頭での見学例（神奈川県三浦市）

図44　傾斜している地層（スコットランド東海岸のシルル紀層）

❷**地層の走向・傾斜**　地層は地表面や湖底面や海底面にもともとは水平に堆積する。地層は，水平に堆積したのちに，そのままの状態を保っている場合もあるが，日本のような地殻変動や造山運動（→p.101）が顕著な地域では，水平な地層は，新しい時代のもの（第四紀後半）に限られる。一方，大陸の内部などでは，数億年前という古生代やそれ以前の時代の地層でも，ほとんど水平のままであることも多い（図45）。

図45　ほぼ水平な状態の古生代の地層（アメリカ・アリゾナ州グランドキャニオン）

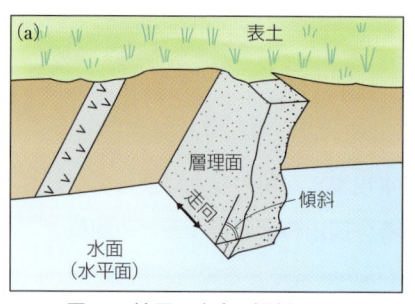

図46 地層の走向・傾斜

　傾斜していたり，褶曲していたり，またある場合には，断層でずれていたりする地層を，どのように記載するかは，地表の環境変動や構造運動を知る第一歩である。

　図46に示すように，地層が水平面に対してどの方向にどれだけ傾いているかを示すものが走向・傾斜である。層理面と水平面との交線の方向が走向であり，層理面と水平面とのなす角が傾斜である。基本となるのは，水平面と方位である。水平面は，重力に垂直な面として，水面(湖面や海水面)があれば，知ることができるし，コンパス(クリノメーターなど)の水準器でも知ることができる。方位は，磁針を用いて，真北からの方位(→p.19)を知ることができる。

　走向・傾斜は，地層の層理面が露出している場合は測りやすい(図46(b))。一方，地層の断面が平面的に見えている露頭(道路の切り割りなど)では，層理面を割り出さないと測ることは難しい。

B　走向・傾斜の測定

❶走向・傾斜の表し方　走向と傾斜は，地図上で図47のように表す。走向線の方向に長い線を描き，傾斜の下がっている側に短い線を引く。この例では，走向線が北から30°東の方向を向いているので，走向はN30°E，という。また，地層の層理面が水平面に対して40°傾いて南東側に下がっているので，傾斜は40°SEという。傾斜の方位は，8方位で示す。

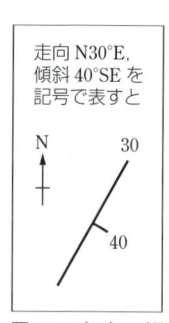

図47 走向・傾斜の表し方

参考　見かけの傾斜と真の傾斜

露頭で地層を見かけたとき，崖に現れている地層の見かけ上の傾斜を，そのまま地層の本当の傾斜角と思ってはいけない。地層の真の傾斜は，走向に直角な垂直断面でのみ現れ，それ以外の断面では真の傾斜角より小さく見えてしまう。走向に平行な方向の断面では，傾斜した地層も水平に見えてしまうことに注意しよう。

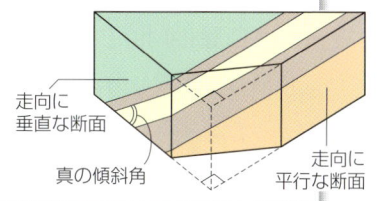

❷**クリノメーターの使い方**　走向と傾斜はクリノメーター（図48）を使って測る。図48(a)のように，長辺を地層の層理面に当て，クリノメーター全体が水平になるように水準器で調整する。このときの地層に接したクリノメーターの長辺の方向が走向である。この方向を外側の目盛りによりN（北）からE（またはW）への磁針の指す角度で読みとる。また，立てたクリノメーターの長辺を走向に直角になるように層理面に接する（図48(b)）。このとき，層理面の傾いている方向が傾斜の方向で，クリノメーターのハート形の針が指す内側の目盛り（角度）が傾斜角である。

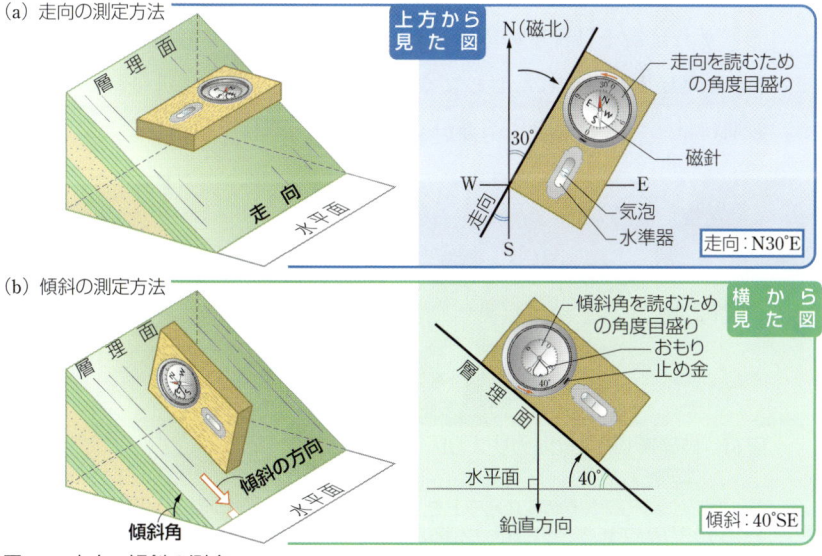

(a) 走向の測定方法

(b) 傾斜の測定方法

図48　走向・傾斜の測定

C　断層と褶曲

❶**断層**　地層や岩石が、ある面を境にずれていることがある。それを**断層**(図49)という。

断層は、地殻に力が加わってたまったひずみが解放されるときに、地層や岩石がずれてできる。力の加わり方によって、正断層、逆断層、横ずれ断層の3つのタイプの断層ができる(図50)。

図49　断層の例(神奈川県三浦市浜諸磯)
矢印は、ずれの向き。この場合、地層は水平方向に力が加わって短縮していることがわかる。

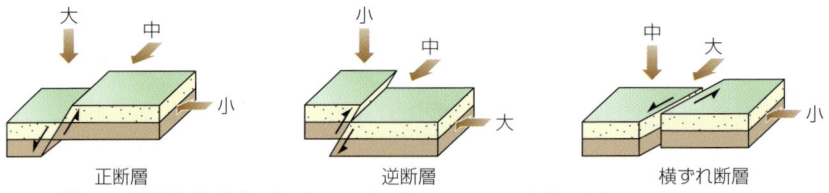

正断層　　　逆断層　　　横ずれ断層
図50　断層のタイプ　力の加わり方の違いによって3区分できる。

断層は、一度限りではなく、同じ面やその周囲が何度もずれる。そのため、周辺では岩石が破壊され、**破砕帯**(図51)やせん断帯として残る。ずれは数十秒程度のうちに数mから数十mも生じるので、その面は、ピカピカに磨かれた面となることがある。それを**鏡肌**(図52)という。鏡肌には、ずれの向きに条線ができていて、それを調べることによって

図51　破砕帯(アメリカ・カリフォルニア州)
下位の先カンブリア時代の変成岩の上を、第四紀の礫岩が正断層でずれ落ちている。約1mの厚さの破砕帯が生じている。

図52　鏡肌(アメリカ・ユタ州)
鏡肌の面には右上のような条線が見られる。

206　第4編　地球表層の水の動きと役割

断層のずれの向きが求められる。

❷褶曲した地層 地層は，堆積岩として固まった後も長い時間スケールでは，加わる力に対してゆっくり変形することができる。地層が波状に屈曲した構造を褶曲(図53)といい，山のように曲がった部分を背斜，谷のように曲がった部分を向斜という。褶曲が甚だしい場合には横臥褶曲(図54)となり，この場合部分的に上位に古い地層が位置する。このように地層の逆転が生じている場合は，地層の上下判定(→p.208)をして，どちらが新しい地層かを決めなければならない。地層の逆転は，低角逆断層でも見られることがある。

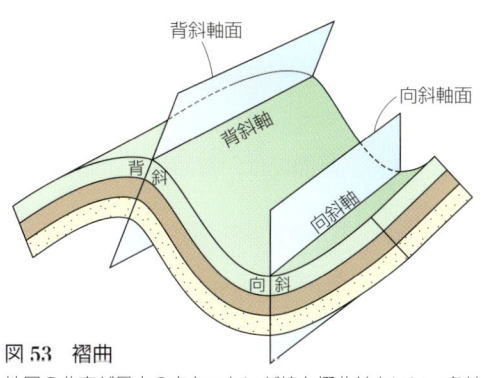

図53 褶曲
地層の曲率が最大の点をつないだ線を褶曲軸といい，各地層の褶曲軸を含む面を褶曲軸面という。それぞれ，背斜の場合と向斜の場合があり，褶曲軸面は鉛直面に対し傾いていることもある。

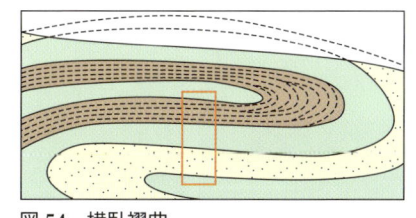

図54 横臥褶曲
褶曲が激しいと褶曲軸面が横倒しになることもある。□の部分で地層の逆転が生じている。

　第四紀の後半(ほぼ数十万年前以降)に，形成をし続けていると考えられる褶曲を，活褶曲(図55)という。日本では，第四紀の堆積物でも，傾斜していることも多く，場所によっては，活褶曲が見られる所もある。

図55 活褶曲(新潟県長岡市)

これは，現在，周りからのプレートの沈みこみや衝突によって，側方から強い力がかかっているためである。ゆっくりとした盆地の沈降(関東平野など)も，地下で活褶曲が形成されているためと考えられる。

断層面のような面の走向・傾斜も，地層面と同じように測ることができる。また，褶曲では，褶曲軸や褶曲軸面(p.207 図53)を測ることも重要である。

D 地層の上下判定

このように，地層の走向・傾斜を測定し，それらの分布を調べていくと，その地域の地層の分布の全体的なようすを知ることができる。このとき重要なのは，地層の上下を判定することである。

地層の上下を判定するには，次の図56のような方法を使う。

① 級化層理
単層中に級化層理が見られる場合，粒度の粗いほうが下*1)である。

② リプルマーク(漣痕)の断面
リプルマークを断面で見たときは，とがっているほうが上である。

③ 流痕（グルーブキャスト・フロートキャスト）
層理面に流痕が平面的に現れている場合，凸面が地層の底面，凹んだ面が上面である。

④ 荷重痕
後から堆積した重い地層が下の未固結の軽い地層に垂れ下がっている。

⑤ 生痕
巣穴は層理面から下の地層に延びる。足跡，這い跡(はいあと)などは層理面上にでき，凸面が地層の底面となる。

⑥ 枕状溶岩の産状
後から流出したものが下のすき間に垂れ下がって埋めている。それぞれの溶岩の上面は湾曲して丸くなっている。

図56 地層の上下判定
③は地層面を底面側から見た写真。それ以外は地層の断面で写真の上が上方となっている。

---

*1) 海水に軽石質火山灰が降下したときには大きい軽石ほどゆっくり沈み逆級化構造を示す場合がある。

E 地層の対比

　離れた地域にある地層が，同じ時代のものであるということは，どのようにしてわかるだろうか。ある時期にある現象が広い範囲で起き，それが地層に記録されていると，その記録は同時代面を示すことに利用できる。その記録の代表が火山灰である。このような地層を**かぎ層**という。

❶火山灰かぎ層による対比の例（図57）　火山が噴出する火山灰は，同時に広い範囲に堆積し，なおかつ，火山によって鉱物の組成や化学成分が異なり，区別しやすい。また，1回の噴火は比較的短い時間で起こり，何度もくり返すことが多い。したがって，火山灰の一つの層の堆積時間は短く，堆積した時代が精度よく決められる。

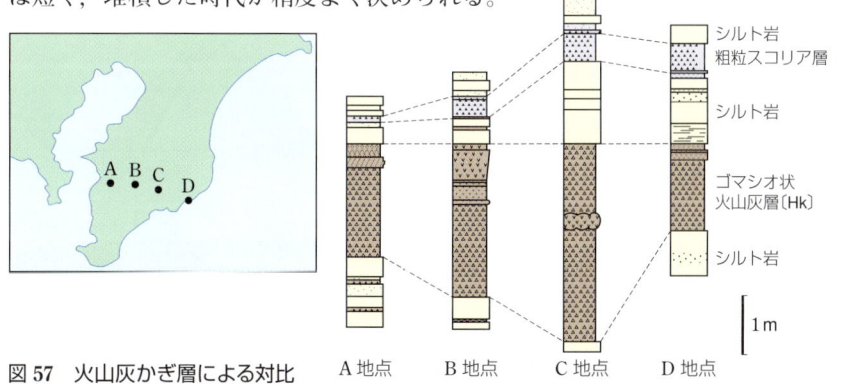

図57　火山灰かぎ層による対比
房総半島西部から東部にかけての三浦層群清澄層（新第三紀の地層）中に火山灰かぎ層Ky21（通称Hkタフ）を追跡することができる。Hkタフは，厚いゴマシオ状の凝灰岩でその1～2m上位に粗粒のスコリア凝灰岩が載っている。この2枚の特徴的な凝灰岩のセットを離れた場所でも認識することができ，これにより地層の同時間面を決めることができる。

❷示準化石による対比の例　示準化石の産出状況によっても地層の堆積年代を比較することができる。特に，浮遊性有孔虫，石灰質ナノプランクトン等の浮遊性微生物の化石は，進化速度が速く広範囲に分布することから示準化石として好適で，種属の出現や消滅年代が詳細に調べられている。これら，種属の出現や消滅を微化石の基準面といい，これに基づいて離れた場所の同時間面を認めることができる。

　このようにして，離れた地域にある地層の同時代性を決めることを**地層の対比**という。

対比を行うことによって，遠く離れた地域での，地史やテクトニクスを議論することができる。そのほかにも，岩石の年代を直接年代測定（→p.223）することによって，同時代の事象の比較をすることもできる。

F 火成岩・変成岩の新旧関係

地層の新旧関係は，地層の上下関係・対比・不整合の関係などから明らかになる。

火成岩の場合には，マグマの貫入関係から新旧が決められる。例えば，図58に示したように，花崗岩の岩体の中に安山岩の岩脈があったとする。もし，安山岩の岩脈の貫入が先であると仮定すると，あとから貫入した花崗岩質マグマのために，岩脈が失われてしまう。したがって，花崗岩質マグマが貫入し，その固結後に安山岩の貫入があったという新旧関係が明らかになる。

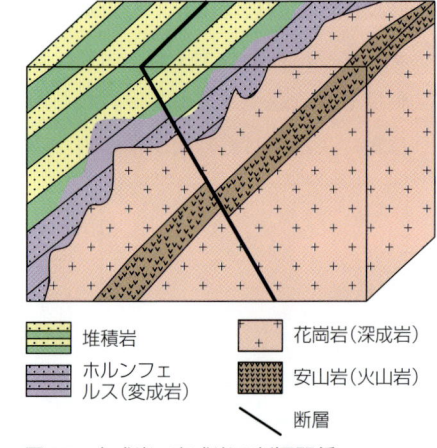

図58 火成岩・変成岩の新旧関係

花崗岩の岩体の周囲にあるホルンフェルスは，堆積岩が接触変成作用を受けてできたものであるから（→p.98），花崗岩よりも堆積岩のほうが古いことがわかる。

3 野外調査と地質図

A ルートマップと地質図

表土の下に，どんな岩石や地層がどのように分布しているかを示した図を**地質図**という。地質図をつくるためには岩石の種類や性質，地層の走向・傾斜，厚さ，断層，褶曲，新旧関係など（地質）をいろいろな地点

で調べなければならない。これを地質調査という。地質図は，一般には平面の地図に示すが，地下深くの実体を理解しやすいように，断面図（地質断面図という）や立体的な図も合わせて示すことも行われる。

地質には，岩石や地層ができた時代を示すために，時間のスケールが含まれる。つまり，地質図は，2次元の平面図でありながら3次元の空間情報と時間の情報も表していることになる。

海岸や河岸，道路の切り通しなどの地層が露出して

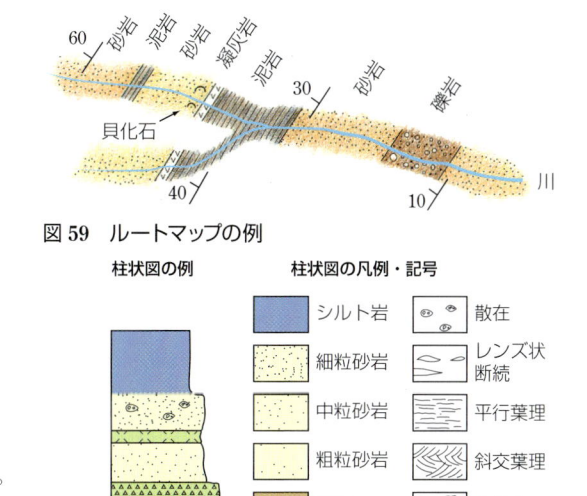

図59　ルートマップの例

図60　柱状図の例

いる露頭もあるが，地表が表土や植生などにおおわれている場所もある。多くの露頭を調べ，地層や岩石のつながりを調べ，**ルートマップ**（図59）を作成する。その分布を3次元的に理解し，地質構造を明らかにする。各露頭では，岩石の種類や地層の厚さ，化石の産出状況や特徴的な堆積構造等を**柱状図**（図60）に記録する。

ルートマップでは，図61のような記号を使って地層の構造を表す。

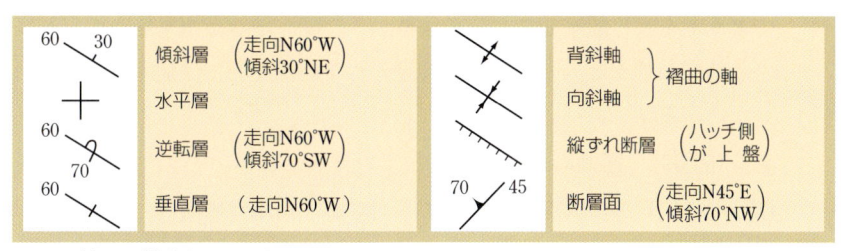

図61　地層の構造を示す記号

第2章　地層の観察　　211

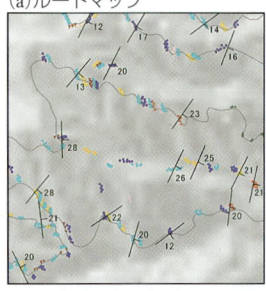

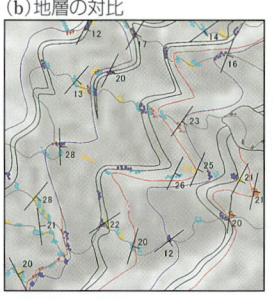

(a)ルートマップ　　(b)地層の対比　　(c)地質図(完成)

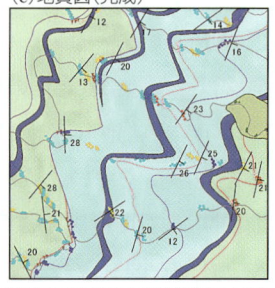

図62　ルートマップから地質図を作成する例　(出典：産業技術総合研究所地質調査総合センターの「地質図のホームページ」より)

　地層はある広がりをもっているので，隣り合うルートを調べかぎ層（→p.209）などをたよりに同じ地層を探す。このようにして点から線へ，線から面へと情報が広がり地質図が完成する（図62）。地質図には，地表に露出する地層や岩体が形成時代，種類別に区分され，それらが真上から見たときに分布しているようすが描かれている。同時に，断面図も作成する。

B　野外調査

❶野外調査の事前準備　地形図により調査地の地形のようすをあらかじめ理解し，地学案内書などの資料にも目を通す。崖が多く見られる調査ルートを決めて，安全な場所を選び，時間的に余裕のある計画をたてる。

　服装などは，長袖の上着に長ズボン，歩きやすいくつ，帽子を着用し，ザックを背負い，できるだけ身軽にする。気温や風速，雨などの天候の急変にも対応できるようにする。

❷露頭で調べること　露頭では，まず少し離れたところに立って，全体のようすをよく観察しスケッチする。その際，地層が水平層か傾斜している地層かどうか，断層や褶曲は見られないかなどに注意する。

　次に，露頭に近づいてさらに詳しく観察し，スケッチした図に書き入れる（図63）。露頭の表面が風化しているときには，ハンマーで表面を削り取り，新鮮な面を出し観察する。なお，露頭の破壊は，最小限度にし，むやみにたたかない。

(a)　**岩相の観察**　色，構成物の種類，構成物の粒度，構成物の形状，固結の程度，構成物質の並び方，化石の有無などの要素に分けて観察する。必要ならば，ルーペで拡大して観察する。

　(b)　**走向・傾斜の測定**　走向と傾斜をクリノメーターで測定する。

❸**調査コースに沿って調べる**　1つの露頭の調査が終わったら，別の露頭をさがし，初めと同じように観察する。そして，その露頭で見られる地層が初めの露頭の地層とどういう関係にあるかを調べる。

　地層は厚みと広がりがある。前の露頭の地層は次の露頭の地層の上位にあるか，下位にあるか，さらに，地層の上下関係を地層の走向・傾斜の測定値を使ったり，かぎ層を使ったりして決める。2つの地層が上下の関係にあれば，時代による移り変わりがわかり，また，側方にあれば場所による堆積環境の違いがそれらの地層からわかる。

　詳しい地図上に[*1)]，調査ルートに沿って順に記入し，ルートマップを作成する。また，調査したところがどのような断面をしているかについても，図で表示する。たえず3次元的な地層や岩石の分布を考える。

❹**整理とまとめ**　集めた資料はその日のうちに整理する。ルートマップを整理し，鉛筆で記入した個所は，ペンで記録し，長く残るようにする。岩相を砂岩，泥岩，泥まじり砂岩，凝灰岩のように大まかにまとめ，色分けして記入する。走向・傾斜も記号（→p.211）で記入する。調査した資料をもとにして，そのルートに沿う地質断面図と地質柱状図を描く。このようにすると，地層が下位から上位に，どのように変化しているかが具体的にわかり，その地域の地質の構造や地史がはっきりし，次の日の計画も立てやすい。

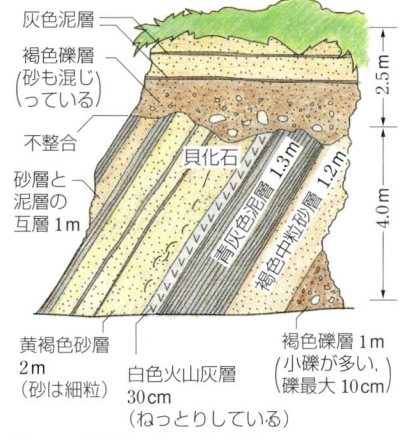

図63　露頭のスケッチの例

---

*1) 野外調査では，縮尺が500分の1から5万分の1程度の詳しい地形図を使用し，調査ルートの各観察点の位置を正確に知ることができるようにする。

C 地質図の読み方

地質図は，国土地理院の地形図をもとに描かれることが多いが，一般に，表土や植生などは無視される。地質図からは，足下の土地がどのような種類の岩石や地層・構造で成り立っているかがわかり，学術資料としてだけでなく，土地利用，防災対策，資源探査，環境対策など幅広い分野に活用されている。

❶**地層の傾きと露頭線の現れ方・断面図** 地表の表土や植生などを仮に取り除いたとすると，層理面や断層等は線として表され，これを**露頭線**という。露頭線がどのようになるかは，地層の走向・傾斜と地形によって変わってくる。その模式的なようすを見てみよう。

- **水平層** 水平層では，層理面は一定の標高にあるので，露頭線は観察地点の標高の等高線を引いたのと同じになる。すなわち他の等高線に沿うように現れる。
- **垂直層** 層理面が垂直な場合，地形に関係なく露頭線は直線で現れる。このときの直線の方向は，この垂直層の走向である。
- **傾斜層** 傾斜した層理面は，走向線と等高線の交点に現れる。図64では標高40mのa点で見られた層理面は同じ標高のb点でも見られる。a，bを結ぶ線が走向線である。同様に，標高50mのc点とd点，および標高60mのe点とf点に同じ層理面が現れる。

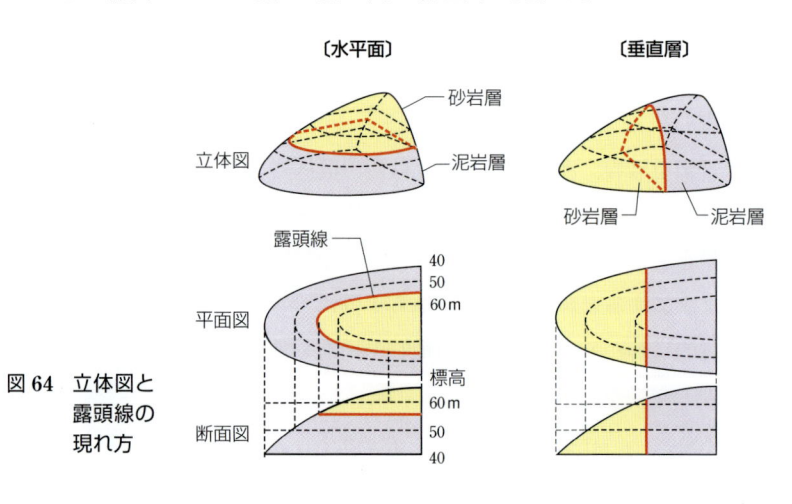

図64 立体図と露頭線の現れ方

◤ 参考 ◢　等高線と地形

　一般に，地形図では，等高線によって起伏が表現される。

　等高線は，①や③のように間隔が狭いところは傾斜が急で，②や④のように間隔が広いところはなだらかな傾斜となる（図A，図B）。また，標高の高いほうから低いほうへ等高線が張り出すところが尾根（オレンジ色の線⑤）で，逆に低いほうから高いほうへ食い込むようなところが谷（緑色の線⑥）である（図B）。

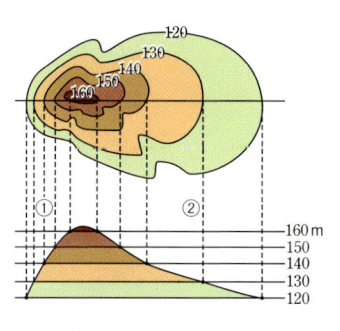

図A　等高線と地形断面図

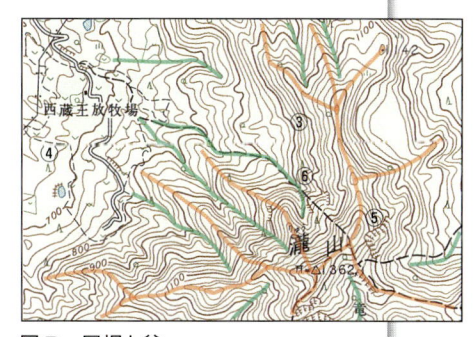

図B　尾根と谷
（国土地理院発行5万分の1地形図「山形」より）

　露頭線は，a—c—e—f—d—bの各点をなめらかに結んだ曲線となる。傾斜層①と傾斜層②のように，層理面の傾斜角や向きによっては，露頭線が逆向きに凸の形となることに注意しよう。

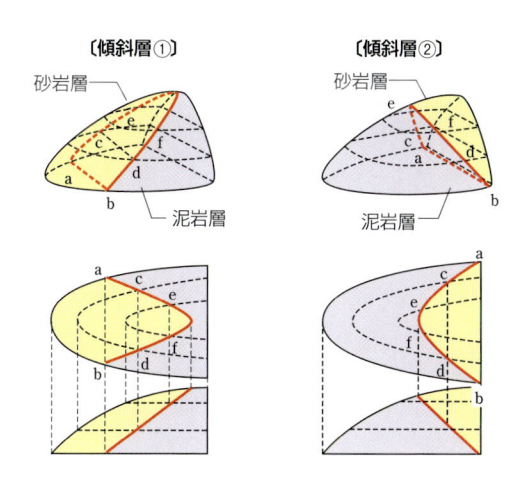

〔傾斜層①〕　　〔傾斜層②〕

砂岩層　　　　砂岩層
泥岩層　　　　泥岩層

第2章　地層の観察　｜　215

❷**露頭線から地層の走向・傾斜を読み取る**　露頭線からは，地層の走向・傾斜を読み取ることができる。露頭線がある標高の等高線と2か所で交差していたら，その2点を結んだ直線が走向線であり，走向線が地図上の北の方向となす角度で層理面の走向を表す（→p.204）。

　ある露頭線と標高100 mの等高線との交点から標高100 mの走向線を作図し，同じ露頭線が標高110 mの等高線と交わった点から標高110 mの走向線を作図したとしよう。100 mの走向線と110 mの走向線とで，左右の位置関係はどうだろうか。100 mの走向線が右側にきていたらその地層面は向かって右側が下がっている（右落ち）（図65）。

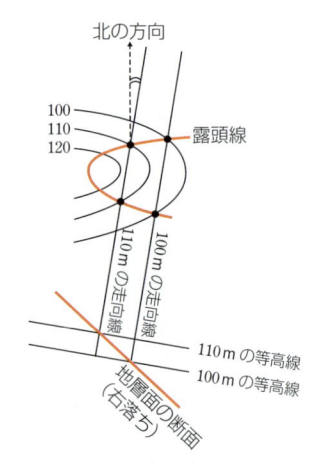

図65　露頭線と地層の断面

❸**地質図に現れる断層・不整合・褶曲**　原則として，一枚の地層面についての露頭線は，途中で切れたり枝分かれしたりすることはない。しかし，断層や不整合によって地層面が不連続であると，露頭線も別の露頭線を切ったり切られたりする。例えば，断層によって地層面がずれていると，地質図上でも露頭線が断層を示す露頭線によって分断され，ずれたりする。また，傾斜不整合では，下位の地層の露頭線が，上位に不整合で載る地層の不整合面を示す露頭線で切断される。

　褶曲があると，褶曲軸の両翼で地層の傾斜方向が反対になったり，褶曲軸の両側に同じ地層が分布したりする。

　次の実験16で露頭線を作図してみよう。

(実験) **16** 露頭線の作図

　ここでは，ある露頭で測定された地層の層理面の走向・傾斜から，地形図に露頭線を作図してみよう。

■観察結果■
　標高 50 m の露頭 P 地点で，砂岩層と泥岩層の境界（層理面）が見られた。この層理面の走向・傾斜は，N30°W，45°E で，上位（東側）が砂岩，下位（西側）が泥岩であった。

■準備
三角定規，ものさし，分度器，色鉛筆，露頭 P 点を含む地形図（図Ⅰ）

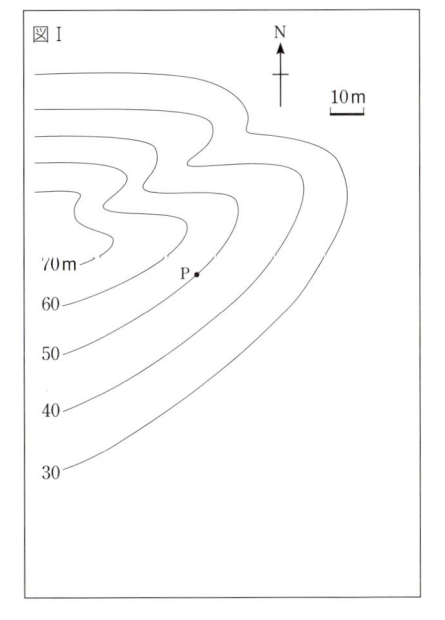

図Ⅰ

■手順
❶地形図の P 地点に，走向・傾斜を記号で記入する。このとき，砂岩と泥岩の分布に気をつけよう（図Ⅱ①）。
❷P 地点から標高 50 m の走向線を引き，この走向線に直角に等高線の断面を作図する（図Ⅱ②）。このとき，等高線の間隔は地図の縮尺に合わせて描く（図Ⅱ②）。
❸P 地点は標高 50 m なので，50 m の等高線と交わった点 P′ から，分度器で地層の傾斜角 45°を測り，地層の傾斜が東傾斜であることから右下がりの直線を引く。この直線がこの断面での層理面を表している（図Ⅱ③）。
❹平面図で，50 m の走向線と 50 m の等高線が交わる点を探し，a(P地点)，b，c，d とする（図Ⅱ④）。これらの地点では，もし露頭があれば同じ砂岩と泥岩の層理面が観察されるはずである。

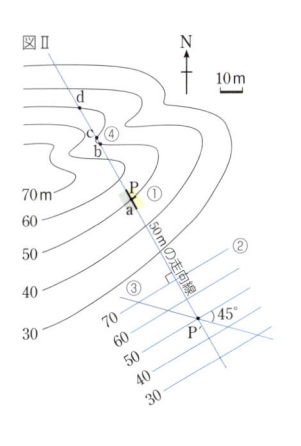

図Ⅱ

第2章　地層の観察

❺層理面の断面線と 60 m の等高線との交点 Q を通り，50 m の走向線に平行な直線を引く（図Ⅲ⑤）。これが 60 m の走向線である。
❻60 m の走向線と 60 m の等高線が交わる点を探し，e，f，g，h とする（図Ⅲ⑥）。
❼同様に，70 m の走向線，40 m の走向線，30 m の走向線を作図し，それぞれ等高線との交点を出す（図Ⅲ⑦）。
❽作図によって現れた点を，なめらかな曲線で結ぶ（図Ⅳ⑧）。これが露頭線である。

《注》　断面図を作図せずに露頭線を描くこともできる。

図Ⅳにおいて，10 m ごとの走向線の間隔を x としよう。地層の傾斜角を $\theta°$，地形図上での 10 m の長さを d とすると，x は次の式で表される。

$$x = \frac{d}{\tan\theta}$$

（この例では $\theta = 45°$ であるから，$\tan 45° = 1$ であり，$x = d$ となる。）

すなわち，初めに P 点を通る 50 m の走向線を引いたら，間隔 x で 50 m の走向線に平行な線を作図すればよいことになる。あとは傾斜している方角に注意して，下がっているほうに 40 m，30 m，……，上がっているほうに，60 m，70 m，……と走向線の標高に気をつける。

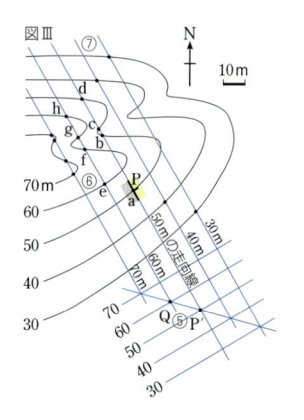

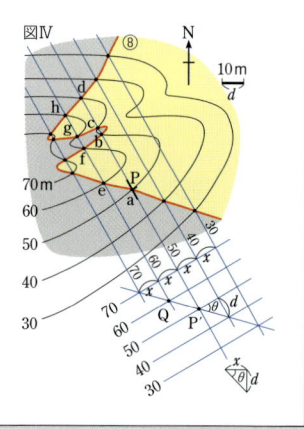

第5編 地球の環境と生物の変遷

第1章
　地球環境の変遷と
　生物の変遷　　　　p.220
第2章
　日本列島の成り立ち　p.252

中央構造線の露頭（三重県松阪市）

領家帯と三波川帯の境界は，中央構造線とよばれる大断層であり，九州から中部地方まで直線状に追跡できる。三重県松阪市月出の露頭では，領家帯の圧砕された花崗岩（マイロナイト：左側）と三波川帯の黒色片岩（右側）が接している。このような大断層の多くは，過去のプレート運動に関連して何度も変位して発達してきたものである。

第1章
地球環境の変遷と生物の変遷

アンモナイトの化石の切断面
（中生代白亜紀）

私たちが住んでいる地球の環境は，地球誕生以来，変化を続けてきた。地球環境は，太陽の活動，地球の公転・自転，地球内部の活動，古生物のはたらきなどによって変わってきた。地球環境を守るために，その変化の歴史としくみを学習する。

1 地質時代の区分と化石

A 地質時代の区分

現在の生物は，初めからいたわけでも，同じ姿で生きていたわけでもなく，時間の経過とともに変化し，種類が増減してきた。このような地質時代の生物を**古生物**といい，古生物や古生物の活動の痕跡を**化石**（図1）という。古生物の進化の証拠である化石を利用することによって，地質時代が区分される。これを**相対年代**という。

図1 始祖鳥（シソチョウ）の化石
鳥は，中生代の恐竜類から進化した。

B 隠生累代と顕生累代

地質時代（表1）は，かたい骨格をもった多細胞動物が多数出現したときを境界とし，それより前を**隠生累代**，または**先カンブリア時代**といい，それ以降を**顕生累代**という。

隠生累代は今から何年前かという数値で区切られ，古い方から**冥王代**，**始生代**，**原生代**に区分される。顕生累代は，代表的な動物群の出現や絶滅を基準にして，**古生代**，**中生代**，**新生代**に区分される。

古生代から今日までの間に，多数の動物が短い期間に地球上から姿を消した大量絶滅(図2, p.235)が5回あった。そのつど古生物群の大規模な変化があり，地質時代が区分される。詳しくみると，規模の小さな絶滅現象もあり，より細かく時代が分けられる。

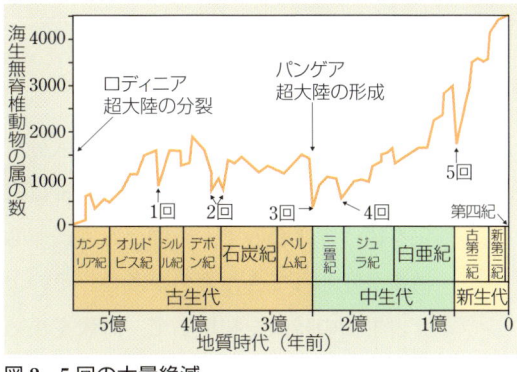

図2　5回の大量絶滅
生物を分類するときの最小の単位を種(しゅ)といい，共通の特徴をもった種を集めて一つの属(ぞく)とよぶ。ここでは，海や海辺にすんでいる無脊椎(むせきつい)動物の属の数をグラフで表した。

表1　地質時代とその長さ　　　(INTERNATIONAL CHRONOSTRATIGRAPHIC CHART (IUGS 2012) より)

累代	代	紀(世)		年代	紀の期間	代の期間	生物界	
顕生累代	新生代	第四紀	完新世 更新世	年前 1万 260万	年 260万	6600万 年	被子植物時代	哺乳類時代
		新第三紀	鮮新世 中新世	530万 2300万	2040万			
		古第三紀	漸新世 始新世 暁新世	3390万 5600万 6600万	4300万			
	中生代	白亜紀		1億4500万	7900万	1億8700万	裸子植物時代	は虫類時代
		ジュラ紀		2億100万	5600万			
		三畳紀(トリアス紀)		2億5200万	5200万			
	古生代	ペルム紀		2億9900万	4600万	2億8800万	シダ種子植物時代 *1)	単弓類時代
		石炭紀		3億5900万	6000万			両生類時代
		デボン紀		4億1900万	6000万			魚類時代
		シルル紀		4億4300万	2400万		藻類・菌類時代 *1)	無脊椎動物時代
		オルドビス紀		4億8500万	4200万			
		カンブリア紀		5億4100万	5600万			
隠生累代	先カンブリア時代	原生代		25億	約20億		(真核生物時代)	
		始生代(太古代)		40億	約15億		(原核生物時代)	
		冥王代		46億	約6億		(無生物時代)	

*1) シダ種子植物とは，シダのような葉と種子をもつ裸子植物である。藻類は，光合成をして酸素を発生する生物のうち，コケ植物，シダ植物，種子植物を除いたものである。

C 化石

❶示準化石 化石は，地質時代を区分する基準になっている。生物は出現して以来進化を続けてきたので，時間とともに形態や構造が変わってきたものが多い。そのような古生物の特徴を利用して，時代を決めるのに役に立つ化石を**示準化石**(図4)という。示準化石は，地理的に広い範囲にたくさん産出し，また，産出する時代が短いほうが，多くの地層で精確に時代が決められるので適している。

巻貝(ビカリア)
高さ8cm

提供：群馬県立自然史博物館

図3 示相化石
ビカリアは，熱帯〜亜熱帯域の，河川水によって塩分が低くなっている浅海にすんでいた。

❷示相化石 生物は，種類によってすんでいた場所などの環境が異なる。そのため，化石によって，その地層ができた環境を特定できることがある。そのような環境がわかる化石を**示相化石**(図3)という。巻貝のビカリア(図3)は，新第三紀の示準化石であり，熱帯〜亜熱帯域のマングローブ海岸であったことを示す示相化石でもある。

二枚貝類は，河川・湖沼であったか，浅海がどれくらいの深さであったかがわかるものもある。また，さんご礁のサンゴのようにその海水が

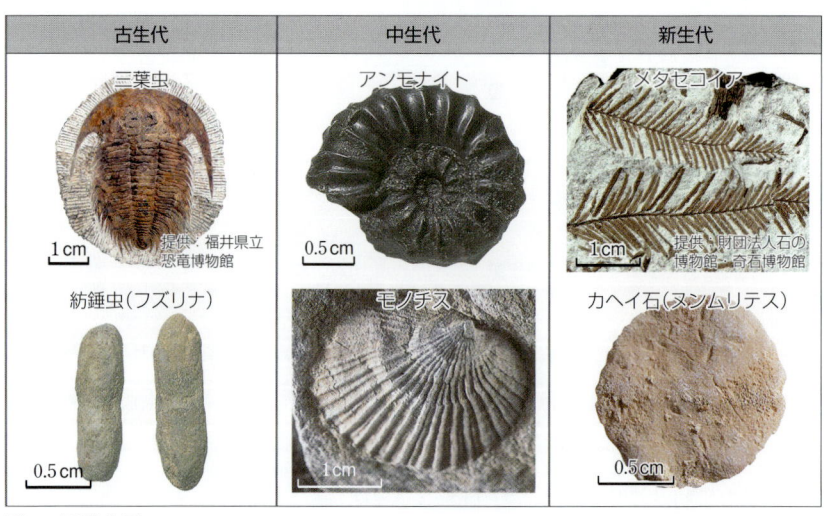

古生代	中生代	新生代
三葉虫	アンモナイト	メタセコイア
紡錘虫(フズリナ)	モノチス	カヘイ石(ヌンムリテス)

図4 示準化石

澄んでいたかどうかがわかることもある。現在では，化石となった殻や微生物の細胞膜を分析して，当時の水温を推定することができる。

D 放射年代

相対年代に対して数値で示す年代は，放射性崩壊(→p.38)による核種変化や放射線による損傷などを用いているので**放射年代**とよばれる(相対年代に対応して絶対年代とよばれることもある)。放射性崩壊によって，放射性同位体の量(原子核の総数)が初めの半分になるまでの時間を**半減期**(図5)という。半減期は放射性同位体ごとに定まっていて(表2)温度や圧力で変化しない。例えば，マグマが冷えて鉱物ができると，放射性同位体とその崩壊生成物は鉱物の中に閉じこめられる。その温度を閉鎖温度という。その後，それらの量(原子核数)は変化していき，その量を測定すると鉱物ができてからの年数がわかる。

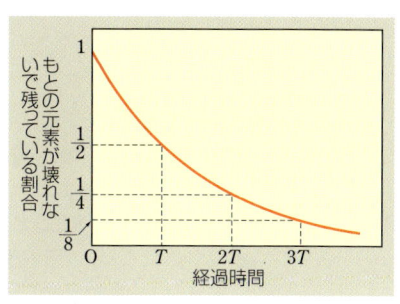

図5 半減期

放射性炭素法は，自然界に存在する ^{14}C の割合は崩壊で失われる割合と宇宙線の作用で大気中で生成される割合とがつりあっていることに基づいている。例えば，光合成で大気中の二酸化炭素を取りこんでいる植物の ^{14}C の含有率は一定であるが，植物が枯れたり伐採されたりすると体内の ^{14}C は崩壊によって減少していく。したがって，遺跡などの木材中の ^{14}C の含有率を調べるとその遺跡がいつごろのものかわかる。

表2 放射年代の測定法と放射性同位体の半減期

名称	放射性同位体	半減期（年）	最終生成同位体
ウラン・鉛法	$^{238}_{92}U$	4.47×10^9	$^{206}_{82}Pb$
トリウム・鉛法	$^{232}_{90}Th$	1.41×10^{10}	$^{208}_{82}Pb$
カリウム・アルゴン法	$^{40}_{19}K$	1.25×10^9	$^{40}_{18}Ar$ (11%), $^{40}_{20}Ca$ (89%)
ルビジウム・ストロンチウム法	$^{87}_{37}Rb$	4.92×10^{10}	$^{87}_{38}Sr$
放射性炭素(^{14}C)法	$^{14}_{6}C$	5.70×10^3	$^{14}_{7}N$

元素記号の左上の数字は質量数を，左下の数字は原子番号を表す。

*1) 1950年代に大気中で核実験が行われたため，大気中の ^{14}C が増加し，それ以降の試料について ^{14}C による年代測定は使えなくなった。

放射線による損傷を利用した年代測定法をフィッショントラック法（FT法）という。例えば、堆積物中のジルコンに含まれる ^{238}U が崩壊するときに出る放射線によって鉱物中に傷がつく。その傷を数えるとジルコンの生成年代がわかり、その堆積物の堆積年代はそれ以降となる。

例題 1.　岩石の年代測定

ある花崗岩から黒雲母を取り出し、^{40}K–^{40}Ar 法で年代測定を行った。質量分析計で分析したところ、もとの ^{40}K の 75 ％が放射性崩壊して ^{40}Ar に変わっていたことがわかった。この花崗岩は何年前にできたものか。ただし、^{40}K の半減期を 1.25×10^9 年とする。

解　$100 - 75 = 25$ より、^{40}K はもとの量の 25 ％が残っていたことになる。

$25\% = \dfrac{1}{4} = \left(\dfrac{1}{2}\right)^2$ より、半減期の 2 倍の時間が経過している。したがって

$$1.25 \times 10^9 \text{ 年} \times 2 = \mathbf{2.5 \times 10^9 \text{ 年}} (= 25 \text{ 億年})$$

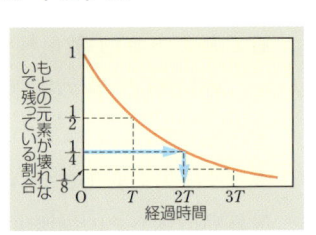

---

2 地球の誕生

A　太陽系の誕生と地球の誕生

❶太陽系誕生のモデル　宇宙空間には周囲よりガスが濃い所（星間雲）がある。ガスの主成分は水素とヘリウムである。この濃い部分を中心に縮

図6　太陽系の誕生から地球が誕生するまで

み始め，中心部がある密度以上になると急速に収縮して，水素とヘリウムからなる原始的な星(原始星)が中心部にできる。これが周囲のガスを集め，さらに大きくなって光り輝くようになり，原始的な太陽(原始太陽)となる。

　原始太陽が成長するにつれて，まわりのガスの塊は，回転運動をしながら偏平になり，薄い円盤(原始太陽系星雲)となる。そして，原始太陽に取りこまれなかった原始太陽系星雲の中で，塵が衝突と合体をくり返して直径 10 km 程度の微惑星が無数に誕生したと考えられている。

　地球型惑星の領域では，岩石を主成分とする微惑星の衝突，合体により，地球型惑星が形成された。太陽から遠い木星型惑星の領域では温度が低いため，岩石のほかに氷成分を含んだ微惑星が衝突，合体をくり返して発達し，まわりのガスを引きつけて層構造を形成した。

❷**地球の誕生のモデル**　月の半径の約 2 倍が火星の半径であり，火星の半径の約 2 倍が地球の半径である。微惑星が衝突と合体をくり返して月ほどの大きさになり，さらに衝突，合体して最終的には 8 個ほどの火星サイズの惑星となり，それらがさらに衝突，合体して地球に成長する。火星サイズの惑星の最後の 1 個が斜めに衝突したために，地球の一部が飛び散り，それらが再び集まって現在の月になったと考えられている。

---

*1) ガスにはすでに存在していた星の爆発(超新星爆発)によってまき散らされた鉄より重い元素も含まれている。

◤参考◢ 地球システムと元素の循環

地球システム

　生物は多くの要素からなる地球環境の中で進化してきた。では，このような要素は，一体何によって制御されて（決められて）きたのであろうか？
　地質時代の気温や水温の変動を見ると，大規模な火山活動に伴う脱ガスによって大気中の二酸化炭素の割合が増加して，その温室効果により温暖化したことなどが知られている。
　このほかにも，二酸化炭素が増加する原因としては，火成活動や変成作用による石灰岩などの炭酸塩の分解や，堆積岩の続成作用によって有機物が分解する作用があることが知られている（図A）。また，温度に着目すると，極地方の冷たい海水や赤道周辺の暖かい海水の流れが，陸地の移動や地殻変動により妨げられると大きく変化することがある。すると，地球環境と生命の歴史を考えるときには，大陸移動や火山活動も併せて考えねばならないことが見えてくる。
　このことは，生物界を持続可能なものとして維持するために必要なことは何であるかを，私たちに教えてくれるはずである。そして，地球上の環境は，大気，海洋，陸地（地殻），生物がお互いに関係をもちながら変化する1つのシステム，つまり地球システムであることを知ることができる。このように，地球の環境は大変に複雑であるが，大気をはじめとして同様に複雑な要素から構成されて1つの統一体をつくっているので，地球システム（図A）とよんでいる。地球システムを構成する大気や海洋などはサブシステムとよび，それぞれ複雑なしくみをもっている。

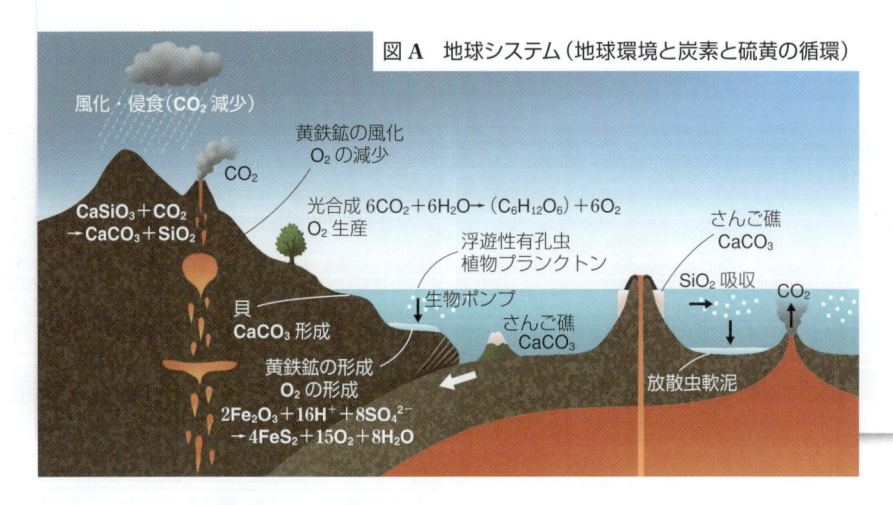

図A　地球システム（地球環境と炭素と硫黄の循環）

風化・侵食（CO_2 減少）
黄鉄鉱の風化
O_2 の減少
CO_2
$CaSiO_3 + CO_2 \rightarrow CaCO_3 + SiO_2$
光合成　$6CO_2 + 6H_2O \rightarrow (C_6H_{12}O_6) + 6O_2$
O_2 生産
浮遊性有孔虫
植物プランクトン
さんご礁
$CaCO_3$
SiO_2 吸収
CO_2
貝
$CaCO_3$ 形成
生物ポンプ
さんご礁
$CaCO_3$
黄鉄鉱の形成
O_2 の形成
$2Fe_2O_3 + 16H^+ + 8SO_4^{2-} \rightarrow 4FeS_2 + 15O_2 + 8H_2O$
放散虫軟泥

炭素循環

炭素は二酸化炭素として植物に取り込まれ，光合成によって有機物となり，植物のからだをつくる。自然界の食物連鎖の最下位に位置する植物は，植物食の動物に食べられ，さらにこれを動物食の動物が食べる。これらの動植物のからだは，死後分解されて再び大気，海水，大地に戻る。例えば海洋では，莫大な量の植物プランクトンが棲息しており，死後海底に沈むことにより表層の炭素が生物のからだとして海底に運ばれる。これを**生物ポンプ**(図B)という。

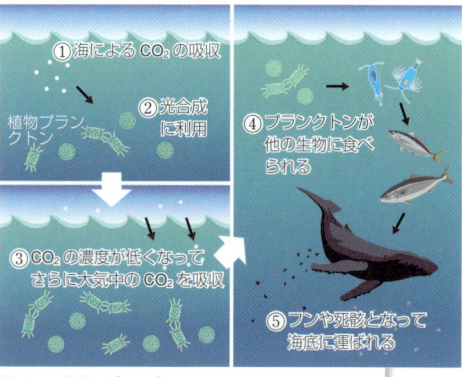

図B　生物ポンプ
海洋が大気から吸収したCO_2は，植物プランクトンの光合成に利用され，生物のからだとなって，海底に運ばれる。

陸上の風化が進むと，陸地を構成する$CaSiO_3$が分解してイオンになり，そして風化・侵食・運搬を経て海洋あるいは湖の中でこれらが二酸化炭素と反応して炭酸塩$CaCO_3$として沈殿する。

海底に運ばれ堆積した有機物や炭酸塩鉱物は，海洋プレートとともに大陸プレートの下に沈みこみ，熱によって二酸化炭素に分解され，火山活動によって，火山ガスとして大気中に放出される。

このように炭素は地球を循環している。これを**炭素循環**という。

硫黄循環

植物が光合成をすることによって酸素が増加する。しかし，大気中の酸素分子が一定の速度で増加してきたのではなく，それどころか，地球の歴史の中では，大気中の酸素量の割合が減少する出来事も，何度も生じた。このことについては，**硫黄循環**(図A)とよばれる硫黄の地球システムの中の循環が重要であることが知られている。

海洋の酸素の乏しい環境(貧酸素，無酸素)では嫌気性の微生物のはたらきで黄鉄鉱(FeS_2)が形成されることがある。すると，酸素分子が放出される。この逆に，黄鉄鉱が風化により分解されると酸素分子が失われる。このように，硫黄は大気・海洋中の酸素の増減に大きな関わりをもちながら地球を循環している。

冥王代	始生代	原生代	古生代			
			カンブリア紀	オルドビス紀	シルル紀	デボン紀
46億年前	40億年前	25億年前				

p.228～p.251 までは，上段に ③古生物の変遷を，下段に ④地球環境の変遷を記述しました。「古生物の変遷」だけを通しで読まれる場合は上段の青矢印に従って読み進めてください。「地球環境の変遷」だけを通しで読まれる場合は下段の赤矢印に従って読み進めてください。また，各見開きページ上部の地質時代はそのページで記述する時代を濃く表示してあります。上段の「古生物の変遷」と下段の「地球環境の変遷」を合わせて読んでいただければ，その時代の古生物がどのような環境のもとで繁栄や衰退をしてきたかが理解できると思います。

3｜古生物の変遷

A｜先カンブリア時代

❶冥王代　地球は46億年前に誕生した。その初期は高温のマグマオーシャンの時代であり，地球表層ではすべてのものがとけていた。このような状態の冥王代の地球には，生命はいなかった。

❷始生代（太古代）：原核生物の誕生　やがて温度が下がり，大気中の水蒸気は雨となって降り，原始海洋が形成された。グリーンランドには，38億年前に形成された変成岩がある。この変成岩は海に堆積した地

4｜地球環境の変遷

A｜先カンブリア時代の地球環境

❶地球の誕生　およそ46億年前に微惑星が衝突・合体してできた初期の地球の表面は，高温で溶融し，**マグマオーシャン**におおわれていた。やがて冷却し，地球の表面には岩石が形成され，重い元素は地球の中心に沈み，核，マントル，地殻，大気という層構造ができ上がっていった。

　誕生したころの地球の大気を**原始大気**とよぶが，その後マグマからの脱ガスにより，成分は大きく変化した。大気中の水蒸気は冷却とともに雨となって降り注ぎ，**原始海洋**を形成し，水の惑星となった。

　原始海洋の中で，中央海嶺や熱水噴出孔があるような場所では，水素，メタン，硫化水素，アンモニアや各種の金属イオン濃度も高いうえに熱エネルギーがある。このような環境でアミノ酸がつくられ，やがて海水中の触媒のはたらきで遺伝情報が伝えられるしくみが確立していっ

古生代		中生代			新生代		
石炭紀	ペルム紀	三畳紀	ジュラ紀	白亜紀	古第三紀	新第三紀	第四紀

層が変成された岩石であり，このころにはすでに海が誕生していたことがわかっている。始生代の岩石からは，原核生物や原核生物の活動によって作られた生物指標有機物(バイオマーカー)の化石が見つかっている。始生代は，原核生物で特徴づけられる，最初の生命の時代をいう。始生代の生命の誕生までの化学的な過程や原始的な細胞が誕生した場所については，いろいろな意見があるが，まだよくわかっていない。

図7 38億年前の礫岩(グリーンランド)
今は変成岩であるが，もとは礫岩であった。

*1) 原核生物は，核膜をもたない生物をいう。真核生物は，遺伝情報を担うDNAが核膜に包まれている。単細胞で核膜をもつ生物は，原生生物ともいう。
*2) 原核生物や初期の真核生物のように生物体が化石として残っていなくても，生物活動で作られた生物指標有機物により，化学分析を通じてどのような生物がいたかがわかる。

図8 マグマオーシャンの形成から原始海洋中での生命の誕生まで

た。生命の誕生である。このようにして誕生した初期の微生物の化石は35億年前の地層から得られている。

第1章 地球環境の変遷と生物の変遷

冥王代	始生代	原生代	古生代			
			カンブリア紀	オルドビス紀	シルル紀	デボン紀
	40億年前	25億年前	5億4100万年前			

❸原生代：酸素の増加と真核生物の出現

原生代では，19億年前の地層から，真核生物の化石（図9）が見つかっている。真核生物は体が複雑になるほど，生きていくためにより多くの酸素を必要とするので，このころまでに地球の大気・海洋の酸素が豊富になったと考えられる。

酸素を供給したのは，原核生物のシアノバクテリア（図11）のはたらき（光合成）であることがわかっている。

図9 グリパニア
最古の真核生物である。

❷暗い太陽のパラドックスと全球凍結

太陽は水素の核融合反応によって輝き，誕生してから時間の経過とともに温度，圧力，輝度が増してきた。したがって，地球が受ける太陽放射も時間の経過とともに増すことから，地球が誕生して間もないころの太陽放射は今よりも少なかったと考えられる。ところが，地球上で知られている氷河の痕跡は30億年よりも前には存在しないことや，当時の海水温は高かったことが知られている。このような，太陽放射が今より少ないのに地球が凍結せず，温暖であったことは暗い太陽のパラドックスとよばれている。

一方，20億年前の古土壌の研究から，当時の二酸化炭素濃度は高かったことが知られている。地球の大気の二酸化炭素の濃度が現在よりも高ければ，その温室効果のために地球は凍結せずにすむ。そして，二酸化炭素が次第に大気から取り除かれていけば，太陽放射が時間とともに増加しても地球が灼熱地獄になることもない。このような解決法で暗い太陽のパラドックスが説明されている。

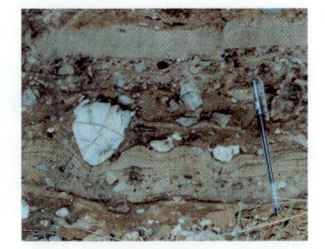

図10 氷成堆積物（ナミビア）
氷河が海に流れこみ，氷がとけ，含まれていた礫が海底に落下して地層にのめりこんでいる。

古生代		中生代			新生代		
石炭紀	ペルム紀	三畳紀	ジュラ紀	白亜紀	古第三紀	新第三紀	第四紀

❹多細胞生物の初期の進化

22億年前には全球凍結のような厳しい地球環境にあったが，19億年前の地層からは多細胞生物と思われる化石が見つかっている。また，6億年前の**全球凍結**の後に出現したと考えられる，多細胞生物と思われる各種の化石や，現在の生物とは体の構造が大きく異なる生物

図11 ストロマトライトの断面
シアノバクテリアの体は残らないが，炭酸カルシウムを沈殿させた層状の構造をつくる。

■ 参考 ■ 全球凍結のメカニズム

　全球凍結が起こるメカニズムについては次のように考えられている。
　大陸を広くおおう氷河（氷床という）がある程度広く分布すると，太陽放射をはね返して，地球の気温は上がらなくなり，氷床は中緯度の地域まで徐々に拡大していく。氷床がさらに北緯（または南緯）30°くらいまで拡大すると，一気に赤道付近まで氷床におおわれる。
　地球の温度は，温室効果の役割をもつCO_2の大気中の濃度に影響される（→p.113）。現在の地球の平均温度は15℃だが，温室効果がなければ-19℃になるといわれている。そこで，大気中のCO_2の濃度の低下が原因で，氷河が発達したのではないかと考えられているが，どのようにしてCO_2の濃度が低下したかはまだわかっていない。
　氷河時代には大気中のCO_2濃度も低く，温室効果も弱かった。低温の氷河時代には，地表での風化作用が弱まってCO_2の消費が減り（→p.179, p.227），なおかつ，広がった海氷により海洋へのCO_2の取りこみが妨げられた。こうして，火山噴火による供給が続く中，CO_2濃度は上昇していき，ついには急激な温暖化とともに氷河時代が終わったと考えられている。

❺雪だるまになった地球
氷河があった証拠である氷成堆積物（図10）が，オーストラリア南部，アフリカ南部をはじめとした世界各地の6

冥王代	始生代	原生代	古生代				
			カンブリア紀	オルドビス紀	シルル紀	デボン紀	
40億年前	25億年前	5億4100万年前	4億8500万年前				

体の化石が，世界各地の5.7億年〜5.5億年前の地層から見つかっている。これらは，発見されたオーストラリアの丘陵(図12)の名前にちなんで**エディアカラ化石群**(図13)とよばれる。

図12　オーストラリア南部エディアカラ丘陵の地層
←で示した部分より上の地層からエディアカラ化石群が産出している。←より下側は，それより古い地層で，この中に全球凍結の証拠が含まれている。

図13　エディアカラ化石群の復元模型
(提供：群馬県立自然史博物館)

*1) エディアカラ化石群の生物は，かたい殻や歯をもたない点に特徴がある。

億年前の地層に分布(図12)している。詳しく調べるとこれらの地域は，当時低緯度の地域であったことがわかった。低緯度の地域に氷河が形成されたということは，地球全体が氷河におおわれた全球凍結の状態になったことを物語っている。このような全球凍結は，22億年前の原生代初期，7億年前と6億年前の原生代後期に起こったことが確かとなってきた。

❹**光合成の開始と酸素の増加**　シアノバクテリアの誕生で，海水中に酸素が増加していったことにより，中央海嶺からもたらされた鉄イオンは酸化鉄として沈殿するようになった。酸化鉄は，チャートと交互に堆積して縞状に見えるので**縞状鉄鉱層**(図14)という。今から25億年前から22億年前の原生代初期にその形成のピークがあった。やがて酸素は大気中にも増えていき，原生代の初めころには**オゾン層**が形成され始めたと考えられている。

このようにシアノバクテリアのはたらきにより酸素は増加を続けた。酸素の増加により，呼吸をする生物が進化する環境となっていき，多細胞生物へと進化した。

図14　縞状鉄鉱層

古生代		中生代			新生代		
石炭紀	ペルム紀	三畳紀	ジュラ紀	白亜紀	古第三紀	新第三紀	第四紀

B 古生代

❶カンブリア紀の爆発　古生代になると，突然のようにかたい骨格をもった動物が多数出現する。それらの中には，現在の動物たちの先祖と考えられるものが多数ある。古生代の最初の時代を**カンブリア紀**といい，このような多数・多種類の動物群の突然の出現を**カンブリア紀の爆発**という。このとき，脊椎(せきつい)動物の先祖と考えられているピカ

図15　ロディニア超大陸
ロディニア超大陸は，11億年前に形成された。その後8億年前から，北アメリカ，ヨーロッパなどに分裂し始めた。

B 古生代の地球環境

❶カンブリア紀の生物の爆発的増加　カンブリア紀の前半は二酸化炭素の濃度が高く(図16①)，温暖であったと考えられているが，酸素濃度は初めは低い(図16②)。したがって，澄江(チェンジャン)動物群で示されるカンブリア紀の爆発の古生物は，酸素濃度の低いときに誕生したことになる。この動物群の中で最も多く見られるのが三葉虫をはじめとする節足動物である。三葉虫は，多数の体節に付属肢があり，その各々にえらがついている。

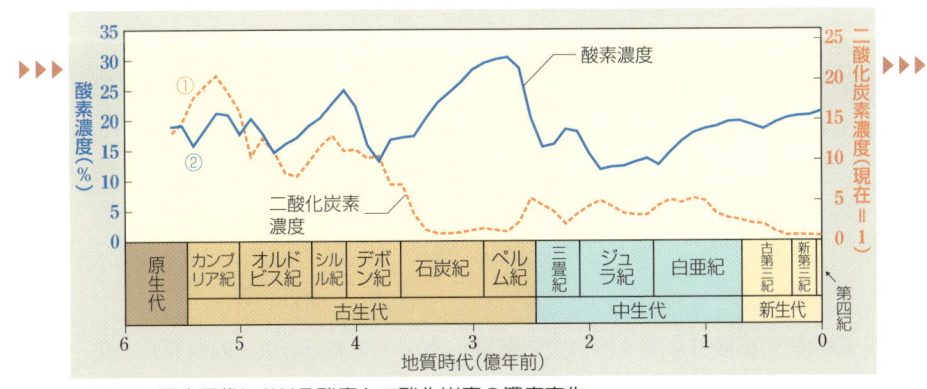

図16　顕生累代における酸素と二酸化炭素の濃度変化

第1章　地球環境の変遷と生物の変遷　233

冥王代	始生代	原生代	古生代			
			カンブリア紀	オルドビス紀	シルル紀	デボン紀
			5億4100万年前	4億8500万年前	4億4300万年前	

イア(図17)も出現した。これらの生物の出現は、より複雑な構造の多細胞動物が生きていけるだけの酸素濃度になったためと考えられている。

カンブリア紀に出現したこれらの動物群の中には、オパビニア(図17)の眼の数(5個)やアノマロカリス(図17)の口のように、その後の動物には見られない構造がある。このように、多細胞動物の歴史の初期にはさまざまな構造のものが誕生したが、やがてそれぞれの時代の環境に最も適したものだけが次の時代に続いたと考えられる。三葉虫(図17)もカンブリア紀に出現し、古生代前半にわたって大繁栄した。

図17 カンブリア紀の動物
中国雲南省の澄江(チェンジャン)はカンブリア紀前期の代表的な動物群の産地として、カナダのロッキー山脈にあるバージェスはカンブリア紀中期の代表的な動物群の産地として知られている。

現在よりは乏しい酸素濃度の中で、このようにして呼吸することができたと考えられている。

❷**酸素の増加とオゾン層の形成** 酸素の増加により成層圏ではオゾン層が形成されていった。シルル紀ころまでには十分に発達し、太陽からの紫外線を防ぐはたらきが強くなった。オゾン層の発達により、生物が陸上に進出することができる環境となった。シルル紀には陸上植物が誕生したことが知られている。

石炭紀には酸素が増加し、二酸化炭素濃度は低かった。これは、大型の維管束植物の発展によると考えられている。石炭紀には、大森林を構成する樹木の光合成によって酸素が増加する一方、それらの樹木の倒木は堆積物に埋もれ、石炭となって炭素を地層中に固定した。[*2)]

❸**無酸素事変による3度の大量絶滅** カンブリア紀の生命の爆発的進化以後、生物の多様性は増大した。しかし、顕生累代の生物の多様性の歴

古生代		中生代			新生代		
石炭紀	ペルム紀	三畳紀	ジュラ紀	白亜紀	古第三紀	新第三紀	第四紀

❷**オルドビス紀：筆石時代**　オルドビス紀は、カンブリア紀から引き続いてロディニア超大陸(p.233図15)の分裂が続いた温暖な時代であり、カンブリア紀の爆発で出現した動物にかわってより新しい動物、例えば**サンゴ**(p.236図21)類や顎のない**無顎魚類**の**コノドント**(図18)類などが次々と出現した。オルドビス紀の海に最も繁栄した動物は**筆石**(図19)類であるので、この時代は**筆石時代**ともいう。

図18　コノドント類

図19　筆石類
筆石は、個虫が集合して、浮遊あるいは底生動物として生息し、さまざまな形態をしている。

　三葉虫類は再び大繁栄した。しかし、やがて筆石類、コノドント類、三葉虫類、腕足動物類[*1]などのほとんどがいなくなるという、第1回目の大量絶滅がありオルドビス紀が終わる。

*1) 二枚貝に似ているが、2枚の殻は対称ではない。一方の殻の根本から棒状の軟体部(肉茎)を出して、海底に体を固定させる。現在もシャミセンガイなどが生息している。

史を見ると、何度も著しく減少したことがわかる(図20)。多様性の減少は、絶滅率[*3]として示すことができる。数百万年ごとに区切って得られた絶滅率が前後の時代より突出して高く(図20)、絶滅した動物たちが特定の種類だけでなく多くの種類が絶滅したようなとき、これを**大量絶滅**とよんでいる。

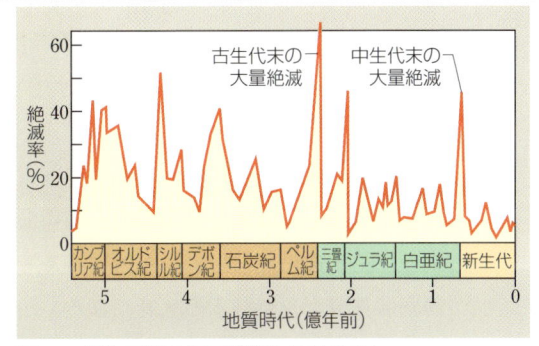

図20　顕生累代の化石試料から得られた、各時代の海生無脊椎動物の絶滅率
代表的な大量絶滅以外にも、さまざまな規模の絶滅が何度も生じたことがわかる。

*2) これは、植物が進化し、腐敗しにくい体の構造になったことと、海水準の上昇・下降のくり返しによって大森林の倒木が堆積物におおわれたからである。
*3) 絶滅した属の数を直前まで生存していた属の数で除することにより求められる。時代の長さをどのようにとるかにより、いくらか異なる値が得られる。

第1章　地球環境の変遷と生物の変遷

冥王代	始生代	原生代	古生代			
			カンブリア紀	オルドビス紀	シルル紀	デボン紀
			4億8500万年前	4億4300万年前	4億1900万年前	3億5900万年前

❸**シルル紀：オゾン層の形成と陸上植物の出現**　シルル紀になると，陸上に進出する植物が現れた。シダ植物の**リニア**（図22(b)）などが最も古い植物として知られている。そこで，このころには紫外線を防ぐはたらきのあるオゾン層が形成されたと考えられている。陸上植物が出現してからは，水中の甲殻類もやがて上陸して昆虫に進化したと考えられる。オゾン層の形成により，海の中だけでなく，陸上にも生物がすめるようになっていった。

図21　古生代前期の海（復元図）

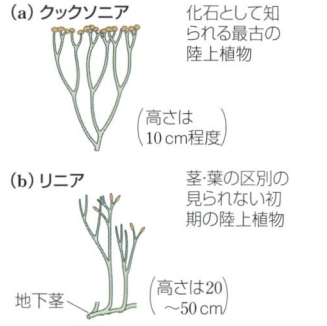

図22　クックソニアとリニア

(a) **クックソニア**　化石として知られる最古の陸上植物　高さは10cm程度

(b) **リニア**　茎・葉の区別の見られない初期の陸上植物　地下茎　高さは20〜50cm

　地質時代には，温暖化のために海洋の垂直循環や深層循環が衰えたり停止したりして酸素を含んだ海表面の海水が海底に運ばれなくなり，酸素の供給が途絶えた出来事が何度もあったことが知られている。すると海底は貧酸素や無酸素の状態になる。その結果，海洋が広い範囲で深層部だけでなく中層部，ときには表層付近まで無酸素水塊が広がり，多くの古生物が絶滅した。これを**海洋無酸素事変**とよんでいる。温暖化の原因として，例えば大規模な火山活動による二酸化炭素の脱ガスが指摘されている。また，貧酸素〜無酸素の海底では上から降ってくるプランクトン等の遺骸が分解されないので有機物が豊富になる。海底の堆積物を撹拌する生物もいない。かわって，嫌気性生物の代謝活動が盛んになる。このような環境下では泥岩は黒色を呈することが多い。そこで，大規模

古生代		中生代			新生代		
石炭紀	ペルム紀	三畳紀	ジュラ紀	白亜紀	古第三紀	新第三紀	第四紀

❹**デボン紀：魚類時代** 今から4億年前ころのデボン紀は，さんご礁をつくるサンゴ類やさまざまな魚類が繁栄したので，魚類時代ともいう。

図23 デボン紀の水際のようす（復元図）
硬骨魚類のユーステノプテロンの胸びれは四足動物の前足に，腹びれは後ろ足に似た骨の構造をしていた。

陸域では，最初の両生類**アカントステガ**や**イクチオステガ**（図23）の誕生もあった。両生類は発生の初期から生涯を通じて水中や水際で生活をする。しかし，これ以後に出現した脊椎動物は，は虫類，鳥類，哺乳類と，発生の初期に水がなくても耐えられる構造に進化していった。**アンモナイト**類が誕生したのもこの時代である。シルル紀後期に上陸した植物は発展を続け，シダ植物が繁栄して森林を形成した。デボン紀後期の裸子植物の化石が知られている。

な火山活動，黒色泥岩，大量絶滅を示す試料が揃ったときには海洋無酸素事変と考えられている。

古生代には，オルドビス紀末，デボン紀後期，ペルム紀末の3回の大量絶滅が発生した。それぞれの時代の地層と化石の研究から，いずれも程度の差はあるが海洋無酸素事変が原因であったと考えられている。

オルドビス紀にはロディニア超大陸の分裂が進み（p.259 図47）いくつかの大陸に分かれた。後期には，激しい火山活動があり，海洋では広い範囲で無酸素状態の海洋に特徴的な有機物に富む黒色頁岩が堆積した。しかし，当時のゴンドワナ大陸の南半球高緯度には氷河が発達したことが，現在のアフリカの各地，ヨーロッパ南部，南アメリカなどに残っている氷河の痕跡から知られている。

冥王代	始生代	原生代	古生代			
			カンブリア紀	オルドビス紀	シルル紀	デボン紀

❺**石炭紀：森林と昆虫**　その後，陸上では，幹の表面が鱗のように見えるつくりをもった**リンボク**(図24)やトクサの仲間の**ロボク**(図24)，幹の表面に六角形の封印のような模様のある**フウインボク**(図24)などのシダ植物や，コルダイテスとよばれる高さ30mにも成長した裸子植物の森林が繁栄した。

これらの森林は現在では石炭となり，ヨーロッパ，アジア，北アメリカの各大陸に分布していることから，この時代を石炭紀という。このような森林には，羽を広げた長さが60 cmもある巨大な昆虫であるメガネウラや，ゴキブリなどの先祖と考えられている昆虫が生息していた。

図24　石炭紀の森林（復元図）

オルドビス紀末の大量絶滅のあと，シルル紀，デボン紀の間に，再び古生物は回復し，中でも造礁性生物は大繁栄した。アンモナイト類が出現し，白亜紀の終わりまで，進化し続けた。この時代は別名**魚類の時代**といわれるように，各種の魚類が出現し繁栄した。デボン紀の後期には，デボン紀を特徴づけた海生動物の多くが大量絶滅した。海洋無酸素事変が原因であったとする考えが強い。それは，この大量絶滅と同じ時期に東ヨーロッパでは大量のマグマが広域にわたって噴出したことや，黒色頁岩(図25)が堆積しているからである。

図25　古生代末の無酸素事変を記録する黒色層（岐阜県本巣市）
中央の茶色い層の左側がペルム紀末の黒色チャート，右側が三畳紀初頭の黒色頁岩。風化面では，黒色層が灰色に見える。

古生代		中生代			新生代		
石炭紀	ペルム紀	三畳紀	ジュラ紀	白亜紀	古第三紀	新第三紀	第四紀
3億5900万年前	2億9900万年前 2億5200万年前						

また，哺乳類や恐竜類が出現する前に，背骨の出っ張りが長くのびて帆のような，体長が2～3mもある単弓類*1)のエダフォサウルス(図26)が石炭紀後期に出現し，ペルム紀前期までいた。

図26 エダフォサウルス ©七宮賢司

❻**ペルム紀：超大陸の形成**　プレートの運動はこの間も続き，やがて地球上のすべての大陸が合体して単一の超大陸となった**パンゲア**(p.261図50)が形成された。ペルム紀のことである。このパンゲア超大陸で，は虫類や単弓類が大繁栄した。海の中ではオウムガイ類にかわって，**アンモナイト**類が繁栄した。中でもゴニアタイト類とよばれるアンモナイトの仲間はデボン紀後期以後，石炭紀・ペルム紀に繁栄した。

---
*1) 頭蓋骨の両側に側頭窓という穴が1つずつあいているので，単弓類という。は虫類の多くは側頭窓が両側に2つずつあいているので双弓類という。

石炭紀からペルム紀にかけては，パンゲア超大陸が形成される時代であるとともに地球の寒冷化が進行した時代である。古くから，ペルム紀末には大規模な絶滅があったことが知られていた。詳しい研究から，この時代末の海洋では無酸素事変(図25)が起こり，その原因としてシベリア西部で顕生累代を通じて最大規模の玄武岩の噴出があったと考えられている。大規模なマグマの噴出は，大量の二酸化炭素を放出し，温室効果により地球の温暖化を引き起こす。海洋の循環が滞り，無酸素水塊が増大する。すると，硫酸還元菌の活動が盛んとなり硫化水素が発生する。硫化水素は多くの生物にとって致死ガスであるとともに，オゾン層を破壊するガスでもあり，海洋中だけでなく陸上の古生物にも多くの被害を与える。このときの種の絶滅率は96％*2)と見積もられている。

---
*2) 絶滅率は，種・属・科でそれぞれ数が異なるので，例えば種の絶滅率は属の絶滅率とは同じ割合にはならない。

冥王代	始生代	原生代	古生代			
			カンブリア紀	オルドビス紀	シルル紀	デボン紀

　このほかペルム紀の海には**紡錘虫（フズリナ）**（p.222 図4）類，サンゴ類，二枚貝類，巻貝類，腕足動物など多くの動物が繁栄していた。

　日本の各地に見られる石灰岩の多くは，この時代の火山島の周囲に形成されたさんご礁やその海域にいたウミユリ類，紡錘虫類など石灰質の体をもつ古生物の化石から構成されている。

C 中生代

❶**三畳紀：生き延びた古生物の回復**　古生代末の大量絶滅は，あまりにも大きな規模の絶滅であったために，その後の古生物の回復には，中生代三畳紀（トリアス紀）の前期600万年間を要した。陸上では，古生代末の大量絶滅を生き延びた単弓類が，さらに進化を続けた。は虫類では，

コラム　古生代末の大量絶滅

　今から2億5200万年前のペルム紀末に，それまで繁栄していた古生物が突然のように，短期間に姿を消すという出来事があった。3回目の大量絶滅である。海生動物では，紡錘虫類は全滅し，サンゴ類，海綿動物やアンモナイト類，腕足動物類などは多くが絶滅した。しかし，いずれも一部が生き延びて，やがて環境が回復してから，各地で姿が見られるようになった。当時の海生動物の種の96％が絶滅したと考えられている。これは顕生累代に知られている5回の大量絶滅の中でも最大規模で，古生代と中生代の区分の境界とされてきた。このような大量絶滅が生じるのは地球環境の変動が原因であると考えられる。そのような出来事としては，大陸での膨大な玄武岩質溶岩の噴出が考えられている。

図A　古生代と中生代の境界層を含む地層（中国浙江省）
赤線の下がペルム紀，上が三畳紀の地層である。

古生代		中生代			新生代		
石炭紀	ペルム紀	三畳紀	ジュラ紀	白亜紀	古第三紀	新第三紀	第四紀
	2億9900万年前	2億5200万年前	2億100万年前	1億4500万年前			

恐竜類が誕生した。海洋では，セラタイト類のアンモナイトが世界中の海で繁栄した。また，**モノチス**(p.222 図 4)などの二枚貝類は，短い期間だが世界中の海で繁栄した。

　三畳紀は 5100 万年が経過したときに，大量絶滅が起こった。アンモナイトでは，世界中の海で繁栄していたセラタイト類などがほとんど絶滅した。このときの大量絶滅は，海生動物の間で起きたとされていて，陸生動物の間にも大量絶滅があったかどうかはよくわかっていない。

❷**温暖なジュラ紀**　ジュラ紀の陸上植物は，おもに裸子植物で，低緯度から高緯度にかけて分布する種類に大きな違いがない。また，海洋プランクトンの殻を分析して得られた当時の水温も，ジュラ紀が温暖で湿潤な気候であったことを示している。

　ジュラ紀の陸上には，カマラサウルス，アパトサウルス，セイスモサウルスなどの体長が 20 m 前後から 30 m をこすような巨大な恐竜類が出現した。これらは，歯のつくりなどから植物食であったことがわかっており，これらの恐竜類がくらしていけるだけの多量の植物が生育していたと考えられる。

C　中生代の地球環境

❶**酸素濃度が低く温暖な中生代**　ジュラ紀には酸素濃度は低下し，白亜紀に入ってから増加に転じた(図 27 ②)。二酸化炭素は三畳紀後期からジュラ紀前期に増加しその後減少するが，白亜紀前期にはまた増加し(図 27 ①)，白亜紀中期には温室地球として知られる温暖な状態であった。[*1]

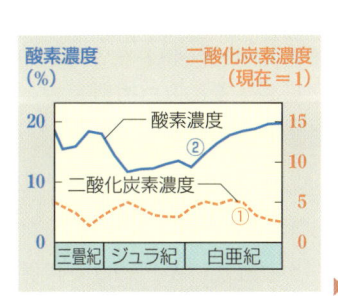

図 27　中生代における酸素と二酸化炭素の濃度変化

*1) 今の海底の水温は 2 ℃〜 4 ℃であるが，白亜紀の中期〜後期には 10 ℃を超えていたことがわかっている。海表面の水温も 30 ℃を超すことがあった。

冥王代	始生代	原生代	古生代			
			カンブリア紀	オルドビス紀	シルル紀	デボン紀

植物食の恐竜類に対し、鋭い肉食用の歯をもった恐竜類としては、体長10m前後のアロサウルス(図28)が出現した。また、初期の哺乳類としては体長数cmから30cmくらいの小さな仲間がいた。

ティラノサウルス（白亜紀）（体長 11.3m）

アロサウルス（ジュラ紀）（体長 8.7m）

図28　中生代の恐竜類 (提供：福井県立恐竜博物館)

このような時代に恐竜類が大繁栄し、ジュラ紀の末ごろに恐竜類から鳥類が進化してきた。恐竜類は、特に骨盤の構造から鳥盤類と竜盤類に二分されている。このうち、竜盤類の獣脚類の一部の系統から羽毛恐竜[*1]

*1) 近年、羽毛の生えた恐竜や鳥類とされるものが、中国の白亜紀前期の地層から数多く産出し、恐竜のいくつかの異なる仲間で羽毛が進化したと考えられている。

鳥類は、酸素の乏しい空の高いところでも飛んで行くことができる。これは、呼吸器と呼吸の仕方が哺乳類とは異なり、効率的にできているためである(図29)。そして、鳥類を生み出した恐竜類の骨格を調べると似た構造をもったものがいたこともわかってきた。

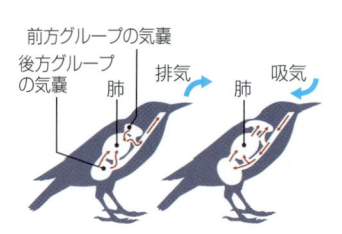

図29　鳥類の気囊システム
鳥類は肺の前後に気囊とよばれる袋をもっており、気囊を膨らませたり縮めたりして吸排気を行う。これによって空気は肺を一方向に通るので、酸素と二酸化炭素が混ざることがない。

酸素が極めて乏しいジュラ紀に恐竜が繁栄できたのはこのような構造によるかもしれないが、恐竜から進化した鳥類はこの呼吸器系を有することにより、酸素の乏しい時代を生き抜き、今も高い空を飛ぶことができる。

❷白亜紀の無酸素事変と大量絶滅　白亜紀は末期を除いて、全時代を通じて酸素濃度は増加傾向にあった。また、二酸化炭素濃度は現在より高かったことが知られている。白亜紀はおよそ8000万年間続いた。その

古生代			中生代			新生代		
石炭紀	ペルム紀	三畳紀	ジュラ紀	白亜紀	古第三紀	新第三紀	第四紀
		2億100万年前	1億4500万年前	6600万年前			

が生じ，さらに鳥類が誕生した（図30）。

ジュラ紀の海には三畳紀末に絶滅したセラタイト類アンモナイトとは別の仲間のアンモナイト類が大繁栄をした。

❸**白亜紀：温暖化の影響** 白亜紀の海には，何度も絶滅したアンモナイト類をはじめ，二枚貝類の**イノセラムス**（p.244 図32）類や**トリゴニア**（p.244 図32）類が繁栄した。しかし，かたい殻でも砕くことのできる歯や顎をもった魚類やエビ，カニの仲間，二枚貝の殻に孔をあけて食べる巻貝などが進化して繁栄した。

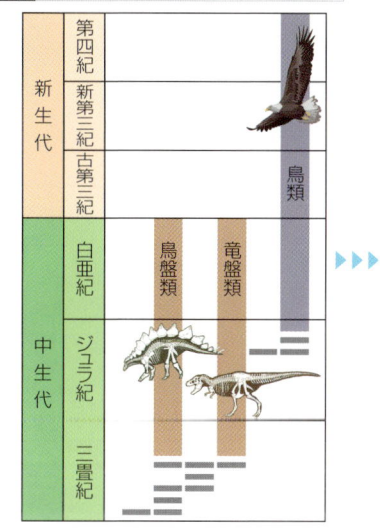

図30　恐竜類の進化と系統

初期の2000万年間ほどは北極には氷河があり，南極大陸には氷床があったことが，氷河によって運搬された堆積物などからわかっている。しかし，その後，温暖となった。なかでも白亜紀中期に最も温暖であり，地質時代を現在から遡って直近の最も温暖な時代であったことがわかっている。この温暖な時代に，海洋では無酸素事変が何度も発生したことがわかってきた（図31）。地球の歴史から見ると極めて短い期間に，大気の二酸化炭素濃度が変わり，気温が変わり，海洋の循環が変化し，海中の酸素の供給が停止して多くの海生生物が絶滅した。

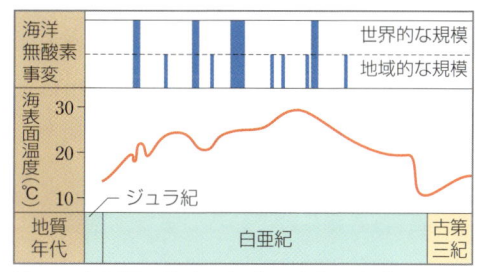

図31　白亜紀の海表面温度の変化と海洋無酸素事変

*2) 白亜紀中期に発生した海洋無酸素事変は，カリブ海とマダガスカルで大規模な玄武岩の噴出があったことが原因であることがわかった。このときに，およそ10万トンの二酸化炭素が放出されたと推計されている。この結果，海底には黒色頁岩が堆積したが，この期間は35万年から80万年間であったと見積もられている。

第1章　地球環境の変遷と生物の変遷

冥王代	始生代	原生代	古生代			
			カンブリア紀	オルドビス紀	シルル紀	デボン紀

　その結果，海底の堆積物中に完全に身を隠すことのできないトリゴニア類などの二枚貝類はやがて絶滅した。フタバスズキリュウのような海生は虫類も各地にいた。
　このような温暖な気候条件のもとで，陸上では花を咲かせる被子植

図32　中生代の二枚貝の化石

図33　被子植物の化石

　白亜紀は，地球システムに由来する地球環境の変動に加えて，決定的な出来事があった。直径10 kmほどの小惑星がユカタン半島の東方に衝突したことである。小惑星の衝突で，大地震，続いて津波が生じ，小惑星は粉々に粉砕され，クレーターの岩石も秒速数 kmの速度で噴出したと考えられている。また，衝突により発生した熱で蒸発したり溶融した物質も噴出したと考えられる。
　岩石の塵は太陽放射を遮蔽し，植物は光合成ができなくなった。海洋の食物連鎖の基本となる植物プランクトンが絶滅したため，より高次の植物食者，動物食者も絶滅した。また，生物ポンプ（→p.227）も停止し，地球の元素循環の1つである炭素循環に変動が生じた。陸上でも光合成が抑止されたために植物の多くが枯死し，動物にまで絶滅が及んだ。科レベルでの絶滅率は66％という見積もりがある。
　陸上の裸子植物，被子植物が被害を受けたあとには，太陽放射の回復とともにシダ植物がまず回復し，徐々に草原，森林が回復した。

244　第5編　地球の環境と生物の変遷

古生代			中生代			新生代		
石炭紀	ペルム紀	三畳紀	ジュラ紀	白亜紀		古第三紀	新第三紀	第四紀
				1億4500万年前	6600万年前			

物（図33）が繁栄した。恐竜類は白亜紀にも繁栄し，例えば植物食のイグアノドンの仲間の化石は世界の各地から産出している。また，白亜紀後期に出現したティラノサウルス（p.242図28）は大きいものは体長が13 mもあり，最大級の肉食恐竜である。

コラム　中生代末：巨大隕石の衝突

　白亜紀を特徴づけた代表的な古生物のうち，陸上の恐竜類，海中のアンモナイト類，ベレムナイト（矢石）類は，6600万年前にすべての仲間が絶滅した。このほかにも，海生は虫類，腕足動物類，浮遊性有孔虫類，石灰質ナノプランクトンの仲間が多数絶滅した。浮遊性有孔虫類では56 %，石灰質ナノプランクトンでは85 %という種の絶滅率が推定されている。

図A　ベレムナイトの化石
（提供：北海道大学総合博物館）

　このような大量絶滅は，巨大な隕石の衝突が引き起こした地球環境の変動が原因であると考えられている。これまでの研究で，6600万年前に直径10 kmほどの隕石がユカタン半島付近に落下したことがわかった。ユカタン半島付近には，隕石の衝突によりできた直径180 kmほどのクレーターが発見されている。

図B　ユカタン半島のクレーター

隕石には，地球の地殻よりも高い含有率でイリジウムなどの元素が含まれており，そのような隕石の粉々になった粉末や，クレーターから飛び散った岩石の粉などが世界の各地で発見されていて，境界粘土層とよばれる。中生代白亜紀と新生代は，この境界粘土層で区切られている。隕石の衝突で舞い上がった岩石の粉は，太陽放射をさえぎり，植物は光合成ができなくなり，多くの植物が枯死し，その結果多くの動物も絶滅に至ったと考えられている。

冥王代	始生代	原生代	古生代			
			カンブリア紀	オルドビス紀	シルル紀	デボン紀

D 新生代

❶古第三紀:哺乳類の時代 気候の変化の激しかった新生代であるが，初期の温暖な時代には哺乳類，鳥類，被子植物が新しい環境に大きく発展し，その後も進化が続いた。初期の温暖な気候の時代の海底には大形の有孔虫類がすみ，その形と大きさから**カヘイ石(ヌンムリテス)**(p.222図4)とよばれる。陸上には，体長が4mをこすブロントテリウム(図35)などの哺乳類も知られている。ウマの仲間はこのころから，指の構

D 新生代の地球環境

❶温暖な気候から寒冷な気候へ 6600万年前の大量絶滅後，新生代になると，二酸化炭素の濃度は低下の傾向に，酸素の濃度は上昇の傾向(p.233図16)にあった。

古第三紀初期の温暖な時代の中で，暁新世・始新世境界に突然急激な温暖化が生じ，高緯度の表層水温は8℃も上昇した[*1)]。始新世初期は新生代で最も温暖化が進行した時代であり，北極や南極でも針葉樹や広葉樹の森林が形成された。この温暖化は，北半球高緯度地域では北アメリカ・グリーンランド・スカンジナビアが陸続きとなったために北大西洋の冷水塊が南下を妨げられたことによって促進された(図34(a))。また，南半球では**赤道還流**の一部が南極大陸まで到達し南極大陸を温めていたことが温暖化を促進した。

ところが，始新世中期頃になると大陸の移

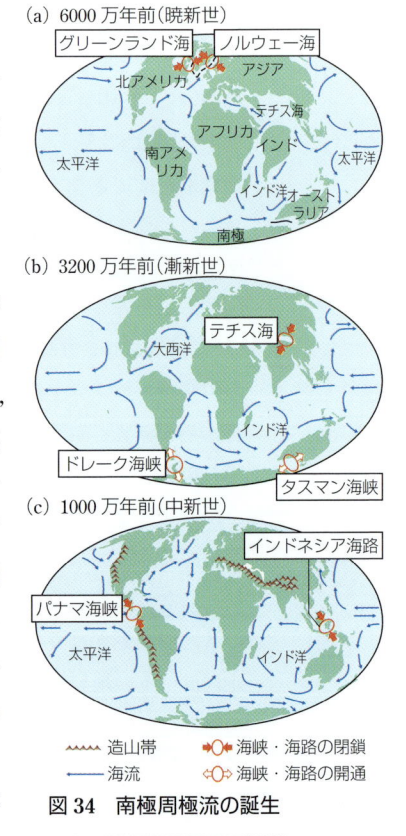

図34 南極周極流の誕生

---

*1) この温暖化の原因として，炭素同位体比の変動のパターンからガスハイドレートが噴出したという見解がある。

古生代		中生代			新生代		
石炭紀	ペルム紀	三畳紀	ジュラ紀	白亜紀	古第三紀	新第三紀	第四紀
					6600万年前	2300万年前	

造が，より走りやすい形に進化していった。

　3400万年前ころには，海水温が急激に低下した。その結果，古生物群の分布域が変化しただけでなく，植物をはじめ，哺乳類，海生動物の種類も大きく変化した。

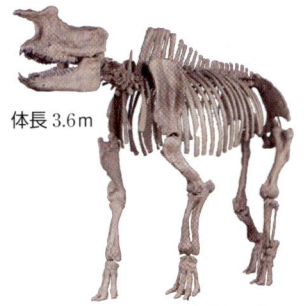

体長3.6m

図35　古第三紀の哺乳類ブロントテリウム
（提供：福井県立恐竜博物館）

動により赤道海域が狭められて，地球全体を巡っていた赤道還流が分断された（図34(b)）。さらに，漸新世までに南アメリカやタスマニアと南極大陸をつないでいた陸地が切れて海峡が形成されたために**南極周極流**（なんきょくしゅうきょくりゅう）が誕生した（図34(c)）。この南極周極流の形成によって，既に分断されていた赤道還流は南極大陸に近づくことができなくなり，南極大陸は冷却し，漸新世前期には氷床が形成された。この氷床から冷たい深層流が流れ，地球全体の温度を低下させた。漸新世の後期までには北半球の北アメリカ・グリーンランド・スカンジナビアをつなぎ冷水塊の南下を妨げていた陸地はなくなり，冷水塊が南下を始めた。

　酸素同位体比から復元される古水温を見ると，5000万年前の始新世前期と中期の境目付近から地球の寒冷化が始まった（図36）。

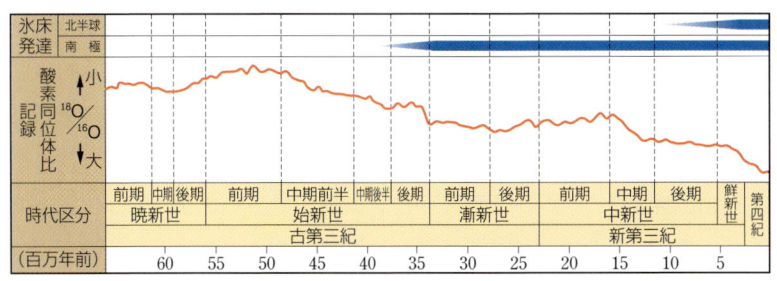

図36　新生代の総合化した酸素同位体比記録と氷床の発達
氷床の発達はそれぞれの地域で，氷山で運ばれた海底の堆積物の存在から推定したもの。酸素の安定同位体 ^{18}O と ^{16}O の量比の変動は，過去の気温の変動を表している。$^{18}O/^{16}O$ が大きいほど寒冷な気候であったことを示す。

第1章　地球環境の変遷と生物の変遷

冥王代	始生代	原生代	古生代			
			カンブリア紀	オルドビス紀	シルル紀	デボン紀

❷新第三紀：哺乳類と人類の発展

当時の太平洋沿岸には，哺乳類のデスモスチルス（図37）がおり，日本の各地で化石が産出している。

インド亜大陸は中生代から北に向かって移動していたが，新生代になってユーラシア大陸に衝突し（→p.104），ヒマラヤ山脈の隆起が続いた結果，アジア大陸内部の乾燥化が進んだ。地球の気温の低下とあいまって，1200万年前以降には広大な草原が広がった。このような所にはイネの仲間の植物が繁栄し，これらを食べるのに適した歯をもったウマ，ラクダなどを含む有蹄類が発

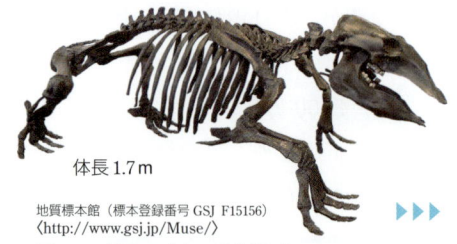

体長1.7m

地質標本館（標本登録番号 GSJ F15156）
〈http://www.gsj.jp/Muse/〉

図37 新第三紀の哺乳類デスモスチルス

日本の植生を見ると，始新世には亜熱帯林に似た常緑広葉樹林の組成であったが，漸新世になると現在の日本列島の温帯林に近い組成に変わる。古第三紀の間の温暖化や寒冷化の変化のおりおりには，海洋の二枚貝や巻貝などの軟体動物，有孔虫やケイソウなどの単細胞生物も絶滅するものがあった。

❷引き続く地球の寒冷化

大陸の移動によって生じた海洋の熱運搬の変化に由来する気温・海水温の低下は，中新世のヒマラヤ山脈の急速な上昇によって促進された。北上を続けていたインド亜大陸は，古第三紀始新世にはアジア大陸に衝突し（→p.104），ヒマラヤ山脈を形成し始めていた。土地が高くなれば風化・侵食も進む。風化・侵食は二酸化炭素の減少につながり（→p.227），温室効果の減少となるからである。

インド亜大陸のアジア大陸との衝突に加えて，アフリカ大陸，オーストラリア大陸も北上して，テチス海は消滅した。これにより，海洋，ひいては大気の循環の変動も生じ，全球的な温度の低下に影響した。同様に，拡大を続けていた大西洋で1500万年前ころの中新世中期には深

古生代		中生代			新生代		
石炭紀	ペルム紀	三畳紀	ジュラ紀	白亜紀	古第三紀	新第三紀	第四紀
					6600万年前	2300万年前	260万年前

展した。

　最も古い人類の化石は、アフリカ中央部の約700万年〜600万年前の地層から産出したサヘラントロプスといわれる初期の猿人である。約370万年〜300万年前の地層からは、アファール猿人が発見されている。アファール猿人は、骨盤と足跡の化石から二足歩行をしていたと考えられ、原人の先祖と考えられている。しかし、それより古い猿人との関係はわかっていない。

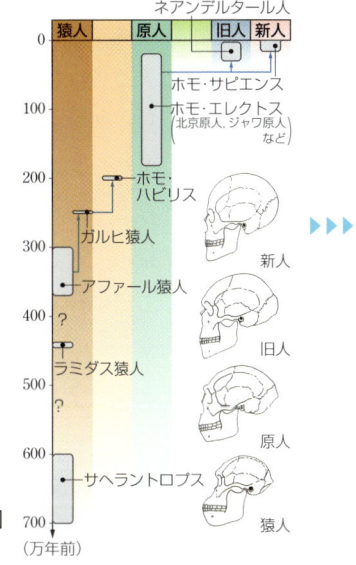

図38　人類の系統図

層水の循環が始まり、南極付近で湧昇し降雪量を増大させた。その結果、現在と同程度の氷床が発達し、アルベド(→p.394)が増加した。

　陸上では、さまざまな気候条件の変動が原因で、およそ700万年前の中新世後期ころから、強い日射、高温、水分の供給の少ない環境に強い植物が進化し、世界各地で繁栄するようになった。

　鮮新世末期には中央アメリカのパナマ海峡が南アメリカの北上により閉鎖し、カリブ海の温暖な海水が太平洋に流れなくなった。このことも地球規模の寒冷化を促進したと考えられている。

❸**第四紀の氷期・間氷期とミランコビッチサイクル**　大陸を広くおおう氷河(**氷床**という)が広い範囲に分布した寒冷な時代を**氷期**という。また、地球全体が温暖となり、現在のように氷床が南極とグリーンランドだけに縮小した時期もあった。この時期を**間氷期**という。

　パナマ海峡が閉鎖した今から270万年前ごろ以降は全球的に寒冷化の特徴は顕著となった。やがて、氷期・間氷期のくり返しが恒常的となった。そこで、今から259万年前から第四紀が始まると定義された。

冥王代	始生代	原生代	古生代			
			カンブリア紀	オルドビス紀	シルル紀	デボン紀

猿人の化石は，おもにアフリカ東部から産出し，アフリカ東部が人類発祥の地とする考え方がある。それは，約1000万年前から，プレートの運動により，アフリカ東部に大西洋からの偏西風（→p.117）をさえぎる山脈ができたことと関係があるという。山脈ができたことで偏西風がさえぎられるようになり，山脈の東側では乾燥化が進み，熱帯雨林が減少して，草原が拡大した。こうした中で，樹上生活をしていたそのころの人類が，二足歩行で歩き始めたらしい。

約250万年前の，アファール猿人の子孫のガルヒ猿人は，石器を使用していたと考えられている。ガルヒ猿人の子孫が，ホモ・ハビリスであると考えられている。ホモ・ハビリスは，古い猿人と新しい**原人**の中間で，後期の原人であるホモ・エレクトスへ進化した。百数十万年前に，ホモ・エレクトスはアフリカを出て，ユーラシア大陸の中東から東南ア

第四紀の気候変動の特徴は，このように寒暖のほぼ周期的なくり返しが数万年〜10万年という時間尺度で生じたことである（図39）。

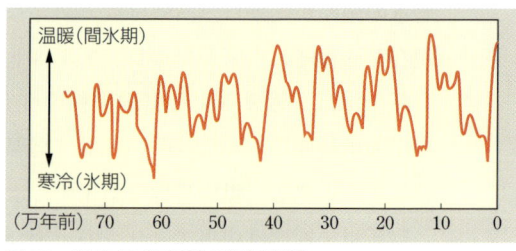

図39 過去70万年間の気候変動

この原因は，地球の軌道要素の周期的な変動（**ミランコビッチサイクル**）によると考えられており，過去70万年では，10万年周期が卓越している。

さらに詳しく見ると，およそ1500年〜3000年の不規則な間隔で，数10年の間に気温が10℃も上昇し，その後数100年寒冷気候が続くという気候変動が何度も生じていたことがわかった。研究者の名前にちなんでこれを**ダンスガード・オシュガー・サイクル**（図40）とよぶ。最終氷期の5万8000年余りの間に25回の急激な気温上昇がわかっている。

今からおよそ1万3000年前に，地球が温暖化する途中にヨーロッパ

古生代		中生代			新生代		
石炭紀	ペルム紀	三畳紀	ジュラ紀	白亜紀	古第三紀	新第三紀 2300万年前	第四紀 260万年前

ジア周辺に分布を拡大したことがわかっている。**ホモ・サピエンス**（新人）は，旧人のネアンデルタール人とどのような関係であったかは多くの意見があり，進化の歴史についてはよくわかっていない。

❸**第四紀：氷期・間氷期のくり返しと人類の繁栄** 第四紀では，1万1700年前には温暖化し，最後の氷期が終わり，現在まで温暖な気候が続いている。第四紀の東アジアにはナウマンゾウがいた。ユーラシア大陸を中心とした寒冷な地域にはケナガマンモスがいた。

更新世後期にはマンモス，マストドン，オオナマケモノ，サーベルタイガーなどの大型哺乳類が絶滅したが，気候変動と人類の活動とどちらが原因であるかはよくわかっていない。

人類は最後の氷期が終わると，農耕と牧畜を始め，その数は爆発的に増え，全地球へ分布を広げた。

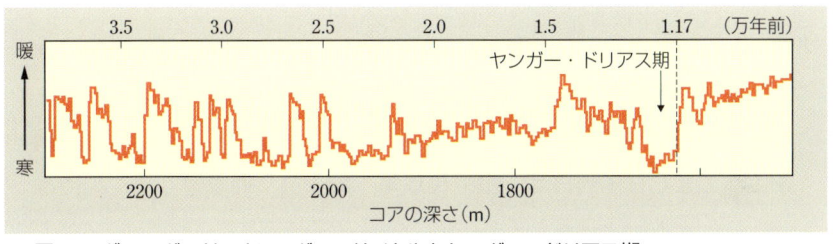

図40　ダンスガード・オシュガー・サイクルとヤンガー・ドリアス期

が突然寒冷化する出来事が発生し，この寒冷期が1000年間ほど続いた。この期間を**ヤンガー・ドリアス期**（図40）とよび，この終了の1万1700年前以降が完新世である。この突然の寒冷化は，衰退していたローレンタイド氷床の融氷水の流路が，それまでのミシシッピー川からセントローレンス川に変化し，北大西洋に大量の淡水が供給され，熱塩循環（→p.160）が停止，あるいは弱体化したためであると説明されている。

なお，最終氷期に東アジアとシベリアには永久凍土は発達したが大陸氷河はほとんど発達しなかったので，当時の古生物の生存地であった。

第2章 日本列島の成り立ち

三波川変成岩（埼玉県秩父市長瀞）

日本列島は最大の大陸と最大の海洋に挟まれた島弧として発達してきた。それは帯状の地体構造の中に保存された地質の層序や構造の解析によって，プレートの運動の結果として明らかにされてきた。ここでは，日本列島の成り立ちがどのような大小構造として理解されるかを，総合的にみていくことにしよう。

1 | 日本列島の地体構造

A | 日本列島の位置と特徴

　日本列島は，最大の大陸であるユーラシア大陸と最大の海洋である太平洋の間に位置する島弧（図41）として，現在もプレートの沈みこみや，島弧の衝突を受けている（→p.70）。明治時代以降多くの人々によって調査されてきた日本列島は，古生代以降，約4億年間を通して，大陸縁

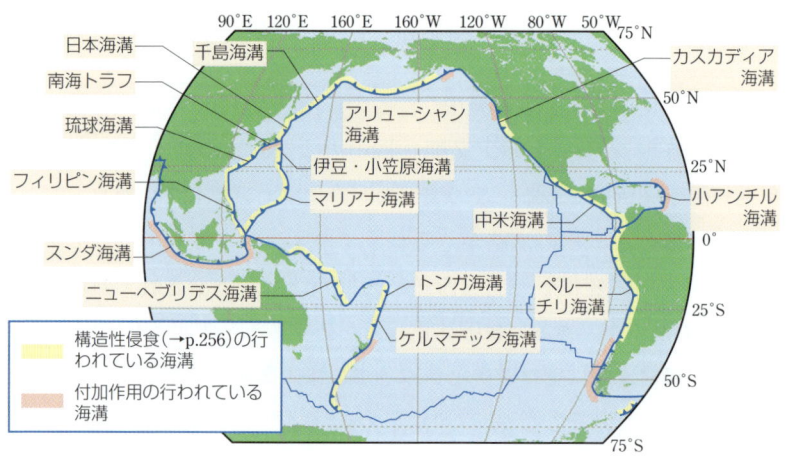

図41　太平洋を中心とする現在の主要な沈みこみ帯（海溝）の分布

でのプレートの沈みこみ作用を受けた島弧と海溝（島弧—海溝系という）の地質作用の産物から主として成り立っていることが明らかにされた。図42は，沈みこみ帯に見られる地質作用の基本を，白亜紀の西南日本を例として示したものである。深部での島弧に特徴的な火成活動や地表近くでの堆積作用や付加作用（→p.256），深部での変成作用など関連していることがわかるだろう。

図42　白亜紀の西南日本を例とした島弧—海溝系の地質作用
島弧の火成作用（火山作用と深成岩の貫入）および海溝付近の堆積作用で特徴づけられる。また，深部では，変成作用が起きている。

B　日本列島の地体構造

図43は，これまでに区分された日本列島の特徴的な岩石の分布を示したものである。

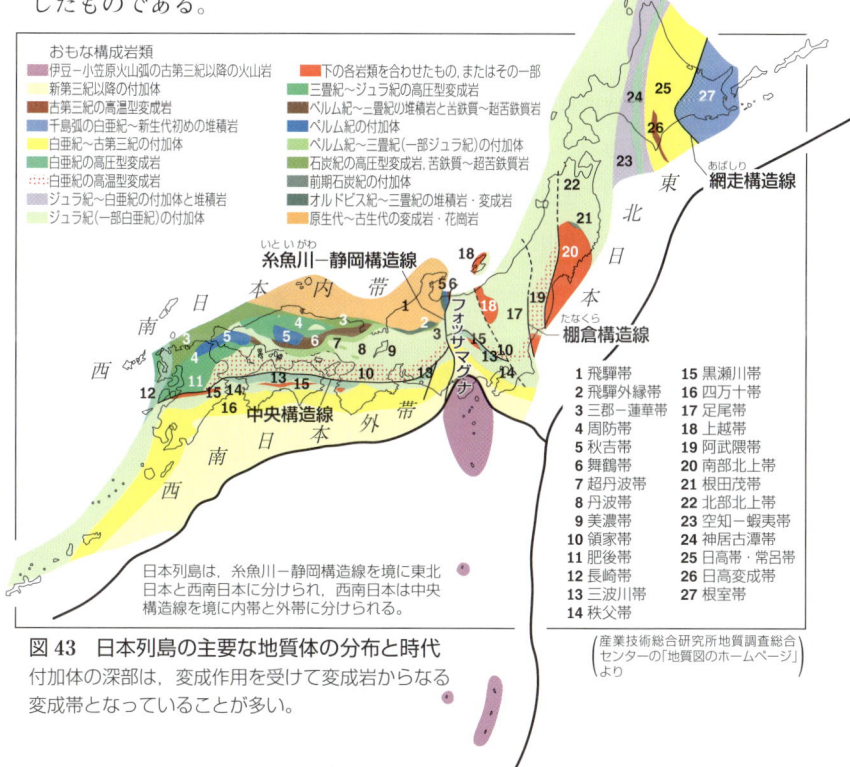

図43　日本列島の主要な地質体の分布と時代
付加体の深部は，変成作用を受けて変成岩からなる変成帯となっていることが多い。

日本列島は，糸魚川－静岡構造線を境に東北日本と西南日本に分けられ，西南日本は中央構造線を境に内帯と外帯に分けられる。

（産業技術総合研究所地質調査総合センターの「地質図のホームページ」より）

おもな構成岩類
- 伊豆—小笠原火山弧の古第三紀以降の火山岩
- 新第三紀以降の付加体
- 古第三紀の高温型変成岩
- 千島弧の白亜紀～新生代初めの堆積岩
- 白亜紀の付加体
- 白亜紀～古第三紀の付加体
- 白亜紀の高圧型変成岩
- 白亜紀の高温型変成岩
- ジュラ紀～白亜紀の付加体と堆積岩
- ジュラ紀（一部白亜紀）の付加体
- 下の各岩類を合わせたもの，またはその一部
- 三畳紀～ジュラ紀の高圧型変成岩
- ペルム紀～二畳紀の堆積岩と苦鉄質～超苦鉄質岩
- ペルム紀の付加体
- ペルム紀～三畳紀（一部ジュラ紀）の付加体
- 石炭紀の高圧型変成岩，苦鉄質～超苦鉄質岩
- 前期石炭紀の付加体
- オルドビス紀～三畳紀の堆積岩・変成岩
- 原生代～古生代の変成岩・花崗岩

1 飛騨帯
2 飛騨外縁帯
3 三郡－蓮華帯
4 周防帯
5 秋吉帯
6 舞鶴帯
7 超丹波帯
8 丹波帯
9 美濃帯
10 領家帯
11 肥後帯
12 長崎帯
13 三波川帯
14 秩父帯
15 黒瀬川帯
16 四万十帯
17 足尾帯
18 上越帯
19 阿武隈帯
20 南部北上帯
21 根田茂帯
22 北部北上帯
23 空知－蝦夷帯
24 神居古潭帯
25 日高帯・常呂帯
26 日高変成帯
27 根室帯

糸魚川－静岡構造線
棚倉構造線
網走構造線
中央構造線
フォッサマグナ
内帯　外帯
東北日本　西南日本

これによってわかるように，列島の並びの方向にほぼ平行に，いくつかの変成岩や火成岩，堆積岩からなる帯状の構造(付加体を含む)が並んでいる。それらの境界の多くは，断層である。断層は，かつてのプレートの境界(沈みこみや衝突の)であったり，花崗岩の境界であったりするが，帯状構造を切って発達する断層は，日本海の形成時(→p.265)(新第三紀中新世)につくられたものであることも多い。

　これらの断層の多くは，構造線，構造帯などとよばれることもある。領家帯と三波川帯の境界の**中央構造線**，秩父帯の中ほどの**黒瀬川構造帯**などである。また中部日本を南北に横切る**フォッサマグナ**[*1)]は，中新世のころの日本海が拡大したときに，東西日本が分断されたところへ伊豆島弧が割って入って形成された複雑な帯である。その西側の境界は，多くの所で活断層となっている(→p.265)。

　日本列島の地体構造から読み取れることは，以下のようなことである。

　中古生代の，ユーラシア大陸のへりでのプレートの沈みこみ作用に伴って形成された付加体(→p.256)やその深部の変成岩や火成岩が，日本列島の広い部分を占めている。沈みこみ作用は古生代にもあったが，現在残る地質体の大半は，ジュラ紀から白亜紀の時代に頂点に達した広範な変成作用，火成作用，構造作用によってできたものである。古生代から中生代の地層は変形・変成し，また花崗岩の貫入を受けた。その作用は，次第に外側(太平洋側)へ新しくなり，新生代にまで続いている。

　新生代の中ごろから，日本列島は，日本海[*2)]の形成と拡大の影響を受けて，大陸から切り離された(図44)。それとほぼ同時に，伊豆・マリアナ島弧が，現在の位置にやってきて，フィ

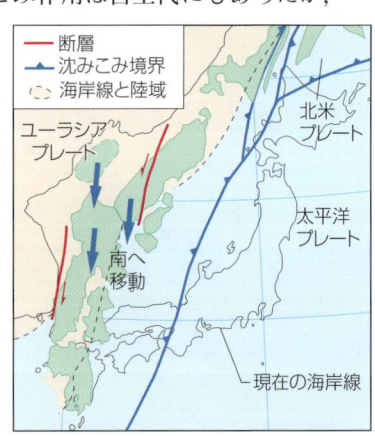

図44　日本の列島化(3000万年前の日本列島)

古第三紀から新第三紀にかけて大陸縁に断層運動があり，日本列島や現在日本海にある大陸地殻の断片が，南へ移動した。こうして日本列島は大陸から切り離され，日本海の拡大が始まった。

リピン海プレートの北上に伴って北へ向かって衝突を開始し，現在も続いている(→p.266参考)。また，北海道は，白亜紀から新生代にかけて，オホーツク海側からの沈みこみと島弧の衝突を受けて，独自に発達した。

C 日本列島の地質断面

　地質断面を考えることによって，このような地体構造が立体的にどのようになっているかを知ることができる。最近の研究によると，帯状構造を決める断層は，鉛直に近い断層もあるが，もともとは低角の変位量の大きい逆断層(衝上断層ともいう)で，それぞれの地質体は大陸側から海洋側へ長距離移動(数10 km〜100 kmに及ぶ)してきたことがわかった。このような低角の逆断層によって，長距離移動してできた構造を，ナップ構造という(図45)。このような構造運動は，少なくとも古生代後期から，現在の南海トラフでの付加体の形成まで，おおよそ続いている。

　過去の日本列島の形成史を理解するには，現在の日本列島や世界の類似の地域の地質作用や地質構造発達史を理解し，それらを相互に比較検討する必要がある。そこで，以下には，海洋プレートの沈みこみ作用によってどのような地質作用が行われているかを，陸上と海洋の地質調査の結果に基づいて検討しよう。

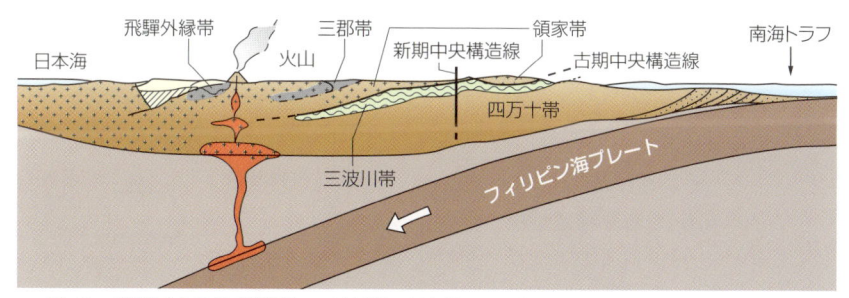

図45　西南日本の地質断面　三波川帯，領家帯，三郡帯，四万十帯など西南日本の主要地質体は，低角の逆断層で区切られ，ナップ構造となっている。中央構造線は，白亜紀のころに領家帯と三波川帯との境界の逆断層として形成された(古期中央構造線)。その後何度も変位しているが，新第三紀から第四紀にかけて，横ずれ断層として再活動した(新期中央構造線)。

*1)　フォッサマグナは「大地溝帯」という意味で，明治時代初期に来日したドイツの地質学者ナウマンによって名づけられた。

*2)　日本海のように，大陸の縁にあって島弧と大陸の間や，琉球弧の背後(西側)にできた海盆を縁海という。

D　広域変成作用と日本列島

　沈みこみ帯では，非対称の地温勾配となっている（→p.100）。そのため，海溝近くでは低温高圧型の，一方，島弧の火山前線の近くでは，高温低圧型の変成作用が常時行われている。それらが何らかの要因で上昇すると，変成帯が形成される。現在でも，日本列島の地殻の内部では，そのような作用が続いていると考えられる。白亜紀における速度の速いプレートの沈みこみや，海嶺の沈みこみなどによって，それらの変成帯が形成され，またその後の上昇によって，地表近くに現れた。同時に，沈

参考　海洋プレートの付加と日本列島

　世界の主要な沈みこみ帯とその外側の海洋プレートでのボーリング調査に基づく研究によって，海洋プレートが沈みこむ所では，海溝に集積した海洋プレート層序（図C）と，海溝にたまった厚い混濁流堆積物（→p.190）が，あたかもブルドーザーのように，逆断層でかきあげられて（図A），大陸側へ付け加わっていることが解明された（このような作用を付加作用という）。また，ある場合には，付加が行われずに，海溝の陸側の地質体が沈みこむプレートとともにもち去られることもある（これを構造性侵食という）。前者のような付加作用は，現在，南海トラフ周辺で行われており，一方，後者のような構造性侵食は，日本海溝で行われている（図B）。

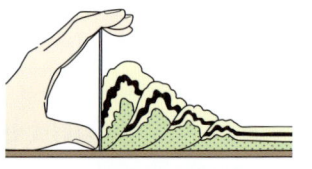

図A　付加体形成の簡単実験
チョークの粉や小麦粉，ココアの粉などを敷きつめてそれを押す。

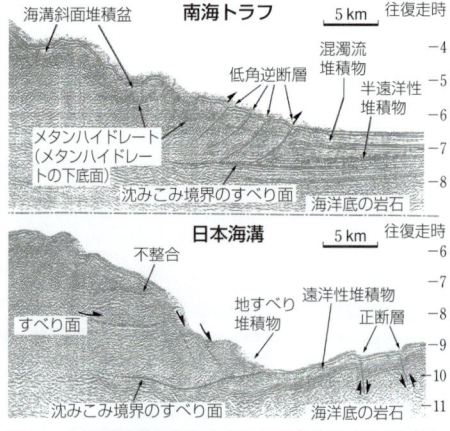

図B　付加作用の行われている南海トラフと構造性侵食の行われている日本海溝の音波探査断面

みこみや上昇に伴って，堆積岩や火成岩が，変成・変形を受けて，急速に上昇したために，それらを礫や砂として含む厚い堆積物が，白亜紀を中心として分布している。

　実際は，変成岩のもととなった堆積岩や火山岩が，どのような条件で（温度，圧力（深さ）），いつの時代に変成作用を受けて，上昇して，地表に現れたか，またその証拠として，変成岩からなる礫岩がいつの時代にどの地層にもたらされたかを調査する必要がある。最近の研究により，そのような地史やテクトニクスが詳しく明らかにされた。

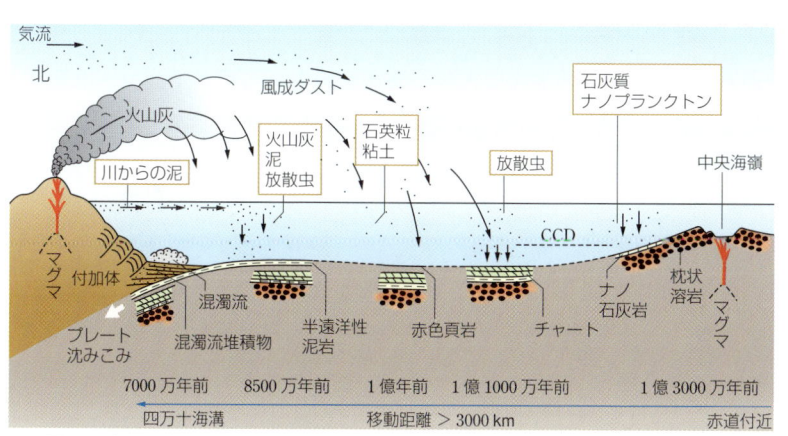

図C　白亜紀後期四万十帯の形成過程
図は，時間とともに海洋プレートの1地点を追う形でつくられている。海溝にやってきた海洋プレートの，枕状溶岩とその上に堆積した地層を海洋プレート層序という。

　付加作用で形成された過去の付加体は，日本列島では，ペルム紀，ジュラ紀，白亜紀から新生代と，大陸側から海洋側へ次々と新しくなるように，配列している。これらには，ところどころに海洋プレートの上に発達した海山とその上の石灰岩（しばしば礁性である）や，放散虫チャートが含まれている。そうした堆積物に含まれる微化石の対比（→p.209）によって，古生代から中生代に現在の太平洋の位置にあった，パンサラッサ海（p.261 図50）という海洋にたまった堆積物が付加していることがわかった。

第2章　日本列島の成り立ち　257

2 日本列島の生い立ち

今日の日本列島ができるまでには，大陸の衝突や分裂の運動，いくつもの海洋プレートの運動が関わっている（図46）。

複雑そうに見える日本列島の地体構造図（p.253 図43）だが，一般に，日本海側に古い岩石が，太平洋側により新しい岩石が，しかも帯状に配列していることを学んだ。現在は4つのプレートが接するという，世界でも類例を見ないところとなっている。日本列島はどのようにしてできたのだろうか，ひもといてみよう。まずは，最も古い岩石に着目して，その誕生と成長の歴史を見ることにしよう。

A 大陸の始まり

今から40億年前の始生代に入り，海洋が誕生し，やがてプレート運動が始まり，27億年前ころには島弧どうしの衝突・合体をへて大陸が誕生したと考えられている。25億年前の原生代以後には数回にわたり大

年代（億年前）	隠生累代			顕生累代			
	原生代（後期）		古生代		中生代		新生代
	7　　6	5	4	3	2　　1	0	−1　　−2

日本列島史における主要事件と時代区分	1. 誕生 太平洋の出現	2. 成長開始 最古の化石	3. 大陸衝突 （南中国・北中国地塊）	4. 島弧化 日本海出現	5. 成長停止 オーストラリア衝突	6. 同化・消滅 北アメリカ衝突
	Ⅰ. 大西洋型（受動的）大陸縁の時代	Ⅱ. 太平洋型（活動的）大陸縁の時代（大陸地殻の純増：造山運動）島弧時代				Ⅲ. 大陸化の時代

主要地質帯の形成：前弧オフィオライト（→p.247）／付加体／高圧型変成岩／花崗岩

野母・大江山／黒瀬川／蓮華 520-470 440-400／秋吉・美濃・丹波 秩父 周防 280-250 240-210 190-150／飛騨／三波川 110-90／四万十 60 30 15

R：海嶺の沈みこみ（→p.249 脚注❶）（単位は百万年前）

| 海洋プレート | ノモ | レンゲ | ファラロン | イザナギ | クラ | 太平洋 | フィリピン海 |

| 超大陸・超海洋 | ロディニア 拡大 | ゴンドワナ | イアペタス海・テチス海 | パンゲア | 大西洋・インド洋 拡大 | アメイジア |
| | ミロビア海 | 古太平洋 | | パンサラッサ海 縮小 | 太平洋 | |

スーパープルーム：★太平洋　★アフリカ　★

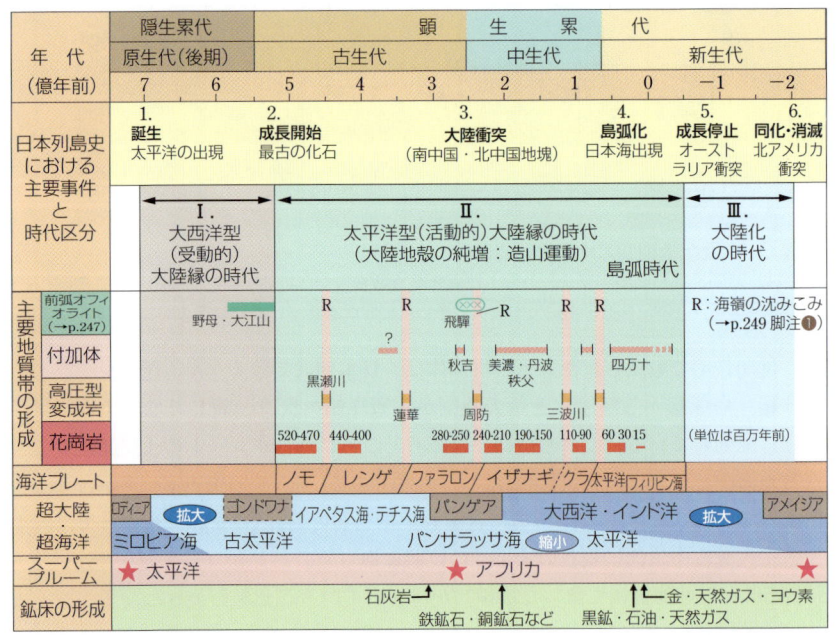

鉱床の形成：石灰岩／鉄鉱石・銅鉱石など／黒鉱・石油・天然ガス／金・天然ガス・ヨウ素

図46 日本列島の生い立ち 日本列島は，大陸縁，島弧の時代を経て，将来は大陸となると考えられている（→p.259〜270）。

陸の分裂，衝突による合体がくり返した。およそ13億年前から7億年前頃のロディニア超大陸（図47）には，現在のユーラシア大陸をつくっているインド，北中国，南中国，シベリアなどの地塊が既にできていた。このロディニア超大陸にあった南中国地塊のあたりで形成されたと考えられる岩石が，現在の日本列島の飛騨帯の変成岩類の中に残されている。[*1)]

今から7億年前ころに，ロディニア超大陸の下に太平洋スーパープルームが上昇し，大陸地殻が引き延ばされてリフト帯[*2)]が形成された。日本列島の最初の岩石はこのようなところに形成

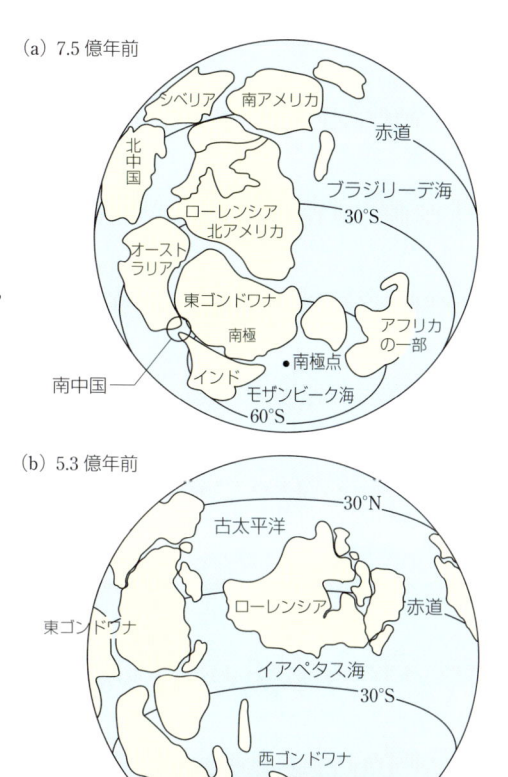

(a) 7.5億年前

(b) 5.3億年前

図47 ロディニア超大陸の形成と分裂

された。それらは，今では岩片として，次に述べる飛騨帯や隠岐帯の変成岩類の中に取り込まれている。リフト帯は両側へ拡大するとともに海洋地殻を形成し，古太平洋が誕生した（図47）。

B 日本列島の始まり

日本列島の地体構造を構成する岩石の中で最も古いものは，日本海側にある飛騨帯を構成する岩石で，いずれも片麻岩，結晶質石灰岩，泥質結晶片岩などを主とする変成岩類からできている。放射年代を求めると，これまでに何回かの変成作用を受けてきたことがわかる。原岩の形成さ

---

*1) 飛騨帯と隠岐帯に分けることもある。
*2) 大陸とリソスフェアが，例えば上昇してきたプルーム等の押し広げる力により地殻とともに引き伸ばされ，アイソスタシーによって地表が帯状に沈降陥没したところを指す。

れた時代は原生代であると考えられている。よく似た岩石がアジア大陸の東の縁に分布している。1500万年前の新第三紀に日本海が誕生する前のことであるので，そのような岩石と，できたときには一続きであったのではないかと考えられている。また，およそ20億年前という放射年代を示す日本最古の片麻岩の礫が，岐阜県の丹波―美濃帯の上麻生礫岩層(図48)から知られている。この礫岩層の礫には，オルソクォーツァイト[*2)]も含まれている。

図48 上麻生礫岩 矢印が片麻岩の礫。(提供：名古屋大学博物館)

C カンブリア紀前後の岩石

ロディニア超大陸の分裂が進み，やがて6億年前ころにはゴンドワナ超大陸ができた。そのころ，南中国地塊は南半球の熱帯地方に移動しており，古太平洋側には今の日本列島の各地で見られる岩石が誕生していた。それらは，海洋地殻を構成する岩石である(図49)。長崎県，岡山県，岩手県などで点々と知られている。これらは古太平洋の海洋地殻をつくっていた岩石で，沈みこみ帯と大陸の間にあって取り残された岩石であったと考えられる。また，当時の大陸棚で形成された堆積岩や，沈みこみ帯で変成岩となり蛇紋岩[*3)]を伴って露出した岩体などが，飛騨外縁帯や阿武隈帯に分布している。

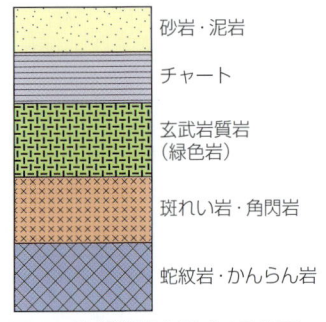

図49 海洋地殻を構成する岩石
このうち，下位から玄武岩質岩までの岩石のユニットをオフィオライトという。

(上から)砂岩・泥岩／チャート／玄武岩質岩(緑色岩)／斑れい岩・角閃岩／蛇紋岩・かんらん岩

---
*1) 丹波―美濃帯の地層は中生代であることに注意。
*2) オルソクォーツァイトは石英の粒子からなる砂岩の一種で，大陸の砂漠の砂が起源となってできるのが一般的と考えられている。
*3) 蛇紋岩とは，かんらん岩が海溝などで水と作用してできた岩石で，全体が灰緑色でまだら模様のことが多く，この名前がある。

D 古生代の日本

古生代カンブリア紀から石炭紀ごろの放射年代を示すオフィオライト(図49),沈みこみ帯の火成岩類,中央海嶺の沈みこみによる変成岩類など,さまざまな岩石が各地に分布している。

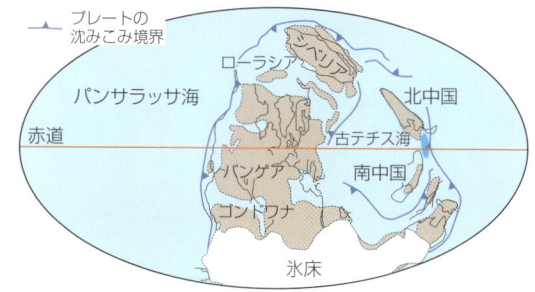

図50 古生代中期の古地理図
青い部分は,日本列島の一部が形成された場所。

これらは,南中国地塊の沖(図50)で形成された。

堆積岩類で最も古い地層からは,オルドビス紀のコノドント化石が産出している。付近からは,デボン紀前期の放散虫化石も得られている。いずれも陸棚堆積物で,放射年代と化石年代はよい一致を示している。

南部北上帯には,シルル紀からペルム紀中期におよぶ石灰岩が発達し,シルル紀からデボン紀のものはさんご石灰岩であるが,石炭紀やペルム紀のものには,サンゴのほかに腕足動物や紡錘虫を含む層状石灰岩(図51)も

図51 層状石灰岩(岩手県大船渡市)

ある。その動物群の構成は南中国で産出するものと同じものや,よく似たものである。このような層状石灰岩は,秋吉台石灰岩のようなさんご礁起源の塊状石灰岩とは区別される。

このように南中国地塊の縁に,およそ5億年前から3億年前ころに,日本列島の骨格が誕生したと考えられている。

およそ3億年前ころからのちのパンゲア超大陸の形成が始まった。この原因は,当時北半球でマントル内の大規模な下降流であるコールドプ

---

*4) 中央海嶺をつくるマントル対流の上昇の場所は固定されてはいないので移動することがある。新しくできた中央海嶺の拡大速度の違いなどにより,前からあった中央海嶺が移動し,ついには海溝から沈みこむこともあることが知られている。

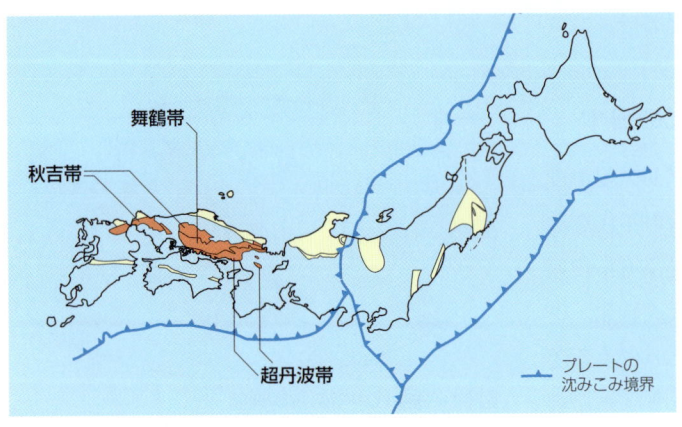

図52 ペルム紀付加体（赤色の部分）
黄色の部分は古生代以前に形成されていた付加体部分。

ルームの下降が始まり，古太平洋に散らばっていた大陸地塊を吸い寄せたからであると考えられている。この動きで，シベリア地塊周辺に北アメリカ大陸を形成し，南中国地塊や北中国地塊，さらに南半球にあったゴンドワナ大陸も衝突・合体しパンゲア超大陸が形成された。

　この間，日本列島の骨格は南中国地塊または北中国地塊とともに移動し，海洋地殻の沈みこみにより付加成長を続けた。秋吉帯のさんご礁石灰岩は海洋プレート上の海山列で発達し，のちに日本列島となる南中国または北中国地塊に付加したものである。[*1)] またその岩体の構造は，沈みこむ過程で崩壊し，さらに付加作用を受けたため，複雑になっている。付加した時代からペルム紀付加体（図52）とよばれる。現在見られる同様な現象としては，例えば日本海溝では第一鹿島海山や襟裳海山が沈みこみつつある。秋吉帯，舞鶴帯と超丹波帯の一部はこの時代に付加し，三郡帯の岩石（p.253 図43の3）はこの時代に変成を受けた付加体で，陸起源の堆積岩のほかに石灰岩，玄武岩，チャートを原岩とする低温高圧型変成岩である。このようにして日本列島の原型は海側に向かって成長を続けた。他方，北中国地塊と南中国地塊は，間を隔てていた海洋プレートが沈みこみによって消失し，二つの地塊は衝突して一つとなった。そこには中生代三畳紀に変成帯が形成され，表層からマントルに沈みこんで再び上昇してきた物質やもともとマントルを構成していた物質などの深部のものも押し出されており，地殻下部～マントル物質を調べるよい対象となっている。

*1) 北中国か南中国かは，学説により異なる。

古生代末には大量絶滅事変があった。日本列島には，この事変のときのようすを記録したチャートを主とする海洋沖合の地層(p.238 図 25)が各地で見られ，研究が進められている。

E 中生代の日本

　成長しつつあったアジア大陸の東の縁では，イザナギプレート(p.258 図 46)とよばれる海洋プレートが沈みこみを続け，海山や海洋底堆積物を運んだ。岐阜県の赤坂石灰岩や栃木県の葛生石灰岩はさんご礁石灰岩をのせた海山が衝突した例で，わが国に豊富な石灰岩資源を提供している。これらの海山を含めて丹波—美濃—足尾帯[*2)]はジュラ紀付加体(図 53)とよばれ，この時代に付加したものである。

　引き続きプレートはアジア大陸の東の縁に沈みこみ，白亜紀には中央海嶺も沈みこんだ。海嶺や海嶺から近い海洋プレートは温度が高い。このため，今の日本列島に広範囲にわたって，領家花崗岩類のほか高温型変成岩類の領家変成帯が形成された。領家帯の太平洋側には低温高圧型の三波川帯がある。

　ジュラ紀から白亜紀にかけて今の北海道では，オフィオライトと大量の蛇紋岩からなる高圧型変成岩の神居古潭変成岩類が形成された[*3)]。現在ではその両側に，ジュラ紀から白亜紀にかけて深海底で形成された

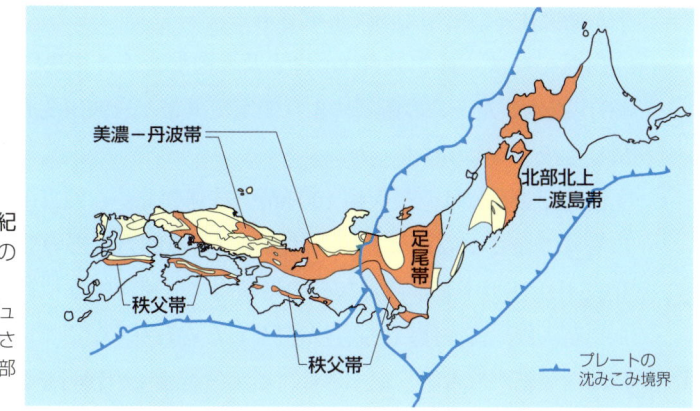

図 53　ジュラ紀付加体(赤色の部分)
黄色の部分はジュラ紀以前に形成されていた付加体部分。

*2) 美濃—丹波帯など，よび名は各種ある。
*3) 変成作用はイザナギプレートの沈みこみによる。

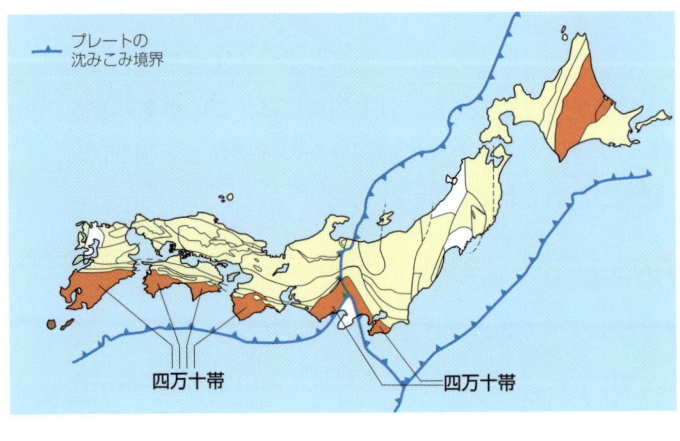

図54 白亜紀から新生代にかけての付加体(赤色の部分)
黄色の部分は白亜紀以前に形成されていた付加体部分。

　チャートや火山岩類，浅い海に堆積した凝灰岩類などからなる空知層群と陸棚や陸棚斜面で白亜紀に堆積した蝦夷層群からなる空知―蝦夷帯が分布している。蝦夷層群は三角貝(トリゴニア)やイノセラムスなどの二枚貝，さまざまなアンモナイト類を産することで古くから知られている。

　神居古潭変成岩帯の東側には日高帯が分布し，北海道の脊梁を形成している。日高帯は付加体堆積物からなる帯と変成岩からなる帯から構成されている。付加体堆積物からなる帯では白亜紀から古第三紀のころの陸源の混濁流堆積物や泥岩からなる岩石に海洋底で形成されたチャートや玄武岩がブロック状に混在している。変成岩帯では変成したオフィオライトやさまざまな変成岩類，深成岩類などからなり日高変成帯とよばれている。日高帯は，古第三紀にユーラシアプレートとオホーツクプレートが衝突することによって形成された。

　白亜紀には，長さ1000 kmにも及ぶ断層である中央構造線(p.253 図43)が誕生した。この断層により領家変成帯と三波川変成帯が断層を境にして接するようになった。

　白亜紀後期には，最大幅100 kmで琉球列島から関東山地まで太平洋に沿って長さ1300 kmも続く付加体である四万十帯の形成が始まった(図54)。四万十帯は陸地起源の堆積岩に，遠洋性堆積物であるチャートや石灰岩，海洋性の玄武岩が混在した岩石からできている。四万十帯には白亜紀から古第三紀，さらに新第三紀までの岩石を見ることができる。

*1) 中央構造線は，現在も四国から紀伊半島西部では活断層として注意されている。

F　新生代の日本

　新生代の新第三紀の初めころまで日本はアジア大陸の東縁にあった。ところが，プレートの拡大により，今から1500万年前には日本海が誕生して日本は島弧となった。プレートの拡大で生じた日本海は大変に深く，拡大の際には激しい海底火山活動が生じ，海底の熱水噴出により黒鉱鉱床(図55)が形成された[*2)][*3)]。

　日本海が誕生し拡大するときに，日本の部分が断層によって大陸から切り離され，列島化したのち(p.254 図44)，回転によって日本海が拡大した(図56)。東北日本は反時計回りに，西南日本は時計回りに回転しながら移動した。両者が接合した部分が現在のフォッサマグナとよばれる地域で，その西縁には**糸魚川—静岡構造線**(p.253 図43)とよばれる断層帯ができている。日本海の誕生に先立って，北海道と九州では河口と浅海の堆積物がくり返し森林を埋積して，のちの炭田を形成した。日本海に堆積した地層は有機物が分解されにくい環境であったために，のちに石油やガスの起源となった。

図55　黒鉱
写真提供：東北大学理学部自然史標本館，撮影：根本潤

図56　日本海の拡大
日本列島が大陸から切り離されたのちに，東西日本が別々に回転して現在のように配列した，という考えが古地磁気学(→p.42)の研究から出されている。ある時代の地層の示す磁北の向き(2本の太い赤矢印)が，実際の向きとは異なっているので，赤中抜き矢印のように現在の磁北に向けると，東北日本と西南日本が異なる向きに回転(青矢印)したと推測できる。それによると，まず2000万年前ころ，東北日本の部分が反時計回りに回転した。その後，1500万年前ころ，西南日本が時計回りに回転した。

---

*2) このときに形成された火山岩類は，その後変質して緑色を帯びているので特にグリーンタフ(緑色凝灰岩)とよばれる。
*3) 黒鉱鉱床は方鉛鉱や閃亜鉛鉱を含み，貴重な資源を含む鉱山として開発された。Kurokoとして国際語となっている。

▰ 参考 ▰　島弧と島弧の衝突

　日本列島の地体構造を見ると(p.253 図43)，伊豆半島の北方で四万十帯や秩父帯，中央構造線が北に向かって凸の湾曲をしているようすがわかる。この構造は，フィリピン海プレートの上にある伊豆・小笠原弧が，フィリピン海プレートの北上のために本州弧と衝突して形成された(図A)。このようにして，主として火山噴出物からなる丹沢地塊と伊豆地塊とが本州弧と衝突し，丹沢山地と伊豆半島となった。伊豆・小笠原弧が本州弧に衝突して本州弧の一部になると，プレート境界は順次南に移動したことがわかっている。現在もフィリピン海プレートは伊豆・小笠原弧を上にのせて北上しているので，この上にある伊豆大島，新島などの島々はやがて本州弧の一部になると思われる。

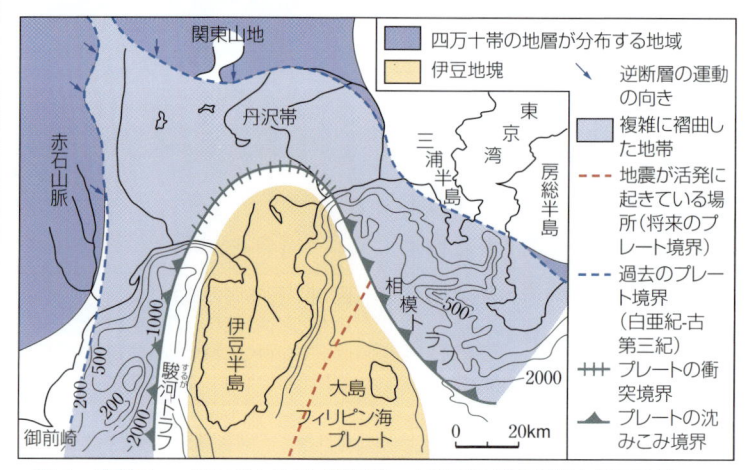

図A　南部フォッサマグナから房総半島へかけての湾曲構造と伊豆地塊

G｜第四紀の日本列島

❶氷期と間氷期　新生代を通じて地球は全体として寒冷化に向かった。北半球ではおよそ260万年前以降に急激に氷床が発達した。70万年前からは，寒冷気候がおよそ10万年周期で訪れるようになった(p.250 図39)。このような，北半球高緯度地方に大氷床が発達した氷期とそれが縮小した間氷期がくり返したので，**氷期・間氷期サイクル**とよばれる。

❷**氷期と間氷期の環境**　およそ7万年前から1万1700年前の更新世の終わりまでが最終氷期とよばれ、それ以後は完新世であるとともに後氷期とよばれる間氷期である。最終氷期ではおよそ2万年前（図57）が最も寒冷な時代であった。このとき海水準が120 m〜140 mも低下したため、日本列島周辺の浅い海は陸地となった（図58）。

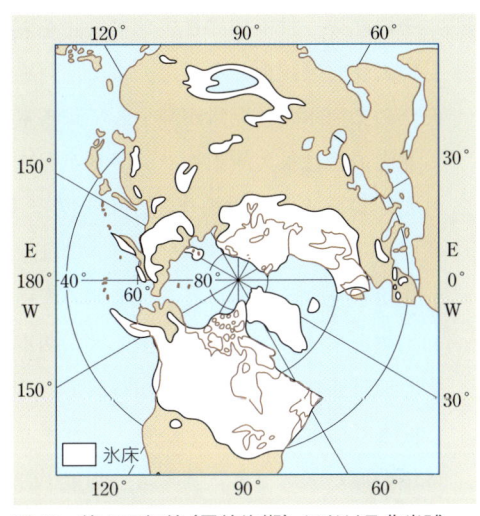

図57　約2万年前（最終氷期）における北半球の氷床の分布
氷床は厚いところで3000〜4000 mに達した。

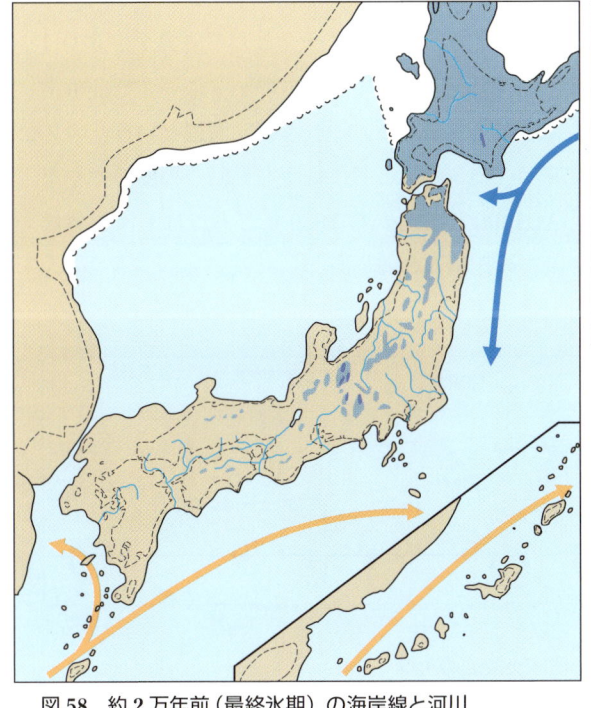

図58　約2万年前（最終氷期）の海岸線と河川

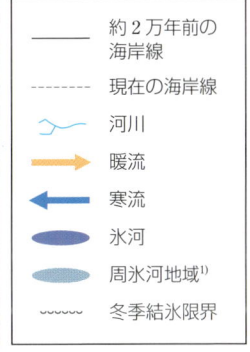

1）周氷河地域とは、凍結・融解が主要な地形形成要因となっている寒冷な地域で、構造土（→p.183）などの特徴的な地形が見られる。

第2章　日本列島の成り立ち　267

その結果，日本列島とアジア大陸を隔てる海峡は狭まり，北海道はアジア大陸と陸続きとなった。また，対馬暖流が日本海へ流入しなくなったために海水の蒸発量が減少して降雪量も減少した。

　北海道では永久凍土やツンドラが発達し，日高山脈には氷河が形成された。最終氷期の雪線*1)(図59)は現在よりも高度が低く，本州でも北アルプス・中央アルプス・南アルプスには氷河が存在したことを示すカール(p.183図14)が認められる。氷期の堆積物に含まれる植物化石は，寒冷な気候を示すものが多く，例えば，関東地方の平地でも亜高山帯に生育する針葉樹が育ったことが知られている。

　間氷期には海水準が上がり，それまで海岸に形成された各地の平野には浅い海が広がった。例えば，関東平野では古東京湾といわれる浅い海が一面に広がった証拠となる堆積物がある。最終氷期の前の間氷期のピークは，およそ12～13万年前にあり，現在よりやや暖かかったことが化石や酸素同位体の分析からわかっている。

　後氷期のうち，今から6000年前ころをピークとして気温が今より1～2℃高い温暖な気候となった。このため，海水準が今より2～3m上昇し，平野の内部にまで海が入りこんだ*2)。これを縄文海進という。

　その後，AD800年ごろから1300年ごろには現在と同じ程度のやや温暖な気候であったが，AD1400年ごろから1850年ごろには寒冷な気候が続き，日本の各地で冷害の記録*3)がある。

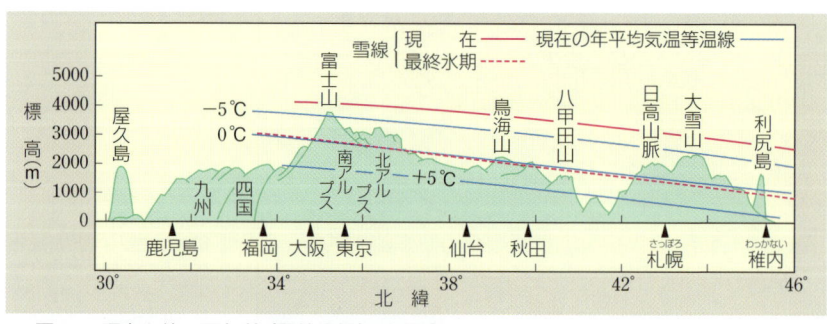

図59　現在と約2万年前（最終氷期）の雪線

❸**段丘と盆地**　氷期・間氷期サイクルによる海水準変動と地殻変動，河川による堆積物の運搬などにより海底が陸地になり，海成段丘が形成された。隆起運動により早く上昇した地域は侵食が進み谷川が発達した山地に，よりあとに上昇したところは，頂部に平坦な部分が残っている丘陵となった。さらにあとに上昇したところは台地となり，上昇量の少ないところは低地となった。河川の堆積作用によってできた河成段丘である台地もある。このような地形に火山が形成され，大量の溶岩や火山噴出物が堆積してさらに複雑な地形となった。第四紀の火山活動では，マグマの作用により金の鉱床も誕生した。[*4]

　第四紀になって日本列島は褶曲運動や断層運動などの地殻変動が活発で，これらの運動により各地に盆地が形成された。

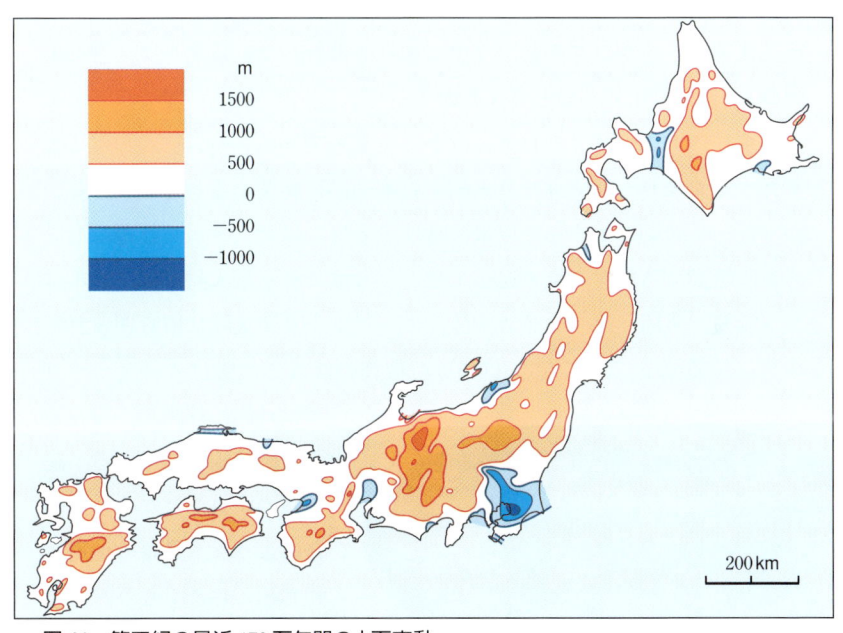

図60　第四紀の最近170万年間の上下変動

*1) それ以上の高さでは雪がたくわえられ，氷河がつくられるという境界の高さを示す線。
*2) 地殻運動のため，海水準の上昇量は場所により異なる。
*3) 例えば，天明の飢饉，天保の飢饉などとして知られている。
*4) 鹿児島県の菱刈鉱山がその例である。

石狩平野・新潟平野・関東平野・濃尾平野・大阪平野などの大きな平野は沈降地域にあたり（p.269 図60），平野の中心部には第四紀の地層が厚く堆積している。関東平野では天然ガスとともにヨウ素*1)がくみ上げられている。

H 日本列島の未来

　フィリピン海プレートも太平洋プレートも日本列島の下に沈みこみを続けている。フィリピン海プレートの南にはオーストラリアプレートがあり，どちらも北上を続けている。そこで，将来にはフィリピン海プレートがユーラシアプレートの下に沈みこんでなくなり，次いでオーストラリアプレートがフィリピンやインドネシアの諸島を挟んで日本列島にやってくる。オーストラリアが，背後にアジア大陸がある日本列島に衝突すると，アルプスやヒマラヤで現在も進行しているアルプス型造山運動（→p.104）が起こると考えられる。

　さらに，北アメリカも日本に向かって進んでいる（→p.48）。やがて太平洋がなくなり，北アメリカ大陸が日本列島に衝突すると考えられる。

　プレート運動が始まって以来，地球の表層では超大陸がくり返し形成され，分裂する歴史をくり返してきた*2)。今度できる超大陸では，日本はユーラシア大陸，北アメリカ大陸，オーストラリア大陸に取り囲まれて，中央に位置することになる（図61）。現在の沈みこみ帯はオーストラリアの外側に移動し，現在ある火山前線はなくなる。超大陸の中央部となると，現在のような活動帯の地震活動も起こらなくなり，今とは全く異なる日本となるであろう。

図61　2.5億年後の超大陸アメイジア

*1)　日本のヨウ素の産出量は世界屈指である。
*2)　このことに最初に気がついた人の名を記念して，ウイルソンサイクルとよぶ。

第6編 宇宙の構造

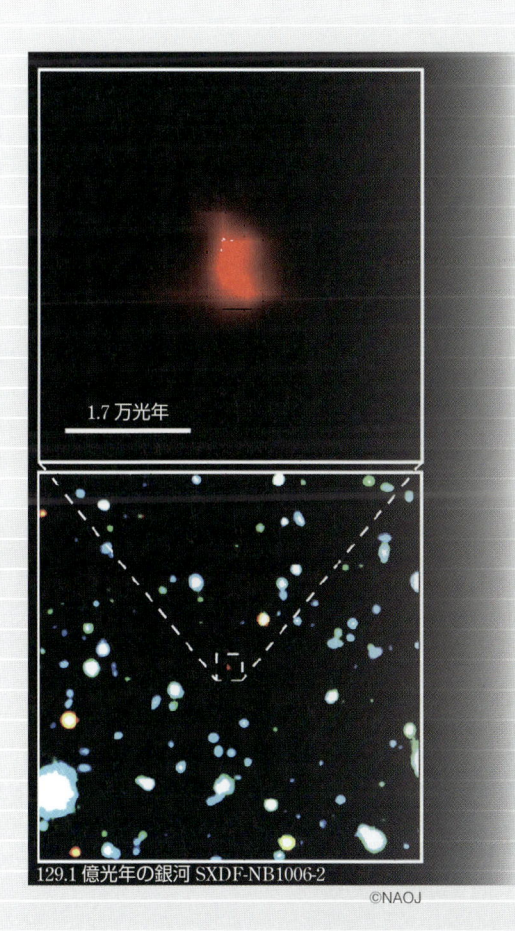

第1章
　太陽系　　　　　　　　**p.272**
第2章
　太陽　　　　　　　　　**p.310**
第3章
　恒星の世界　　　　　　**p.322**
第4章
　宇宙と銀河　　　　　　**p.346**

1.7 万光年

129.1 億光年の銀河 SXDF-NB1006-2

©NAOJ

すばる望遠鏡で2012年に発見された，129.1億光年かなたの銀河 SXDF-NB1006-2。この銀河からの光が届くには129.1億年かかる。つまり，この姿は129.1億年前，ビッグバンから7.5億年の時代の姿である。

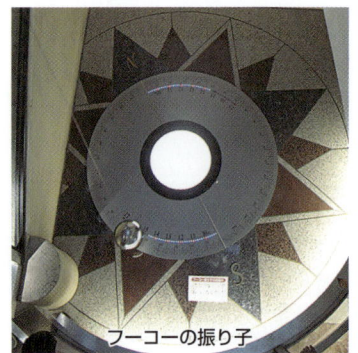

第1章
太陽系

われわれが住む地球のある太陽系。太陽系は、太陽や惑星などのさまざまな天体で構成され、それぞれの天体は規則的な運動をしている。この章では太陽系の天体について、最新の探査でわかってきた科学的事実をもとに学習する。また、地球や惑星の運動を理解する過程をたどりながら、その考え方を学習する。

フーコーの振り子
©国立科学博物館

1 太陽系の天体

太陽系は、太陽とそのまわりを運動している**惑星**、**小惑星**、**太陽系外縁天体**、これらの天体のまわりを回る**衛星**、さらに、**彗星**、惑星間空間を漂う**塵**などで構成されている。

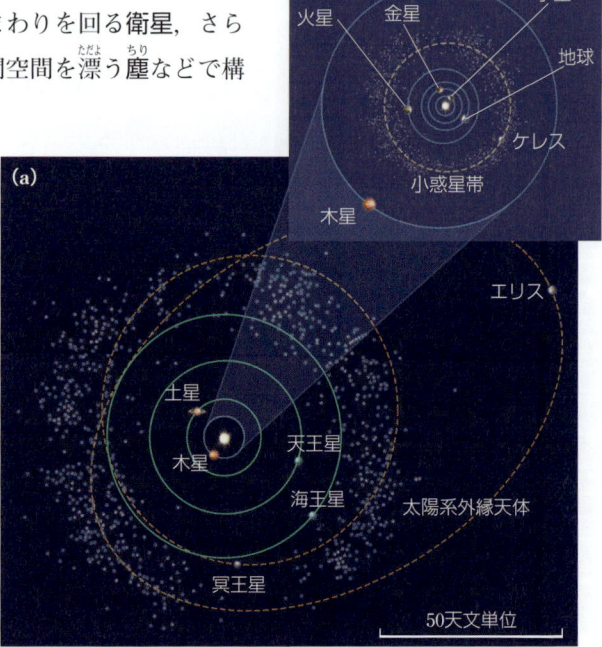

図1　太陽系のおもな天体とその軌道

中心の太陽のまわりに、8つの惑星がほぼすべて円軌道に近い軌道を描いて回転運動をしている。その運動の向きは太陽の自転の向きと同じで、運動速度は太陽に近い惑星ほど速く、太陽から遠いほど遅い。1天文単位（AU）は太陽と地球の間の平均距離で、1.496×10^8 km

◤参考◢ 惑星の定義

　冥王星が 1930 年に発見されたとき，軌道がかなりゆがんだだ円形で，しかも他の惑星と公転面がそろっていないにもかかわらず，惑星として認識された。しかし，冥王星は，実際は月より小さいことがわかり，冥王星の軌道の近くに次々と新しい天体（太陽系外縁天体）が発見された。さらに冥王星より大きな太陽系外縁天体（エリス）が発見されたことで，「惑星とは何か」をきちんと定義しようという気運が高まった。そして 2006 年 8 月にチェコのプラハで開かれた国際天文学連合の総会で，次のような惑星の定義が採択された。

図 A　冥王星とカロン

　太陽系の惑星とは，(a) 太陽のまわりを回り，(b) 十分質量が大きいためにほぼ球形状であり，(c) その軌道上に同じようなサイズの天体が存在しない天体　である。また，準惑星は，(a) 太陽のまわりを回り，(b) 十分質量が大きいためにほぼ球形状であり，(c) その軌道近くから他の天体が排除されておらず，(d) 衛星でない天体　と定義された。

　冥王星は，これらの定義によって，準惑星であり，太陽系外縁天体の一つということになった。

A　惑星

　すべての惑星は，太陽の赤道面に近いほぼ同一の平面上（地球の軌道面である黄道面から 10°以内）で，円に近いだ円軌道を太陽の自転と同じ向きに公転している。

　惑星は，**地球型惑星**と**木星型惑星**に分けられる。岩石を主成分とし，半径や質量が小さく，密度が大きい水星，金星，地球，火星が，地球型惑星である。ガスの割合が多く，半径や質量が大きく，密度が小さい木星，土星，天王星，海王星は木星型惑星である（→ p.394）。

　木星型惑星は内部構造の違いを考慮して，おもに水素とヘリウムからなる木星と土星を巨大ガス惑星，氷成分の多い天王星と海王星を巨大氷惑星とよぶこともある。

❶**水星** 一番小さく,太陽に最も近い惑星である。水星の自転速度は遅く,自転周期は 58.7 日で,公転周期が 88 日であり,太陽の周囲を 2 回公転する間にちょうど 3 回自転する。公転軌道の離心率[*1)]は約 0.21 で太陽系惑星の中で最も大きく,軌道傾斜角も約 7°と大きい。水星の赤道傾斜角(自転軸の傾き)は約 0.027°と惑星の中で最も小さい。顕著な特徴は,平均密度が 5430 kg/m^3 と高いことであり,中心に大きな鉄の核があると考えられている。また,弱い磁場をもつ。

ヘリウム,ナトリウム,酸素原子からなるごく薄い大気があるが,重力が小さいため,大気を重力によって引きつけて維持し続けるのは困難である。そのため,太陽風や表面に衝突する微小な塵から大気が供給されていると考えられている。大気がほぼないので,表面温度は太陽側で約 400 ℃,反対側で約 −200 ℃ と極端に温度差がある。

表面は多数のクレーターでおおわれている。クレーターの直径が大きいものはクレーターを囲む崖が幾重にもなっている多重リングが見られる。このようなクレーターは他のクレーターと区別して盆地とよぶ。カロリス盆地(図 2)は,水星で最大の盆地である。水星表面には,長さ 100〜600 km,高さ 0.5〜1.1 km の断崖(図 3)が散在している。断崖の成因は,地殻形成後,惑星の冷却とともに惑星半径が収縮したか,太陽の強い潮汐力(→p.164)により地形が変形したためと考えられている。

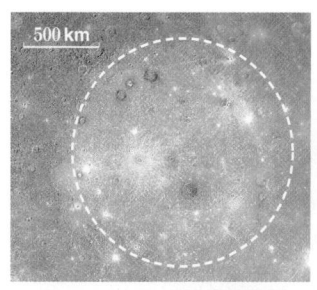

図 2 カロリス盆地(探査機メッセンジャーによる撮影)
白い円はカロリス盆地の大きさを表す。

図 3 水星の断崖(探査機メッセンジャーによる撮影)
(図 2,3 とも©NASA/Johns Hopkins University Applied Physics Laboratory/Carnegie Institution of Washington)

---

*1) 軌道の半長軸,半短軸の長さをそれぞれ a, b とすると,離心率は $\dfrac{\sqrt{a^2-b^2}}{a}$ で表される。離心率が小さいほど,円軌道に近くなる。

❷**金星** 金星は地球によく似ているが，磁場はない。自転周期は約243日と長く，赤道傾斜角は約177°とほぼ倒立しており，他の惑星とは逆向きに自転している。

　金星は二酸化炭素を主成分とする厚い大気におおわれており，大気圧は地表で約90気圧（1気圧は1013 hPa）と非常に高い。地表から高度45〜70 kmには硫酸の厚い雲層があり，金星全体をおおっている。太陽光の8割は雲に反射されるので，太陽からの実質的なエネルギー供給は地球より少ない。にもかかわらず，表面温度は，膨大な量の二酸化炭素による温室効果のために約460℃に達する。上空では，東から西へスーパーローテーションとよばれる高速の風が吹いている（図4）。風速は約100 m/sで，約4日で金星を一周する。自転速度（赤道で約1.6 m/s）に比べて約60倍速い。地球の偏西風は約30 m/sと地球の自転速度（赤道で約460 m/s）の1割にも満たないのに対して，金星の東西風は非常に高速である。この高速の風のメカニズムはまだ解明されていない。

　地表の60％が平原，24％が高地，16％が山脈と火山（図5）である。平原は大変なめらかで1 kmほどの高低差しかない。ほとんどが溶岩流でおおわれており，大規模な火成活動が起こったことを示している。数kmの高さの台地を高地とよぶ。山脈や火山は地球に比べて大型である。これは，金星ではプレートの運動がないためだと考えられている。

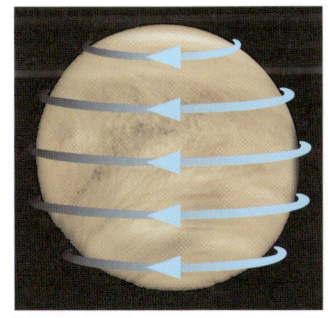

図4 スーパーローテーションの概念図（©NASA/NSSDC）
金星を約4日で一周するので，4日循環ともいう。スーパーローテーションは土星の衛星タイタン（p.284）でも発見されている。

図5 金星の大規模な火山（探査機マジェランによる撮影）

第1章 太陽系

金星には，現在も活動的なマントル対流がある。平原にはコロナ（図6）とよばれる円形の地形がある。内部は凹地になっており，火成活動の痕跡が認められることが多いが，形成過程はまだよく理解されていない。金星にも天体の衝突によるクレーターは存在するが，全体で1000個程度である。厚い大気をもつ金星では，小さい隕石は大気中で燃えつきるため，そもそも小さいクレーターは生成されないが，クレーターの総数が大変少ないことは，表面の平均年代が新しいことを示唆する。

図6 コロナ（探査機マジェランによる撮影）

❸**火星** 直径は地球の約半分で，質量は地球の10分の1である。自転周期と赤道傾斜角が地球と似ている。磁場はない。

二酸化炭素を主成分とする大気をもつが，大変薄いので温室効果は効いていない。探査機により，大気からの二酸化炭素の流出が確認されており，火星は長期間にわたって大気が流出していき，しだいに薄い大気になったと考えられている。

火星が赤く見えるのは，地表が酸化鉄を多く含む塵と砂におおわれているためである（図7）。砂嵐，竜巻，霧，霜，巻雲等の気象現象が見られる。極地方にある水と二酸化炭素の氷からなる極冠には季節変化が見られる。

図7 マーズパスファインダーが撮影した火星表面のパノラマ写真 （©NASA/JPL）
マーズパスファインダー（アメリカ）は1996年に打ち上げられ，地表を自由に移動できる探査機ソジャーナを火星に送りこみ，着陸させた。

■参考■　地球の特徴

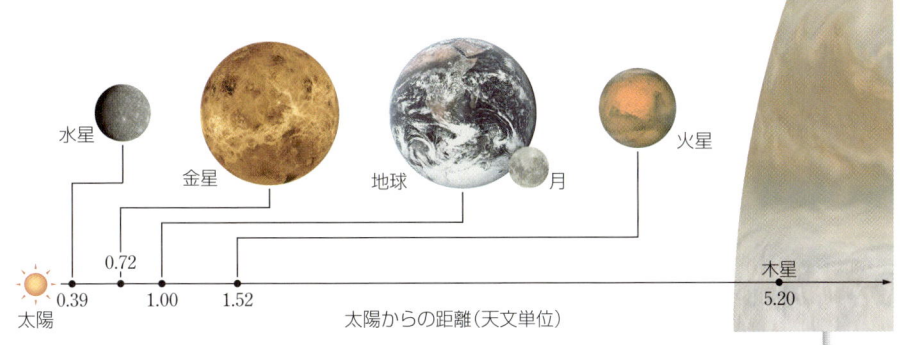

図A　惑星の太陽からの距離とその大きさの比較

　地球は他の惑星とは異なり，表面積の70％を占める海洋があり，多種多様な生命に満ちあふれている。原始海洋は少なくとも40億年前までに地球に誕生し，生命の歴史はほぼ40億年に及んでいる。このように生命が生存し，進化できたのは，次のような環境要因があったからである。

①**太陽からの距離**　地球は太陽から1天文単位（1億5000万km）の距離にある。この距離は，液体の水（海洋）が存在できる温度を保つのに適した距離である。金星は，太陽に近すぎたため，大気中の水蒸気が液体の水にならず，海洋が存在できなかった。一方，火星は太陽から遠すぎたため，水は氷となり，海洋ができない。

②**地球の大きさ**　惑星が大気や水を表面にもつためには，大きさも重要である。地球は十分な大きさと質量をもっているため，地球上の物体には十分な重力がはたらいている。この重力によって，大気や液体の水は宇宙空間に広がることなく，地表に引きつけられている。

　サイズが小さすぎた月や火星は重力が小さく，保温に十分な大気をもつことができなかった。

③**大気の成分**　大気に含まれた水蒸気と二酸化炭素による温室効果によって，地球は平均気温が15℃前後に保たれている。もし，大気がなかったならば，地球は−19℃になるといわれている。

　また，海洋の表層で光合成を行う生物が出現すると，大気中の酸素が増加し，その結果，オゾン層が形成された。オゾン層は，生命にとって有害な紫外線の大部分を吸収し，地上の生物を保護している。

火星表面の大きな特徴は南半球と北半球で地形が大きく異なることである(図8)。北半球はなめらかな平原が広がっているのに対して，南半球はクレーターでおおわれた高地である。クレーターが多いので，南半球の高地は北半球の平原より相対的に古いと考えられる。赤道付近にタルシス台地とよばれる巨大溶岩台地があり，その西側に3つの火山が連なっている。さらにその北西には高さ25 kmをこえるオリンポス山(図8)がある。タルシス台地の中央に巨大な台地の裂け目であるマリネリス峡谷(図8)があり，その東側や北側には洪水地形が見られる。現在の火星は寒冷で低圧なため，表面に水は存在できないが，火星表面には洪水によってできる地形や，樹枝状に谷が広がっていく地形(図9)などがあり，過去には液体の水が豊富に流れていたと考えられている。

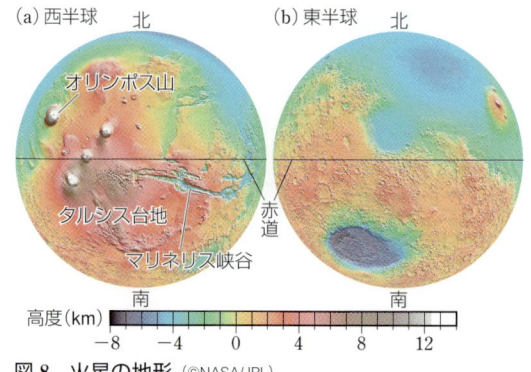

図8 火星の地形 (©NASA/JPL)
半径3396 kmの球を仮定し，その球の表面を高度0 kmとして地形を描いている。

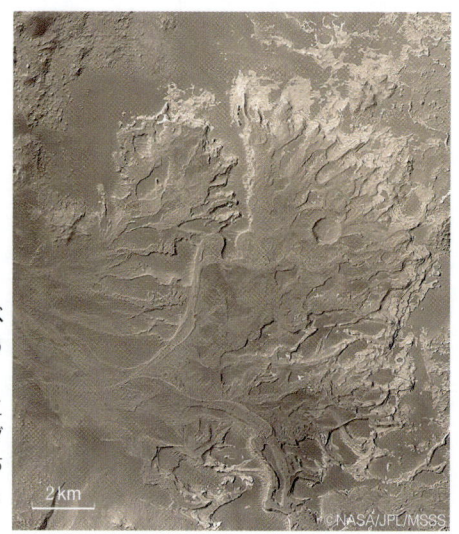

図9 マーズ・グローバル・サーベイヤが撮影した三角州のような地形
この地形は，火星に水が流れていたことを示唆する証拠である。マーズ・グローバル・サーベイヤは1996年に打ち上げられ，火星の全球の地質，地形，重力，気候などを観測した。

> コラム　**火星探査**

　地上の望遠鏡による観測で，火星表面に色の変化や筋模様が存在することは昔から知られており，これらは季節的な植生変化や火星人の運河ではないかと解釈され，多くの人々の関心をよんだ。現在では植物や知的生命体の存在は否定され，火星探査の主な目的は次のようなものになっている。

1. 火星と地球のどのような違いが，現在の異なる環境へと導いたのか。
2. 火星は，地学的にいまだ活動しているのか。
3. かつて液体の水の海はあったのか。
4. 火星の気候はどのように変化してきたか。
5. 生命が誕生するための有機分子の形成につながる化学的進化は起こったのか。
6. かつて生命が存在していたのならば，その痕跡を見つけられるか。

表A　火星探査の歴史

表に挙げたものは成功した主な探査で，このほかに失敗した計画がたくさんある。

打ち上げ	計画	国名	
1964年	マリナー4号	アメリカ	火星に初めて接近し，写真を撮影。
1971年	マルス3号	旧ソビエト連邦	初めて火星に着陸。
1971年	マリナー9号	アメリカ	初めて火星の周回軌道に乗る。
1975年	バイキング1号・2号	アメリカ	オービター(軌道船)とランダー(着陸船)のペアミッション。オービターは写真撮影・大気を測定，ランダーは土壌分析・生命探査・気象観測・大気成分分析を行った。
1996年	マーズ・グローバル・サーベイヤ	アメリカ	火星全球の地形を詳細に測定。
1996年	マーズ・パスファインダー	アメリカ	探査ローバ(探査車)により，火星表面を探査。
2001年	マーズ・オデッセイ	アメリカ	火星表層の水分布を調査。
2003年	マーズ・エクスプレス	欧州宇宙機関	火星全球の鉱物組成や大気構造を探査。大気が太陽風により流出していることを確認。
2003年	スピリットとオポチュニティ	アメリカ	2機とも探査ローバ。火星にかつて水が存在したと思われる証拠を発見。
2005年	マーズ・リコナイサンス・オービター	アメリカ	気象観測を行い，1週間ごとに火星天気の移り変わりを公開。
2007年	フェニックス	アメリカ	火星の北極に着陸。地面を削って，地下に水の氷があることを確認。

❹**木星**　太陽系で最大のガス惑星である。中心に地球の10倍ほどの質量の鉄や岩石からなる核があり，その外側に金属水素とヘリウムの層，そして表層付近に水素とヘリウムの大気をまとう。われわれが見ている木星表面は雲の表層であり，上層はアンモニアの氷，その下は硫化水素アンモニウムの氷，さらにその下は水の氷からなる雲があると考えられている。表面には赤道と平行な縞模様が見られるが，これは緯度ごとに逆向きの風が吹いているためで，赤道では東向きの風が吹いている。この風のパターンは表面の縞模様とよく一致している。縞のへりには複雑な渦構造が見られる。大赤斑(図10)とよばれる東西26000 km，南北14000 kmに及ぶ巨大な大気の渦は，発見以来数百年間存続している。木星型惑星には磁場があり，オーロラ(図11)が見られるが，木星の磁場は地球の2万倍と最も強く，大きな磁気圏をもつ。

図10　大赤斑

図11　木星のオーロラ

　木星の環(図12)はボイジャー1号[*1)]により発見された。環を形成するのは，ケイ酸塩鉱物または炭素質化合物の粒子である。木星付近の小衛星に隕石が衝突した際に小衛星から放出された塵が，環粒子の起源と考えられている。

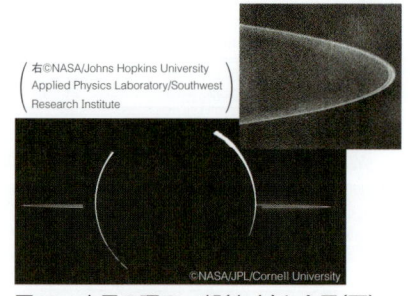

図12　木星の環の一部(右上)と全景(下)

---

*1)　ボイジャー1号は，1977年9月5日に打ち上げられた無人探査機。木星，土星，それらの衛星や環の写真撮影・科学観測を行い，数多くの重要な発見をもたらした。現在，ボイジャー1号は太陽から約120天文単位(AU)離れた太陽系の外縁部へ到達している。

❺**土星** 太陽系の中で一番密度が小さい惑星である。木星と同様の内部構造をもち，大気組成も似ている。表面には木星ほど明瞭ではないが，赤道と平行に明暗の縞模様が見られる。赤道では東向きの風が吹き，木星と同じような東西の風のパターンが見られるが，表面の模様との強い相関はない。

木星型惑星の中で最も目立つ環があり，地上から小口径の望遠鏡でも観察することができる。環はA～F環に分かれている。地上の小口径の望遠鏡でも観察できる隙間は，A環とB環の間である(図13)。土星の環の粒子は氷を主成分とし，粒子サイズは数 μm～10 m で，環ごとに異なっている。B環は粒子の空間密度が高く，スポークとよばれる時間変化する構造が見つかっている(図14)。スポークは動径方向の模様として出現し，土星の磁場と同期して回転しながら円周方向に引き延ばされて消滅する。環の粒子と磁場との相互作用で生じる構造だと考えられている。

土星の環の粒子の起源は，衛星集積過程の名残，小天体と衛星が衝突して破壊された破片，土星に接近した彗星が潮汐力(→p.164)で壊された破片などの説がある。

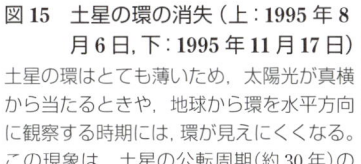

図13 すばる望遠鏡で撮影した土星

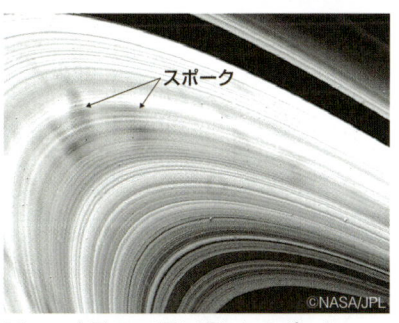

図14 土星のB環に現れたスポーク

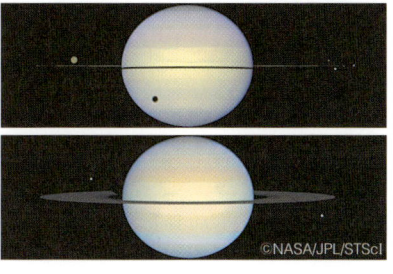

図15 土星の環の消失（上：1995年8月6日，下：1995年11月17日）
土星の環はとても薄いため，太陽光が真横から当たるときや，地球から環を水平方向に観察する時期には，環が見えにくくなる。この現象は，土星の公転周期(約30年)の半分の約15年ごとに起こる。

第1章 太陽系

❻**天王星** 主にガスと氷からなる惑星である。中心に岩石と氷からなる核を氷物質が包み，表面に水素とヘリウムの大気をまとう。木星や土星に比べて大気の割合が小さい。他の木星型惑星に比べて表面模様が乏しく，最も研究が進んでいない惑星である。

この惑星の最大の特徴は，赤道傾斜角が大きく，自転軸が黄道面にほぼ横倒しに倒れている点である。公転周期が約84年なので，極地では約42年間昼または夜が続く。したがって，太陽に面している極域の温度が高くなっていると思われていたが，ボイジャー2号[*1]の観測で天王星の表面温度は全球で一様であることがわかった。これは，対流により熱が分配されているからであると推測されている。赤道の風は西向きで，高緯度では東向きになる。木星や土星が緯度ごとに細かく風向きが変わるのに比べ，きわめてシンプルである。大気は静穏である。ガスの層に含まれるメタンにより，青みがかった色をしている。

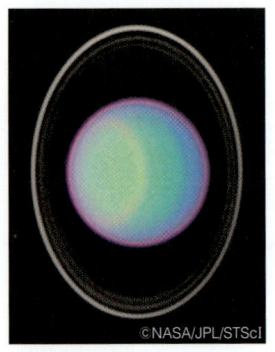

図16　天王星

1977年に9つの環が発見され，その後ボイジャー2号やハッブル望遠鏡によりさらに環が見つかった。環の構成粒子は数cm〜数mのサイズで，反射率の低い暗い物質であることが特徴である。粒子が暗いのは，炭素質の物質でおおわれているからであると考えられている。

❼**海王星** 太陽系最遠の惑星である。天王星と同様の内部構造，組成をもつ。風のパターンは天王星と同様であるが，大気活動は活発で，暗斑，白斑の出現や消失が起きているのが観測され

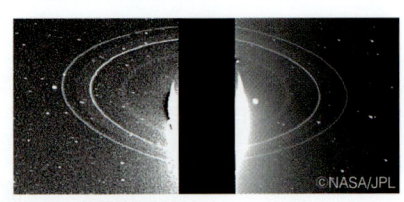

図17　海王星の環
暗い環を撮影するために，海王星には黒いマスクをかけている。

[*1] 1977年8月20日に打ち上げられ，木星，土星，天王星，海王星に向かった。現在は，ボイジャー1号に続いて，星間空間へ向かっている。

[*2] 地球上では，重力とは万有引力と遠心力の合力のことである。しかし，宇宙空間における現象を考えるときは，重力＝万有引力として考えることができる。

ている。天王星よりもガスの層に存在するメタン量が少し多いため,濃い青に見える。平均表面温度は －220 ℃ と,惑星の中で最も低い。

5つの環(図17)が確認されている。天王星の環と同様に暗い。また,環の粒子が円弧状に濃集された構造が見つかっている。最近の観測で,この円弧状の構造の相対位置や明るさが変化していることがわかり,円弧状の粒子分布は衛星との相互作用や環の粒子間の衝突により力学的に変化しつつある構造だと考えられる。

B 衛星

衛星は,惑星のまわり,もしくは小天体のまわりを公転している天体である。水星と金星には衛星がないが,他の惑星は 1～多数の衛星をもつ。特に,木星型惑星は多くの衛星をもつ。惑星の自転と同じ方向に軌道運動をしているものを**順行衛星**,反対向きに運動しているものを**逆行衛星**とよぶ。順行衛星で,軌道面が惑星の赤道面にほぼ平行で軌道離心率が小さいものを**規則衛星**,それ以外を**不規則衛星**と分類する。衛星表面はクレーターにおおわれているものが多いが,中には大気をもつもの(イオ,タイタン,トリトンなど)や火山活動のあるもの(イオ,トリトン),海の存在が期待されているもの(エウロパ)などがある。衛星の起源は,惑星形成の過程で惑星とほぼ同時期にできたと考えられるものと(木星型惑星の規則衛星),近くを通過した小天体が惑星の重力[*2]により捕獲されたと考えられるもの(木星型惑星の不規則衛星)がある。近年小惑星や太陽系外縁天体にも衛星をもつものが発見されている。

❶月　地球の衛星で,直径は地球の約 4 分の 1,太陽の 400 分の 1 である。地球から約 38 万 km と近くにあるので,天球上では太陽とほぼ同じ大きさに見える。太陽と月の見かけの大きさがほぼ等しいので,皆既日食や金環日食が起こる。月が満ち欠けするのは,地球から見たときに,月の太陽に照らされる領域が地球と月の位置関係によって変わるためである。月は年間に約 3 cm ずつ地球から遠ざかっている。

表面はレゴリスとよぶ大小さまざまな岩石と岩片でおおわれている。

これは，小天体の衝突で粉砕された月面物質が再び堆積したものである。月面の地形は，地上から明るく見える高地と暗く見える海に大別される。高地はおもに無色鉱物の斜長石を多く含む斜長岩からなり，無数のクレーターにおおわれており，形成年代は海より古い。海は有色鉱物の輝石を多く含む玄武岩からなり，クレーターの数はかなり少ない。月内部から噴出した玄武岩質の溶岩が巨大衝突盆地を埋めてできたのが海である。月の岩石の年代測定から，38億年前ころまでに現在のような地殻が形成され，このころまでは隕石の衝突が頻繁に起きていたため，高地はクレーターで埋めつくされたと考えられている。その後10億年くらいの長期にわたって，巨大衝突盆地の中にさまざまな組成の玄武岩質の溶岩が噴出し，海が形成されたと推測されている。

　木星型惑星の衛星の起源と異なり，月は原始地球に火星サイズくらいの天体がぶつかり，その際に飛び散った物質が地球の周囲に円盤状に集まり，月はそこから集積したという巨大衝突説が有力である。

❷**タイタン**　濃い大気をもつ土星の衛星である。地表の大気圧は1.5気圧と地球より高い。木星の衛星イオや海王星の衛星トリトンも大気をもつが，これらの大気は希薄である。木星の衛星ガニメデについで太陽系で二番目に大きい衛星である。太陽の紫外線による光化学反応でメタンと窒素からつくられるオレンジ色のもやで全球が包まれているため，外

(©NASA/JPL/Space Science Institute)

図18　タイタン

から可視光で地表を見ることはできない。

探査機カッシーニと突入機ホイヘンス[*1)]はタイタンの大気と地表の状態を観測し，地表に液体が流れたような河川状の地形（図19）を発見した。侵食作用，地殻変動の痕跡に富み，クレーターはほとんど見られない。ホイヘンスの着陸地点には10 cm前後の丸い氷塊が散乱しているようすが見られた。地球での水の循環と同様に，タイタンではメタンが蒸発と降雨の過程を通じて，大気と地表を循環していると思われる。

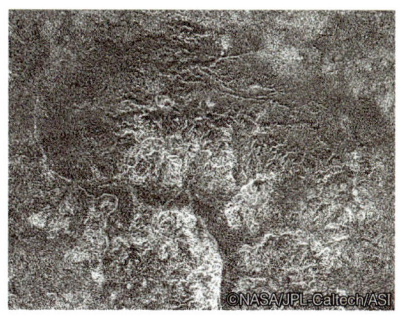

図19　タイタンの河川状の地形

❸**イオ**　太陽系天体の中で最も激しい火山活動[*2)]を見せる木星の衛星である（図20）。月とほぼ同じ大きさで，ガリレオ衛星（イオ，エウロパ，ガニメデ，カリスト）の中では最も木星に近い。

図20　イオ
写真の左上では，火山活動が起こっている。

木星の強大な重力と，エウロパやガニメデとの周期的な位置関係の変化が，イオに周期的に変化する強力な潮汐力（→p.164）を及ぼす。この潮汐力の変化によってイオ本体が伸縮して，内部に熱が発生する。これがイオの火山活動の動力源である。火山は，イオ表面にランダムに分布している。硫黄化合物を大量に噴出し，それがイオ表面に堆積して，イオ独特の色の成因となっている。

---

*1) 探査機カッシーニは，タイタンに突入する突入機ホイヘンスを搭載して，1997年10月15日に打ち上げられ，土星とその衛星を周回して詳しく観測した。ホイヘンスは2004年12月24日にカッシーニから切り離され，2005年1月14日にタイタンに着陸した。
*2) 地球，イオ以外では，トリトン（海王星の衛星），エンセラダス（土星の衛星）に低温の火山活動が確認されている。

第1章　太陽系

❹エウロパ エウロパは，核が厚さ 100 km の氷層でおおわれているような内部構造と推定されている。表面には，木星の潮汐力 (→p.164) でひび割れ (図21)，地下から液体が噴出して形成されたと考えられる地形がいくつも見られることから，氷の地殻の下に液体の水の内部海がある可能性が高いと見られている。

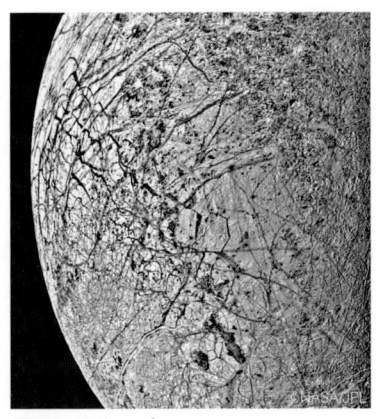

図21 エウロパ

エウロパは，火星に次いで，将来の地球外生命探査の有力な対象天体である。

ガリレオ衛星とよばれる明るい4つの木星の衛星 (イオ，エウロパ，ガニメデ，カリスト) を，望遠鏡で観察してみよう。
→実験17

実験 17 木星の四大衛星の動きを観察しよう

ガリレオ衛星はいずれも5等級前後の明るさで，小さな天体望遠鏡でもよく見える。これらの衛星は，木星に対して数時間や数日間で位置が変化するので，スケッチや写真などによってその動きを観察することができる。なお，木星と重なったり，木星の影に入ったりなどの現象もしばしば起こる。

図A 木星と四大衛星

表A ガリレオ衛星の公転周期

衛星名	木星をまわる公転周期(日)
イオ	1.8
エウロパ	3.6
ガニメデ	7.2
カリスト	16.7

C　小天体

　太陽系天体のうち，惑星，衛星，塵に属さないものを小天体といい，そのうち彗星活動(コマや尾)を示さないものを**小惑星**という。小惑星は，火星と木星軌道の間に多く存在するが，火星軌道より内側，木星軌道より外側にも存在する。一般に，太陽に近い領域を公転する小惑星は岩石成分を多く含み，遠方の小惑星は氷成分を多く含む。

　現在軌道が確定している小天体は数十万個あるが，小さくて暗いものや，遠方にはまだ多くの未発見の小天体があると考えられている。

❶**小惑星**　1801 年に小惑星ケレスが火星と木星軌道の間に見つかり，その後，多くの小惑星が次々に見つかった。この領域は，**小惑星帯**もしくは**メインベルト**とよばれる(図 22)。

　小惑星は，太陽系の惑星形成期に，主として木星の重力の影響でうまく惑星に集積できなかった微惑星群の現在の姿であると考えられている。

　小惑星帯の小惑星の軌道分布を詳細に調べると，周期的に木星重力の影響を受ける小惑星は存在しない。木星重力の影響を受ける小惑星は，しだいに軌道が変わり，小惑星帯から取り除かれてしまうためである。

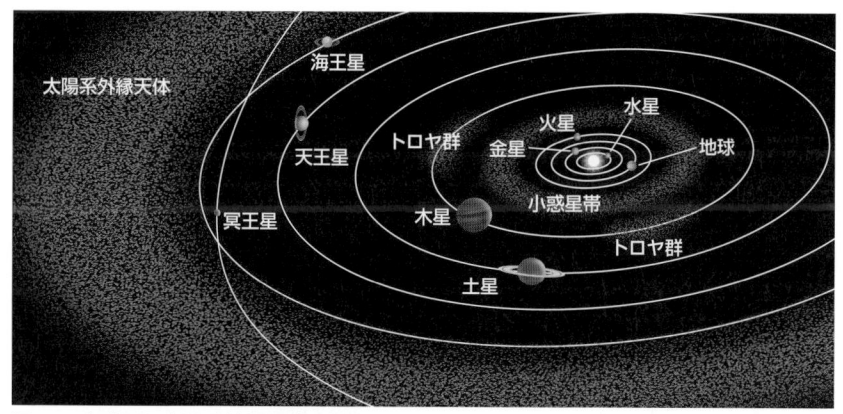

図 22　小惑星と太陽系外縁天体の分布
トロヤ群は，惑星と同じ公転軌道上で，惑星よりも 60°先か 60°後の位置に群れている天体群である。現在約 5000 個が発見されているが，大部分は木星軌道上の小惑星である。火星，海王星にもトロヤ群が存在することが知られているが，最近地球にも公転軌道の前方にトロヤ群小惑星が 1 つ発見された。トロヤ群小惑星は暗いものが大部分なので，未発見の天体が多数あると考えられている。

第 1 章　太陽系

また，小惑星帯の小惑星には，軌道がよく似た一群のグループがいくつも存在する。これを**小惑星族**とよぶ。1つの小惑星が過去に衝突破壊され，その破片群が現在もよく似た軌道を維持しているものである。

　1898年には，小惑星帯より内側の領域に，小惑星エロスが発見された。現在9000個以上が発見されている近地球小惑星（地球軌道と交差もしくは地球軌道に近いところまで接近する小惑星）の一つである。このうち地球と軌道が交差しているものが約5000個あり，中には地球に非常に接近するものもある。近地球小惑星のほとんどは，小惑星帯の小惑星が木星重力の影響などで軌道が変わったものと考えられており，軌道が黄道面から傾いているものや，だ円軌道のものが多い。日本のはやぶさ探査機が送られた小惑星イトカワ（→p.4図1）は，近地球小惑星の一つである。

❷**太陽系外縁天体**　海王星軌道以遠にある小天体をまとめて**太陽系外縁天体**とよぶ。冥王星は太陽系外縁天体の一つである。

　1992年に1992QB1が冥王星の軌道付近に発見され，その後，海王星軌道の外側に多数の天体が発見された。海王星以遠に多数の天体が見つかったことと，中には冥王星と同じような大きさの天体もあることから，2006年8月に惑星の定義が見直されるきっかけとなった（→p.273）。

　太陽系外縁天体は軌道分布によって，海王星の公転周期と特別な関係にある公転周期（図23①（オレンジ色丸●））をもつものや，冥王星より外側で円軌道に近く黄道面付近にドーナツ状に分布するもの（図23②（黒色丸●）），軌道傾斜角や軌道離心率が大きいため過去に惑星によって散乱されたと考えられているもの（図23③（青色丸●）），セドナのように軌道長半径が著しく大きいもの（図23④（緑色の

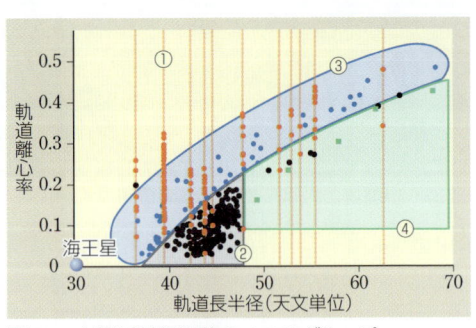

図23　太陽系外縁天体の4つのグループ
グループごとに色を分けて4色で表している。

四角■))の4つのグループに分けられる。このように軌道分布が分かれることにより，太陽系外縁天体は複雑な軌道進化を経験してきたものと推測されている。これらの天体は彗星の起源とも考えられている。

❸**彗星** 小天体のうち揮発性成分を多く含む天体が，一時的な大気であるコマや尾(塵の尾とイオンの尾)を生じるものをさす。彗星本体は核とよばれ，水，一酸化炭素，二酸化炭素，アンモニア，メタンなどを主成分とする揮発性成分に富んだ固体である。岩石質および有機質の塵も含まれる。揮発性成分の放出により，分裂や崩壊することがある。

図24　ヘール・ボップ彗星

彗星の軌道の研究から，彗星の起源は，冥王星より遠い太陽系外縁天体がドーナツ状に分布する領域(カイパーベルト)，または，太陽から50000〜100000 AU(天文単位)離れた太陽系を包むような球殻状に天体が分布する領域(オールトの雲(図25))であると考えられている。

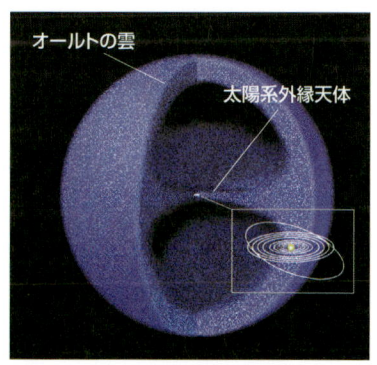

図25　オールトの雲の想像図

D 塵，隕石

❶**塵** 惑星間には彗星活動や小惑星の衝突から生じた無数の塵が漂っている。塵は，ふつう直径数μm以下の小さなものである。

黄道面に広がった塵が太陽の光を反射して，太陽を中心に淡い光の帯として見える現象を**黄道光**(p.290 図26)という。太陽が昇る前の東の空，または日没後の西の空に地平線から上にのびて見える。

流星は，塵が地球大気に突入し，地上約100 kmの上空で発光したものである。彗星や小惑星の周囲には，放出された一群の塵が天体の軌道にそって細い帯状に伸びていることがあり，これは**ダストトレイル**とよばれる。

図26　黄道光

　いくつかの短周期彗星（公転周期が200年より短い彗星）は太陽に接近するたびに塵を放出し，その公転軌道付近に塵の濃淡を伴うダストトレイルが形成されている。ダストトレイルと地球の軌道が交差していると，毎年地球がこの交差地点を通過するとき，大量の塵が地球大気に突入し，流星群となる。

❷**隕石**　隕石は，惑星間の小さな岩石状の天体が地球に突入し，燃えつきずに地表に落下したものをいう。大型のものは落下したときにクレーターを形成する。隕石は，金属鉄と岩石の割合により，鉄隕石，石質隕石，石鉄隕石に分類される（図27）。隕石の中には熱による変成を受けず，惑星形成年代の始原物質をそのまま保っているものがある。隕石は，地上で入手できる地球外物質であり，太陽系の起源や進化を調べる重要な試料である。

(a) 石質隕石　　(b) 石鉄隕石（断面）　　(c) 鉄隕石（断面）

図27　隕石（©東京大学総合研究博物館）
(a)石質隕石は，熱による変成を受けていない，太陽系が形成されたころの始原物質を保っている隕石と考えられている。(b)石鉄隕石は，金属鉄とケイ酸塩鉱物（この隕石ではかんらん石）が混じりあった隕石である。(c)鉄隕石は，おもに鉄とニッケルからなる隕石である。

> **コラム** **系外惑星**

　1995年10月に太陽以外にも惑星をもつ恒星が初めて発見され，2013年1月までに発見された太陽系外の惑星は有力な候補も含めると3500個をこえる。こうした太陽系外の惑星をまとめて，**系外惑星**とよぶ。生まれたばかりの星の周囲には多くの場合，惑星形成のもとになる原始惑星系円盤が発見されており，惑星形成は星形成過程で生じる一般的な現象であり，太陽系はもはや特殊な存在ではないことがわかった。

　現在までに発見された系外惑星系は，太陽系とは様相を異にするものが多い。最初に発見された系外惑星は，木星の半分の質量をもつ巨大惑星が，中心星からわずか0.05AU離れたところを軌道周期4日で公転していた。極端なだ円軌道をもつ惑星もある。1つの惑星系に3個以上の巨大惑星が存在すると，互いに重力的な影響を及ぼしあって軌道がゆがんで交差し，巨大惑星の1つが系外に飛び出し，残った惑星は中心星に近い領域と遠い領域にかなりだ円形の軌道で残る。観測精度の向上に伴い，スーパーアースとよばれる地球質量の数〜10倍程度の質量をもつ岩石惑星が見つかっている。太陽型星の40〜60%が軌道長半径約0.25AUより内側で公転するスーパーアースをもつと見積もられている。1つの系に複数個のスーパーアースが存在する系も見つかっている。

　このようにさまざまな系外惑星が発見されてきているが，生命のいる惑星はあるだろうか？

　生命の存在条件として，惑星表面に液体の水(海)が存在することがあげられる。そして，海が存在可能な軌道領域はハビタブルゾーンとよばれる。ハビタブルゾーンは，太陽系では太陽から0.95〜1.15AUの範囲という計算結果がよく用いられ，系外惑星では中心星の性質によって範囲は異なる。2009年に打ち上げられた系外惑星探査衛星ケプラーの活躍により，ハビタブルゾーン内にある系外惑星候補は大幅に増えた。近い将来，生命が継続して存在できるような理想的な惑星が発見されるかもしれない。

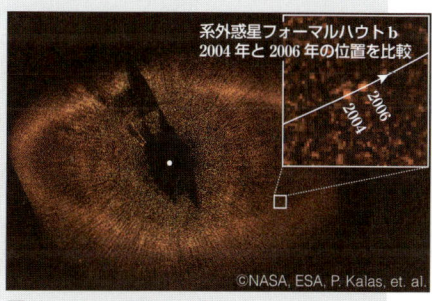

図A　フォーマルハウト
2008年，太陽系から25光年の1等星フォーマルハウトの系外惑星の可視光撮影に，ハッブル望遠鏡が初めて成功した。

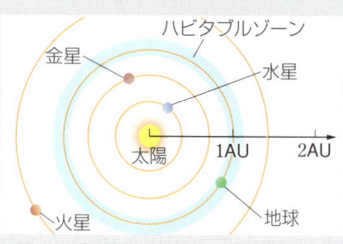

図B　太陽系のハビタブルゾーン

2 | 地球の自転と公転

A | 太陽の年周運動

　毎晩同じ時刻に見える星座は，季節とともに少しずつ西へ移動していくため，夏の夜に見える星座と冬の夜に見える星座は異なっている。これは，地球が太陽のまわりを回る公転運動のためである。この公転運動のため，見かけ上，地球から見た太陽は1年かかって天球上を1周する。これを**太陽の年周運動**という。太陽は毎日約1°ずつ天球上を東へ移動していくため，恒星の日周運動の周期は24時間（太陽を基準にした1日）よりも約4分間$\left(24時間の\frac{1}{365}\right)$だけ短くなって，23時間56分4秒である。

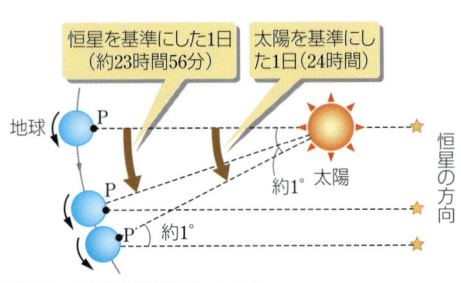

図28　恒星を基準にした1日

　天球上の太陽の通り道を**黄道**という。黄道面は赤道面に対して約23.4°傾いている。黄道が天の赤道を南から北へ横切る点を春分点，北から南へ横切る点を秋分点，黄道が最も北に寄った点を夏至点，最も南に寄った点を冬至点という。黄道上の12の星座は，**黄道十二宮**とよぶ。太陽はそれらの星座の中を次々に通過していく（図29）。

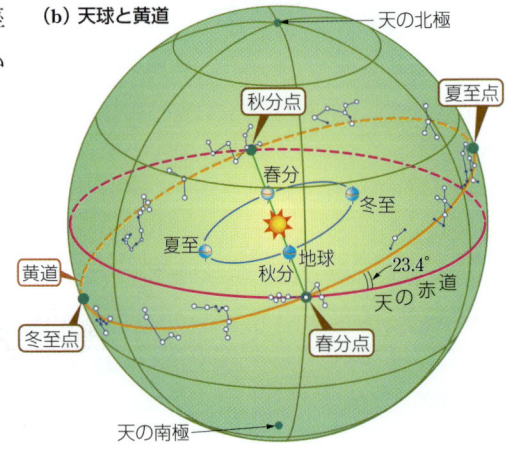

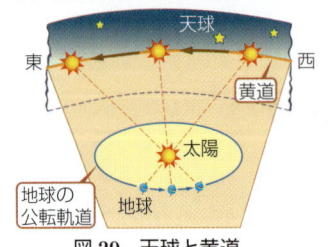

図29　天球と黄道

■参考■ 恒星の日周運動

星座を数時間観察すると、星座が東から西に移っていくことに気がつく。恒星の動きを調べると、北天の恒星は北極星を中心に、反時計まわりに回転していることがわかる。星座はほぼ1日(23時間56分4秒)で1回転するので、この回転運動を恒星の日周運動という。この運動は地球が自転しているために生じる見かけの運動である。恒星の日周運動は、天空に恒星を貼りつけた天球を考えるとわかりやすい。

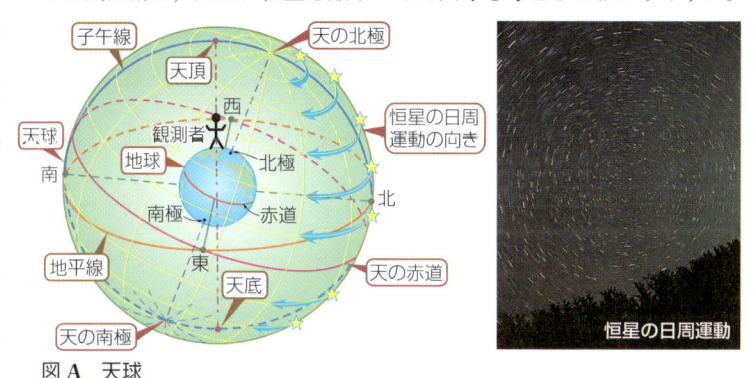

図A 天球

天球の自転軸(地球の自転軸を天へ延長したもの)と天球との2つの交点を**天の北極**、**天の南極**という。地球の赤道面を天球まで延長し、天球に交わる大円を**天の赤道**とよぶ。地球に立つ観測者の真上を**天頂**、真下を**天底**、天頂と天底を結ぶ鉛直線に垂直な天球上の大円を**地平線**、天の北極・南極および天頂と天底を通る大円を**子午線**という。地球上の同一経度の地点を結ぶ線も子午線という。

恒星の日周運動を観察して、地球の自転周期を求めてみよう。
→実験18

(実験)18 恒星の日周運動から地球の自転周期を求める

明るい恒星を天体望遠鏡に入れて時刻を測定してから、天体望遠鏡をその位置に固定する。翌日以降に再び同じ恒星が通過する時刻を測定して、地球の自転周期を計算する。

!注意 安全のため、日中は望遠鏡に必ずふたをつけること。

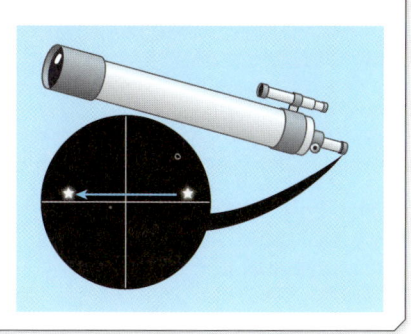

第1章 太陽系

B 地球の自転

コペルニクス(ポーランド 1473～1543)の地動説が受け入れられるまでは，地球は動かず天球が回転しているため，恒星の日周運動が見られるのだと考えられていた(天動説)(→p.298 コラム)。では，どのような事実が地球自転の証拠となるのだろうか。

フーコー(フランス 1819～1868)は，1851 年に振り子の実験(→p.272 章初め写真)を行った。振り子には地球の重力だけがはたらくので，振り子は初めに揺らした鉛直面内で振れ続けるはずである。ところが，北半球では振り子の振動面は上から見て時計まわりに変化していく。これは振り子の振動面の下の地球が回転しているためである。振り子の振動面は，北半球では時計まわりに回転するが，南半球では反時計まわりに回転し，赤道上では回転しない(図 30)。

振り子の振動面の変化は，地球の自転で生じる見かけの力すなわちコリオリの力(転向力)(→p.120)がはたらくためと考えることができる。

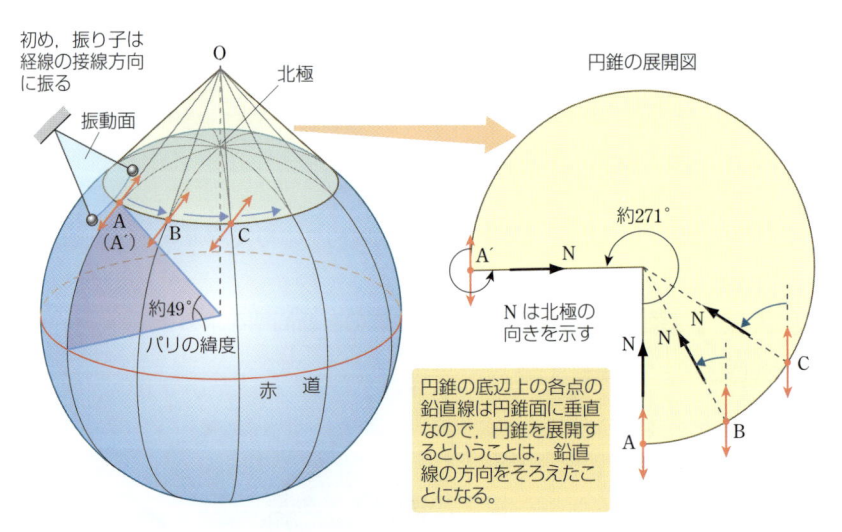

図30　フーコーの振り子の実験
地球の自転につれて，パリはA，B，C，……，A′と球面上を移動する。このとき，北極へ向かう向きは，北緯49°の周に接する円錐の頂点Oに向かう向きである。円錐を展開すると，北向きの方向が展開図の中心角の分だけ反時計回りに回転したことになる。振り子は，この円錐の底辺を移動していくが，その振動面は変わらない。このため，パリで観察している者には，振動面が時計回りに回転していくように見えるのである。

C　地球の公転

太陽の年周運動は地球の公転による見かけの運動であるので，太陽に対する地球の公転周期は，太陽の年周運動の周期に等しい。

地球が公転している証拠としては，年周視差や年周光行差の現象がある。

❶年周視差　巻き尺ではかれないほど遠方にある物体までの距離は，三角測量法ではかることができる。あらかじめ長さをはかった基線を定めて，その両端から物体を見たときの方向の違いから物体までの距離を幾何学の計算で求める。このとき，物体から見たときの基線の両端2点のなす角を**視差**という(図31)。

図31　視差

地球は太陽のまわりを公転しているので，地球の近くにある恒星の見える方向は，遠い恒星の配置に対して1年を周期としてわずかながら変化するはずである。地動説を唱えたコペルニクスは，この視差の現象を予想し，当時としては精密な観測を行ったが，確認できなかった。

視差の測定に最初に成功したのはベッセルである。彼は，はくちょう座61番星に着目してその視差を測定し，その距離を約11光年と求めることに成功した。1838年のことであった。
(ドイツ 1784～1846)

基線として地球の公転半径(1天文単位)をとったときの視差をその恒星の**年周視差**(単位[″])という(図32)。太陽に最も近いケンタウルス座α星(距離4.3光年)でも，年周視差の大きさは0.755″でしかない。

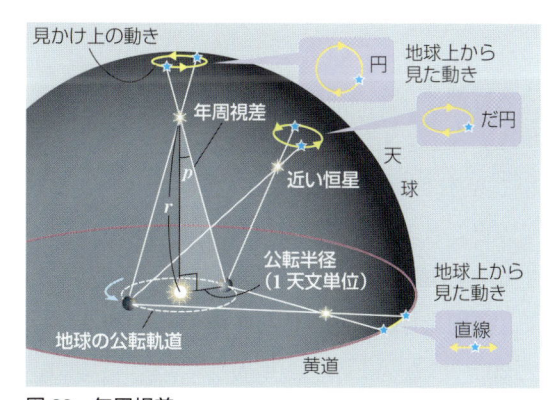

図32　年周視差
pは微小なので，pとrは反比例すると考えてよい。$p = 1″$の角を考えると，$r = 3.26$光年になる。

第1章　太陽系　│　295

恒星までの距離の単位には，光年やパーセク（単位記号：pc）が用いられる。1光年とは光が1年間に進む距離であり，1パーセクは年周視差1″に相当する距離である。

表1　近距離の恒星の年周視差
年周視差の単位〔″〕は角度の単位である。1°（度）の60分の1が1′（分）で，1′の60分の1が1″（秒）である。

恒星名	年周視差	距離	
		光年	パーセク
ケンタウルス座α星	0.755″	4.3	1.3
バーナード星	0.548″	5.9	1.8
ウォルフ359	0.421″	7.7	2.4
おおいぬ座α星（シリウス）	0.379″	8.6	2.6

比較的近い恒星までの距離 d〔光年〕は，その恒星の年周視差 p〔″〕を測定できれば，次の式から求めることができる。

$$d = \frac{3.26}{p}（光年）= \frac{1}{p}（パーセク）$$

問1．　最初に年周視差が測定された恒星ははくちょう座61番星で，年周視差は 0.29″ である。はくちょう座61番星までの距離は何光年か。
(11光年)

❷**年周光行差**　走っている電車から雨を見ると，鉛直に降る雨が斜め前方から降るように見える（図33）。恒星からくる光も同じで，動いている観測者には実際の位置よりも前方からくるように見える。このずれの角度を**光行差**という。地球の公転に伴う光行差も1年を周期として起こる（**年周光行差**（図33））が，年周視差と違って同じ方向の恒星なら距離によらず共通である。年周光行差は角度にして最大 20.5″ にもなるので，年周視差よりも早い1725年にブラッドレーが観測に成功した。
イギリス 1693〜1762

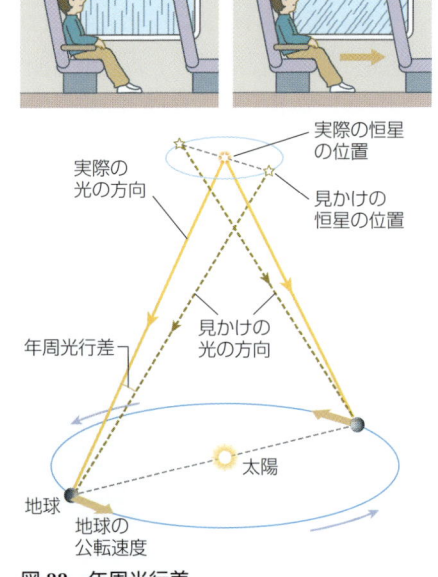

図33　年周光行差
年周光行差は，恒星が1年を周期として描くだ円の半長軸を見こむ角である。

❸**恒星のスペクトルのずれ**　地球は太陽のまわりを約 30 km/s の速さで公転している。したがって，地球の公転面（黄道面）に近い方向にある恒星から見ると，地球が近づくときと遠ざかるときが半年ごとにあることになる。地球から見ても，これらの恒星は年周運動に伴って，近づいたり遠ざかったりするように見えるはずである（図 34）。実際に恒星のスペクトルを測定し続けると，1 年周期でスペクトル線の波長がごくわずかながら長くなったり，短くなったりする。これは地球の公転運動に伴うドップラー効果であり，地球が公転運動している証拠となる。スペクトル線の本来の波長に対してずれている割合は，最大でも公転速度と光の速さの比にあたる 1 万分の 1 程度である。公転面から離れるほど，この効果は小さくなり，公転面に垂直な黄道北極や黄道南極ではこの効果は 0 となる。

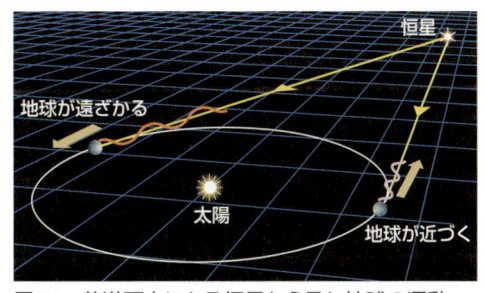

図 34　黄道面上にある恒星から見た地球の運動

■参考■　ドップラー効果

　救急車のサイレンの音は，救急車が近づくときは高く，遠ざかるときは低く聞こえる。このように音源が動くことによって波長が変化して，もとの振動数（音の高さ）とは異なった振動数の音が観測される現象を**ドップラー効果**という。ドップラー効果は，光などのすべての波動で共通に起こる現象である。

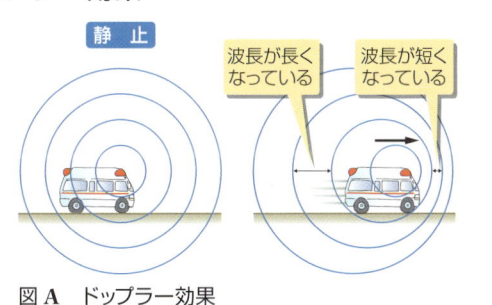

図 A　ドップラー効果

　地球が恒星から遠ざかるとき，恒星のスペクトル線の波長は長くなり，近づくときはスペクトル線の波長は短くなる。

> コラム　**天動説から地動説へ**

　古代ギリシャの人々は，当時から知られていた水星，金星，火星，木星，土星が他の星々と異なる動きをすることに気づき，それらを惑星とよんだ。そして，惑星の運動を説明するためにいろいろな説が考案された。

同心天球説

　最初に惑星の運動を体系的に説明しようとしたのは，古代ギリシャのエウドクソス（紀元前406〜355年ころ）の同心天球説である。地球を中心とする天球を考え，1つまたは複数の天球の回転運動で，恒星や太陽，月，惑星の運動を説明しようとした。

　太陽と月については，それぞれ日周運動を表す天球，黄道上の運動を表す天球，運動の速度変化を表す天球の3つ，5つの惑星については，上記3つの天球に加えて黄道から離れる運動を表す4つ目の天球を，さらに恒星がはり付いている天球を加えて，計27個の天球からなる構造を考えた。

　しかし，彼の説では地球惑星間の距離の変化は説明できず，同心天球説はアリストテレス（紀元前384年〜322年ころ）の宇宙像には組みこまれたものの，天文学者の支持を得るものではなかった。

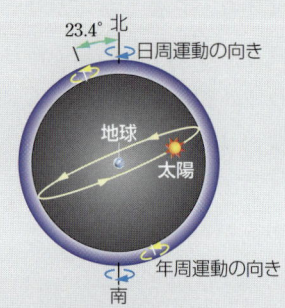

図A　太陽の動きを説明する2つの天球

周転円説

　ギリシャの数学者アポロニウス（紀元前260〜200年ころ）は，惑星は地球以外を中心にもつ円（離心円）上を運動するとし，惑星と地球間の距離の変化，惑星の速度変化を説明しようとした。

　この説は，後にプトレマイオス（ギリシャ，100年ころ〜170年ころ）によって完成される。

　プトレマイオスは，「太陽は地球のまわりを一様に回転する。惑星は地球を中心とする導円の上に中心をもつ周転円の上を一様に運動し，周転円の中

心は導円の上を一様な速さで回る」とした。これで惑星の順行，留，逆行が説明できる。周転円や導円の大きさを調整して，実際の惑星の公転周期もうまく説明できた。さらに正確に観測に一致させるために，導円の中心を地球からずらし，周転円の回転中心を導円の中心をはさんで地球と等距離の点エカント（虚中心）に置いた。

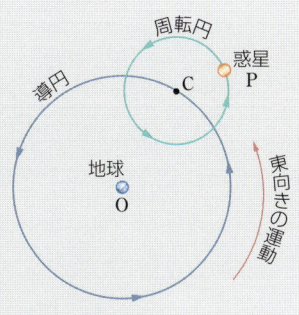

図B　周転円説

プトレマイオスの理論は，古代ギリシャの遺産とともにアラビア世界を経て，中世のヨーロッパへ伝わった。プトレマイオスの説は人間中心のキリスト教の教えとよくあっていたためヨーロッパの人に受け入れられ，根強く支持された。

地動説の登場

コペルニクスは，プトレマイオスの説では惑星ごとに異なる離心円の中心を1つにまとめ，それを太陽の平均的位置であるとし，惑星の天球が平均太陽を中心に回転する説を考えた。しかしこうすると，太陽の天球と火星の天球が交差してしまうので，最終的に地球が太陽のまわりを公転すると考えると単純かつ統一的に惑星の運動を説明できることに気づいた。地動説の誕生である。

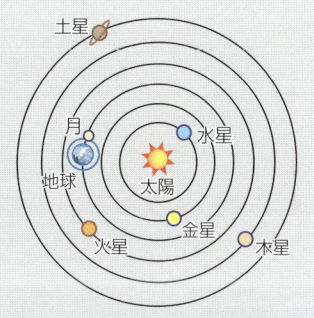

図C　コペルニクスの宇宙観

彼の説は1543年に出版された『天球の回転について』に表されている。ただし，彼の説は円運動を前提にしているので，惑星位置の予想精度は改善されなかったし，地球が動いている証拠である年周視差や年周光行差は当時の観測精度では測定できなかったので，彼の説がすぐに受け入れられることはなかった。

D 時刻と太陽暦

過去から未来へ流れていく時の1点を示すものが時刻であり，時刻の間隔が時間である。

❶平均太陽時 実際の太陽の動きを観測して決められた時刻を**視太陽時**という。視太陽日は太陽が南中してから翌日に南中するまでの時間であるが，実際の太陽が天球上を西から東へ動く速さは，地球の公転軌道がだ円で公転速度が一定でないこと（ケプラーの第一, 第二法則（→p.307））と，地球の公転面（黄道面）と天の赤道が一致していないために変動する。そこで，天の赤道上を一様に運動して1年間で1周する仮想の太陽（**平均太陽**）を考え，平均太陽が南中してから次に南中するまでを1太陽日といい，その24分の1を1時間，さらにその60分の1を1分，その60分の1を1秒として時刻を表したものを**平均太陽時**という。

視太陽時と平均太陽時の差を**均時差**（図35）という。均時差は1年を周期として変化し，実際に太陽が南中する時刻と平均太陽が南中する時刻（正午）には差が生じる。

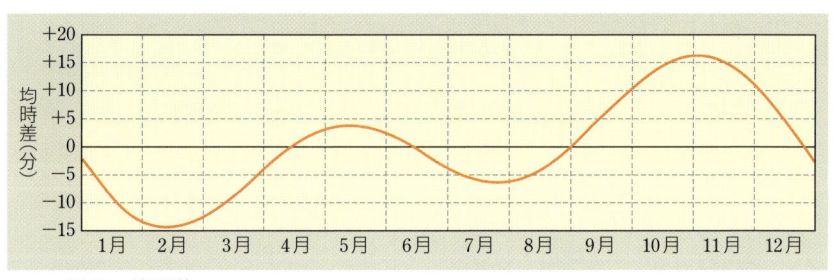

図35 均時差

❷世界時と標準時 ロンドンのグリニッジ天文台を経度0°の原点とし，ここの平均太陽時を世界の共通時刻として**世界時**という。経度によって太陽が南中する時刻は異なるので，国または地域で正午前後に太陽が南中する地点を基準に標準時が定められている。

日本では東経135°（明石市）を基準にした**日本標準時**が使われ，世界時よりも9時間進んでいる。

❸**日付変更線** ほぼ経度180°の経線にそって，**日付変更線**(図36)が設けられている。陸上の隣の町や村で日付が変わるなどの不便がないように，海上に設定されている。

　日本から東へ日付変更線を越えるときは日付を一日遅らせ，その逆のときは一日進める。

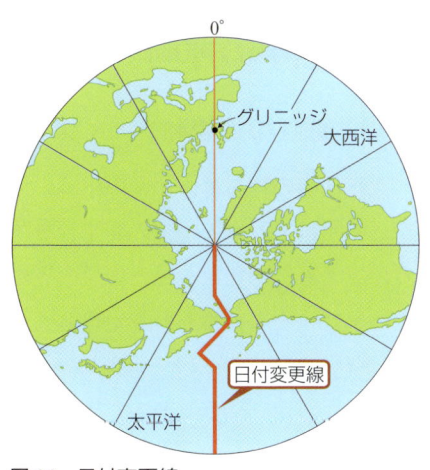

図36　日付変更線

❹**原子時とうるう秒**　以前は地球の公転・自転に基づく天文時が時間や時刻の決定に使われていたが，原子や分子のスペクトル線を用いて正確に時間をはかることができるようになり，1967年からセシウム原子から発せられる特定の光が特定の回数振動する時間として秒が定義されている。これを**原子時**という。地球の自転速度は不規則かつ徐々に遅くなってきているので，原子時と地球の自転に基づく時刻の差が離れないように，地球の自転を正確に観測し，監視しながら，必要に応じて原子時計の時刻に1秒の**うるう秒**を加減して調整している。

❺**太陽暦**　太陽が春分点を通過してから次に春分点を通過するまでの時間を**一太陽年**といい，これをもとにつくる暦を**太陽暦**という。一太陽年は365.2422日で，0.2422日の端数があるので4年ごとにうるう年を設けてその年を366日とし，調整する。しかし，これだけでは一年の平均が365.25日になり，一太陽年より0.0078日長くなるので，このずれを修正するために，400年間に97回のうるう年をおいて，400年間における1年の平均日数を365.2425日とする。

問 2. 現在の暦では，一太陽年に比べてどれだけの長短があるか。
(0.0003日長い)

第1章　太陽系　｜　301

3 惑星の運動

A 惑星の視運動

　天球面上の恒星は，星座の中での互いの位置関係を変えることはないが，惑星はこれらの恒星の間を行きつもどりつして，さまよっているように見える。地球から見た惑星の見かけの運動(**視運動**)は複雑である。

　惑星は，太陽のまわりを地球と同じ向きに公転し，その軌道面は黄道面(地球の軌道面)にほぼ一致しているので，惑星は常に黄道付近に見られる。惑星が天球上を西から東へ(太陽の年周運動と同じ向きに)移動することを**順行**といい，これと逆向きに移動することを**逆行**という。

　順行から逆行，あるいは逆行から順行に転ずるとき，惑星の視運動はほぼ止まって見えるので，これを**留**という。

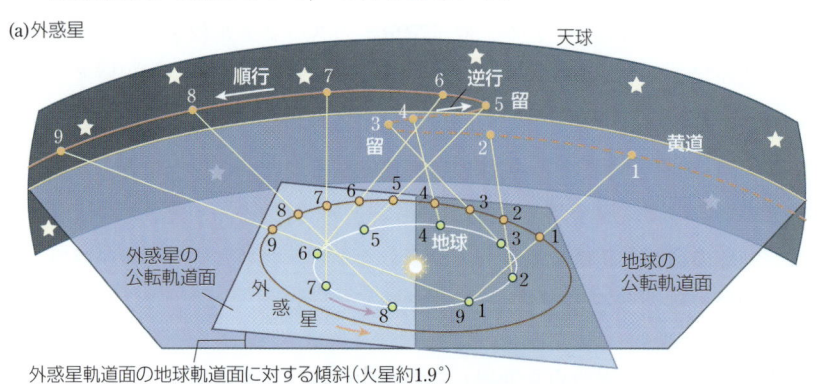

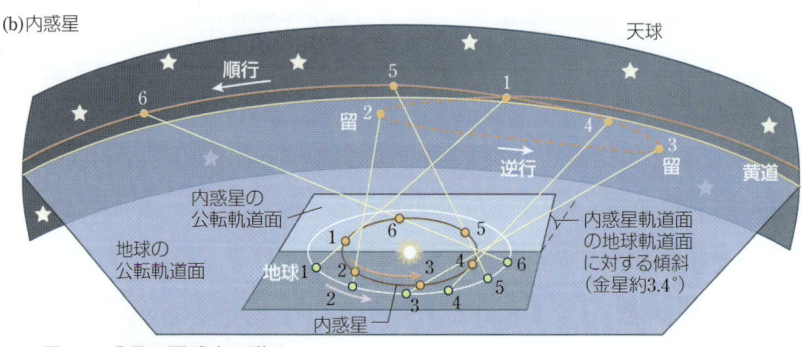

図37 惑星の天球上の動き
惑星の軌道は近似的に円と考えてよく，この円の中心に太陽があると考えてよい。

B 惑星現象

　地球よりも外側の軌道を公転する火星，木星，土星などを**外惑星**，地球よりも内側の軌道を公転する水星と金星を**内惑星**という。

　外惑星では，地球から見て，惑星が太陽の方向にあるときを**合**，太陽と反対の方向にあるときを**衝**という。外惑星は衝のときに最も地球に近づくので，一番明るく，大きく見える。このとき外惑星は日没とともに東から昇り，真夜中に南中して，夜明けとともに西に沈む。また，衝の位置付近にあるときに，逆行(図37(a))が起こる。

　内惑星では合の位置が2つある。**内合**と**外合**である。内合または外合の近くでは，内惑星は太陽とともに出没するので，観測することができない。

　また，内惑星は太陽に照らされる面の見え方が変化するため満ち欠けをする。内惑星は，内合のとき地球に最も近づくが，太陽に照らされない部分が地球側にくるので，地球からは見えない。また，内合の位置付近にあるときに，逆行(図37(b))が起こる。

　内惑星が太陽から最も離れて見えるときを，**最大離角**という。内惑星が東方最大離角(A_1)になるころは，日没後の西の空に見え，西方最大離角(A_2)のころは，日の出前の東の空で観測できる。

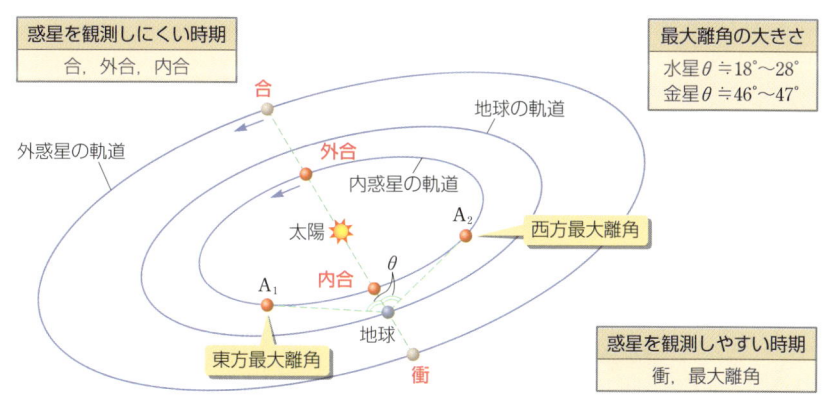

惑星を観測しにくい時期
合，外合，内合

最大離角の大きさ
水星 $\theta \fallingdotseq 18°\sim 28°$
金星 $\theta \fallingdotseq 46°\sim 47°$

惑星を観測しやすい時期
衝，最大離角

図38　外惑星，内惑星の現象とその位置関係

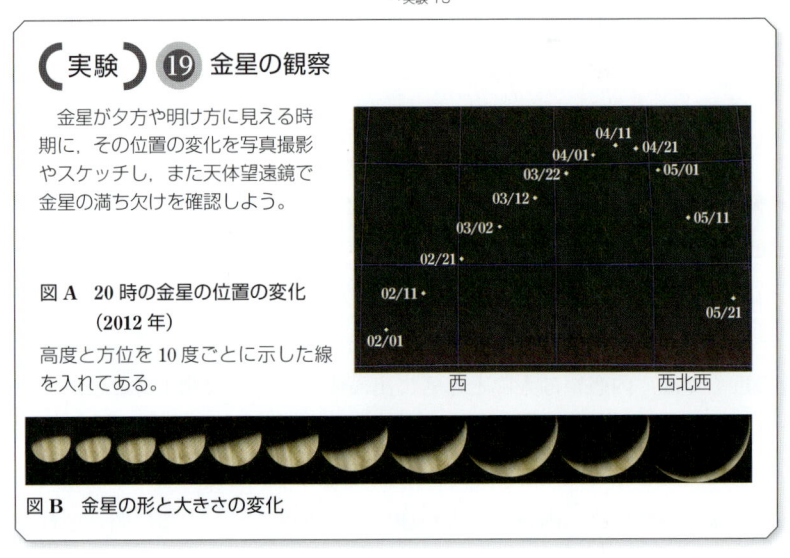

惑星の視運動を実際に観察してみよう。
→実験19

実験 ⑲ 金星の観察

金星が夕方や明け方に見える時期に，その位置の変化を写真撮影やスケッチし，また天体望遠鏡で金星の満ち欠けを確認しよう。

図A　20時の金星の位置の変化（2012年）
高度と方位を10度ごとに示した線を入れてある。

図B　金星の形と大きさの変化

C｜会合周期と公転周期

外惑星の衝から次の衝までの時間，または，内惑星の内合から次の内合までの時間を，その惑星の**会合周期**という。火星は約780日ごとに，金星は約584日ごとに会合し，地球に近づく（図39）。

会合周期 S〔日〕と地球の公転周期 E〔日〕とから，惑星の公転周期 P〔日〕が計算で求められる。

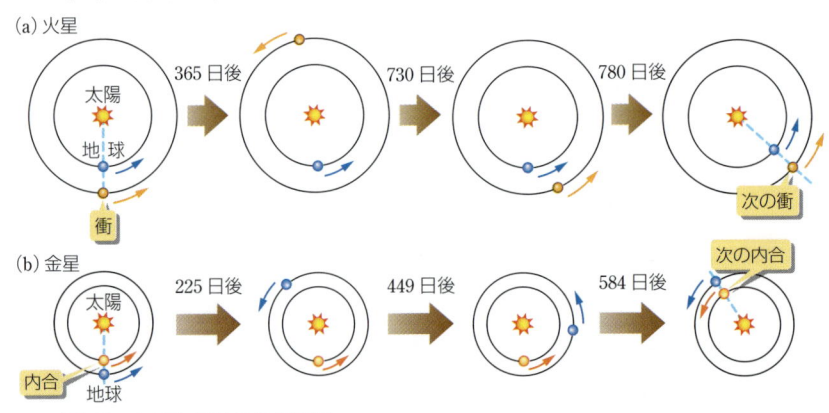

(a) 火星

(b) 金星

図39　火星と金星の会合周期

304　第6編　宇宙の構造

(a) 外惑星の場合　(b) 内惑星の場合

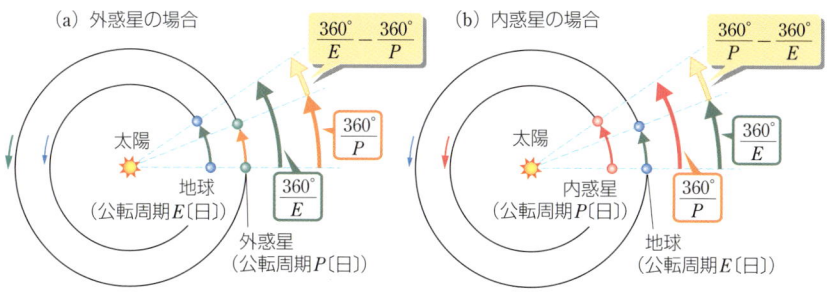

図40 惑星の公転周期の求め方

❶**外惑星の場合**　外惑星と地球が軌道上を1日に公転する角度は，それぞれ $\dfrac{360°}{P}$，$\dfrac{360°}{E}$ である。外惑星は地球よりも公転周期が長いので，衝の位置から出発して，地球は外惑星よりも1日に $\dfrac{360°}{E} - \dfrac{360°}{P}$ の角度だけ先へ進む（図40(a)）。この角度が毎日加算されて360°になったとき，再び衝の位置になる。

したがって　$\left(\dfrac{360°}{E} - \dfrac{360°}{P}\right) \times S = 360°$　よって　$\dfrac{1}{S} = \dfrac{1}{E} - \dfrac{1}{P}$

❷**内惑星の場合**　内惑星は地球よりも公転周期が短いので，外惑星の場合と P，E の関係が逆になる（図40(b)）から

$\left(\dfrac{360°}{P} - \dfrac{360°}{E}\right) \times S = 360°$　よって　$\dfrac{1}{S} = \dfrac{1}{P} - \dfrac{1}{E}$

例題1.　**会合周期と公転周期**

地球の公転周期は1.0年，金星の公転周期は0.62年である。地球と金星の会合周期は何年か。

解　内惑星の場合の式 $\dfrac{1}{S} = \dfrac{1}{P} - \dfrac{1}{E}$ を用いて

$\dfrac{1}{0.62} - \dfrac{1}{1.0} = \dfrac{1}{S}$　よって　$S =$ **1.6年**

問3.　地球の公転周期は1.0年，火星の公転周期は1.88年である。地球と火星の会合周期は何年か。　　　　　　　　　　　　　(2.1年)

D ケプラーの法則

　すべての天体は地球を中心に運行するというプトレマイオスの天動説(→p.298コラム)は，1000年以上にわたり，西欧の人々の宇宙観であった。16世紀になってコペルニクスは，地球も他の惑星も太陽を中心とした円軌道を運行すると考えると惑星の運動を簡単に説明できるとし，地動説(→p.298コラム)を唱えた。しかし，これを裏付けるためには，精密な観測と優れた洞察力が必要であった。

　ケプラーは，観測データのみから惑星の軌道と運動を明らかにしようと考えた。彼は1600年に，20年にわたり独自の観測装置で精密な天文観測を続けていたティコに弟子入りし，ティコ(デンマーク 1546〜1601)の没後，彼の膨大な観測データを使って地球や火星の軌道の問題に取り組んだ。

図41　ケプラー（ドイツ，1571〜1630年）

　まず彼は，地球の軌道の形を調べた。ギリシャ哲学では最も完全な図形は円であると考えられていたため，天は神聖な世界であるから天体の運動は最も規則正しい円運動でなければならないと考えられてきた。その後の天文学者たちもこの考えにならい，円運動で天体の運動を説明しようとした。コペルニクスの地動説でも惑星の軌道は円とされていた。

　ケプラーは，コペルニクスの説とティコの観測データを使って惑星の位置予報を試みたが，予報された位置と実際の位置は合わなかった。そこでケプラーは，惑星の本当の軌道はどのような形か，惑星の運動速度はどのように決まるのかを追求し始めた。

　彼は，火星が衝になった日の火星と地球の位置を使って，火星の公転周期ごとに火星の位置を調べ，そこから地球の軌道がほぼ円軌道であることを明らかにした。さらに，ある日の火星と地球の位置と，そこから火星の1公転周期後の地球の位置を，いくつか異なる観測点で調べ，火

星の位置をなめらかな線でつないで，火星の軌道がだ円であることに気づいた。ケプラーの第一法則の発見である。

惑星の運動速度が変化することは知られていたが，ケプラーは惑星が太陽に近いときは速く，遠いときはゆっくり動くことに気づいた。惑星がある地点から次の地点へ動くのにかかる時間は観測データからわかる。ケプラーは，太陽と2地点の惑星の動きを結ぶ扇形の面積をいくつか別の観測点で比べ，太陽と惑星を結ぶ直線が一定期間に掃く面積は常に同じである(ケプラーの第二法則)ことを発見した。

ケプラーは，火星と同じようにして他の惑星の軌道も決め，各惑星の軌道の平均距離を求めた。惑星の会合周期から公転周期も求め，すべての惑星に対し，公転周期の2乗と軌道の平均距離の3乗の比は一定になることを見つけ，この美しい法則を「調和の法則」(ケプラーの第三法則)とよんだ。

惑星の運動は次の3つの法則にまとめられ(1609，1619年)，これらを**ケプラーの法則**という。

第一法則(だ円軌道の法則)　惑星は，太陽を1つの焦点とするだ円軌道を公転する(図42(a))。

第二法則(面積速度一定の法則)　惑星と太陽を結ぶ線分が一定時間に

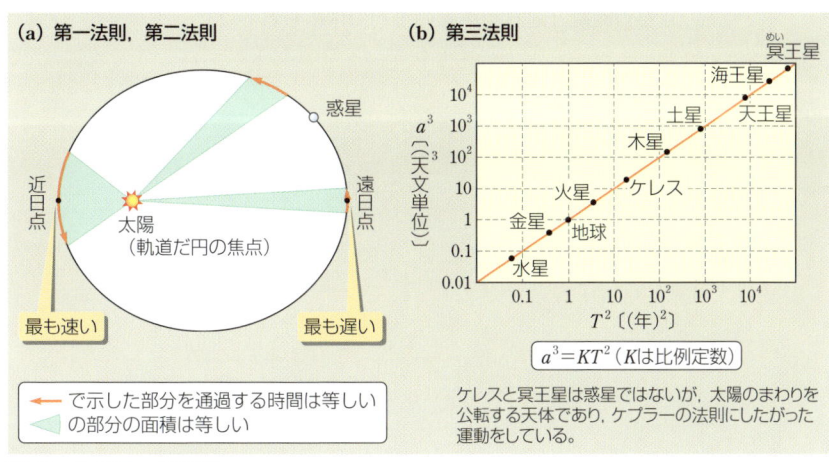

図42　ケプラーの法則

通過する面積は一定である(図 42(a))。

第三法則(調和の法則) 惑星の公転周期 T の 2 乗は，惑星の太陽からの平均距離(＝だ円軌道の半長軸) a の 3 乗に比例する(図 42(b))。

例題2. ケプラーの第三法則

地球のだ円軌道の半長軸は 1 AU(天文単位)，金星のだ円軌道の半長軸は 0.72 AU(天文単位)である。金星の公転周期は何年か。

解 ケプラーの第三法則より $a^3 = KT^2$
ここで，a は惑星のだ円軌道の半長軸，T は惑星の公転周期，K は比例定数である。
地球の公転周期は 1 年であるので，地球についてケプラーの第三法則の式を立てると $1^3 = K \times 1^2$
よって $K = 1$ ……①
金星の公転周期を $T_{金}$〔年〕として，金星についてケプラーの第三法則の式を立てると $0.72^3 = K \times T_{金}^2$
①式より $0.72^3 = 1 \times T_{金}^2$
よって $T_{金} = \sqrt{0.72^3}$ ＝ **0.61 年**

問4.

Shoemaker Holt 第 2 彗星は，1989 年に発見された，近日点距離が 2.64 AU(天文単位)，遠日点距離が 5.36 AU(天文単位)，離心率が 0.339 という軌道を公転している周期彗星である。ケプラーの第三法則に基づいて公転周期を計算せよ。なお，太陽からの平均距離は，近日点距離と遠日点距離の平均で求められる。 (8 年)

■ 参考 ■ 万有引力からケプラーの第三法則を導く

　ケプラーの法則が発見されてから約半世紀後に、ニュートン（イギリス）は、惑星が太陽のまわりをほぼ円軌道を描いて公転し続けるのは、惑星の運動の方向と垂直な方向に、太陽の引力が及んでいるためであると考えた。月が地球のまわりを公転するのも同じ原理である。

　ニュートンは、2つの物体にはたらく引力が両者の質量の積に比例し、両者の距離の2乗に反比例するという万有引力の法則を発見し、この力から天体の運動が説明できることを示した。ニュートンの考えでは、2つの物体の質量をM、mとし、両者の距離をrとすると、2つの物体にはたらく万有引力Fは次のように表される。

$$F = \frac{GMm}{r^2} \quad (万有引力定数\ G = 6.67 \times 10^{-11}\ \text{m}^3/(\text{kg}\cdot\text{s}^2))$$

　太陽の質量をM、惑星の質量をmとすると、Mはmに比べて非常に大きいので、惑星の運動を考えるときに他の惑星の引力は無視でき、太陽の万有引力だけを考えればよい。

　図Aのように、惑星の公転軌道を近似的に円と考えると、ケプラーの第二法則から惑星は等速円運動をする。惑星の公転速度をV、公転周期をT、太陽から惑星までの距離をrとすると、惑星は等速円運動をしているので、$V = \dfrac{2\pi r}{T}$である。

　太陽のまわりを公転している惑星には、太陽から遠ざかる向きに遠心力$\dfrac{mV^2}{r}$がはたらく。遠心力は$V = \dfrac{2\pi r}{T}$を代入して$\dfrac{mV^2}{r} = \dfrac{4\pi^2 mr}{T^2}$となる。遠心力は万有引力$F$とつりあっているので、$\dfrac{GMm}{r^2} = \dfrac{4\pi^2 mr}{T^2}$であり、この式を整理して、関係式$\dfrac{r^3}{T^2} = \dfrac{GM}{4\pi^2}$が求まる。

　この関係式は、より厳密にはrのかわりに惑星の太陽からの平均距離aを用い、右辺の質量は太陽と惑星の質量の和$M + m$におき換え、次のように表される。

$$\frac{a^3}{T^2} = \frac{G}{4\pi^2}(M + m)$$

　この式こそ、ケプラーが発見した第三法則である。

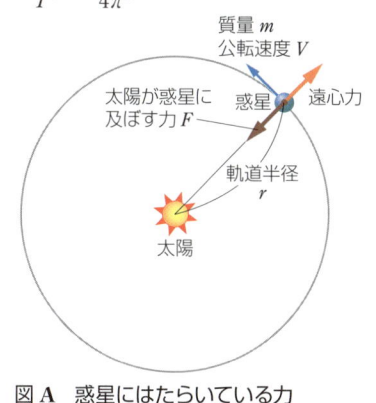

図A　惑星にはたらいている力

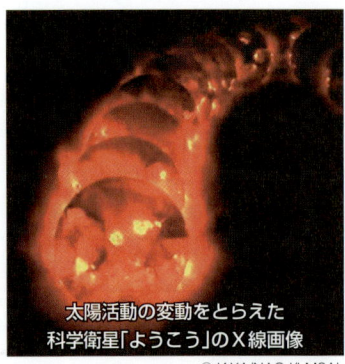

第2章
太陽

太陽活動の変動をとらえた
科学衛星「ようこう」のX線画像
©JAXA/NAOJ/LMSAL

太陽は地球に一番近い恒星であり，今から約50億年前に星間分子雲の中で太陽系の惑星および小天体とともに誕生した。太陽系の中心に位置し，膨大な量のエネルギーを宇宙空間に放出し，私たちは常にその影響を受けている。この章では，太陽の姿やエネルギー源，太陽活動のようすなどについて学ぶ。

1 太陽の表面

A 太陽の大きさと表面のようす

太陽は月と同じ大きさに見えるが，実際は地球の109倍(直径140万km)という巨大なガス球である。太陽の質量は 2×10^{30} kgで，地球の約33万倍である(表2)。

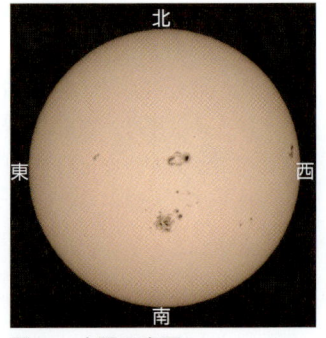

望遠鏡で太陽像を投影してみると，白い円盤に映る。太陽表面(図43)のこの輝いている大気層を**光球**という。光球の明るさは一様でなく，中央部に比べて周縁部はやや暗くなっている。これを**周辺減光**という。円盤像には黒いしみや，縁近くに白い斑点がある。黒いしみは**黒点**(図44)，白い斑点は**白斑**(図46)という。科学衛星や地上の望遠鏡で詳しく観測すると，**粒状斑**(図47)とよばれる細かい粒状の模様が見られる。皆既日食のときには，光球のすぐ外側に**彩層**(p.312 図48)と**プロミネンス(紅炎)**(p.313 図52)，かなり外側まで広がった**コロナ**(p.312 図49)が観察できる。

図43　太陽の表面

表2　太陽の諸定数

諸　　量	太陽の値	地球の値	太陽÷地球
赤 道 半 径	6.96×10^5 km	6.38×10^3 km	109倍
質　　　量	1.99×10^{30} kg	5.97×10^{24} kg	33.3万倍
平 均 密 度	1.41 g/cm³	5.52 g/cm³	0.255倍

B 黒点・白斑・粒状斑

❶黒点 黒点の温度は約 4000 K[*1]，周囲の光球(5800 K)より少し温度が低いので，暗く見える。黒点の典型的な大きさは直径数万 km，小さいもので 500 km，大きなものは 10 万 km に及ぶものもある。

黒点(図 44)は黒い中央部の**暗部**と，それを放射状に取り囲む部分**半暗部**からなる。半暗部には放射状の筋模様が見られる。これは磁力線を反映した模様である。黒点には，地球磁場の約 1 万倍の強さの磁場がある。磁力線の作用によって，内部からの高温ガスが黒点に運びこまれにくく，そのため，まわりの光球よりも温度が低い(図 45)。

黒点は多数集まって，黒点群をなすことが多い。黒点の寿命は短いもので数日，長いもので 1～2 か月で，最後はばらばらに分裂して消滅する。太陽活動の活発さによって黒点の数が増減する(→p.319)。

❷白斑 太陽面の縁近くで見られる明るい斑点を**白斑**(図 46)という。大きさは 150～300 km で，温度はまわりの光球よりも約 600 K 高い。中央部にも存在しているが，光球との明暗の差がわずかなので見えない。

❸粒状斑 太陽全面に見られる粒状の模様を**粒状斑**(図 47)という。大きさは約 1000 km，寿命は 5 分程度である。

太陽内部の熱いガスは浮き上がって，太陽表面を暖める。ガスは太陽表面で熱を放出して冷え，再び沈んでいく。このガスの対流のようすが，粒状斑として見えている。

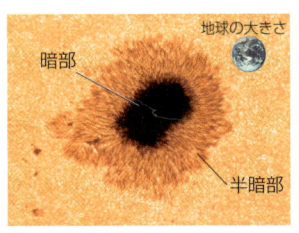

図 44 黒点 (©NAOJ/JAXA)

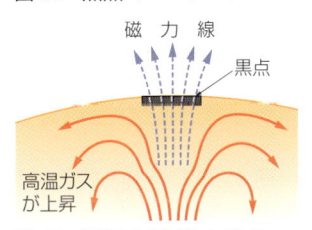

図 45 高温の上昇流と黒点

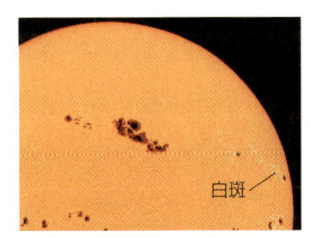

図 46 白斑 (©SOHO (ESA&NASA))

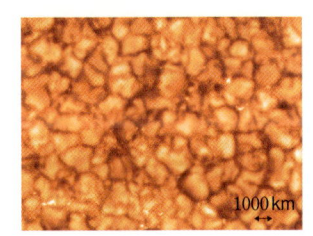

図 47 粒状斑 (©NAOJ/JAXA)

[*1] K は絶対温度の単位で $T[\text{K}] = t[℃] + 273$ の関係がある。

C | 彩層・コロナ・プロミネンス

❶彩層 皆既日食で月が光球を隠した瞬間，光球の上層が弧状に赤く見える。これを彩層（図48）という。

❷コロナ 彩層の外側に広がったきわめて希薄な大気層をコロナ（図49）という。皆既日食のとき，黒い月のまわりに真珠色の淡い光として見られる。コロナの温度は約200万Kにも達している。太陽中心から外側へいくほど温度は低下するが，光球の平均温度5800Kに対して，なぜコロナがこれほど高温であるのかは，今なお解明されていない。高温のコロナでは，鉄の原子でさえも多くの電子がはぎ取られた状態に電離している。電離した粒子は加速され高速で宇宙空間に流れ出している。この粒子の流れを太陽風（→p.26, 320）とよぶ。

図48 皆既日食のときに見られた彩層

図49 コロナ

地球から見たコロナの形は，太陽活動極大期には円に近く，極小期には赤道方向に伸びて偏平になる。コロナからは電波・X線・紫外線が放射されている。X線望遠鏡で太陽表面を観測すると，暗いコロナ領域が見えることがある。この領域を**コロナホール**という。ここからは惑星間の空間に向かって，高速の太陽風が吹いている。

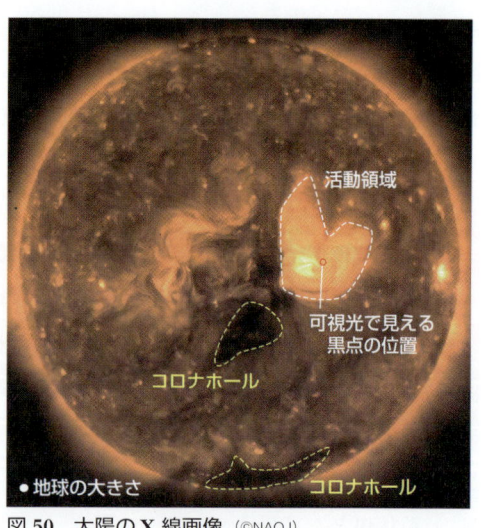

図50 太陽のX線画像（©NAOJ）

図51 太陽の表面構造

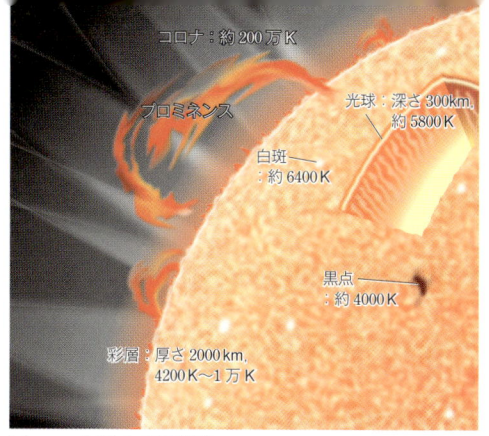

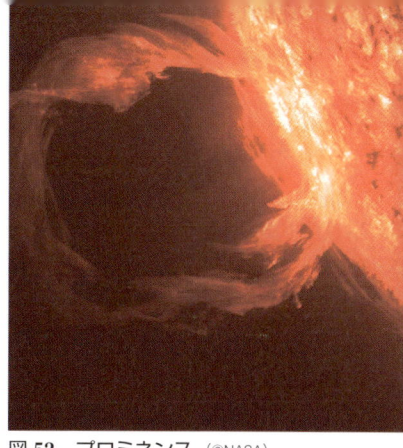

図52 プロミネンス（©NASA）

❸**プロミネンス** プロミネンス(紅炎)(図52)は，コロナの中に磁場の力で浮かんで見えるガス雲である。太陽の縁では明るく見えるが，太陽面上では暗い筋として見える。温度が数千〜1万度程度しかないプラズマで，周囲のコロナの温度よりかなり低い。

D スピキュール・フレア

❶**スピキュール** 高温のガスがジェットのように彩層からコロナに向かって噴き出している現象で，発生から5〜10分ほどで消失する。これを**スピキュール**(図53)という。

❷**フレア** 彩層やコロナの一部が突然輝きだし，数時間でもとにもどる現象を**フレア**(図54)という。一種の爆発現象で，磁場のエネルギーが熱や粒子の加速のためのエネルギーへ急変したときに起こる。フレアによって放出されるエネルギーは10^{22}〜10^{25}Jで，フレアは数分〜数時間持続する。

図53 スピキュール（©NAOJ/JAXA）
水素が出すHα線という赤い光(波長656.3 nm)だけを通すフィルターを通して彩層を見ると，ジェット状の構造が見える。

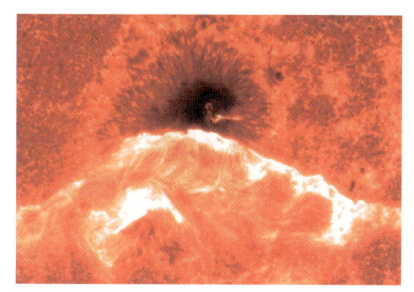

図54 フレア（©NAOJ/JAXA）
白く明るい部分がフレアである。

E 太陽の自転

太陽の表面を望遠鏡で観察すると，太陽面上の黒点が東から西へ規則的に移動している（図55）。このことから，太陽も自転していることがわかる。太陽の自転軸が決まると，地球と同じように赤道や緯度が決められる。これを**日面緯度**という。地球の北（南）と同じ方向に見える極を太陽の北（南）極，地球から見て東（西）側の方向を太陽の東（西）という。

太陽の自転速度は緯度によって異なり，赤道が一番速く，緯度が高くなるほど遅くなる。赤道で25日，緯度75°では35日で一周する。

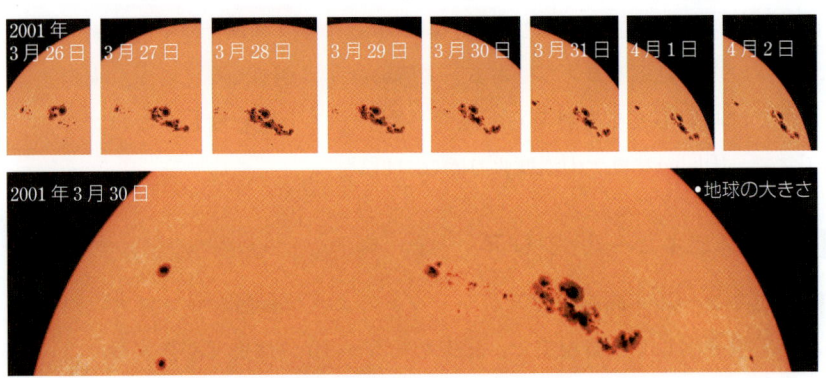

図55 太陽の自転 （©SOHO（ESA&NASA））

F 太陽スペクトル

太陽から放射される光にはいろいろな波長の光が含まれている。プリズムは，波長の違いにより異なる角度に光線を屈折させる性質があるため，スリットを通った太陽光線をプリズムに入射させると，プリズムから出てきた光は赤から紫までの色に分かれる（図56）。いろいろな色の

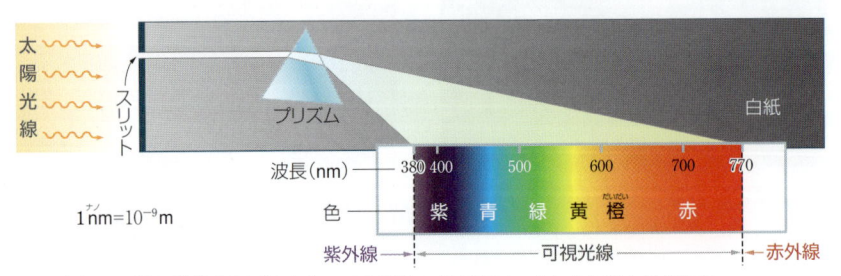

$1\,\text{nm} = 10^{-9}\,\text{m}$

図56 光の分散とスペクトル 可視光線の波長帯は，人により個人差がある。

光の帯を**スペクトル**という。また，光をスペクトルに分ける装置を分光器という。

分光器を作成して，太陽スペクトルを観察してみよう。
→実験20

> **（実験）⑳ 太陽スペクトルの観察**
>
> ❶工作用紙で，縦4 cm，横2 cm，長さ25 cmの箱を作る。このとき，箱を組みたてる前に，両側面に1 cm四方の穴を開けておく。
> ❷片方の穴に，回折格子シートをテープで貼る。回折格子シートの溝は横を向くような角度にして，穴をふさぐように貼る。
> ❸余った工作用紙で1 cm×2 cmの四角を2つ作る。もう片方の穴に，四角2つを貼りつけて，1 mmのスリットを横向きに作る。
> ❹スリットを明るい方に向け，回折格子シートから箱の中をのぞくと，スリットの下に太陽スペクトルが観察できる。
>
> **注意** 絶対に太陽には向けないこと。

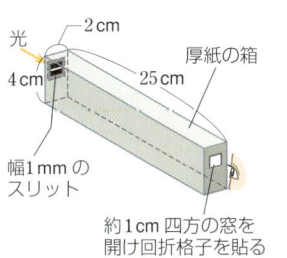

G 元素組成

太陽スペクトルを詳しく調べると，連続したスペクトルの中に数多くの**暗線（吸収線）**（図57）が見られる。これを**フラウンホーファー線**という。これは，光が太陽大気を通過するときに，太陽の大気中に存在しているいろいろな原子，イオンがそれぞれ固有の波長の光を吸収するために生じるものである。この吸収線の波長や強度から太陽の大気中に存在する元素の種類と存在量を知ることができる。太陽を構成する元素は，水素が大部分を占める。ヘリウム原子は全体の$\frac{1}{15}$，炭素以下のすべての元素の原子数を足しあわせても全体の約$\frac{1}{1000}$にしかならない。[1]

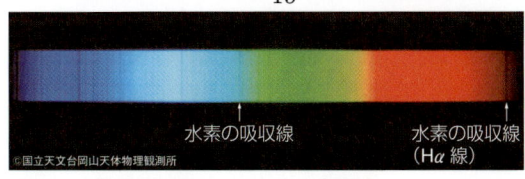

図57 太陽光の連続スペクトルと吸収線

---

[1] 太陽が微量ながらも水素とヘリウム以外の多種類の元素を含んでいるため，太陽は137億年前の宇宙誕生から2世代か3世代目の星であると考えられる。1世代目の星が水素とヘリウム以外の元素を星の内部で作りだし，それが宇宙空間に放出されてできたガスの中からより重い元素を含む次世代の星が誕生するからである。

2 | 太陽の活動

A | 太陽の内部構造

❶太陽中心核 太陽中心から半径約20万kmの範囲を**中心核**という。ここでは1600万Kという極度の高温のため，水素原子では，電子が原子核からはがされ，自由電子になっている。プラスの電荷をもつ陽子とマイナスの電荷をもつ電子が同数存在すれば，電気的には中性で，このような状態をプラズマとよぶ。高温下では原子核は激しく運動する。さらに，電子がはがれた原子は高密度に圧縮され，原子核どうしの衝突はより頻繁になり，中心部から外側へ向かう圧力が生じる。太陽が自己重力で押しつぶされないのは，このような圧力がはたらくおかげである。

ここでは4つの水素原子核が融合して1つのヘリウム原子核になる核融合反応が起きている。

→参考
中心核では，毎秒6100億kg（6.1×10^{11} kg）の水素が核融合反応を起こし，毎秒3.85×10^{26} Jのエネルギーが放出されている。太陽の質量は2×10^{30} kgであり，核燃料となる水素の量にも限りがある。太陽では，全水素量の約10％が核融合反応を有効に起こすと考えられているので，太陽の寿命は現在の水素消費量から推定することができる。

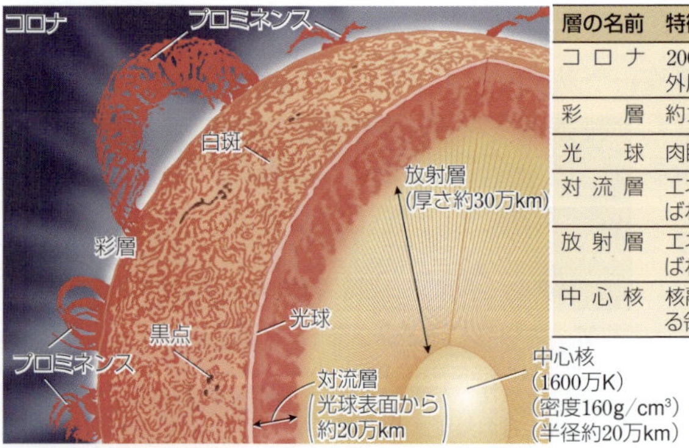

層の名前	特徴
コロナ	200万Kの高温で希薄な外層
彩　　層	約1万Kの希薄な大気層
光　　球	肉眼で見える層
対 流 層	エネルギーが対流で運ばれる層
放 射 層	エネルギーが放射で運ばれる層
中 心 核	核融合反応が起きている領域

中心核
（1600万K）
（密度160g/cm³）
（半径約20万km）

図58　太陽の構造

問 5. 原始の太陽の質量 2.0×10^{30} kg の 80％ が水素とすると，太陽の寿命はあと何年か。太陽は現在まで 46 億年輝いたとし，1 年を 3.2×10^7 秒として計算せよ。
(36 億年)

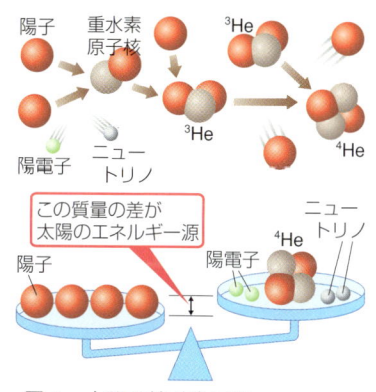

▲ 参考 ▲　太陽の核融合反応

太陽の核融合反応は陽子-陽子連鎖（p-p 連鎖）とよばれる。

まず 2 つの陽子が結合して重水素原子核がつくられる。重水素原子核は陽子と中性子からなるので，この反応が起こる際には，1 つの陽子から電荷を抜き出す必要がある。一方の陽子から陽電子と低エネルギーのニュートリノ[*1)]が放出され，中性子に変わって，重水素原子核となる。重水素原子核は他の陽子と衝突して ^{3}He をつくり，その際 γ 線が放射される。さらに 2 つの ^{3}He が融合し，通常のヘリウム原子核 ^{4}He をつくり，2 つの陽子を放出する。全体の反応には 2 つの ^{3}He が必要なので，正味の反応は

　　4 陽子 → ^{4}He ＋ 2 陽電子 ＋ γ 線 ＋ 2 ニュートリノ

である。

ヘリウム原子核 ^{4}He の質量が 4 つの陽子の質量よりわずかに小さい[*2)]ので，変換されたときに失われた質量 m により

　　$E = mc^2$（c は光の速さ）

に相当するエネルギーが生じる。

これが太陽のエネルギー源である。

図 A　太陽の核融合反応

---

*1) 素粒子の一種で，電荷をもたず，質量は非常に小さいが存在する。他の物質と反応しにくいため，発生したニュートリノはそのまま宇宙空間へ出て行く。
*2) 原子核の質量はそれを構成する粒子の質量の和より小さく，この質量の差を**質量欠損**という。

❷**放射層** 中心核と対流層の間にあり，中心核でつくられた核融合エネルギーが放射で伝わる層を**放射層**とよぶ。太陽の核融合エネルギーは，すべて中心核で生じる。中心核から漏れ出た高エネルギーの放射はあらゆる方向に反射，吸収，再放射，散乱などの過程を受けるが，太陽中心から離れるにつれて温度が下がるので，熱が高温から低温領域へ伝わるように，全体的には外向きへと進んでいく。エネルギーが放射層に入ってから対流層に達するまでに数十万年～数百万年かかるといわれている。放射層の厚さは，約30万kmである。

❸**対流層** 表面から約20万kmまでの層を**対流層**という。表面から約20万kmの領域では，温度が約200万Kまで低下する。この場所からエネルギー輸送は対流に変わる。

　高温のガスは上昇するにつれて膨張して冷却され，低温になると沈み始める。そして対流層の底部に達するまでに再び加熱され，再度上昇する。対流層では，このような対流が起こっている。ガスの対流パターンは，太陽表面では粒状斑として見られる。

B 太陽の周期活動

　太陽表面に現れる黒点数は，周期的に変動する(図59)。黒点の数が極大になる時期を**太陽活動極大期**，極小になる時期を**太陽活動極小期**という。黒点数が極小から次の極小までの期間は太陽活動の1周期であり，9～14年の幅があるが，平均すると約11年である。

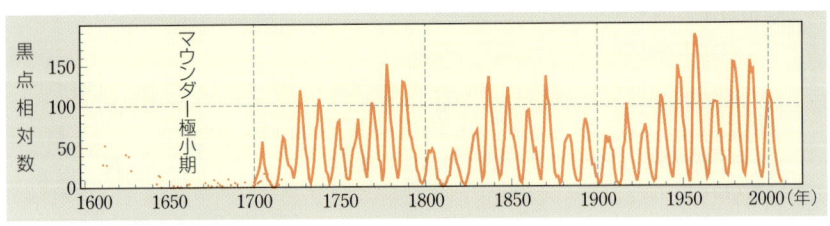

図59 黒点相対数の変化
黒点相対数とは，黒点群の数と黒点の数から定義された数値で，太陽活動の目安を表す数値として広く使われている。1645～1715年は黒点数が著しく減少し，マウンダー極小期とよばれる。

初めは，太陽の中を磁力線の束が南北に貫いているが，磁力線は太陽の中心ではなく，対流層の底を通っている。太陽の自転速度は赤道で最も速く，高緯度になるほど遅いので，磁力線は自転に引きずられて次第に太陽に巻きつく（図61）。この結果，磁力線が密になり，磁力線の一部が太陽表面に出てくる。磁力線が表面から出る出口と内部に入る入口の対ができ，これが黒点として見える（図60）。磁力線がさらに密になるとあちこちで磁力線が表面に飛び出すので，黒点が増える。飛び出した磁力線はつなぎ直されるなどして，磁力線が密な状態は解消され，磁力線が巻きついていないもとの状態に戻ると考えられている。このくり返しの周期が約11年である。

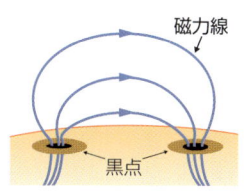

図60　対の黒点の模式図
左の黒点がN極，右の黒点がS極となる。

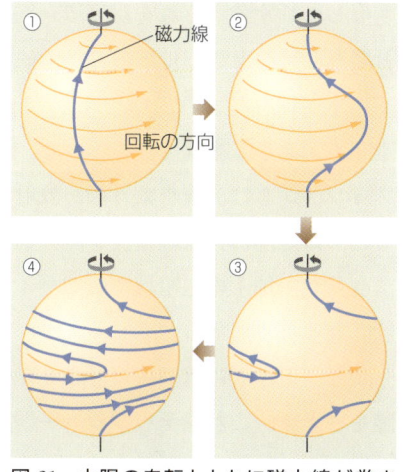

図61　太陽の自転とともに磁力線が巻きつく模式図

太陽全体の磁極は，黒点数の増減の1周期で反転してもう1周期でもとの状態に戻り，約22年周期で変化する。

C　太陽の活動と地球への影響

太陽活動の変化は，地球へ必ず影響を与える。太陽からは高エネルギー粒子が常に放出されており，地球はその粒子の流れの中にいるからである。地球や他の磁場をもつ惑星（水星，木星，土星，天王星，海王星）は周囲に「まゆ」のような磁気圏（→p.26）があり，太陽風が直接吹きつけることはない。

太陽活動極大期には，フレア(→p.313)の発生頻度が高い。フレアの発生に伴ってプラズマの塊が放出されることがあり，これを**コロナ質量放出**という。

　太陽でフレアやコロナ質量放出のような爆発現象が発生すると，太陽風の中に突風が発生して磁気圏が揺さぶられたり，変形したりする。これを**磁気嵐**(→p.27)という。このとき，地球の双極子磁場(→p.19)中に高エネルギーの陽子や電子が取りこまれ，オーロラ(→p.7)が見られる。ときには宇宙飛行士や人工衛星に影響を与える。

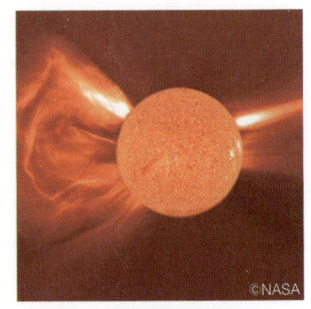

図62　コロナ質量放出

　フレアからはX線や紫外線が放射され，これが地球の電離層に到達すると，電離層に大量の電流を流す。この電流によって地球の磁場が急激に変化し，地上の送電線や石油パイプラインに電流を誘発し，施設が破壊されることがある。

　また，電離層に電波を反射させて行う船舶や飛行機の長距離通信に支障をきたす。これを**デリンジャー現象**という。

問6.　太陽風の平均速度は約 400 km/s であるが，コロナ質量放出の際には 1000 km/s 以上の非常に高速な太陽風が放出されている。太陽と地球の間の平均距離を 1.5×10^8 km としたとき，1000 km/s の高速な太陽風によって地球磁気圏に影響が現れるのはおよそどれくらいの時間経過後か。　　　　　　　　　（およそ 42 時間後）

　太陽の活動と地球への影響を，インターネットを活用して，確認してみよう。
→実験21

実験 ㉑ 太陽活動と宇宙天気

　太陽黒点を天体望遠鏡で観察するとともに，太陽観測衛星からの太陽に関する画像や，太陽の影響を受ける地球磁気圏の状態をインターネットで確認しよう。フレアやコロナホールなど太陽の活動状況をリアルタイムで知り，その後の磁気嵐やオーロラ活動など地球磁気圏の変動を調べるとよい。

　太陽活動には，黒点の増減などの周期的な変化もあるが，表面での突発的な現象もあり，毎日の監視が必要である。Hα線を用いた太陽観察用の望遠鏡がある場合は，それを使ってプロミネンスなども観察しよう。

図A　Hα線で撮影した太陽

　人類や社会インフラに影響を与えるような，こうした宇宙環境変動を宇宙天気ともいう。

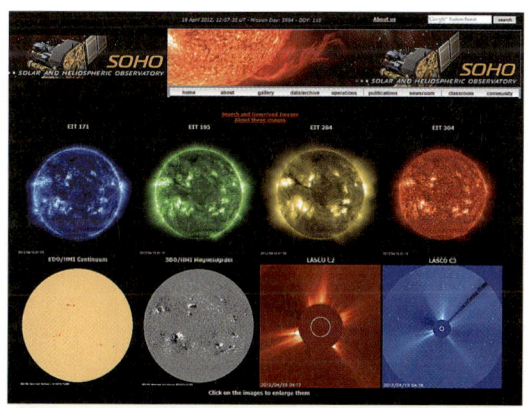

図B　太陽観測衛星の例（SOHO）

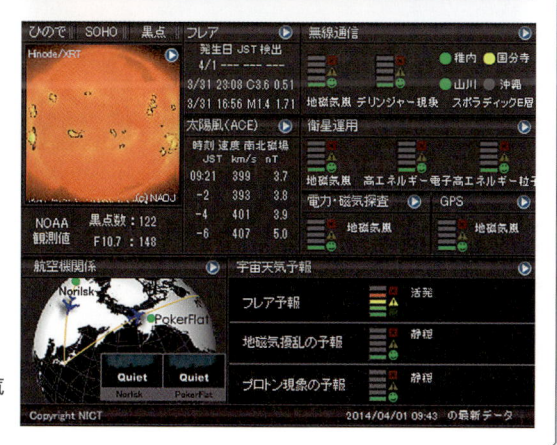

図C　宇宙天気の例（SWC 宇宙天気情報センター）

第2章　太陽

散開星団ヒアデス，プレアデスと火星．
©NAOJ

第3章 恒星の世界

いつも変わらぬ位置で輝くように見える恒星にも，その誕生と終末がある。銀河系には約2000億個の恒星があると推定されている。恒星の性質とその一生，また恒星の集団としての銀河系について学習する。

1 恒星の性質

A 恒星の明るさ

星座は星の配列から連想される神話上の人物や動物などにちなんで定められ，全天は88個の星座に分割されている。

各星座の中で明るい星から順にα星，β星，γ星とよび（中には配列順の場合もある），特に明るい恒星には固有名がつけられている。例えば，こと座のα星はベガ，和名は織女星という。

図63 夏の大三角形

最初に，星の明るさを等級で表したのは，ギリシャの天文学者ヒッパルコス(B.C.190〜120ころ)であった。ヒッパルコスは，全天で約20個の明るい星を1等星，肉眼でかろうじて見える星を6等星として，星の明るさを等級に表した。

イギリスの天文学者ポグソン(1829〜1891)は，1等星の明るさが6等星の約100倍であることに注目し，5等級の差が光の明るさでちょうど100倍になるように，等級を次のように定義することを提案した。

$$m = -2.5 \log_{10} \frac{F}{F_0}$$

ここで，F_0 は 0 等星の明るさ，F が測定したい星の明るさで，m がその星の等級である。

この定義を使うと，1 等級の差は光の明るさで約 2.512 倍（$\sqrt[5]{100}$ 倍）の違いとなり，6 等星より暗い星の等級も光の明るさを測れば計算できる。

図64　オリオン座

B｜見かけの等級と絶対等級

地球上から見たときの天体の明るさを**見かけの等級**という。見かけの等級では，太陽は－26.8 等，最も明るい恒星のシリウスは－1.4 等である。

光源からの距離が遠くなると暗く見えるように，同じ恒星でも遠くから見ると暗く見える。つまり，見かけの等級は，恒星の本来の明るさを表しているわけではない。

恒星の本来の明るさは，すべての星を地球から同じ距離 10 パーセク（＝ 32.6 光年，年周視差（→ p.295）0.1″）におき直したときの明るさ（これを**絶対等級**という）で比べる。太陽の絶対等級は 4.8 等，シリウスは 1.5 等である。絶対等級が同じであっても，恒星の見かけの明るさは，距離の 2 乗に反比例して遠いほど暗く見える（図 65）。

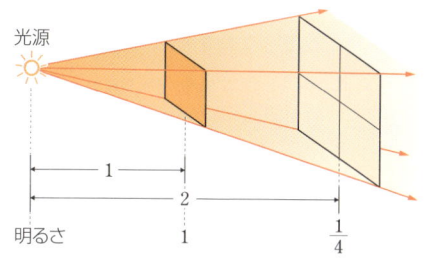

図65　距離と明るさの関係
距離が 2 倍になれば光の届く面積は $4(= 2^2)$ 倍に広がり，単位面積当たりに届く光のエネルギー（明るさ）は $\frac{1}{4}$ になる。

第3章　恒星の世界

恒星の絶対等級Mと見かけの等級mとの差$M-m$〔等〕と，恒星までの距離d〔パーセク〕との間には，次のような関係がある。

$$M-m = 5 - 5\log_{10}d$$

この$M-m$とdの関係をグラフに表すと図66となる。

また，恒星の年周視差p〔″〕と距離d〔パーセク〕の関係は，$d=\dfrac{1}{p}$であるので

$$M-m = 5 - 5\log_{10}\dfrac{1}{p} = 5 + 5\log_{10}p$$

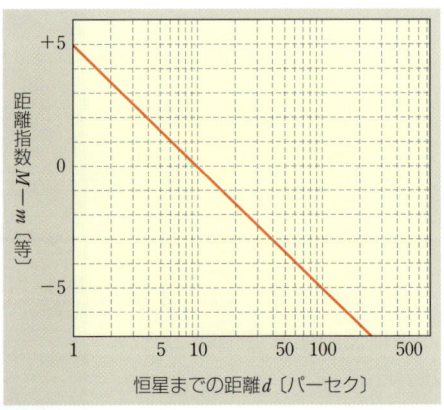

図66　$M-m$と距離d〔パーセク〕の関係

例題 3. **見かけの等級と絶対等級**

距離 326 光年に見かけの等級が 10.8 等の恒星がある。この恒星の絶対等級は何等級か。

解 1　この恒星を距離 10 パーセクのところにおき直すとすると，おき直したときの距離は実際の距離に対して

$$\dfrac{32.6\ 光年}{326\ 光年} = 0.1\ 倍$$

明るさは距離の2乗に反比例するので，恒星を距離10パーセクのところにおき直したときの明るさは$\dfrac{1}{0.1^2} = 100$倍となる。

100 倍は 5 等級差であり，距離 10 パーセクのところにおき直すと恒星が近づくことになるので明るくなり

$$10.8 - 5 = \mathbf{5.8\ 等}$$

解 2　1 パーセクは 3.26 光年であるので，326 光年 = 100 パーセク
$M-m = 5 - 5\log_{10}d$ に，見かけの等級 $m=10.8$，$d=100$ を代入して

$$M - 10.8 = 5 - 5\log_{10}100 = 5 - 5\log_{10}10^2 = 5 - 10 = -5$$

よって　$M = -5 + 10.8 = \mathbf{5.8\ 等}$

C 恒星の表面温度・放射エネルギー

❶ウィーンの変位則 白熱電球は，タングステンの抵抗に電圧をかけて発熱させて光らせる。電圧が低いときには赤くて弱い光を放つが，電圧を上げると抵抗の温度が高くなり，色は橙，黄，白と変わり，光も強くなる。このように物体からの熱放射の色やエネルギー量は，物体の表面温度により変わる。

物体から最も強く放射される光の波長と物体の温度との関係は**ウィーンの変位則**により表される。

絶対温度 T〔K〕の物体から最も強く放射される光の波長を λ_m〔m〕とすると，次の関係式(ウィーンの変位則)が成りたつ。$\lambda_m T = 2.90 \times 10^{-3}$

すなわち，物体が最も強く放射する光の波長と物体の温度とは反比例し，物体の温度が高くなると物体が最も強く放射する光の波長は短くなる。つまり，青白い(短波長の光が強い)星の温度は，赤みをおびた(長波長の光が強い)星より高温であることがわかる。

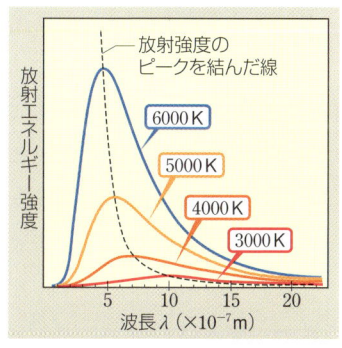

図67 いろいろな温度の物体の放射エネルギー強度

❷シュテファン・ボルツマンの法則 表面温度 T〔K〕の物体が，毎秒その表面 1 m² から放射する光のエネルギー E〔J/(m²·s)〕は

$E = \sigma T^4$ ……(1)

となる。この関係式を**シュテファン・ボルツマンの法則**という。σ はシュテファン・ボルツマン定数で 5.67×10^{-8} W/(m²·K⁴) である。

この法則から，恒星が宇宙空間に毎秒放射する光のエネルギーの総量 L は，恒星の半径を R とすると恒星の表面積は $4\pi R^2$ であるので，

$L = 4\pi R^2 \cdot E$ ……(2)

と表すことができる。

したがって，恒星の光度 L と温度 T を測定すれば，(1)式と(2)式から恒星の半径を求めることができる。

図68 太陽光のスペクトルと暗線 (©国立天文台岡山天体物理観測所)

D 恒星のスペクトル型

❶スペクトルと吸収線 スリットを通った太陽光線をプリズムに当てると，プリズムから出てきた光は赤から紫までの連続した色の光に分かれる(図68)。ニュートンは，最初にそのようすを観察し，虹のような光の帯を**スペクトル**と名づけた。フラウンホーファーは，太陽光のスペクトルに暗い筋が多数刻みこまれていることを発見した。これらの暗い筋を**暗線(吸収線)**または**フラウンホーファー線**という(図68)。

　これらの吸収線は，太陽表面からの光が太陽大気を通過するときに，太陽の大気中に存在しているいろいろな原子，イオンがそれぞれ固有の波長の光を吸収するために生じている。これらの吸収線の波長や強度から，太陽を構成する元素はおもに水素であり，ほかにヘリウムや酸素，炭素，マグネシウム，鉄などの元素があることがわかった。

❷スペクトル型 吸収線の現れ方によって，恒星のスペクトルはO・B・A・F・G・K・Mの7つのスペクトル型に分類される(図69)。さらに細かく分類する場合には，上記の文字のあとに0から9までの数字をつけて，A0型とかG2型などと表す。

　吸収線から恒星の表面大気中の原子や分子の組成量がわかる。ほとんどの恒星の元素組成は，太陽の元素組成と同じである。しかし，恒星の表面温度に応じて原子がさまざまな電離状態になるため，吸収線の現れ方が異なる。つまり，恒星のスペクトル型は，おもに恒星の表面温度の違いを表しているといえる(表3)。

表3　恒星のスペクトル型と表面温度，色

スペクトル型	O	B	A	F	G	K	M
表面温度 (K)	45000	15000	8300	6600	5600	4400	3300
色	青	青白	白	淡黄	黄	橙	赤

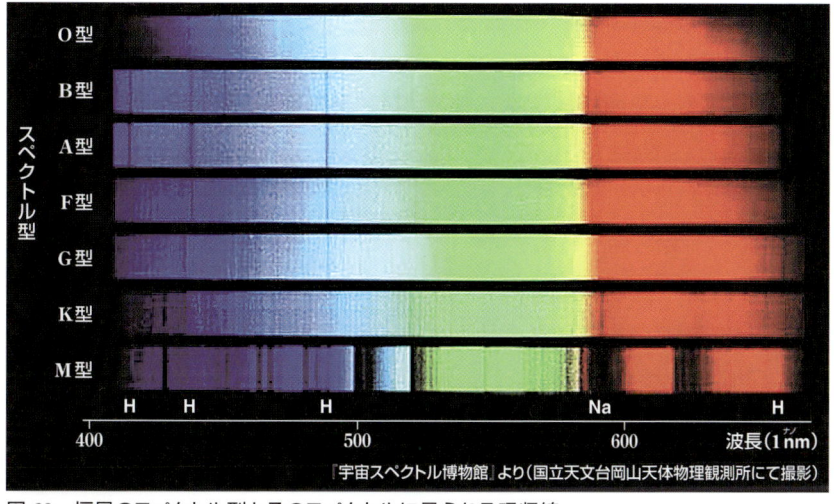

図69 恒星のスペクトル型とそのスペクトルに見られる吸収線

例題 4. 太陽が最も強く放射する光の波長と色

太陽の表面温度は 5800 K である。ウィーンの変位則を使って，太陽の放射エネルギーが最大となる波長を求めよ。

解 ウィーンの変位則
$$\lambda_m T = 2.90 \times 10^{-3}$$ より
$$\lambda_m = \frac{2.90 \times 10^{-3}}{T}$$

この式に太陽の表面温度 5800 K を代入して
$$\lambda_m = \frac{2.90 \times 10^{-3}}{5800}$$
$$= 5.0 \times 10^{-7} \text{ m}$$
$$= 0.50 \text{ μm}$$

右のグラフからも太陽から放射される波長のピークは 0.50 μm 付近であることが確認できる。

第3章 恒星の世界

E　恒星のHR図

　恒星のスペクトル型は，前述のように，おもに表面温度を表す。スペクトル型を横軸にとり（表面温度の高いほうを左にとる），絶対等級を縦軸にとって（絶対等級の小さいほう，つまり明るいほうを上にとる），多くの恒星を記入した図を**ヘルツシュプルング・ラッセル図**，または，略して**HR図**という（図70）。

　HR図の上で多くの星は左上から右下に斜めに走る線上に並ぶ。これらの星を**主系列星**（→p.333）という。この主系列から外れて図の右上にも一群の星があるが，これらの星を**赤色巨星**（→p.335）と

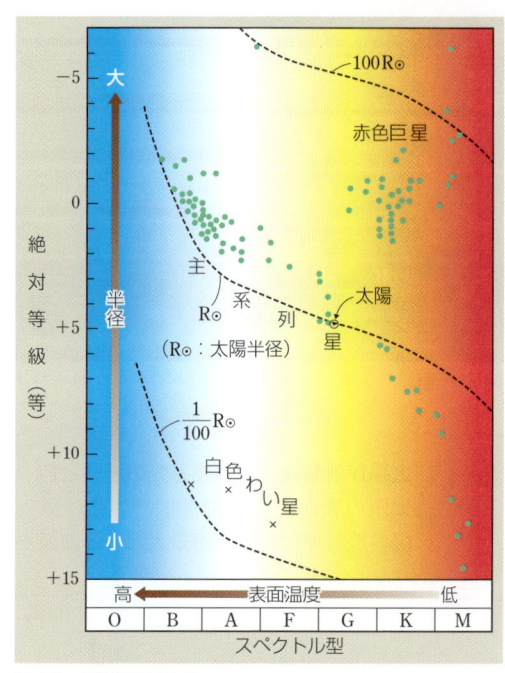

図70　恒星のHR図
半径が太陽の100倍，1倍，0.01倍の星の位置を破線で示す。

いう。また，主系列の左下に位置する星は**白色わい星**（→p.334）という。

F　恒星までの距離（年周視差法）

　地球は公転しているため，近くにある恒星には年周視差（→p.295）が生じる。年周視差の大きさが測定できれば，恒星の距離を直接計算することができる。

　1989年に打ち上げられた高精度視差観測衛星ヒッパルコスは距離1000パーセクまでの約12万個の明るい恒星の年周視差の測定からその距離を測定した。

G 恒星の質量

主系列星では水素の核融合反応が安定して起きており，それらの質量は太陽の 0.08 倍から 100 倍程度までの範囲にある。

星の中には太陽の 0.08 倍より軽い星もあるが，それらの星では中心部の温度と圧力が核融合反応を起こすほどに高くならない。そのため，これらの星は安定な主系列星となることができない。このような星は褐色わい星とよばれる。

質量の非常に大きな星としては，太陽の 100 倍程度の質量と考えられる O 型星などもあるが，これらの星は寿命が短いため確認されている数は少ない。

恒星の質量を正確に測定できるのは連星の場合だけである。連星とは，2 つの恒星が互いの引力で引きあい，その共通重心のまわりを公転している 2 つの星をいう。2 つのうち明るく見えるほうを主星，暗く見えるほうを伴星という。このような連星の公転軌道面の延長上に地球がある場合，地球から見ると，一方の星が他方を隠す食現象が起き，明るさが周期的に変化する。このような連星を食連星(食変光星)という(図 71)。

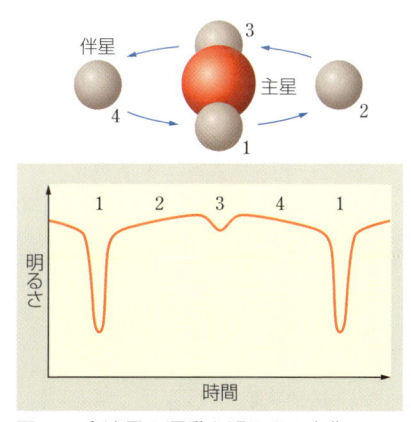

図 71　食連星の運動と明るさの変化

食連星のスペクトル線は，ドップラー効果(→ p.297 参考)により波長のずれが生じる。この波長のずれから公転速度と公転周期を求めると，公転軌道半径の和を計算することができる。すると，ケプラーの第三法則から連星の質量の和が計算できる。

食連星の分光観測から主星と伴星の公転運動速度の比がわかれば，それぞれの質量を求めることができる。

▰ 参考 ▰ 連星の質量の算出

食連星の主星の質量 M_1 と伴星の質量 M_2 を求めてみよう。

まず，主星と伴星の視線速度の測定(図A)から公転運動速度 v_1 と v_2 を求める。共通重心と主星との距離を a_1，共通重心と伴星との距離を a_2 とすると1公転周期 T の間に軌道上を動く総距離は，$v_1 T = 2\pi a_1$，$v_2 T = 2\pi a_2$ で与えられる。

$$(v_1 + v_2)T = 2\pi(a_1 + a_2) = 2\pi a$$

図A　食連星の視線速度曲線の例
主星，伴星とも視線速度－時間のグラフは正弦曲線のような曲線となる。

から主星と伴星の平均距離 a を求める。すると，ケプラーの第三法則の一般的な式(→p.309 参考)より

$$\frac{a^3}{T^2} = \frac{G}{4\pi^2}(M_1 + M_2)$$

から主星と伴星の質量の和 $(M_1 + M_2)$ を求めることができる。

さらに，$a_1 : a_2 = v_1 : v_2 = M_2 : M_1$ が成りたつ。

また $a_1 + a_2 = a$ であるので

$$M_1 = \frac{a_2(M_1 + M_2)}{a}$$

$$M_2 = \frac{a_1(M_1 + M_2)}{a}$$

が得られ，主星と伴星の質量を求めることができる。

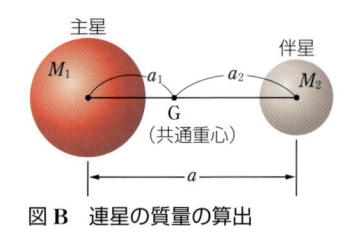

図B　連星の質量の算出

H　恒星の大きさ

主系列星の質量は太陽の0.08倍から約100倍までさまざまだが，主系列星の大きさは太陽の0.3倍から20倍程度である。だが，超巨星の中には太陽の1000倍の直径のものもある。逆に，白色わい星の大きさは太陽の100分の1，中性子星(→p.337)では太陽の10万分の1の大きさしかない。

I | 質量光度関係

質量を求めることができる連星で，年周視差からその距離も測ることができれば，光度を求めることができる。そのような恒星の主系列星について質量と光度の関係を調べると，光度が質量の3乗から4乗に比例して増えることがわかる。この関係を**質量光度関係**とよぶ。

光度が質量とともに急速に増えるのは，大質量星ほど核融合反応が活発でエネルギー消費率が激しいためである。

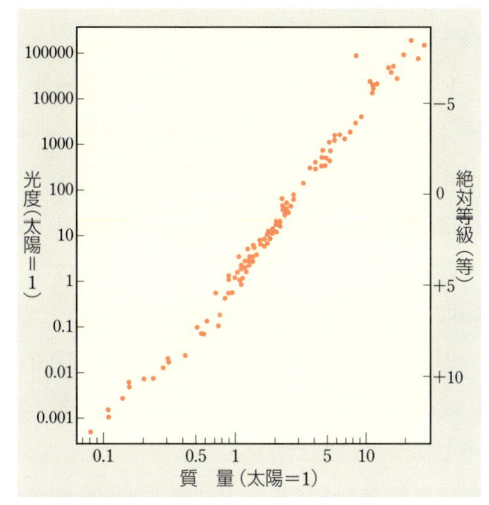

図72 質量光度関係

例題5. **質量光度関係**

絶対等級 −4.2 等の主系列星であるスピカの質量は，太陽の質量の何倍か。図72から推定せよ。

解 右の図のように，太陽の質量を1としたときのスピカの質量をグラフから読みとる。
　　スピカは，太陽の質量の**約8.5倍**

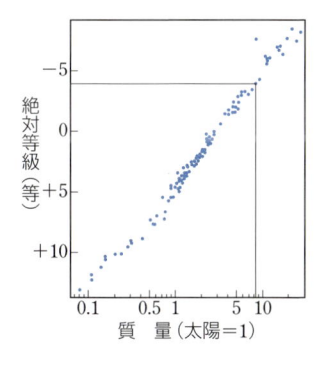

問7. 絶対等級2.3等の主系列星であるアルタイルの質量は，太陽の質量の何倍か。図72から推定せよ。　　　　　　　　　　（約1.8倍）

2 | 恒星の進化

前節で学んだHR図上で，恒星はなぜ主系列星，赤色巨星，白色わい星などのグループに分かれるのだろうか。

A | 恒星の誕生

恒星は星間雲が収縮した結果，生まれる。星間雲に密度のむらがあると，密度の濃い部分はみずからの重力で収縮を始める。降り積もるガスの中心部で**原始星**(図74)が生まれていく。原始星は収縮に伴い，重力による位置エネルギーを解放して温度が上昇する。この段階の原始星はそのまわりを取り巻く濃い星間物質にはばまれて可視光では見えないが，吸収を受けにくい赤外線では**赤外線星**として観測される(図73)。原始星の質量は，太陽質量の約 $\frac{1}{10}$ から数10倍まで大小さまざまである。

さらに時間が経過し，まわりのガスや塵がほとんど中心部に集まると，中心部が可視光でも見えるようになる。このとき，太陽質量程度の原始星は，現在の太陽の約100倍も明るく輝き，中心温度は10万〜100万Kになる。その後，原始星はゆっくりと収縮して明るさは次第に弱くなるが，中心部では温度が上昇し，やがて1000万Kを越えると核融合反応が始まり，核エネルギーが発生するようになる。この段階になると収縮は止まり，安定した主系列の恒星の誕生となる。原始星の収縮の過程は，それを調べた日本の研究者の名前をとって林フェイズといわれている。

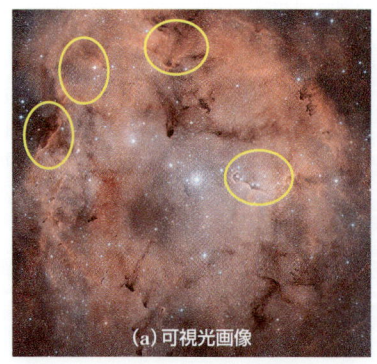

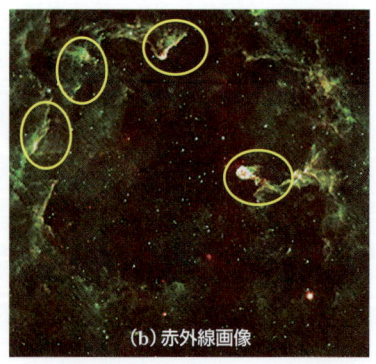

図73 ケフェウス座の散光星雲 IC1396 黄色のだ円で囲んだ場所で，新しい星が生まれている。((a):©Digitized Sky Survey, ESA/ESO/NASA FITS Liberator, Color Composite:Davide De Martin(Skyfactory), (b):©JAXA)

(a) 可視光画像　(b) 赤外線画像

星間雲の収縮が始まってから，主系列の恒星として誕生するまでの時間は，原始星の質量によるが，太陽程度の質量の星では約4000万年，太陽より10倍重い星では約20万年と推定されている。

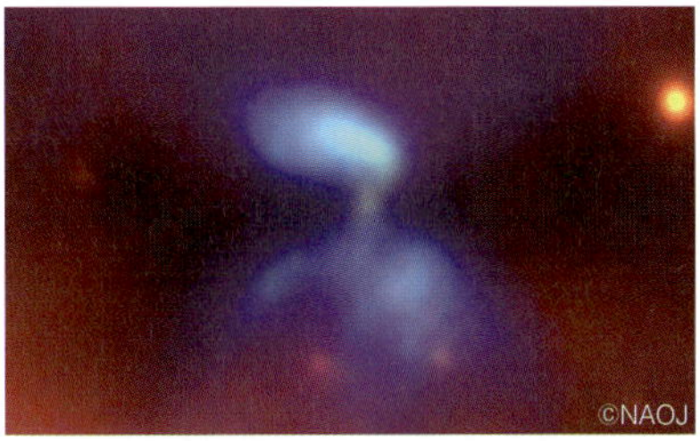

図74　原始惑星系円盤 M17-SO1
原始星を取り巻くドーナツ状の塵の円盤を横から見ている。すばる望遠鏡撮影。

　原始星の質量が太陽質量の0.08倍以下では，中心温度が1000万Kに達することができず，水素の核融合反応が起こらないので，そのまま収縮を続けて暗い褐色わい星となる。

B｜主系列星

❶主系列星の質量　星の構造は，重力によって収縮しようとする力と，それを支える内部の圧力とのバランスによって決まる。このため，恒星の質量に応じて，その内部の密度や温度，圧力の分布の構造を，物理学の法則に従って，コンピュータで計算することができる。

　質量の大きい星ほど中心部の温度が高く，そのため核融合反応も激しく起こるので，多量のエネルギーを放出し，光度が明るい。

　質量の大きい星は表面温度も高く，O型星やB型星となる。これに対して質量の小さい星はK型星やM型星になる。つまり，主系列は星の質量の系列である。

　主系列星の中心部では，水素がヘリウムに変わる核融合反応が起こり，これによって生じたエネルギーが内部を高温・高圧に保ち，重力とつりあいを維持しながら星を輝かせている。この間，HR図上での星の位置はほとんど変わらない。核反応は長い年月をかけて進行し，星の内部の水素が消費され，その灰であるヘリウムがたまってくる。しかし，燃料である水素の消費量が星全体の質量の$\frac{1}{10}$程度になるまでは，星の光度も半径もほとんど変わらない。核反応で水素が安定に消費されるこの主系列期は，星の一生の大半を占める期間となる。

第3章　恒星の世界

❷**主系列星の寿命**　主系列星としての寿命は，質量が大きい恒星ほど短い。

表4　主系列星の寿命

質量(太陽=1)	スペクトル型	寿命(年)
10	B	10^8
3	A	5×10^8
1	G	10^{10}
0.6	K	10^{11}

　質量が大きい恒星は，燃料である水素を多くもっているが，恒星中心部が高温・高圧なため，水素の核融合反応が激しく進行するので，水素の消費量が多くなり，かえってすばやく燃えつき，結局は寿命が短くなる。

　これに対し，質量が小さい恒星ほど核融合反応の進行速度が遅いため寿命が長くなる。

C　赤色巨星

　恒星の中心部で水素が消費されると，ヘリウムが中心部にたまり**ヘリウム中心核**がつくられる。水素の核反応がヘリウム中心核の外側で起こるようになると，熱源を失ったヘリウム中心核は自重で収縮し，逆に星の外層は膨らむ。

　このように星の構造が変わると，星は主系列から離れていく（図75）。その後の星の進化は，その星の質量によって異なる。

　太陽質量の半分以下の星の寿命は長いので，宇宙初期に生まれたものでも現在まだ主系列にとどまっている。これらの星は，水素を燃やしつくしても中心温度がヘリウムを燃やすほど高温にはならず，最終的にはヘリウムを多く含む白色わい星となり，HR図の左下に移動する。

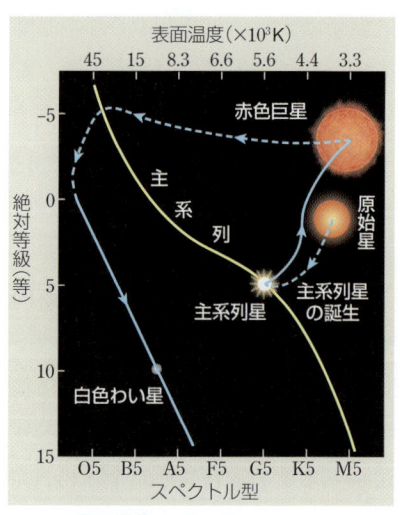

図75　星の進化

太陽質量程度の星では，ヘリウム中心核の温度が1億Kを超えるようになり，ヘリウムが核融合反応を起こして炭素や酸素に変わり，多量のエネルギーを放出する。星は全体として膨張し，表面温度は下がるが，表面積が大きくなるので光度が増す。HR図上で星の位置は右上に移動し，**赤色巨星**(図76)へと進化していく。赤色巨星の巨大な外層大気は，重力でとどめておくことができず，ゆっくりと流れだす。星は光度をほぼ一定に保ちながら全体として収縮し，表面温度は高くなり，HR図上で左に移動する。その後，炭素や酸素を多く含む白色わい星になっていく。惑星状星雲は赤色巨星から白色わい星への道を進みつつある天体で，中心の恒星とそこから流れだしたガスが広がるようすが見える(図77)。

　太陽質量の8倍以上の重い星は，中心温度がさらに高くなり，ヘリウムの灰である炭素や酸素がさらに核反応を起こし，ネオン，マグネシウム，ケイ素や鉄が次々と生成される(図78)。核反応の段階が進むごとに，星は表面温度が上下するが，この間光度はほぼ一定に保たれる。このためHR図上ではほぼ水平に左右に動く。

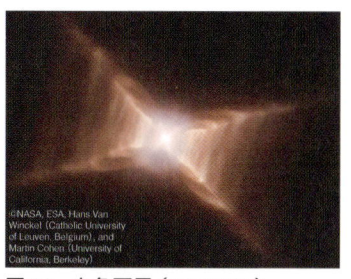

図76　赤色巨星（HD44179）
これから惑星状星雲を形成する段階の赤色巨星。ハッブル望遠鏡撮影。

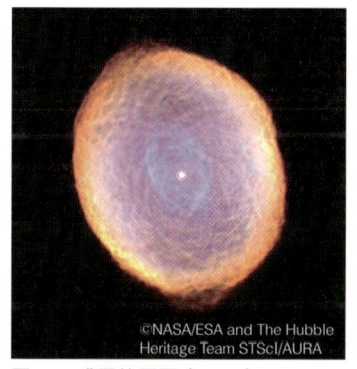

図77　惑星状星雲（IC418）
星から流れ出したガスが球状に広がっている。中心部には白色わい星になりつつある星がある。ハッブル望遠鏡撮影。

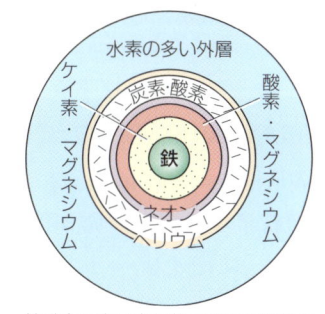

核融合反応は中心部ほど先に進むので，重い恒星の中心には鉄ができる。

図78　進化の進んだ重い恒星の内部構造

D 恒星の終末

❶ 太陽質量の約8倍以下の恒星

太陽質量の約8倍以下の恒星は，その終末期に外層が流れ出て，高温の中心部が残った白色わい星(図79)となる。これは，太陽と同じぐらいの質量の星が地球程度の大きさに縮んだ星であるので，平均密度が非常に大きく，例えば，シリウスの伴星では400 kg/cm³にも達する。核融合反応は停止しているので，しだいに冷え，数10億年後には暗黒のわい星となり，見えなくなる。

図79 惑星状星雲（NGC2371-2）
星雲の中心に白色わい星が見える。すばる望遠鏡撮影。

❷ 太陽質量の8倍以上の恒星

太陽の8倍以上の大質量星では，進化が進むと図78に示したように，中心部に鉄がつくられる。中心部の温度が約40億Kを越えると鉄はヘリウムと中性子に分解し，エネルギーを吸収する。そのため温度が急に下がり，圧力も低くなり，星自身の重さを支えきれず中心に押しつぶされる。その反動で外層部が激しく吹き飛ばされ，爆発が起こる。この星全体が爆発する現象を**超新星**という。このとき，絶対等級は－14～－19等にも達する。超新星は太陽の8倍以上の大質量星の最後の姿である。

超新星爆発後も一定期間超新星残がい(図80)として，可視光線やX線・電波を放射する。進化の最終段階で星から放出されたガスは星間物質に還元され，次の世代の星の素材となる。

図80 おうし座のかに星雲
かに星雲は超新星の残がいである。1054年，おうし座に急に明るくなりやがて消えた星が現れたと，藤原定家の「明月記」や中国の古記録に書き残されている。秒速約1200 kmの速さで拡がっている，かに星雲のガスの運動を逆にたどると，爆発時期はこの記述と矛盾しない。

(©NASA, ESA, J. Hester and A. Loll (Arizona State University))

超新星爆発のときに,激しく押しつぶされた星の中心部は,1 cm³ 当たり約 10^{12} kg という超高密度となり,電子が陽子に押しこまれて中性子となるため,中性子を主成分とする**中性子星**となる。中性子星は,質量は太陽と同程度でも,半径はわずか 10 km という超高密度の星である。

　超新星残がいであるかに星雲(図80)の中心には,毎秒30回の規則正しいパルス状のX線や電波を放射している天体がある。これは,強い磁場をもち,高速で自転している中性子星で,1054年に爆発した星そのものと考えられている。このように,パルス状の光や電波を放射する星を**パルサー**という。現在約1500個のパルサーが発見されている。パルスの周期は数ミリ秒から10秒程度までさまざまである。

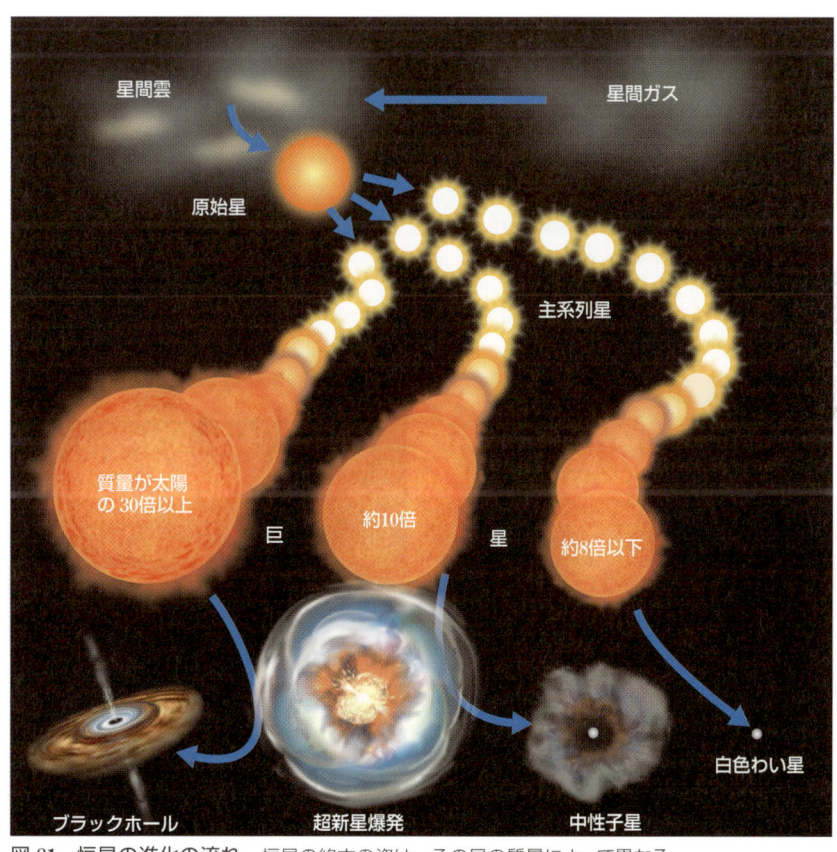

図81　**恒星の進化の流れ**　恒星の終末の姿は,その星の質量によって異なる。

中性子星よりもさらに質量が大きいと，強い重力を支えきれず，もはや中性子星として安定な状態にとどまれない。これらの星では収縮が続き，重力はますます大きくなり，ついには，自分自身の光さえも外部の空間に出られなくなる。この状態の星を**ブラックホール**という。ブラックホールは直接見ることはできないが，ブラックホールに落ちこむガスが放つX線から，いくつかその存在が推定されている（図82）。

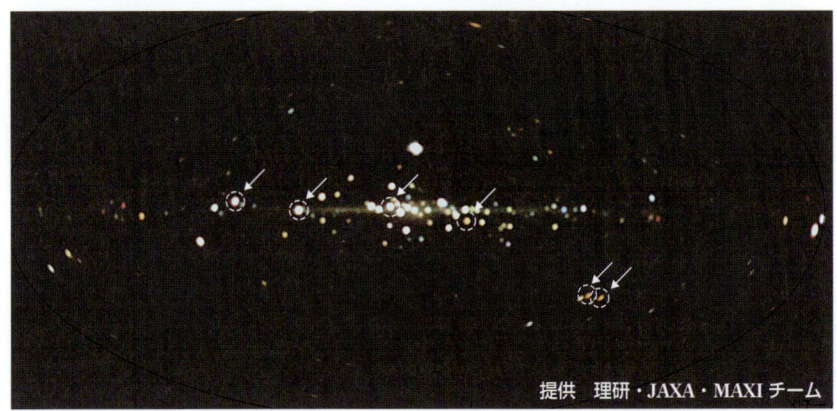

提供　理研・JAXA・MAXIチーム

図82　銀河系のX線地図
国際宇宙ステーションの日本実験棟「きぼう」に搭載された全天X線監視装置「MAXI（マキシ）」によって得られた全天のX線地図。矢印をつけた天体がブラックホールと考えられている。

▰ 参考 ▰　新星

　白色わい星と巨星とが近接した連星になっているとき，巨星からあふれたガスが白色わい星の表面に降り積もり，表面で爆発的に核融合反応を起こすことがある。このとき，目立たなかった星がわずか数日で1万倍も明るくなり，絶対等級が－5～－8等に達した後，ゆるやかに減光してもとにもどる。このような星を**新星**という。

図A　新星の想像図

　超新星は星全体が爆発する別の現象で，新星よりも激しく急に1億倍以上にも明るくなり，絶対等級が－14～－19等にも達する。

第6編　宇宙の構造

3 | 星団

A | 散開星団と球状星団

太陽付近での恒星間の平均距離は数光年で,恒星はまばらにしか存在しない。しかし,銀河系の中には多くの恒星が密集し,全体として共通の運動をしている集団がある。このような集団は,散開星団と球状星団とに分けられる。

❶**散開星団** 散開星団は天の川にそって見られ,星間雲と共存していることが多い。おうし座にあるプレアデス(図83)(すばる)や,かに座のプレセペなどが有名である。プレアデスは肉眼では6個の星に見えるが,望遠鏡では直径約20光年の空間に,120個ほどの恒星が集まっているのが見られる。散開星団には,30〜500個の星が含まれていて,われわれの銀河系には,約1500個の散開星団が発見されている。

❷**球状星団** 球状星団は直径約100光年の球状の空間に,10万〜1000万個の星が密集した集団である(図84)。散開星団は小さな望遠鏡でも個々の星に分かれて見えるが,球状星団は大きな望遠鏡を使っても中央付近の個々の星が重なって分解できないことがある。球状星団内には,星間ガスは見られない。現在約150個の球状星団が発見されている。

図83 プレアデス(散開星団)

図84 りょうけん座 M3 (球状星団)

B 散開星団の距離（分光視差法）

　恒星のスペクトルから絶対等級を求め，見かけの等級と比べて距離を求める方法を**分光視差法**とよぶ。

　散開星団ヒアデス（→p.322）の距離は，その中の星の年周視差から約160光年と測定されている。同じスペクトル型（同じ色）の主系列星は本来同じ明るさをもっているはずなので，他の散開星団のHR図をヒアデス星団のHR図と比べると見かけの等級のずれから，ヒアデス星団よりどれくらい遠くにあるかを計算できる。この方法でも約1000パーセクまでの星団の距離を測定できる。

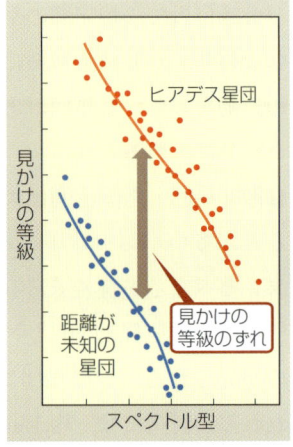

図85　分光視差法の考え方

C 球状星団の距離（標準光源法）

　恒星までの距離はたいへん遠い。一番近い恒星であるケンタウルス座のα星でも4.3光年であり，その年周視差は0.76秒角でしかない。このため年周視差法でその距離を測定できるのは，近くの恒星に限られている。だが，より遠い恒星でも，その絶対等級がわかれば，見かけの等級との差から，その距離を算定することができる。絶対等級がわかっている代表的な恒星として，セファイド型変光星やこと座RR星型変光星がある。明るさの基準となる天体を用いて距離を推定する方法を**標準光源法**という。

　脈動型変光星は，脈動的に膨張と収縮をくり返し，明るさが周期的に変わる星である。脈動型変光星の中には，その変光周期と絶対等級との間に一定の関係が知られているものがある[*1]。変光周期が1～50日のセファイド型変光星（ケフェウス座δ星型変光星）には，図86のような関係があり，観測された周期から絶対等級が求められる。変光周期が1日以下のこと座RR星型変光星は，周期によらず絶対等級がほぼ0.5等である。星団の中にこれらの変光星があれば，その星団の距離を求めることができる。

　多くの球状星団はこの方法で距離を測定することができる。

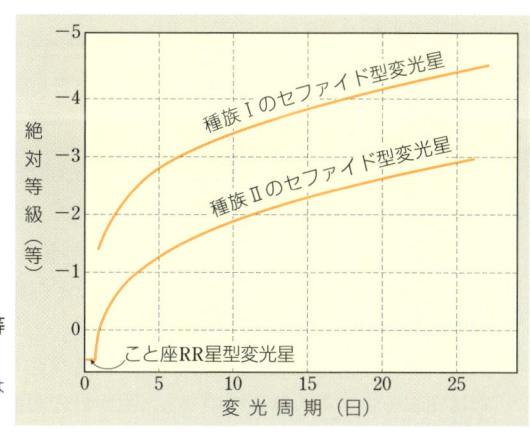

図86　変光周期と絶対等級との関係
種族Ⅰ，種族Ⅱについてはp.344を参照。

[*1] 脈動型変光星は明るさが周期的に変化するので，絶対等級は平均光度の等級で考える。

第3章　恒星の世界

コラム　ベテルギウス

オリオン座のベテルギウスは、質量が太陽の約20倍、直径は約1000倍の赤色超巨星で、太陽から約640光年の距離にある。約6年周期で変光している脈動型変光星である。最近の精密な観測で、急激に収縮しているようすがうかがわれ、やがて超新星爆発を起こすかもしれないと注目されている。爆発するとしばらくは日中でも見えるほどの明るさになると推定されている。

図A　ベテルギウス

参考　周期光度関係

小マゼラン雲中の変光星を調べていたリービット（アメリカ）は、変光の周期と見かけの明るさの間に関係があることを1908年に発見した。小マゼラン雲にあるこれらの星は地球からほぼ同じ距離

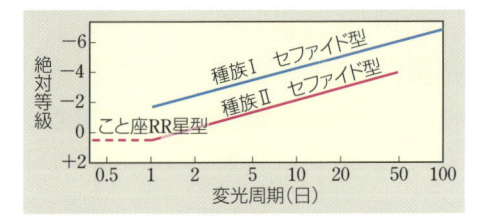

図A　セファイド型変光星の周期光度関係
セファイド型変光星には種族Ⅰのものと種族Ⅱのものとがあり、両者では明るさが約1.5等異なる。こと座RR星型変光星の変光周期は1日以下で、絶対等級は周期によらずほぼ0.5等である。

にあると考えてよいので、彼女が発見した事実は変光周期と光度（または絶対等級）が物理的に関係していることを意味している。これを**周期光度関係**という。

このほか、主系列星や巨星など、そのスペクトル型に応じて光度がほぼ定まっている天体についても、見かけの明るさと比べて、その距離を推定することができる。また、最大光度が絶対等級で−19等にも達するIa型超新星は、遠方の銀河の距離推定などに使われている。

例題6. **周期光度関係**

ある球状星団の中に,周期が 0.40 日で変光をくり返す,こと座RR星型変光星を発見した。この星の見かけの等級は平均すると 12.0 等であった。こと座RR星型変光星の絶対等級は周期によらずほぼ 0.5 等である。この球状星団までの距離を求めよ。

ただし,恒星の絶対等級Mと見かけの等級mと恒星までの距離d〔pc(パーセク)〕との間には $M - m = 5 - 5 \log_{10} d$ の関係がある。また,$\log_{10} 2 = 0.3$ とする。

解 求める球状星団までの距離をd〔pc〕として,$M = 0.5$ 等,$m = 12.0$ 等を $M - m = 5 - 5 \log_{10} d$ に代入すると

$$0.5 - 12.0 = 5 - 5 \log_{10} d$$

したがって $5 \log_{10} d = 16.5$ $\log_{10} d = 3.3$

$\log_{10} 2 = 0.3$ であるから

$$\log_{10} d = 3.3 = \log_{10} 10^3 + \log_{10} 2 = \log_{10} (2 \times 10^3)$$

よって $d = 2.0 \times 10^3$ **pc**

D 恒星の種族

　散開星団は,巨大な分子雲からほとんど同時に生まれた恒星の集団であると考えられている。プレアデスのような若い散開星団のHR図(p.344 図87)では,主系列が認められる。主系列上のO型やB型星は明るく,質量が大きい星であり,K型やM型星は暗く質量が小さい星である。質量の大きい星は進化が速く,小さい星は遅いので,O型星やB型星のような大質量星から順々と主系列を離れて巨星化への道を進む。したがって,HR図上で主系列の先端に残っている星のスペクトル型から散開星団の年齢が推定できる。プレアデスのHR図(p.344 図87)を星の進化モデルと比べると,この星団の年齢はわずか数百万~数千万年であることがわかる。これは地球の年齢よりも短く,銀河系の歴史の中でも,ごく最近に誕生したものといえる。球状星団のHR図(p.344 図88)を調べると,散開星団のHR図とは異なり,巨星が多く含まれていて,質量の大きいO型やB型の主系列星はない。このことから,球状星団は年齢の古い星々の集団であることがわかる。

散開星団は銀河系の円盤部に存在するのに対し，球状星団は銀河系を大きく包んだ球状の空間に分布している。散開星団と同じように分布する若い星を**種族Ⅰ**，球状星団と同じように分布する老齢の星を**種族Ⅱ**という。種族Ⅱの星は一般に重元素の量が少なく，種族Ⅰより古い時代の星と考えられている。太陽は種族Ⅰの星である。

　種族Ⅰの星と種族Ⅱの星の存在は，銀河系の進化の歴史を反映している。原始銀河ガスが収縮する段階で生まれた種族Ⅱの星々には重元素が少ない。種族Ⅱの星は銀河系を包むハローに拡がって分布している。種族Ⅱの星のうち質量の小さい星は寿命が長く，現在も残っているが，質量の大きい星は次々に進化を終え，その内部でつくられた重元素を含むガスを周囲の空間にまき散らした。まき散らされたガスはしだいに銀河面に集まって，銀河面内で回転する。そこから新しく生まれた種族Ⅰの星々は重元素が多く，銀河系を円運動するようになる。銀河系の形成と進化のあらすじはこのように考えられている。

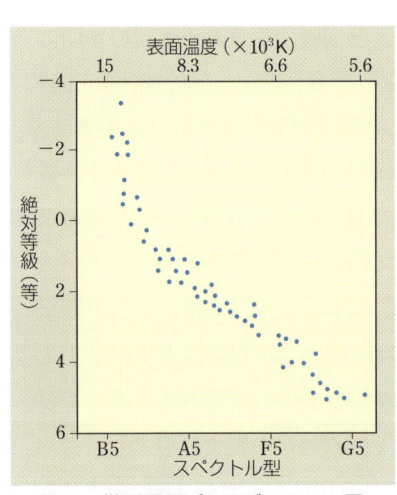

図87　散開星団プレアデスの**HR**図 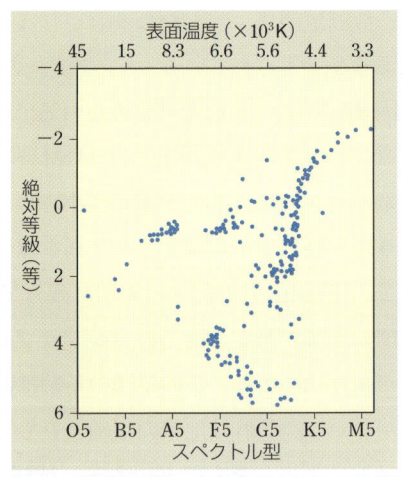　　図88　球状星団りょうけん座**M3**の**HR**図

4 星間物質と星間雲

A 星間物質

　星々の間の空間には，希薄な**星間ガス**と**星間塵**からなる**星間物質**が存在している。星間ガスは水素とヘリウムが主成分で，1 cm³ 当たりに水素原子が1個程度しかなく，実験室でつくられる真空よりさらに希薄である。水素は温度の低い領域では中性水素原子となっているが，高温の星の近くなどでは電離して陽子と電子になっている領域もある。星間塵は 0.1 μm 程度の固体の微粒子であり，100 万 m³ 中にせいぜい1個しか存在しない。星間物質は希薄だが，広い空間にただよっているので，その全質量は銀河系全体の恒星の総質量に匹敵する。星間塵の質量は星間ガスの約 $\frac{1}{100}$ 程度である。恒星も星間物質も銀河面に集中して分布している。

B 星間雲

　星間ガスの分布は一様でなく，濃い部分を**星間雲**という。星間雲の質量は，太陽程度のものから，その 10 万倍という巨大なものまである。星間雲の密度の濃いところでは，一酸化炭素(CO)や水素(H_2)などの分子がつくられる。これらの分子からの電波を電波望遠鏡で観測することができる。このような星間雲を**分子雲**という。星間雲が明るい恒星の光を受けて照らされると**散光星雲**(図89)として見られる。散光星雲の手前に星間雲があり，散光星雲の光を隠すと**暗黒星雲**(図90)として見られる。

図89　散光星雲（オリオン星雲）

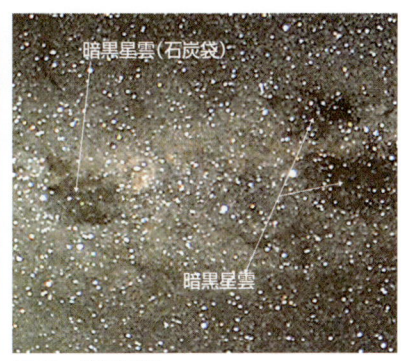

図90　暗黒星雲

おとめ座銀河団
©NASA/JPL-Caltech/SSC

第4章
宇宙と銀河

われわれの銀河系のような銀河が，宇宙には無数にあり，遠くの銀河ほど高速度で遠ざかっている。
このことは，宇宙がビッグバンから始まり，膨張していることを示している。この章では，人類の宇宙観が，銀河系から宇宙全体の構造と進化の理解に進んだようすについても学習する。

1 銀河系の構造

A 天の川の正体

　街明かりがない所では，月のない晴れた夏の夜空に白い雲の帯のような天の川(図91)を見ることができる。ギリシア神話では天の川は女神ヘラの乳が飛び散ったものとされ，西洋では「ミルキー・ウェイ」とよばれてきた。

　天の川が無数の恒星からなっていることは，望遠鏡を作って夜空を観測したガリレイ(イタリア 1564～1642)が発見した(1609年)。

　ハーシェル(イギリス 1738～1822)は，いろいろな方向の恒星の数を等級ごとに数えて，偏平で天の川の方向にのびた形に銀河系の星々が分布していることを見いだした(1785年)。

図91　天の川

B 銀河系の構造と構成天体

シャプレーは，こと座RR星型変光星を使って多数の球状星団の距離
(アメリカ 1885〜1972)
(→p.341)をはかり，銀河系の球状星団の分布は球状で，太陽はその分布中心からはずれた位置にあることを，1918年ころに発見した。それまでは，銀河系は天の川の方向にのびた円盤形で，太陽は銀河系の中心付近にあると考えられていたのである。銀河系のおよそ2000億個の星々は，おもに直径約2万光年の球状の部分(バルジという)と，直径約10万光年の円盤部に分布している。一部の星と100個あまりの球状星団は，銀河系全体をほぼ球状につつむ直径15万光年の領域(ハローという)に分布している(図92)。

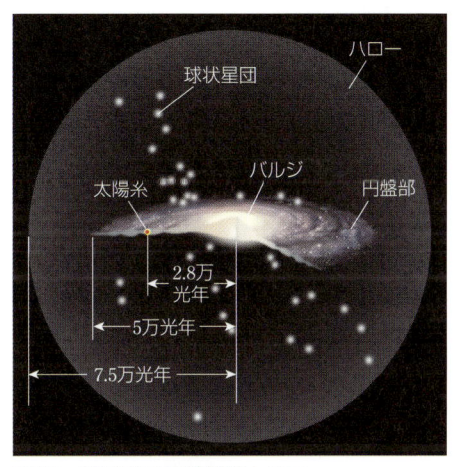

図92 銀河系の円盤構造とハロー

コラム　銀河系の中心部

銀河系の中心は天の川のいて座の方向にあり，中心には強い電波源Sgr A*が観測されている。この電波源Sgr A*はブラックホールなのではないかと考えられてきた。

銀河系の中心領域を観察した結果，多くの星がSgr A*のまわりを

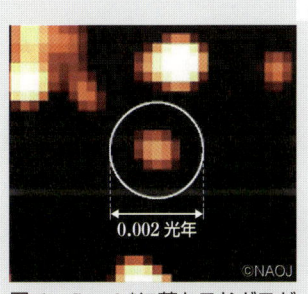

図A　Sgr A*に落ちこむガスが光るようす

周回運動しているようすが見えてきた。公転速度と公転周期からケプラーの法則を用いてSgr A*の質量を計算すると，太陽の400万倍程度となり，巨大ブラックホールであることが確実視されている。すばる望遠鏡の赤外線カメラでSgr A*を見ていると，ときどきブラックホールに落ちこむガスが光るようすが見える。

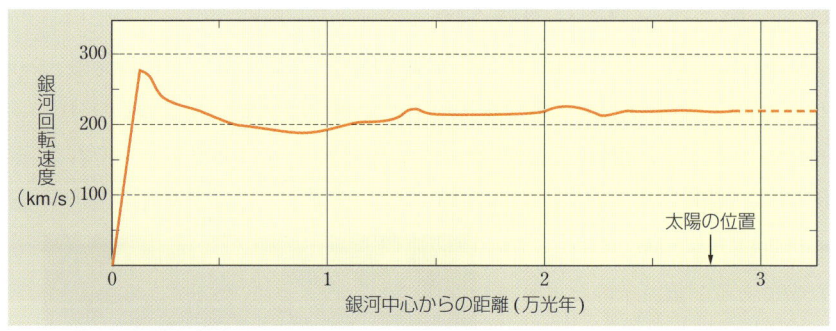

図93 銀河回転曲線　銀河系の中心からの距離と銀河の回転速度の関係を表している。

C 銀河系の回転と質量

　銀河系の円盤部の星々は銀河中心のまわりを公転している。銀河系の中心から約2.8万光年の距離にある太陽の場合，その速さは約220 km/sなので，1周するのに約2億年かかる。太陽系の年齢を46億年とすると，太陽はまだ銀河系を20周あまりしかしていないことになる。銀河の回転速度を，中心からの距離に対して，図に表したものを**銀河回転曲線**(図93)という。

　銀河系を公転する星の速度は，その遠心力が銀河系による重力とつりあうように決まっている。銀河面に垂直な方向の運動速度も重力とのつりあいで決まる(図94)。したがって，銀河回転曲線や恒星の運動のようすから銀河系の重力分布を求めることができる。

　重力の分布から推算した質量は，実際に観測される恒星の質量を足し合わせた値よりかなり大きい。このため，何か光らない天体か物質が大量に存在すると推定され，**ダークマター**とよばれている。その正体としては，

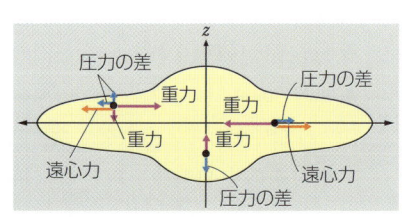

図94　銀河系内の力のつりあい
回転軸(z軸)方向には，星々の無秩序な運動による圧力[*1]がはたらく。

---

*1) 容器内の気体について考えると，気体分子は不規則に飛びまわり，容器に衝突して力を及ぼす。この力が気体の圧力である。図94では，星々の無秩序な運動を気体分子の運動になぞらえて圧力と表している。圧力は銀河系の外側ほど小さくなるので，その差が重力とのつりあいに寄与する。

多数の褐色わい星やブラックホールなどの光らない天体，ほとんど質量が0で電荷をもたないニュートリノや未知の素粒子の可能性が検討されてきた。

例題 7. **銀河系の質量**

太陽は，銀河系の中心から2.8万光年離れたところを2億年で1周している。このことから，銀河系の質量が太陽のおよそ何倍であるかを求めてみよ。ただし，非常に大きな質量Mの天体のまわりを半径rで公転する物体の公転周期Tは，万有引力定数をGとすると，万有引力と遠心力のつりあいから次の式を満たすことを用いてよい。

$$\frac{r^3}{T^2} = \frac{GM}{4\pi^2}$$ (→p.309)

また，1光年$= 6.3 \times 10^4$ 天文単位　である。

解　銀河系の質量をM，太陽が銀河系の中心から距離Rの位置において周期Tで公転しているとすると　$\dfrac{R^3}{T^2} = \dfrac{GM}{4\pi^2}$　が成りたつ。

また，太陽の質量をm，地球の公転半径をr，公転周期をtとすると，与えられた式は太陽のまわりを公転する地球についても成りたつ。距離を天文単位で，周期を年で表すと$r=1$，$t=1$となるので

$$\frac{1^3}{1^2} = \frac{Gm}{4\pi^2} \quad \text{より} \quad \frac{G}{4\pi^2} = \frac{1}{m}$$

したがって　$\dfrac{R^3}{T^2} = \dfrac{GM}{4\pi^2} = \dfrac{M}{m}$

よって　$\dfrac{M}{m} = \dfrac{R^3}{T^2} = \dfrac{(2.8 \times 10^4 \times 6.3 \times 10^4)^3}{(2 \times 10^8)^2} = \mathbf{1.4 \times 10^{11}}$（倍）

D　銀河系の渦巻構造

明るいO型星とB型星の集団や散開星団は，およそ1万光年までのものであれば，そのスペクトル型から分光視差法(→p.340)で距離を測定することができる。太陽系のまわりのこれらの若い天体の分布を調べると，いくつかの帯状の領域に並ぶようすが見える（図95）。これは，銀

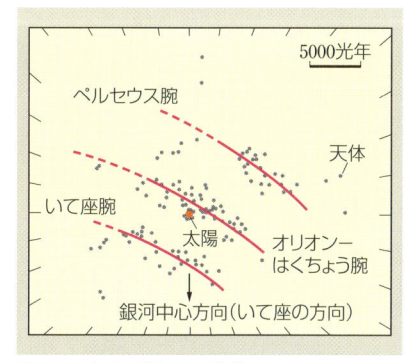

図95　太陽近傍の渦巻構造

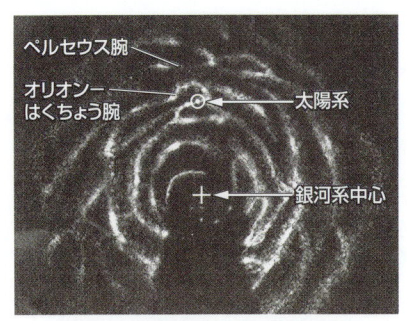

図96 銀河系の中性水素分布
銀河系中心の向こう側は距離の決定が困難なので記されていない。

河系全体にひろがる渦巻腕の構造の一部である。

1951年には星間空間の水素原子が発する波長21cmの電波を受信することに成功し，中性水素ガスの分布が調べられるようになった。電波は星間物質による吸収を受けにくいため，ほぼ銀河系全体を見渡すことができる。星間ガスが銀河中心のまわりを円運動しているとして，その分布を求めると，水素ガスが渦巻状に分布するようすがうかがわれる(図96)。

E 銀河の渦巻腕

銀河円盤の星々は，内側のものほど短い時間で一回りしてしまう。回転の流れにずれがあるため，銀河の渦巻状の腕(渦巻腕)は数回回るうちにどんどん巻きついてしまうように思える。そうだとすると，渦巻腕の開いた銀河は少ないはずだが，実際には腕の開いた渦巻銀河がかなり多く見られる。これは，巻きこみの謎といわれた難問であった。

渦巻腕にいつも同じ明るい星が貼りついているのではなく，渦巻腕は星やガスの流れが滞る所であると考えると，この謎は矛盾なく説明でき

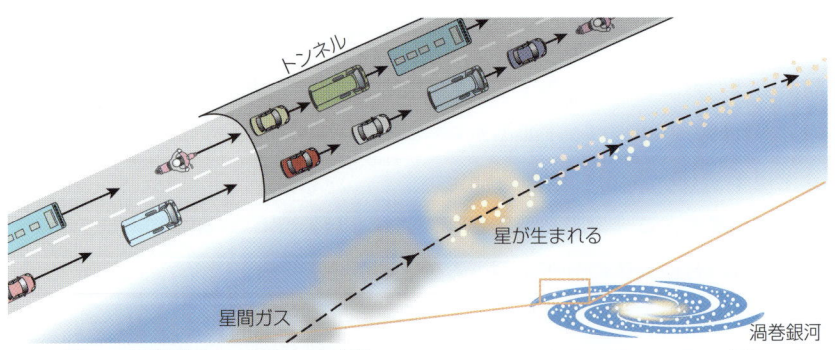

図97 渦巻腕として見える密度波 星間ガスが渦巻腕を通過するとき流れが滞るようすは，自動車がトンネルに入ると渋滞することに例えられる。

る。密度の濃いところは重力が強くなり、まわりの物質をさらに集めていっそう濃くなる。回転の流れにずれがある銀河円盤では、このような重力の性質でできた密度の濃い部分が、渦巻状の波となって伝わる。この波を通過するガスから次々に新しく若い星が生まれて光るため、渦巻腕は強調されて見える（図97）のだと考えられている。

■参考■ 重力レンズ増光現象

　銀河系のハローに多数の見えない星があり、背景の銀河の星の前を偶然横切ることがあれば、重力レンズ効果[*1)]により、背景の星の明るさが一時的に増光する現象があるはずである。このことは、パチンスキー（ポーランド）が1986年に予言した。

　マゼラン雲中の数100万個の恒星の明るさをモニターした結果、重力レンズ効果による増光現象が実際に10例ほど確認され、これまで観測にかからなかった低質量の天体があることが実証された。

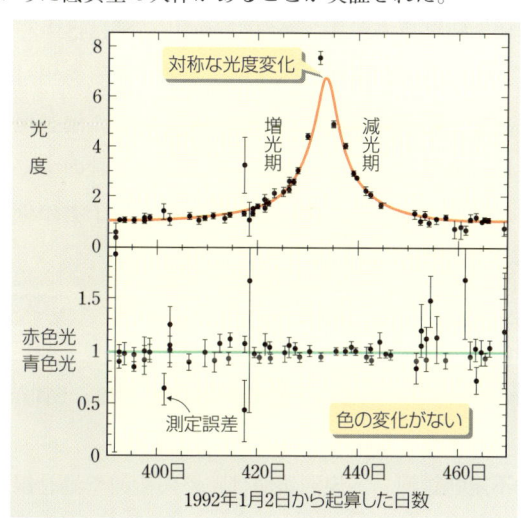

　しかし、これらの天体だけではダークマターを説明できるほどの量にはならない。近年では未発見の素粒子が多量に存在する可能性が有望視されている。だが、まだその正体は明らかにされていない。

図A　重力レンズ効果による増光現象
変光星としては、セファイド型変光星（→p.341）や超新星（→p.336）、新星（→p.338）などがあるが、これらの変光星は増光期と減光期の変化が対称でない。それに対し、重力レンズによる変光は増光期と減光期が対称な変光曲線を示す。また、重力レンズによる増光現象中は色が変化しない。

*1) 光がレンズで屈折されるように、天体の重力により光が屈折される効果。重力レンズ効果により、像の変形、複数の像の生成、集光効果による増光などの現象が起こる。

2 銀河の世界

A 銀河の形状による分類

われわれの銀河系と同じような規模をもつ銀河は数多くある。

銀河にはいろいろな形のものがあり,ハッブル_{アメリカ 1889〜1953}は銀河をその形から,だ円銀河(E),渦巻銀河(S),棒渦巻銀河(SB),不規則銀河(Irr)に大別した(図98)。この分類法は現在も使用されていて,ハッブル分類といわれている。

❶**だ円銀河** だ円銀河には,赤色や黄色に光る比較的年老いた恒星が多数丸く集まっている。星間ガスは少なく,恒星の分布は連続的で,きわだった特徴に乏しい。だ円銀河は,球に近いもの(E0)からかなりつぶれた形のもの(E7)まで,見かけの形のつぶれかたで細かく分類する。

❷**渦巻銀河・棒渦巻銀河** 渦巻銀河や棒渦巻銀河は,星間ガスを含む円盤状の恒星系である。渦巻銀河の円盤部には中心のバルジから外側に伸びた2本または数本の渦巻腕がある。棒渦巻銀河は中央に棒状の恒星系があり,渦巻腕はその両端から出ている。渦巻腕には明るく青く光る若い星や電離したガスの雲がならぶ。渦巻腕のすぐ内側には暗黒星雲のすじが見えるものがある。中性水素雲や分子雲の分布も渦巻腕に対応した構造を示す。

渦巻銀河は,バルジが大きくて腕がきつく巻きこんでいるSa型から順に,バルジが小さく腕が開いたものへとさらに細分し,Sb,Sc,Sd,Sm型という。同様に,棒渦巻銀河もSBa,SBb,SBc,SBd,SBm型に細分する。

❸**不規則銀河** 不規則銀河は,だ円銀河や渦巻銀河でないものの総称である。銀河と銀河の衝突などで形が不規則に変形しているものと,Sm型の渦巻銀河よりさらに星間ガスが多く,渦巻腕の形がくずれて不規則な形になっているものとがある。

ハッブルによる銀河の分類

渦巻銀河 Sa Sb Sc
だ円銀河 E0 E3 E7 S0
SBa SBb SBc
棒渦巻銀河

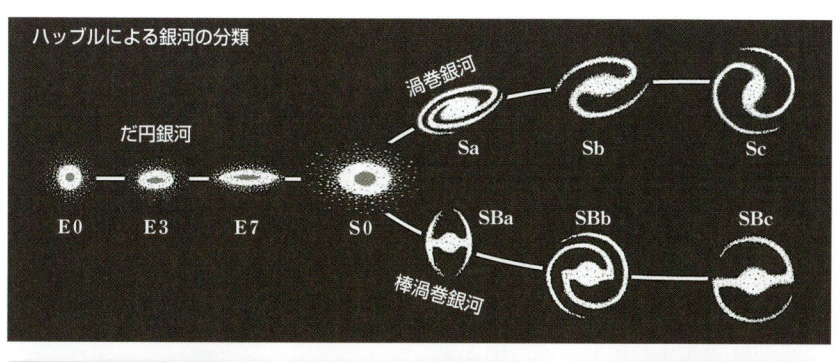

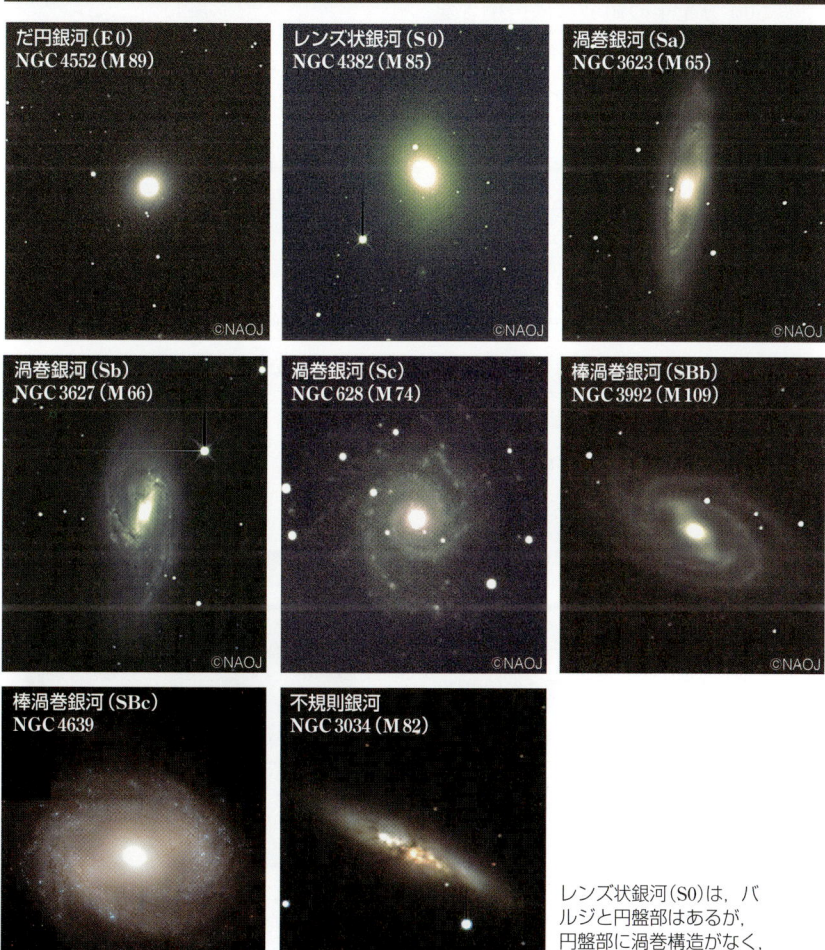

だ円銀河(E0) NGC4552(M89)
レンズ状銀河(S0) NGC4382(M85)
渦巻銀河(Sa) NGC3623(M65)
渦巻銀河(Sb) NGC3627(M66)
渦巻銀河(Sc) NGC628(M74)
棒渦巻銀河(SBb) NGC3992(M109)
棒渦巻銀河(SBc) NGC4639
不規則銀河 NGC3034(M82)

レンズ状銀河(S0)は，バルジと円盤部はあるが，円盤部に渦巻構造がなく，だ円銀河と渦巻銀河の中間の存在である。

図98 銀河の分類

B 銀河団

　銀河は集団をつくっている。数個から数十個の銀河の集団を**銀河群**，100個程度以上の銀河が密集している集団を**銀河団**という。われわれの銀河系とアンドロメダ銀河を中心とする直径600万光年の領域には，小さな銀河を含めると50個以上の銀河があり，この集団を**局部銀河群**という。

　銀河団としては，おとめ座銀河団(→p.346章初め写真)(距離約5900万光年)，かみのけ座銀河団(距離約3億光年)，ヘルクレス座銀河団(距離約4.6億光年)などがある。約2500個の銀河からなるおとめ座銀河団には渦巻銀河がかなりあるが，かみのけ座銀河団はほとんどがだ円銀河である。

　銀河団の中の銀河と銀河の間隔は銀河の直径の数10倍程度しかなく，銀河と銀河がすれ違ったり，衝突し合体したりすることがあり，M51(NGC5194, NGC5195)(図99)のように，2つの銀河のすれ違いの現場と思われる銀河の対が多数ある。

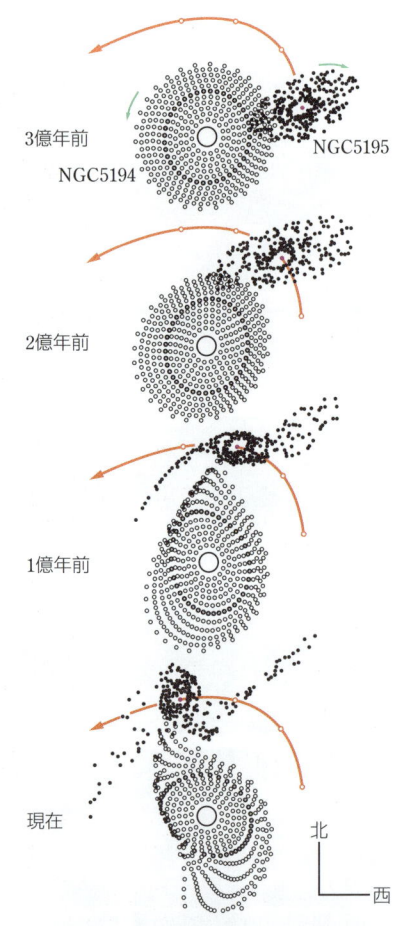

図99　**NGC5194とNGC5195がすれ違うようす** (©NAOJ)
コンピューター・シミュレーションでM51のような形が再現できる。

日本のX線天文衛星「あすか」やアメリカのX線天文衛星「チャンドラ」は，銀河団からの強いX線を観測している。X線は銀河団全体に広がった高温のガスから放射されている。X線のスペクトルからガスの温度が数千万度に達していること，X線の強度から銀河間ガスの総質量は銀河の総質量を上まわるほどであることがわかる。銀河の運動に伴い，銀河間の希薄なガスが加熱されたものと考えられている。

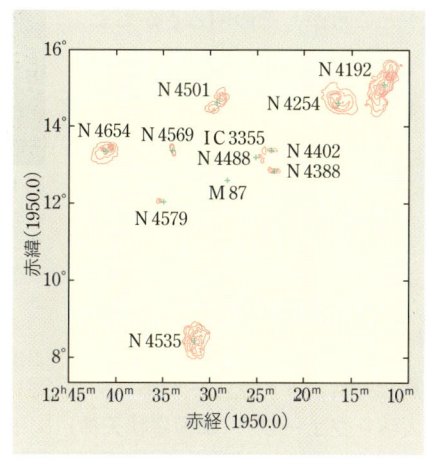

図100 銀河団のガスはぎとり効果
赤い実線はおとめ座銀河団の中央部にある渦巻銀河の水素ガスの分布を示す。銀河団の中心部にある渦巻銀河M87は星間ガスがはぎとられている。

中性水素ガスを含むはずの渦巻銀河も，非常に高温なガスに満たされた銀河団の中を運動するうちに，中性水素ガスがはぎとられてしまうことが銀河団の電波観測で確かめられている（図100）。

C　活動する銀河

1960年代のはじめ，電波源3C273の正体を光の観測で確かめようとしたシュミットは，その位置に見たこともないスペクトル線を示す恒星状の天体をみつけた。やがてシュミットは，この天体のスペクトルの波長が全体に16％長い方にずれていると考えると解釈できることに気づいた。

この波長のずれ（赤方偏移（→p.358））が宇宙膨張によるドップラー効果（→p.297 参考）のためであるとすると，きわめて遠くにある天体ということになる。その距離から計算される光度は，ひとつの銀河全体の明るさを上まわるほどになる。

---

*1) 電波源とは，強い電波を放射する天体をいう。

ところが，その明るさがおよそ1年以下の短期間に変動を示すことから，3C273の発光領域の大きさは1光年以下のはずである。

大きさに似あわずきわめて明るいこれらの天体は，通常の核融合反応では説明できないほど強い放射源である。このような天体を**クェーサー**(**準恒星状天体**)[*1)](図101)という。

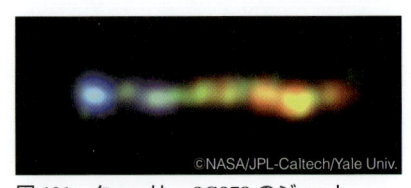

図101 クェーサー3C273のジェット
ジェットは，回転する巨大なブラックホールがつくる磁場によって電子が光の速さ近くまで加速されるときに生じると考えられている。図では，X線を青色，可視光を緑色，赤外線を赤色で表している。クェーサーに近い左側ではX線が強く，離れるほど赤外線が強くなるようすを示している。

クェーサーには，そのスペクトル線の広がりから，1万km/sに及ぶ激しいガスの運動が伴っている場合があることがわかっている。このような大きな速度が発生するのは，クェーサーの中心に巨大なブラックホールがあり，ブラックホールへ落ちこむガスが猛烈な速度になり，なんらかの機構で強いエネルギーが放射されているものと考えられている。

クェーサーに似た性質を示す銀河中心核をもつ渦巻銀河を**セイファート銀河**という。

クェーサーのほかにも巨大なだ円銀河には非常に強い電波を出しているものがあり，**電波銀河**といわれている。

これらの活動的な銀河の中心核からの放射は，X線から電波に至る広い波長領域で観測される。

クェーサーや電波銀河の中には中心からジェットが吹き出しているものがある(図102)。また，数百万光年に及ぶ電波放射領域を伴っているものもあり，銀河中心核の活動現象の理解は現在の大きな課題となっている。

図102 電波銀河M87から吹き出すジェットの写真

---

*1) 現在までに23万個以上のクェーサーが発見されている。

渦巻銀河NGC4258の運動の観測から，この銀河の中心から半径0.6光年程度のところに，約1000 km/sで回転するガスがあることが発見された。この運動を説明するには，太陽の1000万倍以上の質量のブラックホールが必要であり，ブラックホールが存在する確実な証拠の一つとされている。

> **コラム　電磁波と観測対象**
>
> 　天文学は研究対象に手が届かないため，ひたすら天体からの電磁波などの信号を観測して，理論的な解釈を行うしかない。
>
> 　電磁波はその波長（あるいはエネルギー）により，波長の短いほうから，ガンマ線，X線，紫外線，可視光，赤外線，ミリ波／サブミリ波，電波と分類される。異なる波長で宇宙を見ると，天体の温度や放射過程の違いにより，全く違う天体や現象が見えたり，天体のようすをより詳しく理解したりすることができる。
>
> 　ガンマ線やX線は極めて高温の天体や高速度のジェットなどの激しい現象の観測に，紫外線や可視光は高温の恒星や星間ガスの観測に，赤外線は低温の恒星や星間ガス，ミリ波／サブミリ波は冷たい星間ガス，電波は中性水素ガスやさまざまな分子の観測に威力を発揮する。観測波長によって，電磁波を捕らえる望遠鏡や電磁波を検出する検出器には異なる技術が必要となる。
>
> 　電磁波以外にも天体からの宇宙線，ニュートリノ，重力波などを捕らえる試みも始まっている。 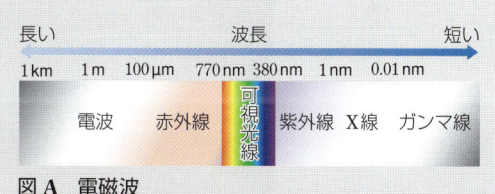
>
> **図A　電磁波**
> 可視光線の波長帯は，人により個人差がある。 
>
> (a)可視光線画像　(b)赤外線画像
>
> **図B　アンドロメダ銀河**

D｜赤方偏移

　元素が固有の波長の光を放出して明るい線となってスペクトルに現れたものを，**輝線スペクトル**とよぶ。

　図103は，さまざまな銀河の光を分光器でスペクトルに分解したものである。輝線スペクトルHαは，観測した銀河の水素原子が放つ光で，その波長は本来の波長より長いところで観察される。このように，スペクトルの模様が赤い方にずれる現象を**赤方偏移**という。赤方偏移は，銀河からの光が地球に届くまでに宇宙が膨張して空間が広がったため，光の波長が引き伸ばされて長くなる現象である。遠い銀河ほど赤方偏移が大きい。

　赤方偏移zは，本来の波長がλのスペクトル線の波長が，観測では$\Delta\lambda$だけ長い光として観測される場合，$z = \dfrac{\Delta\lambda}{\lambda}$　で与えられる。赤方偏移zの銀河の後退速度vは，zが1よりかなり小さいときには，光の速さをcとすると　$v = cz$　で計算することができる。赤方偏移の大きい銀河ほど後退速度が大きい。

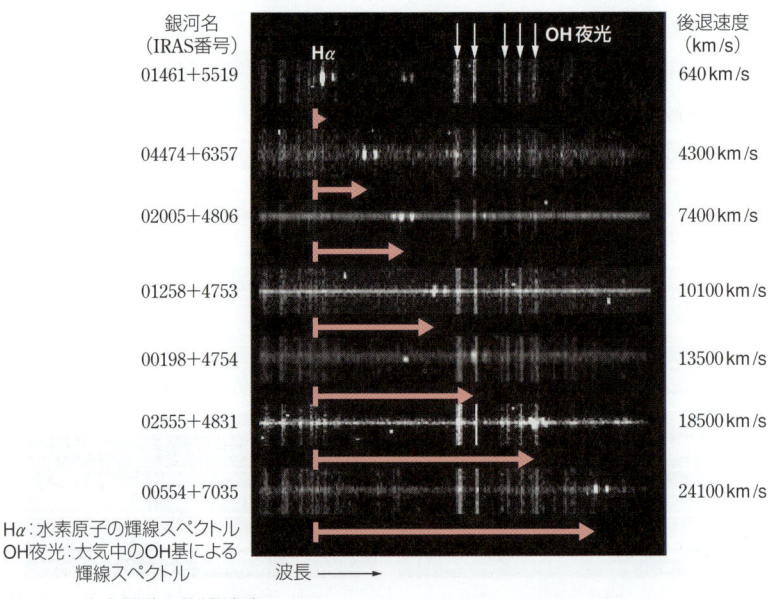

銀河名(IRAS番号)	後退速度(km/s)
01461+5519	640 km/s
04474+6357	4300 km/s
02005+4806	7400 km/s
01258+4753	10100 km/s
00198+4754	13500 km/s
02555+4831	18500 km/s
00554+7035	24100 km/s

Hα：水素原子の輝線スペクトル
OH夜光：大気中のOH基による輝線スペクトル

図103　赤方偏移と後退速度
OH夜光は地球の大気中の分子基のスペクトルなので，同じ波長に観測される。

E 銀河の距離

　セファイド型変光星を用いて距離をはかることができる銀河は，せいぜい約 6000 万光年までである。水素原子の波長 21 cm の電波輝線や可視域のスペクトル線の線幅は，各々の銀河内での質量分布で決まるガスや星の運動速度と対応しているので，銀河の絶対等級と一定の関係があることが知られている。この関係を使って，より遠くの銀河の絶対光度を推定し，距離を求めることができる。ほかにも，爆発時の最大光度がほぼ一定となる Ia 型超新星を標準光源として使う方法などがある。

　さらに遠方の銀河では，膨張宇宙モデルを仮定して，銀河の赤方偏移から距離を直接計算する。

F 銀河分布の大規模構造

　銀河団よりさらに大きな構造として，複数の銀河団がシート状やフィラメント（繊維）状に連なって分布する構造があり，銀河分布の大規模構造とよばれている。実際に 10 万個に及ぶ銀河の距離をその赤方偏移から測定し，その空間分布を調べてみると，銀河がほとんどない超空洞（ボイド）とよばれる領域を取り囲むように，銀河が泡状に分布していることがわかってきた。

　初期宇宙の密度のゆらぎから，このような銀河分布の大規模構造が発生することは，コンピューターシミュレーションで再現されている（図 104）。

図 104　銀河分布
図中の立方体の一辺の長さは 3 億光年に相当する。
（©可視化：武田隆顕，シミュレーション：矢作日出樹（N 体シミュレーション），長島雅裕（銀河モデル），国立天文台 4 次元デジタル宇宙プロジェクト）

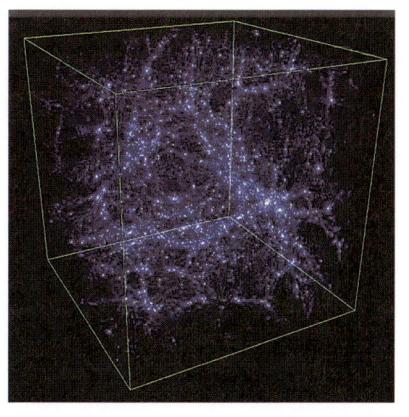

第 4 章　宇宙と銀河

> **コラム**　宇宙の距離はしご

これまで学んできたように、天体の距離の測定は、その距離に応じて異なる方法を使う。ここで一度整理しておこう。

❶レーダー測距法　水星、金星、火星の距離はレーダーの反射波の往復時間から直接測定することができる。測定時の惑星の軌道上の位置がわかっているので、太陽までの距離は、1天文単位＝1億4959万7870 kmときわめて精確に測定できている。

❷年周視差法(p.295, 328)　年周視差の測定で約3000光年までの明るい恒星の距離は、三角測量法で比較的精度よく求めることができる。

❸分光視差法(p.340)　主系列星のスペクトル型がわかれば、その光度が推定できる。星団の主系列を距離のわかっているヒアデス星団の主系列と比べることで距離を推定することができる。

❹標準光源法（セファイド型変光星を用いる方法など）(p.341)　絶対等級がわかっている標準光源を用いて、その見かけの明るさから距離を求めることができる。6000万光年ほどまで、この手法での測定ができている銀河がある。

❺Ia型超新星法(p.342)　Ia型超新星はその光度が一定であることが知られているので、距離測定の標準光源として用いることができる。最大90億光年ほどまで、この方法で距離を算定した例がある。

❻赤方偏移法(p.358)　特定の宇宙膨張モデルを仮定すれば、赤方偏移からその距離を算定できる。

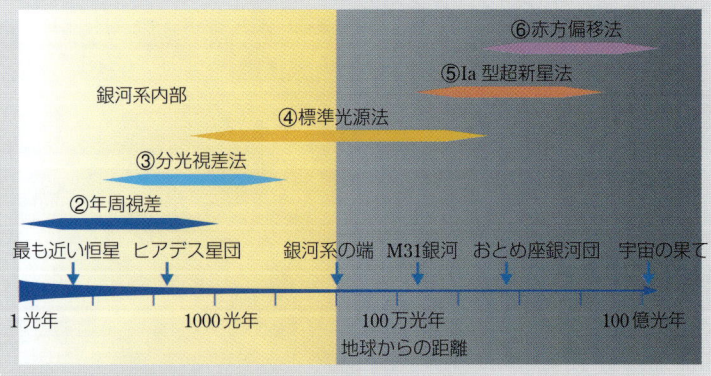

図A　宇宙の距離はしご

3 | 宇宙観の発展

A | 宇宙膨張の発見

1929年,ハッブルは,遠い銀河ほど高速度でわれわれから遠ざかっていることを発見した。

銀河の距離をr,後退速度をvとすると,この関係は $v = H \cdot r$ と表せる(図105)。この関係を**ハッブルの法則**といい,宇宙の膨張率を表す比例定数Hを**ハッブル定数**という。ハッブル定数の逆数は,宇宙年齢の目安となる。

ハッブルの法則は,われわれが膨張する宇宙の中心にいることを示すのだろうか。そうではないことは,次のように考えるとわかる。

水玉模様の風船をふくらませること(図106)を考えてみよう。水玉のひとつに止まった虫から見ると,まわりの水玉がすべて遠ざかるように,しかも遠くの水玉ほど速く遠ざかるように見える。

つまり,宇宙が一様に膨張すれば,どの観測者から見ても,まわりの銀河は遠いものほど高速度で遠ざかるように見えるのである。

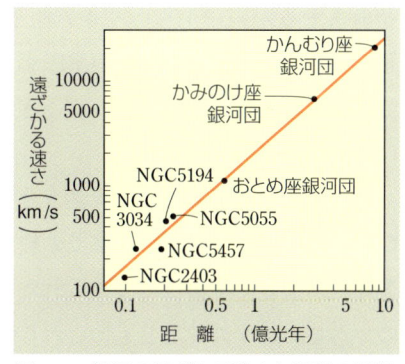

図105 銀河の遠ざかる速さと距離の関係

図106 宇宙膨張のモデル

問8. ハッブル定数の逆数は宇宙年齢の目安となり,ハッブル年齢とよばれている。ハッブル定数を$70 (km/s)/Mpc$とし,ハッブル年齢を求めよ。ただし,1 Mpc(メガパーセク)は10^6 pcで,1 pc = 3.1×10^{13} kmである。

(140億年)

B ビッグバン宇宙論

　宇宙はビッグバンといわれる超高温で高密度の状態から始まった。このことは，膨張する宇宙の過去の姿を考えて，ガモフが1948年に提案した。
アメリカ 1904〜1968

　宇宙は有限で始まりがあり，変化してきたというビッグバン宇宙の考えは，それまでの無限で永遠不変な宇宙という考えを大きくくつがえすものであった。

　ビッグバン宇宙の考え方からは，いくつかの理論的な予言ができる。ビッグバン宇宙では膨張とともに温度と密度が急激に低下する。まだ高温高密度であった最初の5分間の宇宙を考えると，宇宙の全質量の約20％あまりが陽子からヘリウム原子核に変わるはずである。実際，重元素の多い恒星でも少ない恒星でも，ほぼ同じ割合のヘリウムが含まれていることが知られており，謎とされてきたが，ビッグバン宇宙モデルなら自然な説明ができる。

　炭素，窒素，酸素など，炭素より重い元素はすべて，恒星の内部での核融合反応により，その後でつくられたものである。恒星の死とともにこれらの重元素は星間空間にまき散らされ，その星間ガスから新しい恒星が生まれる。星とガスの輪廻（りんね）の中で，宇宙にはしだいに重元素が増えてきた。しかし，それでも水素とヘリウム以外のすべての元素の数を足し合わせても，全体の1％程度にしかならない（図107）。

　われわれの身体をつくっている無数の原子は，そのひとつひとつがはるか昔に，どこかの恒星の中で合成されたものである。この意味で，われわれは宇宙的存在であるといえよう。

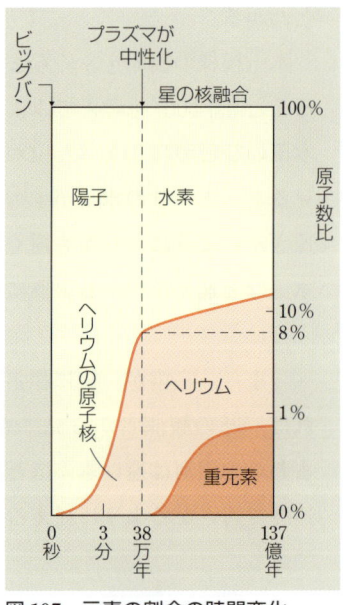

図107　元素の割合の時間変化
プラズマが中性化するまでに合成されたヘリウム量は，重量比で24％，原子数比で8％程度と推定されている。

C 宇宙背景放射

ビッグバン宇宙モデルのもう1つの大きな成果は，**宇宙背景放射**の予言と発見である。

ビッグバンから約38万年後には宇宙の温度が約3000 Kまで下がり，陽子と電子が結合してできる中性の水素原子が主成分となる。電離した陽子や電子がなくなると，光は散乱されにくくなり，これ以後の宇宙は光に対して透明になる。これを**宇宙の晴れ上がり**（→p.364図110）という。

つまり，この時代の光は現在までそのまま直進するが，波長が約1000倍に赤方偏移して電波となって宇宙を満たしているはずであるとガモフは指摘した。

実際，1965年にはペンジアスとウィルソンが，背景放射といわれるそのような電波放射があることを突き止めた。
アメリカ1933〜　アメリカ1936〜

D 最新宇宙像

宇宙の晴れ上がりの時代に放射された光はマイクロ波という電波として観測され，マイクロ波を最も強く放射する物体の温度は2.7 Kに相当することが確かめられている。また，宇宙の背景放射には10万分の1程度の強度のむら（図108）があることが確認された。そのようすから，ビッグバンが起こったのは約137億年前であることなどがわかってきた。

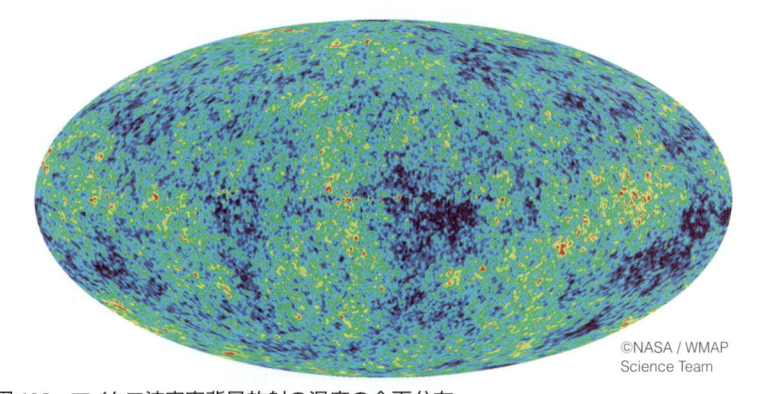

©NASA / WMAP Science Team

図108　マイクロ波宇宙背景放射の温度の全天分布
赤色が温度の高い部分であり，赤色から青色に向かって温度が低くなっていることを表している。

第4章　宇宙と銀河

宇宙膨張のようすについては，宇宙自体の重力により宇宙膨張はしだいに減速されると考えられてきた。ところが，1998年には遠方の超新星の明るさから測定した距離と赤方偏移の関係から宇宙膨張が加速されている可能性がある（図109）ことが指摘された。2003年には宇宙背景放射のむらの解析からも同じ結論が導かれた。これらの結果から，宇宙の構成要素は通常の物質が約4％，未知の素粒子と考えられる暗黒物質（ダークマター）が約23％，残りの約73％は宇宙膨張を加速するのに必要となる未知のエネルギーと考えられるようになっている。宇宙膨張を加速するエネルギーの正体は不明であり，暗黒エネルギー（ダークエネルギー）と名付けられた。

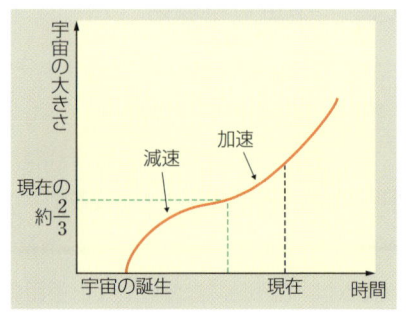

図109　宇宙膨張のようす

　遠くの天体ほど，その光が地球に届くまでに時間がかかるので，遠い天体を見ることで，宇宙の歴史を見ることができる。現在知られている最も遠い天体（→p.271）は約130億光年の距離にあり，宇宙が始まってからまだ7億年前後の時代の天体である。

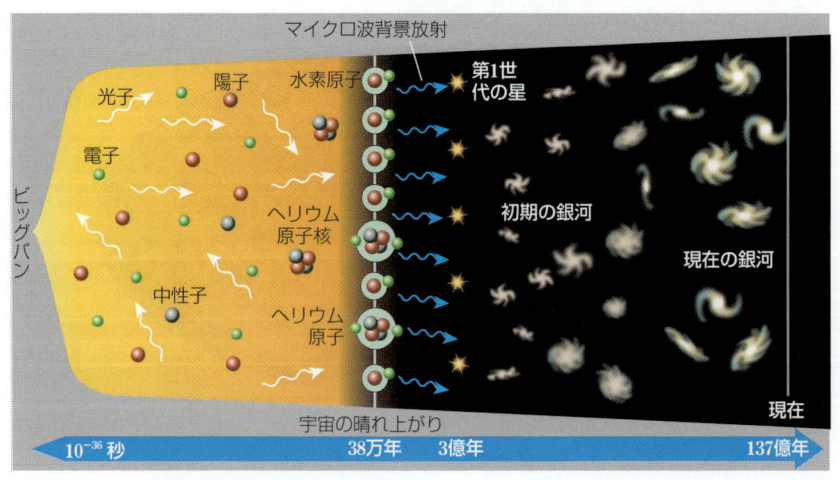

図110　宇宙の誕生から現在の宇宙

第7編　地球の環境

第1章
　環境と人間　　　　　p.366
第2章
　日本の自然環境　　　p.377

富士山周辺の衛星写真　©JAXA

陸域観測技術衛星「だいち」がとらえた富士山とその周辺の写真である。
富士山西側の南北に分布する低地帯は，日本列島を東西に二分する「フォッサマグナ」とよばれる陥没帯の西縁にあたる。富士山周辺は火山や地震が多発する災害地帯であるが，富士箱根伊豆国立公園に指定され世界有数の観光地でもある。富士山は大気観測地点としても重要であり，溶岩の中を流れる地下水は豊富な湧水となって山麓に現れ，人々にさまざまな恩恵をもたらしている。

第1章
環境と人間

大都市のビル群（東京）

人間の生存にとって欠かせない大気や水，生物などの自然環境は，人間社会が巨大化するとともに地球規模で変化している。世界の総人口は70億人をこえ，今後も増え続けるといわれている。
ここでは，未来の地球とうまくつきあっていくために，自然環境のしくみや環境と人間のつながりについて学習する。

1│環境と人間

A│環境とは

　人間をはじめとする生物は，それを取り巻く大気や水を利用する一方で，それらにも影響を与えながら生活している。このように生物の活動や影響が及んでいる周囲を**環境**とよぶ。一方，地球環境問題がクローズアップされるとともに，環境を人間が中心とする範囲に限定して使うことも多い。この場合には，人間以外の生物も自然環境として扱われるし，家庭環境や社会環境のように人間活動そのものも対象になる。
　自然や社会の中にあって，共通した特徴をもつ範囲や区域を**圏**とよぶ。自然環境は大気圏，水圏，生物圏（図1），地圏などに分けられる。大気圏は気体，水圏は液体，地圏は固体で構成され，海水や湖沼，河川など液体の水の塊となって存在するのが水圏である。土壌は土壌圏，雪や氷河などとして存在する寒冷地を雪氷圏，また陸地域を陸圏，海洋域を海洋圏とよぶこともある。

図1　熱帯多雨林（ボルネオ）
地球が他の惑星と異なる点の1つは，生物圏のあることである。熱帯多雨林は生物圏の中でも特に多様な生物の宝庫である。

B 自然と人間社会の環境変化

❶自然環境と人間活動 自然環境は人間が地球上に現れるはるか以前から変化してきた。しかし，自然環境は，自然の変動だけでなく人間活動によっても変化する。人間は森や荒れ地を農地や都市に変え，河川にダムや堤防を建設することによって安全で安心な社会をつくってきた。その一方で自然の景観や生物多様性は失われ，産業や生活に伴って発生するさまざまな物質による自然環境の改変は，新たな環境問題を次から次へと生み出している。

❷地球環境システム 土壌圏や地圏，水圏を変化させる土地利用，岩石採取，河川の改修や汚濁などの環境破壊は，その影響が比較的狭い範囲にとどまる地域規模の問題といえる。これに対して大気は，陸や海のすべてをおおっている上に，その循環速度が非常に速い。このため大気圏が人間活動によって変化すると，その影響は短期間に国をこえ広い範囲に及ぶことになる。地球温暖化（→p.368）やオゾンホール（→p.372），酸性雨（→p.375）など大気圏を変化させる人間活動は，地球規模の環境問題を引き起こしている。

気候変動に対する人間活動の影響がどれほどなのかを調べるには，大気圏だけでなく他の圏との相互作用を知る必要がある。圏全体が変化する地球環境問題は，関係が複雑である。問題の理解を深めるには，自然

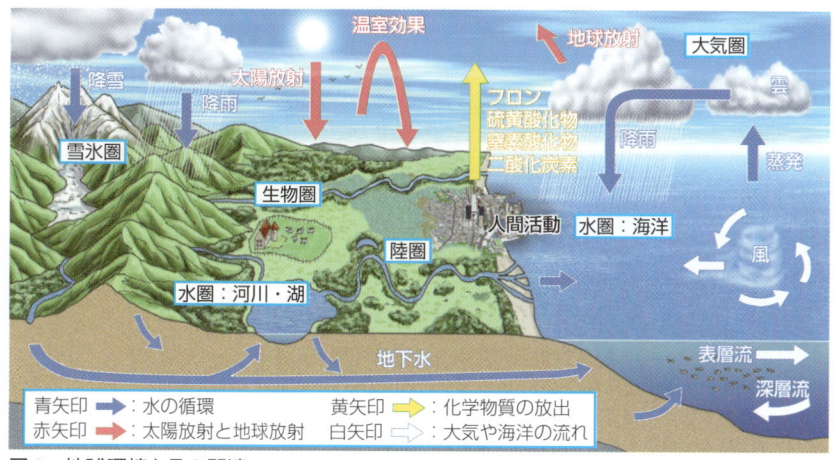

図2 地球環境とその関連

環境の全体を，それを構成する各圏が相互に作用しあう1つのシステム（前ページの図2）としてとらえることが必要である。

2 地球環境問題

A 地球温暖化

❶人間活動と気温の変化 燃料資源の利用は産業革命以降増加し続けており，特に人口増加が顕著となり生活レベルが大きく向上した20世紀後半から急激に増加している。燃料資源の主成分である炭素は，燃焼すると二酸化炭素となって大気中に拡散する。二酸化炭素は，地表からの赤外線放射を吸収し，下向きに赤外放射を行って地球表層を暖めるという温室効果(→p.113)をもたらすので，メタンや二酸化窒素，フロン，オゾンなどのガスとともに**温室効果ガス**とよばれている。

ハワイ島マウナロア山での観測によると，大気中の二酸化炭素濃度は上昇し続け，この半世紀の間に20％近く上昇したことがわかった(図3)。温室効果ガスの放出がこのまま続くと，増大する温室効果のため地球は温暖化し続けると考えられている。

地表気温の変化は地域によって大きく異なるが，平均すると，1906

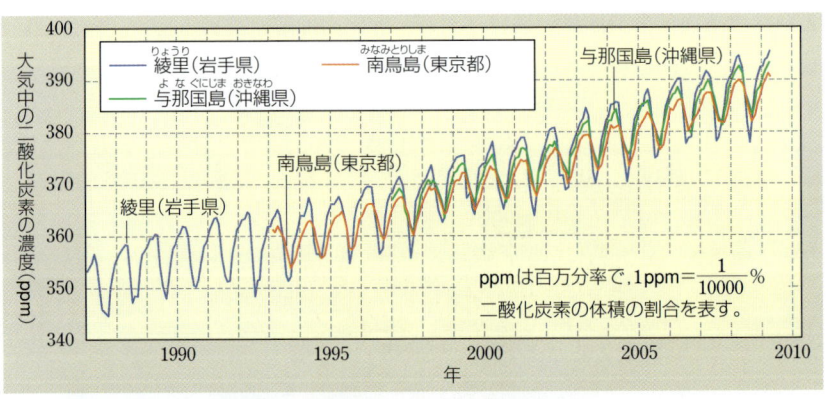

図3 大気中の二酸化炭素濃度の変化（気象庁資料による）
大気中の二酸化炭素濃度は経年的に増加しているが，季節による増減も認められる。この増減はおもに陸上植物の活動を反映しており，特に北半球で大きい。北半球の大気の二酸化炭素濃度は，春から夏にかけて活発になる植物の光合成活動とともに減少する。これに対して秋から冬は，微生物による分解や呼吸が光合成に勝るため，二酸化炭素濃度が増加する。

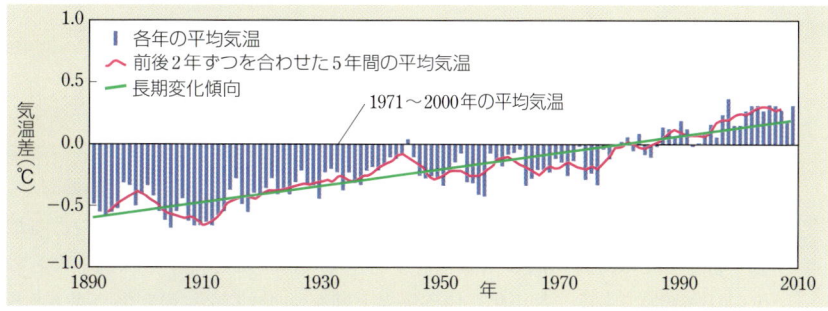

図4 世界の年平均気温の平年差（気象庁資料による）

年以降の1世紀の間に0.74℃上昇しており（図4），温室効果ガスの影響が大きいと考えられるようになった。

気象庁のホームページには，日本各地の気象観測データが掲載されている。自分たちの近くの都市での観測データを使用して，図4と同じような経年変化のグラフを作り，比較してみよう。
→実験22

実験 22 温暖化を示すグラフの作成

❶ 気象庁のホームページで，過去数十年間の平均気温データが残っている地点を選び，そのデータを表計算ソフトに入力する。
❷ 連続した5年間の平均値を計算し，その値を中央の年の値（5年移動平均）とし，1年ずつずらしながら全部の期間にわたって行う。
❸ 折れ線グラフ（5年移動平均）から，1本の直線（長期変化傾向）を引く。
❹ 作成したグラフに，図4と同じような上昇傾向は見られたか。

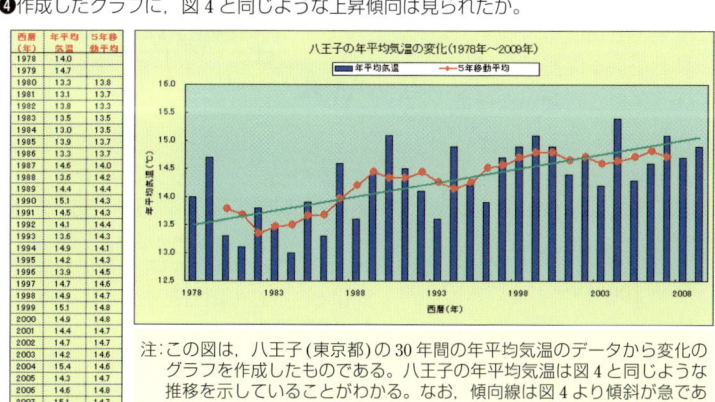

注：この図は，八王子（東京都）の30年間の年平均気温のデータから変化のグラフを作成したものである。八王子の年平均気温は図4と同じような推移を示していることがわかる。なお，傾向線は図4より傾斜が急であるが，観測期間が図4と異なるため，これだけから八王子の気温の上昇が世界平均より大きいとはいえない。傾向線を比較する場合は，グラフの期間を同じにして考えなければいけないことに注意しよう。

図A 年平均気温の変化の例（気象庁資料による）

第1章 環境と人間 369

■参考■ 地球温暖化による気候変化と異常気象

気候の自然変動と地球温暖化

ENSO（→p.168）やNAO（→p.169）などは地球の気候にもともと存在する「自然気候変動」で，温室効果ガスの増加や火山噴火など，気候への外部からの影響がなくても起こる変動である。これらは平年状態の「ゆらぎ」として現れる。これに対し，温室効果ガスの増加がもたらしつつある地球温暖化は，長期的な気温上昇や雪氷域の減少など，平年状態そのものの「変化」である。都市化に伴う気温上昇も，地域的な気候変化の例である。

実際に観測される気温や降水量などの時間変化は，地球温暖化に伴う気候変化にさまざまな自然気候変動が重なったものである。例えば，温暖化で平均気温が上昇し続ければ，たとえ自然気候変動に伴う気温変動幅が一定でも，極端な異常高温が現れやすくなるだろう。もし気温の自然変動幅が増大するようなことがあれば，異常高温の確率はさらに高まるだろう。

地球温暖化と異常気象

気象学，海洋学などの科学の進歩と，スーパーコンピュータなどの技術の急速な発展により，気候の将来変化もある程度の確からしさで予測できるようになった。世界各国で開発された多くの数値気候モデルを用いて，20世紀の気候の変遷を再現し，21世紀の気候を予測した結果が，2007年にIPCCが刊行した評価報告書[1]に示されている。

IPCC評価報告書では，過去30年間に観測された地上気温の急激な上昇は，産業活動などによる温室効果ガスの急激な増加がなければ説明が難しいことが示された（図A）。また，このまま温室効果ガスの放出が続けば，今後100年のうちに，地球全体の平均地表気温が年平均で2～4℃程度も上昇することが予想されている。特に

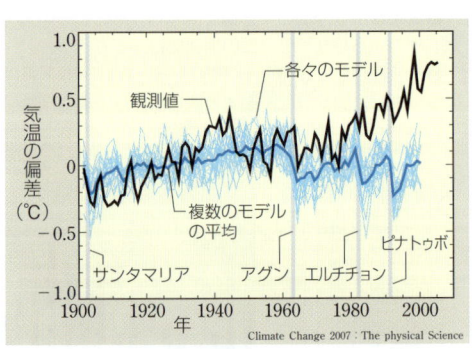

図A 1900年以降に観測された全球の地表気温の変化と，複数の数値気候モデルの再現実験による気温変化

大きな火山噴火（図中の縦線で示した年）によるエーロゾルの増加は含むが，温室効果ガスの濃度は産業革命以前の値に固定した実験に基づく。
（IPCC第四次評価報告書による）

---

[1] Intergovernmental Panel on Climate Change：気候変動に関する政府間パネル

大きな気温上昇が冬季のシベリアやカナダで予測されている。温暖化に伴う積雪の減少によって太陽放射の反射が減ることや，寒冷高気圧に伴う逆転層が弱まることが原因と考えられている。北極域も海氷の減少によって海からの熱の放出が増えるため，冬季の気温上昇が大きいと予測されている。

　一方，現在でも夏季に高温・乾燥となる中緯度の大陸内部や地中海沿岸などは，その傾向がいっそう顕著になると予測されている。また，熱帯低気圧の発生個数は全般に減少するものの，台風やハリケーンが現在よりもさらに発達する可能性も指摘されている。温暖化による海水の熱膨張やグリーンランドなどの氷床の融解により，現在よりも恒常的に海面が上昇することが見こまれる。こうした状況で強烈な熱帯低気圧が襲来して豪雨と高潮が起こると，沿岸部に甚大な浸水被害をもたらす恐れがある。

　ただし，上記の将来予測は数値気候モデルによってばらつきもあり，不確実性が残されている。実際，21世紀に入ってからは，北極海の夏季の海氷面積が，IPCC評価報告書での予測よりも，はるかに急速に減少している。

　なお，近年の日本でも，地球温暖化の影響とも考えられる気候変化や異常気象が観測されるようになった。例えば，1時間の雨量が50 mmをこえる豪雨も起こりやすくなっている。また，冬の朝の最低気温は，この30年間に着実に上昇した。夏においても，最高気温が30℃をこえる「真夏日」や最低気温が25℃より高い「熱帯夜」の日数が着実に増加した。この気温上昇の傾向は，人工排熱の影響も加わる大都市域で特に顕著である。

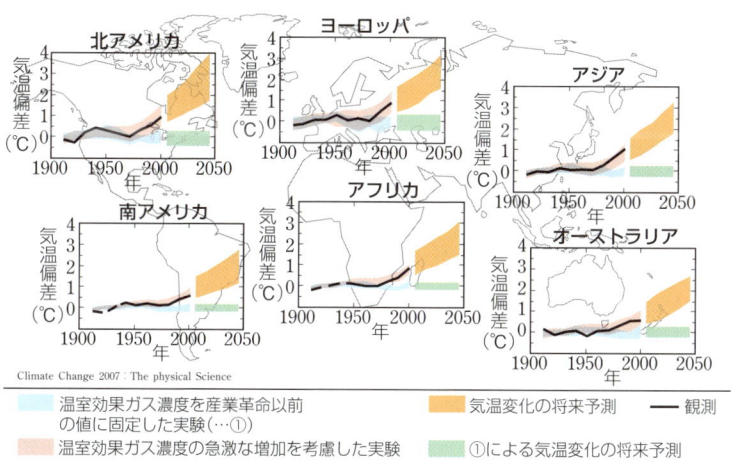

図B　大陸ごとの地上気温平年差（IPCC第四次評価報告書による）
色の帯の幅は平年差が取りうる範囲を表す。

B　オゾン層破壊

　フロンは1930年代に人工的に生成された化合物で，炭素，フッ素，塩素でできたクロロフルオロカーボンのほか，臭素や水素を含むものなど多くの種類がある。これらフロン類は，無色無臭，化学的にも熱的にも安定で，1940年代以降，冷蔵庫やクーラーなどの冷却剤，スプレー缶の噴射剤，発泡剤の原料，溶剤，半導体工場での洗浄などに大量に使用された。それに伴い，大気中のフロン濃度は1960年代から急速に増加した。

　ところが1970年代になって，フロンは成層圏の上部で，太陽放射の紫外線によって分解されることがわかった。フロンの分解により出される塩素原子が，オゾン分子を連鎖的に分解してオゾン層を破壊する。それがもっとも顕著に見られるのは早春の南極上空で，1980年代中ころから(南半球での)春先にオゾンの極端に少ない領域が現れるようになった。この領域は南極点を中心にして穴があいたように見えることから，**オゾンホール**(図5)とよばれている。

　オゾン層が破壊されると，地上に達する有害な紫外線が増え，皮膚がんの発症の増加や生物への影響が現れると警告されている。このため，フロンの生産規制[*1)]が国際的に進められてきたが，南極のオゾンホールは現在でも消滅しておらず，今後数十年にわたって出現するとされている。しかし，対流圏でのフロン濃度の増加は1990年代中ころにはやみ，その後は減少に転じていることから，オゾンホール対策の効果は今後徐々に現れてくると考えられている。

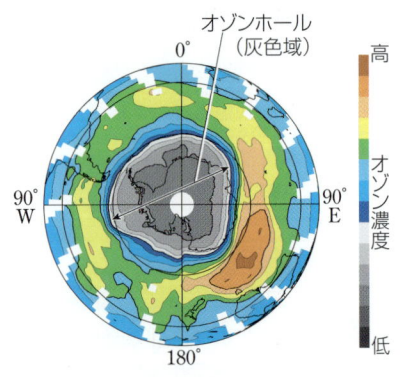

図5　南極上空のオゾンホール(2003年9月24日)
NASAのデータをもとに気象庁で作成したもの。白色域は日影のため観測できない領域。

---

*1) 1985年にオゾン層を保護するウィーン条約が，1987年にオゾン層を破壊する物質を規制するモントリオール議定書が採択され1989年に発効している。2020年にはフロンを全廃することになっている。

C　砂漠化

❶乾燥地域の灌漑　人間が利用可能な淡水資源は4万km³程度あり、20世紀末ではその10％程度の水が実際に利用されている。淡水資源が枯渇しないのは、海水や地表にある水が蒸発し、雨や雪となって地上に再び戻る水循環のしくみ（→p.171）があるためである。

　淡水は農業、工業、日常生活に欠かせないが、良質な淡水資源は、人口増加に伴う水利用の増大により、枯渇しつつある。特に、農業での利用は約70％に及び、農業用水を確保するために世界各地で灌漑が行われ、その面積は年々増加している。淡水への需要増加とともに、不適切な水利用による環境問題が各地で発生しており、乾燥地域では特に深刻である。

図6　スプリンクラーによる灌漑（アメリカ・アイダホ）

> **コラム　アラル海の縮小**
>
> 　アラル海は中央アジアの乾燥地帯に存在する内陸の塩湖で、アムダリヤ川とシルダリヤ川という2つの大きな河川が流入している。
>
> 　ソビエト連邦時代に始まった綿花や稲作のために、大規模な灌漑用水路が建設され、両河川から大量に取水されたため、河川流量は激減した。アラル海の面積は1960年以降急速に縮小し、それに伴い塩水化も進んだ（図A）。アラル海の漁業は壊滅し、周辺の生物資源や関連する産業も失われている。また、干上がった地域は塩類鉱物を含む砂漠となり、そこから発生する砂塵により周辺地域の荒廃が加速している。
>
> 図A　1996年（左）と2003年（右）のアラル海　提供JAXA

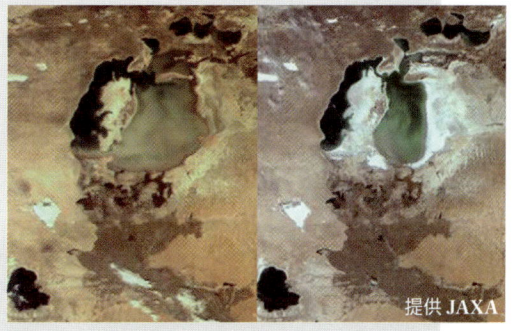

❷**砂漠化** 降水の少ない乾燥地の水資源は人間活動の影響を受けやすい。地質時代の砂漠は自然環境の変化によって生じたものだが，近年世界各地で起きている砂漠化(図7)の大半は，過剰な灌漑や放牧，森林伐採などの人間活動によって生じたものである。過放牧などにより植生が失われると，表土が雨によって流されたり，乾燥した表土から発生する砂塵が周辺に堆積し砂漠化が拡大する。乾燥地では，蒸発によって，水に含まれていた，炭酸カルシウム，硫酸カルシウム，食塩などの塩類鉱物が地表面に晶出する。この塩類鉱物は水はけを悪くし，農作物の成長を阻害する。

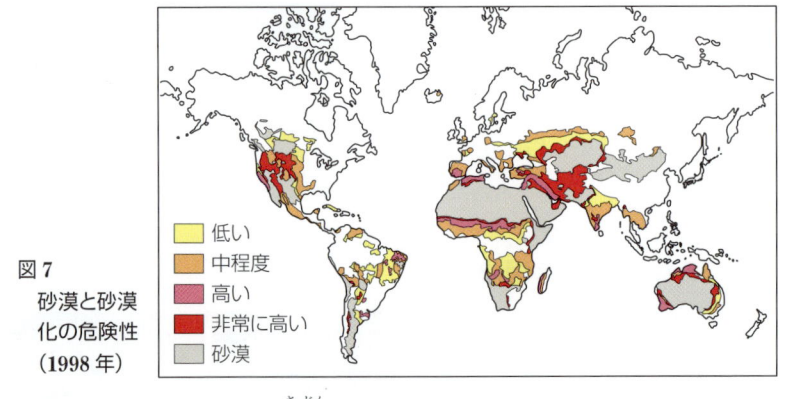

図7 砂漠と砂漠化の危険性 (1998年)

凡例：低い／中程度／高い／非常に高い／砂漠

❸**黄砂** 砂漠化は大量の砂塵(さじん)を発生させる。中国やモンゴルの砂漠から発生する砂塵は黄砂(こうさ)(図8, 9)とよばれ，中国では交通や農業などに大きな被害をもたらしてきた。黄砂の微粒子は，気管から肺に入り健康障害を引き起こす。

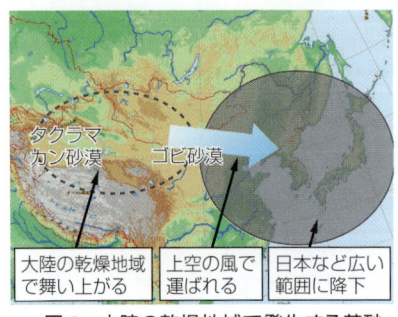

図8 大陸の乾燥地域で発生する黄砂
（タクラマカン砂漠・ゴビ砂漠／大陸の乾燥地域で舞い上がる→上空の風で運ばれる→日本など広い範囲に降下）

図9 街をおおう黄砂（中国・北京(ぺきん)）

黄砂は春に多く発生し，わが国でも昔から観測されてきたが，近年その範囲や発生数が増加する傾向にある。黄砂は強い偏西風(→p.117)にのって太平洋をこえ，アメリカ大陸でも観測されている。中国で排出された汚染物質が黄砂の粒子に付着するため，中国だけでなく日本でも健康に影響が現れると心配されている。

D　酸性雨

❶酸性雨の原因　大気中の二酸化炭素が溶けこむため，降水は通常弱い酸性である。しかし，pH値が5.6以下となるような酸性度が高い雨を酸性雨（さんせいう）という。酸性雨のおもな原因は，大気中に排出された硫黄酸化物と窒素酸化物である。石炭や石油には硫黄が数％程度含まれているので，化石燃料の消費に伴い，大量の二酸化硫黄が大気に放出される。自動車などの排気ガスには，窒素酸化物が含まれる。

　硫黄酸化物や窒素酸化物は大気の流れにのって移動し，雨滴に溶けこんで変化し，酸性雨となる（図10）。酸性雨は雨や雪などとして降って（湿性沈着）影響を及ぼすもののほかに，ガスやエアロゾルの状態で沈着（乾性沈着）して影響を及ぼす（図10）ものがある。酸性雨は，このほかに，土壌や湖沼の酸性化をもたらし，それに伴い森林や魚類に被害を与えたりしている。

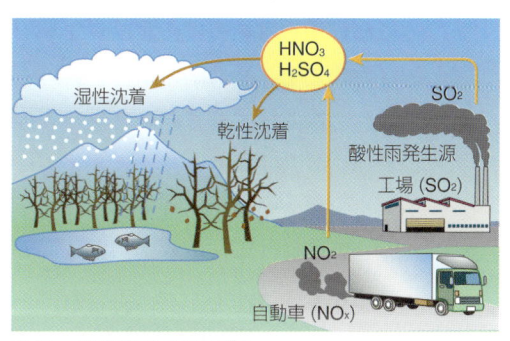

図10　酸性雨のメカニズム

　酸性雨対策として，脱硫装置の設置や硫黄酸化物の排出規制が行われ，1990年代になると酸性雨被害を受けた北欧や東欧，北米の大気環境は大きく改善した。

図11　酸性雨による被害

❷広域の大気汚染と日本の酸性雨　大気汚染は汚染物質の発生源周辺だけにとどまらず，他国にも影響し，その生態系や文化財に被害を与える（前ページの図11）。

　大気汚染が現在最も深刻化しているのはアジア地域である。中国やインドは人口増加と経済発展により，硫黄酸化物に加えて窒素酸化物の濃度も急増し，周辺諸国での酸性雨による影響が懸念されている（図12）。日本もその例外ではなく，季節風（→p.145）が強くなる秋から春にかけて，特に日本海側の地域でアジア大陸を発生源とする大気汚染を受けている。

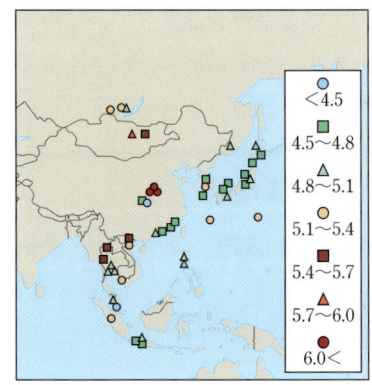

図12　東アジア地域の雨のpH値
2000～2004年の平均値

　酸性雨が森林や湖沼に与える影響は単純ではない。20世紀後半に大きな酸性雨被害を受けた北欧や北米では，酸性雨に強い樹種をもつ森林が少ないこと，酸性雨の影響を弱める機能をもつ土壌の多くが氷河作用によって削り取られていること，さらに酸性の水を中和する力が弱い花崗岩が広く分布するなど，さまざまな要因が重なりあっている。これに対して，降水量が多い日本の森林は，本来酸性の性質をもつ雨や雪に強い樹種が多く，土壌の発達も良い。さらに地質も，火山性物質など酸性の水を中和する能力が高い岩石が広く分布するので，陸水や森林は酸性雨の影響を受けにくい。

　このように，日本の森林や土壌は，北欧や北米に比べ酸性雨の影響を受けにくいといわれるが，大気の酸性化や大気汚染がこのまま続くとどのような影響が現れるのか（図13），注意深く観測を続ける必要がある。

図13　ブナ林の立ち枯れ（丹沢）
酸性雨の影響を受けにくい日本の森林でも，近年はその影響が見られるようになった。都市域から発生する窒素酸化物やオゾン，あるいは酸性度が強い酸性霧などが影響していると指摘されている。

第2章 日本の自然環境

春の南アルプス

日本は世界でも指折りの，四季が豊かで自然に恵まれた国である。その一方で地震や火山が多く，台風や津波などの災害も数多く受けてきた。地球環境の変化は世界各地で環境問題を発生させているが，その影響の程度は地域によって異なる。
ここでは，日本の自然環境の特徴と自然災害について学習する。

1 日本の自然環境

A 日本の地形と気候

❶日本の地形 日本は4つのプレートがぶつかり合う変動帯(→p.70, 102)にある。日本の地形の骨組みは，プレートの衝突や沈みこみによってつくられており，古い時代の岩石からなる安定した大陸の地形とは大きな違いがある。日本

図14 日本列島とその周辺

の山地や山脈は，火山地域のほかに，伊豆半島の衝突に伴い土地が隆起した地域(丹沢山地や中部山岳地域)，比重の軽い花崗岩が分布する地域(北上山地や中国山地)などである。山地では断層などにそって河川による侵食が進み，急峻な地形を形成し，山地の河川から運ばれる土砂は盆地や平野に厚く堆積している。海岸地域では，沿岸流のはたらきによって海岸平野や，陸地の沈降によってリアス式海岸などが発達している。

❷日本の気候 日本列島は中緯度にあり，ユーラシア大陸の東縁で，海に囲まれている。そのため，日本の気候は，大陸と海の影響を強く受け，四季がはっきりしている。冬は，大陸からの冷たく乾いた北西の季節風(→p.145)が日本海を通過する過程で湿った大気となり，日本海側に大量

の雪をもたらす。夏は太平洋からの湿って温かい小笠原気団が日本列島をおおい，蒸し暑い日が続く。春と秋は天気が周期的に変化することが多い。降水の多くは，北海道を除いて梅雨前線が停滞する初夏と，台風が到来する夏から秋にもたらされる。このようにして日本の豊かな四季が生まれる。

B 日本の自然がもたらす恵み

❶火山と鉱物資源 日本は世界有数の火山国である。火山は噴火などの災害をもたらす一方で，人々に多くの恩恵を与えてきた。火山周辺は温泉(図15)が豊富で，景観にもすぐれ，保養地として人々に利用され，観光地となっている地域も多い。温泉はさまざまな成分に富んでおり，火山の地下や周辺では有用元素が集まった熱水性鉱床を伴うことがある。またその豊富な熱エネルギーを利用して地熱発電が行われている地域もある。

図15 火山と温泉(神奈川県・箱根)

　日本の地質は変化に富み，さまざまな鉱物資源が存在し利用されてきた。現在の採掘量はわずかであるが，江戸時代は金や銀の産出国であり，銅の自給率も第二次大戦後しばらくの間100％であった。石灰岩は現在でも豊富にあり，セメントをはじめさまざまに利用されている。

❷水資源 日本は量と質の両面において水に恵まれた国である。大雪や大雨は雪崩や水害をもたらすが，豊富な水は生活用水や農業に利用されるほか，水力発電や工業用水など多面的に利用されている。

　森林に降った雨や雪は土壌を浸透し，地下を流れる過程で含まれていた有機物は分解される。さらに周囲の岩石と反応しミネラル分を溶解して良質な淡水になる。日本の水は鉱泉や温泉を除くと，ミネラル分に乏しい軟水が多い。地下水が地表にあふれ出た湧水は，昔から人々に利用され現在でも各地で保全されている。海の生物にとってケイ素や微量な鉄は不足しがちな栄養塩である。森で生まれる水はこうした成分を含み，沿岸地域の豊かな漁場をつくる原因になっている。

2 | 日本の自然災害

A | 地震災害

　地震が起こると,激しい振動による建造物の倒壊,火災,山崩れなどの土砂災害,津波,さらには地盤の液状化などが発生する。また,地表にまで出現する地震断層の直上に位置する建物などは,著しい被害を受ける。

❶**地震断層による被害**　1891年に起こった濃尾地震(M8.0)では,根尾谷断層(図16)が長さ80 kmにわたって生じ,岐阜県水鳥では,写真のように上下方向のずれが6 m,水平方向のずれが2 mにも達した。

図16　根尾谷断層(岐阜県水鳥)

❷**地盤と災害**　地震災害の程度は,建造物が直接建てられている表層の地盤の状態が影響する。新しい堆積物が厚く分布している柔らかい地盤では,地震動が増幅されて震度が大きくなる。したがって,海に隣接した低地や川沿いの泥が厚く堆積した地域,さらに埋立地などでは地震災害が大きくなりやすい。東京では,下町地区,特に荒川放水路や隅田川周辺は,山の手地区に比べて地震動が強くなりやすい。山の斜面を切り開き,低地には盛り土をして新たに開発された住宅地では,適切な工事をしないと,山崩れや地すべり(→p.192)を起こしやすい。自然条件を無視した開発は,人災ともいえる地震災害につながる恐れがある。

　2004年の新潟中越地震(M6.8)は,新潟県の中越地方の地下10 kmの深さで発生した直下型地震で,震央付近では震度7を記録し,家屋の全壊が2000棟以上に及んだ上に,多くの斜面災害が発生した(図17)。

図17　新潟中越地震による山崩れ(新潟県長岡市)

❸**液状化現象**　地震動による水圧の上昇で砂層に割れ目が生じ，そこを通って地下水と砂が噴出することがある。水を大量に含んだ砂層では，振動によって，砂粒子間の結合がはずれ圧力が高くなり，砂粒子が水中に浮遊する状態となる。これを**液状化現象**（図18）という。地盤が強度を失って重い建物は沈下し，軽いガソリンスタンドが浮き上がったり，傾いた地盤が傾斜にそって側方へ流動し，港の岸壁などがせり出したりしてしまう。

兵庫県南部地震では，神戸市の人工島が液状化現象によって大きな被害を受けた。2011年の東北地方太平洋沖地震では，東京湾沿岸の埋め立て地域だけでなく，千葉県・埼玉県内陸部の沼や水田を埋め立てた地域でも，液状化現象により大きな被害を受けた（図19）。

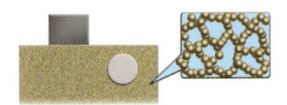

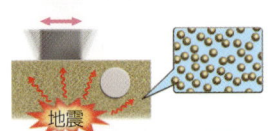

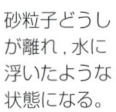

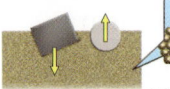

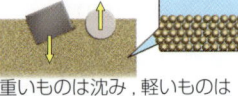

図18　液状化現象のしくみ

図19　液状化現象で飛び出したコンクリート管（2011年東北地方太平洋沖地震，千葉県浦安市）

❹**津波**　海底近くで発生する大地震・地すべり・海底火山の活動によって，海底は隆起・沈降する。これによって発生する高波を**津波**（図20，p.163）とよぶ。津波の大きさは，海底の上下方向の動きの規模に比例する。また，海底が浅くなる海岸線に近づくほど，津波は高くなる。

図20　プレートの沈みこみによる地震で発生する津波のしくみ

❺**津波による被害**　2011年の東北地方太平洋沖地震($M9.0$)では、巨大津波が北海道から関東地方に及ぶ太平洋沿岸の町に押し寄せ、壊滅的な被害をもたらした(図21)。このとき岩手県宮古市では、40mをこえる高さまで津波がかけ上がったことがわかった。これは、これまでに本州で観測された最大の津波である。

図21　東北地方太平洋沖地震の津波で建物の上に乗り上げた観光船(岩手県大槌町)

1896年に起こった明治三陸地震($M8.3$)の際には、岩手県大船渡市綾里で、津波が38.2mの高さまで達したことが知られている。

❻**地震による火災**　1923年9月1日に相模湾で発生した関東地震($M7.9$)は、昼食の時間帯と重なったことから136件の火災が発生し、焼失家屋は21万戸に達した(図22)。10万人以上に達した犠牲者の多くは火災によるもので、その後の地震火災の教訓となった。東京や横浜の市内は大きな打撃を受けたが、地震からの復興を契機に道路拡張や区画整理などが整備され、江戸時代の町並みの大改革が進んだ。

図22　関東大震災

❼**その他の被害**　日本では、明治以降、次ページの表1に示すような地震災害が起こっている。地震災害に対して、最近では、耐震基準をかなり高く設計した鉄筋コンクリートの建造物が多くなっているが、まだ木造建築も多いので、住宅密集地では火災に注意しなければならない。中国・トルコ・イラン・南米諸国などでは、れんがや石を積み上げた耐震基準の低い建造物が多いので、建物倒壊による被害が多い。2010年に中米のハイチで発生した直下型地震($M7.0$)では20万人以上が死亡したが、その多くは瓦礫の下敷きによる圧死とみられている。

表1 明治以降の大災害が発生した日本の地震とその被害 *は，2014年3月11日警察庁発表．

地震名	年代	M	死者・行方不明者	家屋全半壊	家屋焼失	家屋流失
濃尾地震	1891	8.0	7,273	22万余		
明治三陸地震	1896	8.3	21,959			1万余
関東地震	1923	7.9	10万5千余	21万余	21万余	
北丹後地震	1927	7.3	2,925	12,584		
三陸沖地震	1933	8.1	3,064	1,817		4,034
鳥取地震	1943	7.2	1,083	13,643		
東南海地震	1944	7.9	1,223	54,119		3,129
三河地震	1945	6.8	2,306	32,963		
南海地震	1946	8.0	1,330	35,078	2,598	1,451
福井地震	1948	7.1	3,769	48,000	3,851	
兵庫県南部地震	1995	7.3	6,437	249,180	7,132	
東北地方太平洋沖地震	2011	9.0	18,517*	400,151*	297*	*

B 地震対策

　地震対策にはさまざまなものがあり，その一つが地震予知である．活断層(→p.77)の周辺は，地震発生の確率が高い要監視地域である．測地測量のくり返しやGPS観測(→p.72)によって，大地震の震源域周辺では地震前後に顕著な地殻変動が発生することが知られている．しかし，100年あるいは1000年程度の間隔で起こる大地震を，数日や数か月前に予知するのは大変難しい．地震の場合，誤った予知や報道は社会的混乱を引き起こすので，発生後の対策が特に重要となる．P波(→p.58)を検知しあとからやってくる大きなS波の揺れを警報する「緊急地震速報(→p.58)」は有効な地震対処法である．しかし，直下型地震など震源が近いと，P波とS波の時間間隔が短いという欠点がある．

　地震の影響は地域の自然や社会の環境によって異なるので，それに合わせた対策が必要である．日本の大都市は沿岸の平野部に集中し，地盤が軟弱なため地震の揺れが大きい．このような地域では，耐震や防火・耐火に強い建造物の整備，さらに津波による都市災害への対策が欠かせない．一方，地形が急な山地域では土砂災害が発生しやすいので，被災地までの交通網を整備する必要がある．

　日本のような変動帯では地震はいつか必ず発生する．他の災害対策と同じように，正確な地震情報が伝達される通信網や被災者用の仮宿舎など迅速な救助体制の確立に加えて，地震が発生した場合の防災教育や訓練も地震被害の軽減につながる大切な対策である．

C 火山災害

火山活動に伴う噴石・溶岩流出・降灰・火砕流(ガスや軽石が高温のまま高速で斜面を流れ下る現象)・火山泥流・有毒ガス(二酸化硫黄,二酸化炭素,硫化水素など)の放出などによって,しばしば人的災害や物的災害が起こる。西暦79年に起こったイタリアのベスビオ火山の噴火では,ポンペイの町が一瞬のうちに火山噴出物の下に埋もれ,多くの市民が生活の跡を残したまま死亡した。また,1902年のカリブ海東縁のマルチニーク島のモンプレー火山の噴火では,山麓の町は全滅した。

日本でも,1783年の浅間山の噴火で発生した火砕流が川をせきとめ,後に決壊して洪水が起き,1151人の死者がでた(表2)。1792年の雲仙岳の噴火の際には,噴火後に島原市街地の背後にある眉山の山体が大崩壊して有明海に大津波を起こした。このとき死亡した人は1万5000人をこえ(表2),わが国最大の火山災害となった。

図23 雲仙普賢岳の火砕流(1991年)

伊豆諸島の三宅島では,2000年に雄山が噴火し,全島民は4年5か月にわたって,島外での生活を余儀なくされた。この噴火では大量の二酸化硫黄ガスが放出し,最大時には1日5万トンにも達した。

表2 日本の火山災害 18世紀以降,我が国で40人以上の死者・不明者が出た火山活動

噴火した火山	犠牲者(人)	備考
1741年 渡島大島	2000余	津波による
1779年 桜島	150余	「安永大噴火」,噴石・溶岩流などによる
1783年 浅間山	1151	火砕流,火山泥流および吾妻川・利根川の洪水による
1785年 青ヶ島	130〜140	当時の島民は327人,以後50年余り無人島となる
1792年 雲仙岳	約15 000	山崩れと津波による,「島原大変肥後迷惑」
1822年 有珠山	死傷者多数	火砕流による(死者は103名,82名,50名など諸説あり)
1888年 磐梯山	477	岩屑流による,村落埋没
1900年 安達太良山	72	火口の硫黄採掘所全壊
1902年 伊豆鳥島	125	全島民が死亡
1914年 桜島	58	「大正大噴火」,噴石・溶岩流・地震による
1926年 十勝岳	144	火山泥流による
1991年 雲仙岳	43	火砕流による,「平成3年(1991年)雲仙岳噴火」

※平成26年6月1日時点

D 火山噴火対策

　地震の場合と異なり、火山噴火には前兆現象があり、多くの場合、噴火の数か月から数時間前に、火山性地震が発生し、噴火に向けてその発生回数が増えていく。その他の前兆現象としては、地下の電気抵抗や地磁気、火山ガス組成が変化したり、地下水の温度が上昇したりする。

　2000年3月31日午後1時7分に起こった有珠山の噴火は、断層や火山性地震の分析から予知された。噴火の2日前に気象庁から出された緊急火山情報を受けて、危険地域の住民1万人余りが避難した。適切に避難がなされ最小限の被害で済んだ要因としては、火山災害のハザードマップ(図24)の作成や災害教育が行われていたことがあげられる。

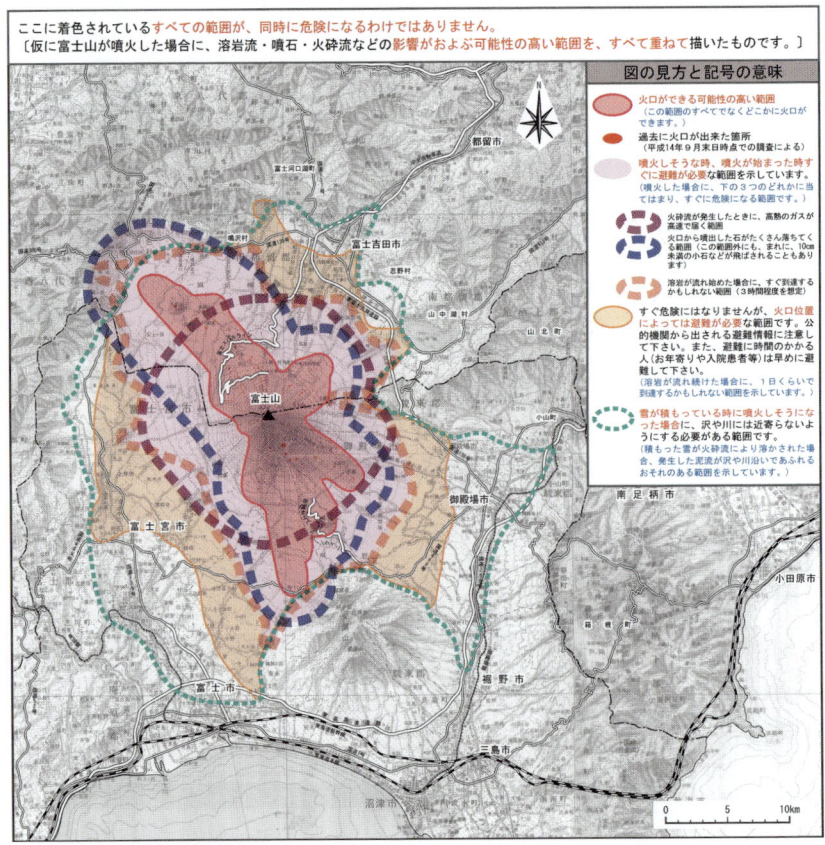

図24　富士山防災マップ（内閣府のホームページ「防災情報のページ」より）
溶岩流、噴石、火砕流などの影響が及ぶ可能性が高い範囲を示している。

E　気象災害

　水害は、河川の氾濫による洪水や台風(図25)による高潮(→p.166)などによってもたらされる被害である。日本は降水に恵まれている反面、地形が急峻なことから、大雨や融雪により河川が急激に増水・氾濫する洪水の被害を幾度となく受けてきた。

❶台風　熱帯や亜熱帯で発生する低気圧を熱帯低気圧といい、北太平洋西部の洋上で発生し、最大風速が17 m/s以上になった熱帯低気圧を台風(→p.142)という。台風のエネルギー源は、高温の海面から蒸発する大量の水蒸気が凝結して雲となるときに放出する潜熱である。

図25　気象衛星による台風の雲画像

図26　伊勢湾台風の高潮で打ち上げられた流木(1959年9月)

　1959年9月26日に紀伊半島潮岬に上陸した伊勢湾台風(図26)は、5000人をこえる犠牲者を出し、家屋の全壊や床上浸水が多数に及び、明治以降の水害の中で最大の被害をもたらした。被害が大きかった地域は紀伊半島から東海地方で、特に伊勢湾周辺では、海岸堤防の高さ3.38 mをこえる3.89 mの高潮が襲ったため、埋め立て地などの低地で甚大な高潮被害が発生した。

　20世紀後半から台風被害は減少し、1980年以降一つの台風で犠牲者が100人をこえたことはない。地震や火山に比べて気象の予報は精度が高く、避難対策を実施しやすいことに加えて、防波堤などの高潮対策、堤防やダムなどの治水対策が整備されてきたことが、水害の減少につながっている。また、気象レーダーや気象衛星による観測が充実し、コンピュータによる数値天気予報が発展したことも、防災に役立っている。

コラム　都市災害：ヒートアイランド現象と局地的豪雨

「夕涼み」は俳句で夏の季語ともなっているように、日本では、夕方、屋外や縁側で涼むのが夏の風物詩であった。ところが、近年、都市域では夜になっても昼の暑さが残り、とても夕涼みどころではなくなった所が多くなった。図Aは、東京の年平均気温の推移を表したグラフである。約100年前の東京の年平均気温は13.5℃(1905年)であったが、2003年には16.6℃と3.1℃も上昇している。同じ期間の地球全体の平均値0.7℃(→p.368)、日本全国の平均値0.9℃と比べると、いかに東京の上昇値が大きいかがわかる。

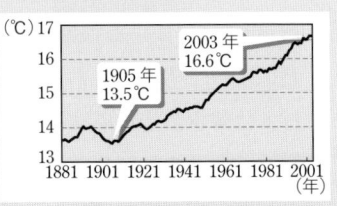

図A 東京の年平均気温の推移（11年移動平均）

都市域の地上付近の気温が、周辺に比べて高くなることをヒートアイランドという。都市域では、人口が集中し、道路の舗装やコンクリートの建造物でおおわれるようになる。人工的な廃熱の増加や、大気汚染による温室効果の高まり、地表からの水の蒸発量の減少などにより、都市域では周辺に比べ気温が高くなる（図B）のである。

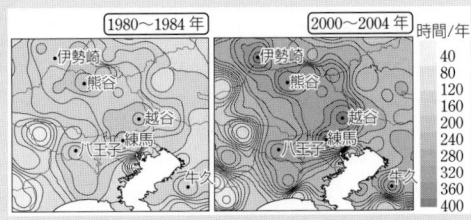

図B 関東地方における30℃をこえた延べ時間数の広がり（5年間の年間平均時間数）
（環境省HPより）

ヒートアイランドは、中心部が低圧となるため、周囲から汚染物質を含んだ空気が中心部へ集まる。また、凝結核となる大気汚染物質が多くなるため、上昇気流により雲が発生しやすい。近年、東京や大阪などで局地的な豪雨の起こる回数が増えているといわれている。都市型豪雨では、ヒートアイランドによって温度の高くなった都市域に、周辺の海岸部から海風が集まり、強い上昇気流によって積乱雲が発達し、狭い範囲にしかも短時間に大雨を降らせる。都市部では地表面がアスファルトやコンクリートの建物でおおわれているため、大量の雨は行き場を失い、局地的ではあるが、大きな災害となることもある。

自治体では、急な増水を和らげるため、透水性のアスファルトで道路を舗装したり、気象庁では、急な雷雲の動きや発達にも対応できるように雨量の予測を5分間隔で更新したりして、災害の軽減に努めている。

❷**集中豪雨**　集中豪雨(しゅうちゅうごうう)は，前線が通過したり上空に寒気が入ってきたりするときに起こる。台風や熱帯低気圧が日本に近づいたとき，日本の上空に前線があるとそこに暖かく湿った空気が流れこみ，集中豪雨になりやすい。また，夏などの日射が強いとき，上空に寒気が入りこんで積乱雲が発達する（→p.129）と，局地的な豪雨（図27）になることがある。

図27　長崎豪雨（1982年7月）で壊れた眼鏡橋
このとき，長崎県長与町(ながよ)で187mm，長崎市で127.5mmの1時間雨量を記録した。長与町の記録は日本歴代1位の記録である。集中豪雨の特徴は，24時間雨量の多さよりも，もっと短時間雨量の多さが特徴である。

　集中豪雨は，日本では梅雨のころから夏，初秋にかけての時期に多い。この時期は，南方の海洋性気団や熱帯低気圧から暖かく湿った気流が流れこむことが多く，また，日射が強く地上と上空の気温差が大きいためである。

F ｜ 地球環境の変化に伴う影響

　地球温暖化により，日本では大雨の頻度(ひんど)が増すと予想されている。地震や火山噴火と同じように，大雨や高潮などの水害に対しても，十分な対策と災害教育が必要である。

　さらに日本の場合，温暖化による降雪量の減少も危惧(きぐ)されている。日本の農業の中心である稲作(いなさく)には，4月から5月にかけて田植えなどに大量の水が使われる。この水の多くは山地から涵養(かんよう)*1)されたものであり，日本海側では春先の雪どけ水によるものである。日本の地形は急峻なので，雨起源の水は山地から短期間に流出してしまう。冬の間，山地に蓄えられた雪が春先にとけ，河川を通して水田にもたらされることによって，日本海側の稲作が成りたっている。温暖化による降雪の減少は，農業や森林生態系に大きな影響を与えると心配されている。このような地球環境の変化に対しても，災害対策や災害教育の知恵や制度を生かして，社会づくりを進めて行くことが必要である。

---

*1) 涵養とは，降水や河川の水などの地表水が地下に浸透し，地下水となって供給されることをいう。

第2章　日本の自然環境

本文資料

1．地学に必要な予備知識

A．三角比

右の図のように，直角三角形ABCについて，∠BACをθとする。θの大きさが変化すると直角三角形の形が変化するので，辺の長さの比が変化することになる。このθと辺の長さの比の関係を，次のように表す。

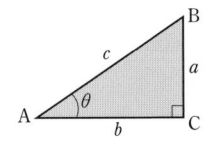

$$\sin\theta = \frac{a}{c}, \quad \cos\theta = \frac{b}{c}, \quad \tan\theta = \frac{a}{b}$$

右のような辺の長さの比はよく使われる。

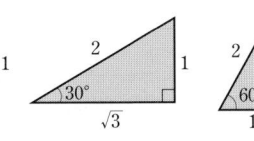

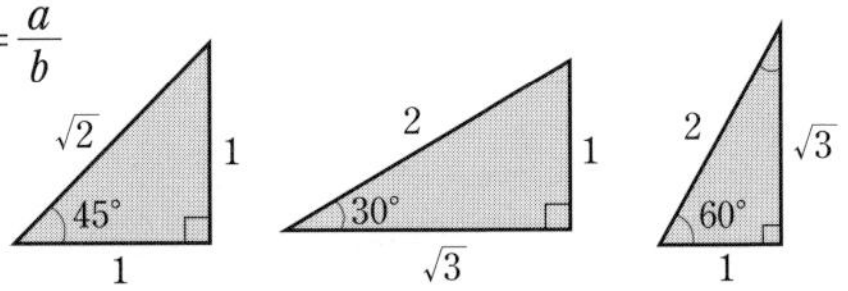

B．指数による表し方

地学では，桁数の大きな数や小さな数を扱うことがよくある。たとえば，地球・太陽間の距離は150000000 kmであるが，0が多いために，桁数を誤りやすい。そこで，1.5×10^8 kmのように10の累乗をかけて表す。

大きな数の場合：$100 = 10 \times 10 = 10^2$，$1000 = 10 \times 10 \times 10 = 10^3$，……

小さな数の場合：$0.01 = 1 \times \dfrac{1}{10^2} = 1 \times 10^{-2}$，$0.001 = 1 \times \dfrac{1}{10^3} = 1 \times 10^{-3}$，……

のように表す。

C．対数の表し方

xとyの2つの数の間に，$a^y = x (a > 0, a \neq 1)$の関係があるとき，この$y$の値を $y = \log_a x$ と表し，yはaを底とするxの対数であるという。また，$a = 10$のときを常用対数といい，$y = \log x$ とする。

$10^0 = 1$，$10^1 = 10$ から，$\log 1 = 0$，$\log 10 = 1$ となる。

D．有効数字の扱い方

❶誤差 測定した数値(測定値)は，計器の精度の限界やその目盛りの読み取りの不正確さなどにより，必ず真の値との間に差が生じる。この差を誤差という。誤差は，計器の精度を上げたり，測定値を補正したり，読み取り方法の改良などにより小さくすることはできるが，限界がある。

❷有効数字 実際の測定では，計器の最小目盛りの$\dfrac{1}{10}$までを目分量で読むのがふつうである。

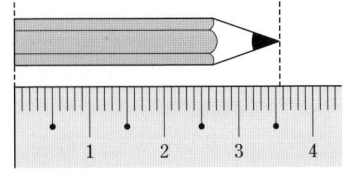

例えば，右の図のように短い鉛筆の長さを，最小目盛りが1 mmのものさしで35.6 mmと測定したとき，0.6 mmの部分は目分量で読めるが，その下の位の数値は読み取れない。この35.6 mmには±0.05 mm程度の誤差があると考えられる。このように0.6 mmの部分は誤差を含んではいるが意味のある数字である。この35.6のような，意味のある数字を有効数字といい，その桁が3桁

のとき,「有効数字は3桁」という。35.6 mmが3.56 cmや0.0356 mと単位が変わっても,有効数字の3桁には変わりがないが,1530 mといった場合には,有効数字が3桁なのか4桁なのかよくわからない。

そこで,有効数字が何桁であるかを明確に示す場合は,1位の数字から始まり小数部分に至る数値で表し,これに位どりを示すための10^nを乗じて表すことにする。例えば,有効数字が3桁なら,0.0356 mを$3.56×10^{-2}$m, 1530 mを$1.53×10^3$mのように表す。

❸**測定値の計算** (a)**加減の計算** 鉛筆35.6 mmと鉛筆122 mmをつないだ長さを計算してみる。これを単に計算すると

$$35.6 \text{ mm}+122 \text{ mm}=157.6 \text{ mm}$$

となる。しかし,122 mmのほうの誤差を考えてみると±0.5 mmあるので,157.6 mmの末尾の6はまったく信頼できない数となる。このために,答えを四捨五入により158 mmとする。

このように測定値の加減の計算では,有効数字の桁数は,四捨五入により末尾の数字の位どりをそろえる。

(b)**乗除の計算** 縦12.3 mmと横6.1 mmとから長方形の面積を計算してみる。単純に計算すると 12.3 mm×6.1 mm=75.03 mm² となる。しかし,誤差はともに±0.05 mmであるから,この長方形の面積Sは

$$12.25×6.05 \leq S \leq 12.35×6.15 \quad \text{ゆえに} \quad 74.1125 \leq S \leq 75.9525$$

の間にあることになり,小数第1位以下の数値が大きく違っている。このため,測定値をそのまま計算した結果の75.03 mm²は小数第1位以下がまったく信頼できない。信頼できるのは75の2桁のみで,この桁数は測定値の一方の有効数字の桁数と一致する。そこで,計算結果の小数第1位の数を四捨五入して75 mm²(7.5×10 mm²)とする。

このように測定値の乗除の計算では,有効数字の桁数を,測定値の桁数の少ないほうにそろえる。

E. 波(波動)

❶**波とその要素** 振動が次々と伝わっていく現象を波または波動といい,水のように波を伝える物質を媒質という。

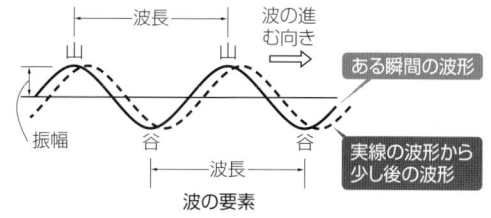

波の最も高い所を山,最も低い所を谷といい,隣りあう山と山(または谷と谷)の間の距離を波長という。山(または谷)が単位時間に進む距離を波の速さという。

媒質の振動の大きさは,谷から山までの高さの$\frac{1}{2}$で表し,これを振幅という。また,1往復するのに必要な時間を周期,1秒間に往復する回数を振動数という。

海の波の場合，波の山を峰という。また，谷から峰までの高さを波高という。したがって，波高は振幅の2倍の大きさとなっている。

❷**波の種類** 媒質が，波の進む方向に対して垂直な方向に振動する波を横波といい，波の進む方向に振動する波を縦波という。

弦を横に振動させたときに生じる波や地震波のS波は横波で，音波や地震波のP波は縦波である。縦波は固体・液体・気体のどんな状態の媒質でも伝わるが，横波は固体中しか伝わらない。

❸**波の反射と屈折** 波の速さは，媒質の密度などによって異なる。

波の速さが異なる2つの媒質の境界面に斜めに波が入射するとき，右の図のようにその一部は反射し，他の一部は屈折して進む。

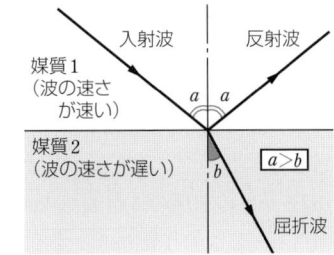

❹**電磁波** 電波・X線・γ線や光などを総称して，電磁波という。電磁波は電気や磁気の現象で起こる横波で，媒質がなくても伝わる。

2．地学のための数学の知識
(分数の分母はすべて0でないとする)

A．数式に関する知識

❶**分数の計算**

・分数の意味 $\dfrac{a}{b} = a \div b = a \times \dfrac{1}{b}$

・約分 $\dfrac{ab}{ac} = \dfrac{b}{c}$

・分数どうしの加法・減法（通分）

$$\dfrac{a}{b} + \dfrac{c}{d} = \dfrac{ad + bc}{bd}$$

$$\dfrac{a}{b} - \dfrac{c}{d} = \dfrac{ad - bc}{bd}$$

・分数どうしの乗法・除法

$$\dfrac{a}{b} \times \dfrac{c}{d} = \dfrac{ac}{bd}$$

$$\dfrac{a}{b} \div \dfrac{c}{d} = \dfrac{a}{b} \times \dfrac{d}{c} = \dfrac{ad}{bc}$$

・分数の分数

$$\dfrac{\dfrac{a}{b}}{\dfrac{c}{d}} = \dfrac{a}{b} \div \dfrac{c}{d} = \dfrac{a}{b} \times \dfrac{d}{c} = \dfrac{ad}{bc}$$

❷**平方根の計算**

・平方根の性質 $a \geq 0$ のとき

$$(\sqrt{a})^2 = a \quad \sqrt{a} \geq 0 \quad \sqrt{a^2} = a$$

・平方根の公式 $(a > 0, b > 0)$

$$\sqrt{a}\sqrt{b} = \sqrt{ab} \quad \dfrac{\sqrt{a}}{\sqrt{b}} = \sqrt{\dfrac{a}{b}}$$

$$\sqrt{k^2 a} = k\sqrt{a} \quad (\text{ただし } k > 0)$$

・分母の有理化

$$\dfrac{a}{\sqrt{b}} = \dfrac{a}{\sqrt{b}} \times \dfrac{\sqrt{b}}{\sqrt{b}} = \dfrac{a\sqrt{b}}{\sqrt{b} \times \sqrt{b}} = \dfrac{a\sqrt{b}}{b}$$

❸**比の計算** 外項の積と内項の積は等しい。

$$a : b = c : d \quad \text{のとき} \quad ad = bc$$

❹**指数** $a \neq 0, b \neq 0$ で，m, n が整数のとき，次の関係が成りたつ。

$$a^0 = 1 \quad a^{\frac{1}{2}} = \sqrt{a} \quad a^{-n} = \dfrac{1}{a^n}$$

$$a^m a^n = a^{m+n} \quad (a^m)^n = a^{mn}$$

$$(ab)^n = a^n b^n$$

$$\dfrac{a^m}{a^n} = a^{m-n} \quad \left(\dfrac{a}{b}\right)^n = \dfrac{a^n}{b^n}$$

❺対数　$a>0$, $a\neq 1$ のとき，次の関係が成りたつ．

$x = a^y \Leftrightarrow y = \log_a x \quad (x>0)$

$\log_a a = 1 \qquad \log_a 1 = 0$

$\log_a x^n = n \log_a x \quad (x>0)$

$\log_a x_1 x_2 = \log_a x_1 + \log_a x_2$

$\log_a \dfrac{x_1}{x_2} = \log_a x_1 - \log_a x_2$ $\quad \begin{pmatrix} x_1 > 0 \\ x_2 > 0 \end{pmatrix}$

$\log_a x = \dfrac{\log_b x}{\log_b a} \quad (x>0, b>0, b\neq 1)$

B．図形に関する知識

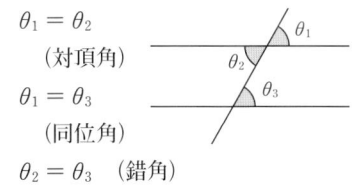

❶平行線と角

$\theta_1 = \theta_2$ （対頂角）

$\theta_1 = \theta_3$ （同位角）

$\theta_2 = \theta_3$ （錯角）

❷三平方の定理

直角三角形の斜辺の長さの2乗は，他の2辺の長さの2乗の和に等しい．つまり，図において，次の関係式が成りたつ．

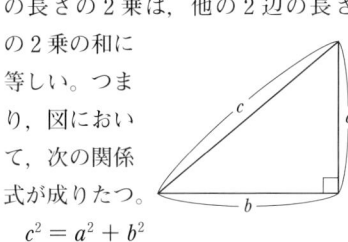

$c^2 = a^2 + b^2$

❸三角形の合同条件

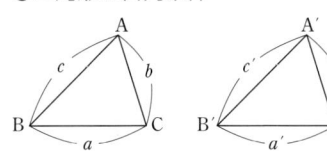

① 3組の辺がそれぞれ等しい．
　（$a=a'$，$b=b'$，$c=c'$）

② 2組の辺とそのはさむ角がそれぞれ等しい．
　（例　$b=b'$, $c=c'$, $\angle A = \angle A'$）

③ 1組の辺とその両端の角がそれぞれ等しい．
　（例　$a=a'$，$\angle B = \angle B'$，$\angle C = \angle C'$）

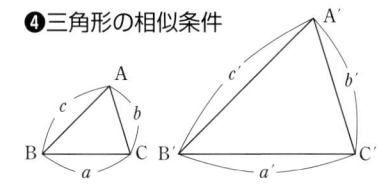

❹三角形の相似条件

① 3組の辺の比がすべて等しい．
　（$a:a' = b:b' = c:c'$）

② 2組の辺の比とそのはさむ角がそれぞれ等しい．
　（例　$b:b' = c:c'$, $\angle A = \angle A'$）

③ 2組の角がそれぞれ等しい．
　（例　$\angle A = \angle A'$，$\angle B = \angle B'$）

❺面積・表面積・体積

・三角形の面積

$S = \dfrac{1}{2} ah$

・台形の面積

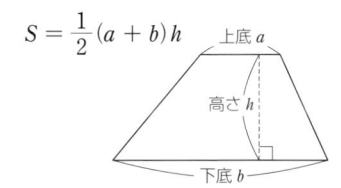

$S = \dfrac{1}{2}(a+b)h$

・だ円の面積

$S = \pi a b$

・円の面積，球の表面積と体積

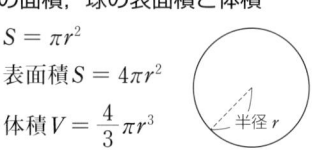

$S = \pi r^2$

表面積 $S = 4\pi r^2$

体積 $V = \dfrac{4}{3}\pi r^3$

3. 気象庁震度階級関連解説表(抜粋)

震度階級	人の体感・行動	屋内の状況	屋外の状況
0	人は揺れを感じないが、地震計には記録される。		
1	屋内で静かにしている人の中には、揺れをわずかに感じる人がいる。		
2	屋内で静かにしている人の大半が、揺れを感じる。眠っている人の中には、目を覚ます人もいる。	電灯などのつり下げ物が、わずかに揺れる。	
3	屋内にいる人のほとんどが、揺れを感じる。歩いている人の中には、揺れを感じる人もいる。眠っている人の大半が、目を覚ます。	棚にある食器類が音を立てることがある。	電線が少し揺れる。
4	ほとんどの人が驚く。歩いている人のほとんどが、揺れを感じる。眠っている人のほとんどが、目を覚ます。	電灯などのつり下げ物は大きく揺れ、棚にある食器類は音を立てる。座りの悪い置物が、倒れることがある。	電線が大きく揺れる。自動車を運転していて、揺れに気づく人がいる。
5弱	大半の人が、恐怖を覚え、物につかまりたいと感じる。	電灯などのつり下げ物は激しく揺れ、棚にある食器類、書棚の本が落ちることがある。座りの悪い置物の大半が倒れる。固定していない家具が移動することがあり、不安定なものは倒れることがある。	まれに窓ガラスが割れて落ちることがある。電柱が揺れるのがわかる。道路に被害が生じることがある。
5強	大半の人が、物につかまらないと歩くことが難しいなど、行動に支障を感じる。	棚にある食器類や書棚の本で、落ちるものが多くなる。テレビが台から落ちることがある。固定していない家具が倒れることがある。	窓ガラスが割れて落ちることがある。補強されていないブロック塀が崩れることがある。据付けが不十分な自動販売機が倒れることがある。自動車の運転が困難となり、停止する車もある。
6弱	立っていることが困難になる。	固定していない家具の大半が移動し、倒れるものもある。ドアが開かなくなることがある。	壁のタイルや窓ガラスが破損、落下することがある。
6強	立っていることができず、はわないと動くことができない。揺れにほんろうされ、動くこともできず、飛ばされることもある。	固定していない家具のほとんどが移動し、倒れるものが多くなる。	壁のタイルや窓ガラスが破損、落下する建物が多くなる。補強されていないブロック塀のほとんどが崩れる。
7		固定していない家具のほとんどが移動したり倒れたりし、飛ぶこともある。	壁のタイルや窓ガラスが破損、落下する建物がさらに多くなる。補強されているブロック塀も破損するものがある。

4. 天気図の記号

❶**風向と風力** 風向は矢の向きで，風力は矢羽根の数で表す。

❷**天気** 観測地点を表す○印の中に，下図のような天気記号をかき入れて示す。雲量によって快晴・晴・曇に分ける。雲量は観測地点の空全体を10として，雲におおわれている面積を割合で示す。

　雲量が0〜1は快晴，2〜8は晴，9〜10は曇である。

❸**気圧** 海面更正した気圧の下2桁の数値を天気記号の右下に記入する。例えば，1008 hPaは08，985 hPaは85のように記入する。

❹**気温** 天気記号の左下に数字で記入する。18であれば18℃を意味する。

天気記号

記号	○	◐	◎	●	●ニワ	●キリ
名称	快晴	晴	曇	雨	にわか雨強し	霧雨

記号	⊖	⊛	⊛ニワ	△	▲	⊖雷
名称	みぞれ	雪	雪強し	あられ	ひょう	雷

記号	⊖ツ	●	∞	S	⊕	⊗
名称	雷強し	霧	煙霧	ちり煙霧	砂じんあらし	地ふぶき・天気不明

気象庁風力階級

風力	記号	風速(m/s)	風力	記号	風速(m/s)	風力	記号	風速(m/s)
0		0〜0.2	5		8.0〜10.7	10		24.5〜28.4
1		0.3〜1.5	6		10.8〜13.8	11		28.5〜32.6
2		1.6〜3.3	7		13.9〜17.1	12		32.7以上
3		3.4〜5.4	8		17.2〜20.7			
4		5.5〜7.9	9		20.8〜24.4			

風向

（16方位の風配図）

記入例

北の風
風力4
曇
1008 hPa
18℃
（18　08）

前線記号

- 寒冷前線
- 温暖前線
- 停滞前線
- 閉塞前線（へいそく）

5. 惑星の諸量

	水星	金星	地球	火星
太陽からの平均距離(AU)	0.3871	0.7233	1.0000	1.5237
軌道離心率	0.2056	0.0068	0.0167	0.0934
軌道傾斜角(度)	7.004	3.395	0.002	1.849
公転周期(太陽年)	0.2409	0.6152	1.0000	1.8809
会合周期(太陽日)	115.9	583.9	—	779.9
平均軌道速度(km/s)	47.36	35.02	29.78	24.08
偏平率	0	0	0.0034	0.0059
赤道半径(km)	2440	6052	6378	3396
質量(kg)	3.302×10^{23}	4.869×10^{24}	5.974×10^{24}	6.416×10^{23}
平均密度(g/cm^3)	5.43	5.24	5.52	3.93
自転周期(日)	58.65	243.02	0.997	1.026
アルベド *1)	0.06	0.78	0.30	0.16
赤道傾斜角(度)	～0	177.4	23.44	25.19
平均表面温度(K)	623(日中) 103(夜間)	737	288	210
大気	ヘリウム，ナトリウム，酸素原子から成るごく薄い大気。太陽風や表面に衝突する微小塵から連続的に供給されている。	厚い大気がある。大気圧は非常に高く，地表で約90気圧。二酸化炭素を主成分とし，わずかに窒素を含む。	窒素，酸素を主成分とする大気がある。	二酸化炭素を主成分とする希薄な大気がある。
内部構造など	半径1800km程度の大きな金属核があり，そのまわりを二酸化ケイ素のマントルと地殻がおおう。	中心核をマントルと地殻が包む。	中心核は鉄とニッケルを主成分とする半径1220kmで固体の内核と，半径3480kmで液体の外核に分かれている。マントルと地殻はケイ酸塩鉱物からなる。	中心核をマントルと地殻が包む。
衛星の数	0	0	1	2
磁場	有	無	有	無
環	無	無	無	無

*1) アルベドは，太陽からの入射エネルギーに対する反射エネルギーの割合。

木星	土星	天王星	海王星	
5.2026	9.5549	19.2184	30.1104	太陽からの平均距離(AU)
0.0485	0.0555	0.0463	0.0090	軌道離心率
1.303	2.489	0.773	1.770	軌道傾斜角(度)
11.862	29.458	84.022	164.774	公転周期(太陽年)
398.9	378.1	369.7	367.5	会合周期(太陽日)
13.06	9.65	6.81	5.44	平均軌道速度(km/s)
0.0649	0.0980	0.0229	0.0171	偏平率
71492	60268	25559	24764	赤道半径(km)
1.899×10^{27}	5.685×10^{26}	8.686×10^{25}	1.025×10^{26}	質量(kg)
1.33	0.69	1.27	1.64	平均密度(g/cm³)
0.414	0.444	0.718	0.671	自転周期(日)
0.73	0.77	0.82	0.65	アルベド *1)
3.1	26.7	97.9	27.8	赤道傾斜角(度)
152				平均表面温度(K)
水素とヘリウムを主成分とする。原始太陽系星雲の組成に似ている。大気の最上層の雲はアンモニアの雲である。	水素とヘリウムを主成分とする。原始太陽系星雲の組成に似ている。大気の最上層の雲はアンモニアの雲である。	水素とヘリウムを主成分とする。原始太陽系星雲の組成に似ている。大気の最上層の雲はメタンの雲である。	水素とヘリウムを主成分とする。原始太陽系星雲の組成に似ている。大気の最上層の雲はメタンの雲である。	大気
高密度の中心核があり、そのまわりを水素とヘリウムが取り囲む。内部は高圧なため、中心核に近いところは金属水素とヘリウム、その外側では水素分子とヘリウムになっている。	高密度の中心核があり、そのまわりを水素とヘリウムが取り囲む。内部は高圧なため、中心核に近いところは金属水素とヘリウム、その外側では水素分子とヘリウムになっている。	中心核を氷物質が取り囲み、それを水素とヘリウムの大気がおおう。	中心核を氷物質が取り囲み、それを水素とヘリウムの大気がおおう。	内部構造など
＞63	＞65	＞27	＞13	衛星の数
有	有	有	有	磁場
有	有	有	有	環

6. 天球座標

地球上の位置が緯度と経度で表されるように，天球上の天体の位置も，同じような座標によって表されている。

❶**地平座標** 子午線と地平線を基準としてとり，高度と方位角を用いて下図(a)のように表す。

高度hは，地平線上を0°とし，天頂を90°，天底を-90°として，0°〜±90°で表す。高度のかわりに，**天頂距離**$z(=90°-h)$を用いることもある。

方位角Aは，南を0°とし，西回りに0°〜360°で表す。

地平座標はわかりやすいが，同一天体でも観測地点によって座標が異なり，また天体は日周運動で動くので，時刻によって座標が変わる。

❷**赤道座標** 天の赤道と春分点(または子午線)を基準としてとり，赤緯と赤経(または時角)を用いて下図(b)のように表す。

赤緯δは，天の赤道を0°とし，天の北極を90°，天の南極を-90°として，0°〜±90°で表す。

赤経αは，角度15′を1分(1^m)，15°を1時間(1^h)と時間の単位に換算し，春分点を0^hとして，東回りに0^h〜24^hで表す。

時角tは，子午線が天の赤道と南側で交わる点を0^hとし，西回りに0^h〜24^hで表す。東回りにはかるときは，負号(-)をつける。

天体の赤緯・赤経は観測地点や時刻によって変わらないので，天体のカタログなどにはこれを用いた赤道座標が使われる。

〔注意〕 赤経のはかり方は東回りで，時角のはかり方は西回りである。逆向きであることに注意する。

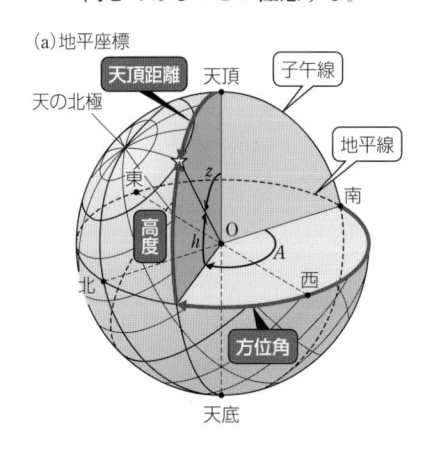

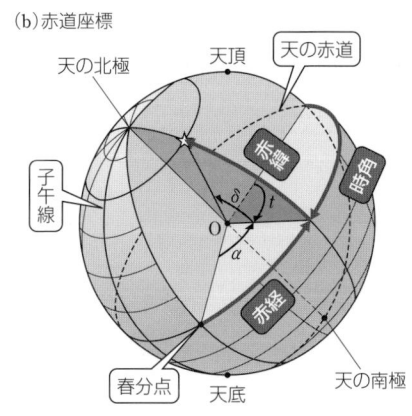

(a) 地平座標

(b) 赤道座標

索引

あ

IGRF	21
アイソスタシー	14
IPCC	370
亜寒帯夏雨気候	149
亜寒帯ジェット気流	117
亜寒帯循環系	158
アカントステガ	237
秋雨前線	144
アジアモンスーン	141
アスペリティ	67
アセノスフェア	14, 45
暖かい雨	133
圧力傾度力	154
亜熱帯高圧帯	116
亜熱帯循環系	157, 158
アルプス型造山運動	104
暗黒星雲	345
安山岩	90
暗線	326
安定地塊	103
安定同位体	38
アンドロメダ銀河	357
アンモナイト	237, 238

い

イオ	283, 285, 286
イクチオステガ	237
イザナギプレート	263
異常気象	169
伊豆・小笠原海溝	70
Ia型超新星	342, 359, 360
糸魚川・静岡構造線	265
イトカワ	4, 288
色指数	91
隠生累代	220
隕石	290

う

引力	9
ウィーンの変位則	325
ウェゲナー	40
渦巻銀河	352
渦巻腕	350, 351
宇宙背景放射	363
うねり	162
うるう秒	301
運搬	177

え

エーロゾル	125, 131
衛星	283
HR図	328, 343
エウロパ	283, 286
液状化現象	380
エクマン吹送流	156
SiO_4四面体	87
S波	29
エディアカラ化石群	232
エラトステネス	9
エルニーニョ	167
縁海	255
沿岸砂州	188
沿岸湧昇	157
猿人	249
遠心力	9
鉛直線	10
鉛直分力	19
塩分	150
遠洋性堆積物	195
塩類風化	178

お

横臥褶曲	207
大潮	166
大森公式	59
沖縄トラフ	70
オゾン層	108, 232
オゾンホール	110, 372
オフィオライト	260
オリオン座	323, 342
オリンポス山	278
オールトの雲	289
オルドビス紀	235
オーロラ	27, 110, 320
温室効果ガス	113
温帯低気圧	118, 119
温暖前線	119
温度風	124

か

海王星	282
外核	31, 34
海岸段丘	74
海溝	46
外合	303
会合周期	304
海食崖	193
海食台	193
海洋地殻	34
海洋底拡大説	43
海洋無酸素事変	235
海流	158, 159
外惑星	303
化学的風化	179
河岸段丘	76
かぎ層	209
核	31, 33, 34
角距離	31
角閃石	87, 88
核融合反応	317
花崗岩	90, 91
花崗閃緑岩	90, 91
火砕流	79, 85
火砕流堆積物	194
火山岩	89, 90
火山岩塊	79
火山災害	383
火山前線	71
火山帯	48
火山弾	79
火山フロント	71, 82
可視光線	111, 357
加水融解	80
火星	276
火成岩	87, 90
化石	220
褐色わい星	329, 333
活断層	77

カットバンク	186
かに星雲	336
ガニメデ	286
下部地殻	34
カヘイ石	246
過飽和	131
ガリレイ	346
ガリレオ衛星	286
カール	183
軽石	79
カルスト地形	179
カルデラ	85
過冷却	131
カロリス盆地	274
岩床	90
乾燥断熱減率	126
環太平洋地震帯	64
関東ローム	181
貫入岩体	90
間氷期	251, 266
カンブリア紀	233
岩脈	90
かんらん石	87, 88
寒冷前線	119

き

気圧	107
気圧傾度力	122
気温逆転層	127
気温減率	126
機械的風化	176
気候区	147
気象災害	385
輝石	87, 88
季節風	141, 145
輝線スペクトル	358
北大西洋振動	169
気団	138
起潮力	164
逆転層	127
逆行	302
逆行衛星	283
逆断層	206
級化層理	191
吸収線	326
球状星団	339, 343
凝結核	131
凝結熱	171

索引 | 397

恐竜	241	原子時	301	三角州	187	主系列星	
極移動	42	原始星	332	サンゴ	235		328, 333, 334
極渦	109	原始大気	228	散光星雲	345	主水温躍層	153
極冠	276	原始太陽	224	三畳紀	240	主星	329
極光	110	原始惑星系円盤	333	酸性雨	375	シュテファン・ボルツマンの法則	325
局部銀河群	354	原人	250	酸素同位体比	247		
巨大ガス惑星	273	原生代	220, 230	サンドデューン	198	ジュラ紀	242
巨大氷惑星	273	顕生累代	220	三葉虫	234	順行	302
銀河	352	玄武岩	90	残留磁気	24	順行衛星	283
銀河群	354	**こ**		**し**		準恒星状天体	356
銀河系	347, 349	合	303	シアノバクテリア		準二年振動	109
銀河団	354	広域変成作用	97, 98		230	春分点	292
均時差	300	紅炎	310, 313	視運動	302	準惑星	273
緊急地震速報	58	光球	310	ジェット気流	117	衝	303
金星	275	光行差	296	ジオイド	13	条件つき不安定	129
く		黄砂	125, 374	磁気嵐	27, 320	小天体	287
クェーサー	356	恒星の日周運動	293	磁気異常	24, 43	上部地殻	34
砕け波	188	高層天気図	135	磁気圏	26, 110	縄文海進	268
クックソニア	236	構造土	183	磁極	27	小惑星	287
屈折	30	後退速度	358, 361	自形	89	初期微動継続時間	59
苦鉄質岩	90	黄道	292	子午線	293	食変光星	329
苦鉄質鉱物	88	黄道光	289	視差	295	食連星	329
雲粒	131	鉱物	87	CCD	196	シルル紀	235
暗い太陽のパラドックス	230	黒点	315, 319	示準化石	222	震央	59
クレーター	284, 290	小潮	166	地震	56	真核生物	230
黒雲母	87, 88	古生代	220, 233	地震災害	379	震源	60
黒鉱	265	古生物	220	地震対策	382	震源球	62
黒潮	154, 159	古第三紀	246	地震波	28, 57	震源メカニズム	62
クロスラミナ	198	古地磁気学	42	地震波トモグラフィー	53	侵食	176
黒瀬川構造帯	254	コノドント	235	地すべり	192, 379	新星	338
黒ボク土	181	固溶体	87	始生代	220, 228	深成岩	89, 91
け		コリオリの力	120	示相化石	222	新生代	220, 246
系外惑星	291	コールドプルーム	54	始祖鳥	220	深層循環	161
ケイ酸塩鉱物	87	コロナ	310, 312, 315	視太陽時	300	深層水	153
傾斜	204	コロナ質量放出	320	湿潤対流	129, 171	新第三紀	248
傾斜不整合	201	コロナホール	312	湿潤断熱減率	128	震度	56
ケイ長質岩	90	混濁流	190	質量光度関係	331	深発地震面	65, 82
ケイ長質鉱物	88	ゴンドワナ超大陸	40, 260	縞状鉄鉱層	232	**す**	
傾度風	123	コンベアーベルト		四万十帯	264	彗星	289
夏至点	292		161	斜交葉理	198	水星	274
結晶質石灰岩	99	**さ**		周期光度関係	342, 343	水平分力	19
結晶分化作用	81	再結晶	97	褶曲	207	スカラー	11
結晶片岩	98	最終氷期	267	自由対流高度	128	スコリア	79
月食	8	砕屑粒子	177	周波数	114	ストロマトライト	232
ケプラーの法則	307	彩層	310, 312	秋分点	292	ストロンボリ式噴火	84
減圧融解	80	最大離角	303	周辺減光	310	スーパーアース	291
圏界面	108	砂漠化	374	重力	10	スーパープルーム	54
原核生物	229	散開星団	339, 343	重力異常	16	スーパーローテーション	275
原始海洋	228			重力レンズ効果	351	スピキュール	313

スペクトル型	326	走時曲線	30	地殻	30, 33, 34	天球	293	
スラブ	50, 65	層序	200	地殻熱流量	36	転向力	120	
せ		相対湿度	128	地下増温率	35	天動説	298	
星間雲	345	相対年代	220	地球温暖化	368	天王星	282	
星間ガス	345	層理面	200	地球型惑星	273	天の赤道	293	
西岸強化	157	続成作用	200	地球システム	226	天の南極	293	
星間塵	345	**た**		地球だ円体	13	天の北極	293	
星間物質	345	大規模構造	359	地形補正	17	電磁波	114, 357	
整合	201	堆積	177	地質時代	221	電波銀河	356	
成層火山	85	大赤斑	280	地衡風	122	天文単位	272	
成層圏	108	堆積物重力流	190	地衡流	154	電離層	110	
正断層	206	タイタン	283, 284	地磁気	19	**と**		
セイファート銀河	356	ダイナモ理論	23	地磁気極	27	同位体	38	
生物指標有機物	229	台風	142	地磁気の三要素	19	同化作用	81	
生物的風化	180	太平洋型造山運動	103	地磁気のしま模様	43	島弧	253	
生物ポンプ	226	太陽	310	地質図	210	冬至点	292	
世界時	300	太陽活動極小期	318	地上天気図	135	等粒状組織	89	
石英	87, 88	太陽活動極大期	318	地層	200	土壌	181	
赤外線	114	太陽系	272	地層の上下判定	208	土星	281	
赤外線星	332	太陽系外縁天体	288	地層の対比	209	ドップラー効果	297	
石質隕石	290	太陽定数	111	地層累重の法則	201	トランスフォーム断層	47	
赤色巨星	328, 335	太陽の自転	314	地動説	299			
石炭紀	238	太陽の年周運動	292	中央海嶺	46	**な**		
石鉄隕石	290	太陽風	26, 312	中央構造線	254, 264	内核	31, 34	
赤道還流	246	太陽放射	111	中間圏	108, 110	内合	303	
赤道収束帯	116	太陽暦	301	中間質岩	90	内惑星	303	
赤道湧昇	157	大陸移動説	40, 42	柱状図	211	ナップ構造	255	
赤方偏移	358	大陸地殻	34	中心核	316	南海トラフ	70	
積乱雲	129	対流圏	108	中性子星	337	南極周極流	247	
石基	89	対流層	318	中生代	220, 240	南方振動	168	
接触変成作用	98	大量絶滅	235	中層大気	108, 110	**に**		
絶対安定	129	だ円銀河	352	超空洞	359	二重深発地震面	65	
絶対等級	323	高潮	166	超苦鉄質岩	90	日本海溝	70	
絶対不安定	126	ダークマター	348, 351, 364	超新星	336, 338	日本標準時	300	
雪氷圏	366	他形	89	長石	87, 88	**ぬ**		
先カンブリア時代	220, 228	多形	97	潮汐	164	ヌンムリテス	246	
全球凍結	231	ダストトレイル	290	潮流	164	**ね**		
扇状地	187	盾状火山	85	塵	289	熱塩循環	160	
全磁力	19, 21	盾状地	103	**つ**		熱圏	108, 110	
前震	61	縦波	28	月	283	熱帯収束帯	116	
前線	119	単弓類	239	津波	163, 380	年周光行差	296	
潜熱	171	炭酸塩補償深度	196	冷たい雨	133	年周視差	295, 328	
閃緑岩	90, 91	ダンスガード・オシュガー・サイクル	250	**て**		粘土鉱物	96, 181	
そ		断層	206	デイサイト	90	**は**		
造岩鉱物	87	炭素循環	227	底盤	90	梅雨期	140	
双極子磁場	19	**ち**		テチス海	40	バイオマーカー	229	
走向	204	地温勾配	35	鉄隕石	290			
造山帯	102			デボン紀	237			
				デリンジャー現象	320			

白亜紀	242, 244
白色わい星	328, 334, 336
白斑	310, 311
ハザードマップ	384
バソリス	90
ハッブルの法則	361
ハドレー循環	116
ハビタブルゾーン	291
パルサー	337
バルジ	347
ハロー	347
波浪	162
ハワイ式噴火	84
バンアレン帯	26
半暗部	311
パンゲア	40, 239, 261
半減期	223
半自形	89
斑晶	89
斑状組織	89
伴星	329
反転流	81
斑れい岩	90, 91

ひ

ビカリア	222
ビッグバン	362
P波	28
氷期	251, 266
標準光源法	341, 360
標準重力	16
氷晶	132
氷床	267
氷成堆積物	231
表層混合層	152
表面波	29, 163
微惑星	225

ふ

V字谷	183, 192
フウインボク	238
風化	176
風成循環	158
風浪	162
フェーン現象	130
フォッサマグナ	254
付加作用	256
付加体	103, 256
不規則銀河	352

ブーゲー異常	18
ブーゲー補正	17
フズリナ	240
不整合	201
伏角	19, 21
物理的風化	177
筆石	235
フラウンホーファー線	326
プラズマ	26, 316
ブラックホール	338, 347
フリーエア異常	17
フリーエア補正	16
プリニー式噴火	85
ブルカノ式噴火	84
プルーム	52
プルームテクトニクス	54
フレア	313, 320
プレート	45
プレート拡大境界	47, 49
プレート沈みこみ境界	46
プレートすれ違い境界	47
プレートテクトニクス	40, 45
プロミネンス	310, 313
フロン	372
分光視差法	340, 360
分子雲	345

へ

平均海面	12
平均太陽時	300
閉塞前線	119
へき開	88, 94
ベテルギウス	342
ヘルツシュプルング・ラッセル図	328
ペルム紀	239
偏角	19, 21
変成鉱物	97
変成作用	96
変成相	97
偏西風	117
変動帯	102
偏平率	14
片麻岩	97

片理	98

ほ

棒渦巻銀河	352
貿易風	116
放射性同位体	37, 38
放射性崩壊	37, 38
放射層	318
放射年代	223
放射冷却	127
紡錘虫	240
飽和水蒸気圧	128
ボーキサイト	182
ホットスポット	52, 80
ホモ・サピエンス	251
ホルンフェルス	98
本震	61

ま

マグニチュード	56, 60
マグマ	78
マグマオーシャン	33, 37, 228
マグマだまり	78
マグマの分化	82
まさ	177
マントル	30, 34

み

見かけの等級	323
三日月湖	186
ミランコビッチサイクル	249

む

無色鉱物	88

め

冥王星	273, 288

も

木星	280
木星型惑星	273
モノチス	241
モホロビチッチ不連続面	30

や

夜光雲	110
山崩れ	192, 379

ヤンガー・ドリアス期	251

ゆ

U字谷	183
有色鉱物	88

よ

溶岩台地	85
溶岩ドーム	84
溶結凝灰岩	193
溶食作用	179
溶存酸素量	172
横ずれ断層	206
横波	28
余震	61

ら

ラニーニャ	168
乱泥流	190

り

リソスフェア	14, 45
リニア	236
リプルマーク	198
留	302
粒状斑	310, 311
流星	110, 290
流紋岩	90
リンボク	238

る

ルートマップ	211

れ

レンズ状銀河	353
連星	329

ろ

ロスビー循環	117
露点	128
露頭	203
ロボク	238

わ

惑星	273
惑星状星雲	335
和達-ベニオフ帯	65
腕足動物	235

■教科書「地学基礎」・「地学」著作者・編集委員

浅野	俊雄	中村	尚
家	正則	林	美幸
磯村	恭朗	平野	弘道
小川	勇二郎	丸山	茂徳
高橋	正樹	八木	勇治
武田	康男	吉田	二美
田中	浩紀	数研出版株式会社編集部	
中野	孝教		

カバーデザイン　デザイン・プラス・プロフ株式会社
イラスト　　　　カモシタハヤト，神林光二，木下真一郎，
　　　　　　　　七宮賢司，マカベアキオ

第1刷　平成26年6月1日発行
第2刷　平成27年4月1日発行
第3刷　平成28年2月1日発行
第4刷　平成28年6月1日発行

もういちど読む
数研の高校地学

編　者　数研出版編集部
発行者　星野泰也
発行所　数研出版株式会社
　　　　〒101-0052
　　　　東京都千代田区神田小川町2丁目3番地3
　　　　　〔振替〕00140-4-118431
　　　　〒604-0861
　　　　京都市中京区烏丸通竹屋町上る大倉町205番地
　　　　〔電話〕代表　(075)231-0161
ホームページ　http://www.chart.co.jp/
印刷所　創栄図書印刷株式会社

本書の一部または全部の複写・複製を，許可なく行うことを禁じます。
乱丁，落丁はお取り替えします。

ISBN978-4-410-13959-8

〔写真・図版資料提供〕
IPCC
朝日新聞社
粟野論美
岩田修二
NHK
大里重人
岡本研
岡本謙一
OPO
蒲郡市生命の海科学館
川上紳一
川村喜一郎
気象庁
久保政喜
群馬県立自然史博物館
ゲッティイメージズ
高層気象台
高知大学気象情報頁
国土地理院
国立科学博物館
国立環境研究所
国立天文台
国立歴史民俗博物館
小嶋智
コーベット・フォトエージェンシー
小山真人
財団法人石の博物館・奇石博物館
産業技術総合研究所　地質調査総合センター
JAXA
JAMSTEC
JTBフォト
GEOGRAPHIC PHOTO
宍倉正展
情報通信研究機構
白尾元理
鈴木清史
地質標本館
秩父鉄道株式会社
東京大学総合研究博物館
東北大学理学部自然史標本館
中島淳一
中西康一郎
中村栄三
名古屋大学博物館
NASA
西村卓也
NOAA
萩谷宏
PANA通信社
PPS通信社
フォトライブラリー
深尾光洋
福井県立恐竜博物館
北海道大学総合博物館
堀内悠
毎日新聞社
松岡憲知
安井真也
横瀬正史
吉川敏之
渡辺裕
（敬称略・五十音順）

宇宙と地球の歴史

原始大気・原始海洋の誕生

地球と月の誕生

生命の誕生

始生代(先カンブリア時代)

38億年前　40億年前　冥王代

25億年前

原生代(先カンブリア時代)

酸素の増加

多細胞生物の誕生

無顎類の出現

昆虫類の出現

5億4100万年前
カンブリア紀

古

オルドビス紀

4億8500万年前

魚類の繁栄

シルル紀

4億4300万年前

デボン紀

4億1900万年前

植物が陸上に進出

両生類の出現

3億5900万年前

裸子植物の繁栄

生

石炭紀

単弓類の出現

代

巨大な昆虫の出現

石炭のできる沼沢地帯が広がった

2億9900万年前

ペルム紀

は虫類の出現

2億5200万年前

三畳紀

針葉樹林の拡大

鳥類の出現

2億100万年前

ジュラ紀

中

被子植物の出現

1億4500万年前

生

白亜紀

代

6600万年前

恐竜など多くの種の絶滅

霊長類の出現

古第三紀

新

2300万年前

ウマの出現

新第三紀

哺乳類,鳥類,昆虫類,被子植物の繁栄

生

代

第四紀

草原の拡大